*Stefan Eckhardt, Wolfgang Gottwald
und Bianca Stieglitz*

1 × 1 der Laborpraxis

200 Jahre Wiley – Wissen für Generationen

John Wiley & Sons feiert 2007 ein außergewöhnliches Jubiläum: Der Verlag wird 200 Jahre alt. Zugleich blicken wir auf das erste Jahrzehnt des erfolgreichen Zusammenschlusses von John Wiley & Sons mit der VCH Verlagsgesellschaft in Deutschland zurück. Seit Generationen vermitteln beide Verlage die Ergebnisse wissenschaftlicher Forschung und technischer Errungenschaften in der jeweils zeitgemäßen medialen Form.

Jede Generation hat besondere Bedürfnisse und Ziele. Als Charles Wiley 1807 eine kleine Druckerei in Manhattan gründete, hatte seine Generation Aufbruchsmöglichkeiten wie keine zuvor. Wiley half, die neue amerikanische Literatur zu etablieren. Etwa ein halbes Jahrhundert später, während der „zweiten industriellen Revolution" in den Vereinigten Staaten, konzentrierte sich die nächste Generation auf den Aufbau dieser industriellen Zukunft. Wiley bot die notwendigen Fachinformationen für Techniker, Ingenieure und Wissenschaftler. Das ganze 20. Jahrhundert wurde durch die Internationalisierung vieler Beziehungen geprägt – auch Wiley verstärkte seine verlegerischen Aktivitäten und schuf ein internationales Netzwerk, um den Austausch von Ideen, Informationen und Wissen rund um den Globus zu unterstützen.

Wiley begleitete während der vergangenen 200 Jahre jede Generation auf ihrer Reise und fördert heute den weltweit vernetzten Informationsfluss, damit auch die Ansprüche unserer global wirkenden Generation erfüllt werden und sie ihr Zeil erreicht. Immer rascher verändert sich unsere Welt, und es entstehen neue Technologien, die unser Leben und Lernen zum Teil tiefgreifend verändern. Beständig nimmt Wiley diese Herausforderungen an und stellt für Sie das notwendige Wissen bereit, das Sie neue Welten, neue Möglichkeiten und neue Gelegenheiten erschließen lässt.

Generationen kommen und gehen: Aber Sie können sich darauf verlassen, dass Wiley Sie als beständiger und zuverlässiger Partner mit dem notwendigen Wissen versorgt.

William J. Pesce
President and Chief Executive Officer

Peter Booth Wiley
Chairman of the Board

*Stefan Eckhardt, Wolfgang Gottwald
und Bianca Stieglitz*

1 × 1 der Laborpraxis

Prozessorientierte Labortechnik für Studium
und Berufsausbildung

Zweite, vollständig überarbeitete und erweiterte Auflage

WILEY-VCH Verlag GmbH & Co. KGaA

Autoren

Stefan Eckhardt
Provadis GmbH
Industriepark Höchst
65926 Frankfurt

Wolfgang Gottwald
Provadis GmbH
Industriepark Höchst
65926 Frankfurt

Bianca Stieglitz
Provadis GmbH
Industriepark Höchst
65926 Frankfurt

1. Auflage 2002

■ Alle Bücher von Wiley-VCH werden sorgfältig erarbeitet. Dennoch übernehmen Autoren, Herausgeber und Verlag in keinem Fall, einschließlich des vorliegenden Werkes, für die Richtigkeit von Angaben, Hinweisen und Ratschlägen sowie für eventuelle Druckfehler irgendeine Haftung

Bibliografische Information der Deutschen Nationalbibliothek
Die Deutsche Nationalbibliothek verzeichnet diese Publikation in der Deutschen Nationalbibliografie; detaillierte bibliografische Daten sind im Internet über http://dnb.d-nb.de abrufbar.

© 2007 WILEY-VCH Verlag GmbH & Co. KGaA, Weinheim

Alle Rechte, insbesondere die der Übersetzung in andere Sprachen, vorbehalten. Kein Teil dieses Buches darf ohne schriftliche Genehmigung des Verlages in irgendeiner Form – durch Photokopie, Mikroverfilmung oder irgendein anderes Verfahren – reproduziert oder in eine von Maschinen, insbesondere von Datenverarbeitungsmaschinen, verwendbare Sprache übertragen oder übersetzt werden. Die Wiedergabe von Warenbezeichnungen, Handelsnamen oder sonstigen Kennzeichen in diesem Buch berechtigt nicht zu der Annahme, dass diese von jedermann frei benutzt werden dürfen. Vielmehr kann es sich auch dann um eingetragene Warenzeichen oder sonstige gesetzlich geschützte Kennzeichen handeln, wenn sie nicht eigens als solche markiert sind.

Printed in the Federal Republic of Germany.

Gedruckt auf säurefreiem Papier.

Satz Kühn & Weyh, Satz und Medien, Freiburg
Druck betz-druck GmbH, Darmstadt
Bindung Litges & Dopf Buchbinderei GmbH, Heppenheim

ISBN: 978-3-527-31657-1

Inhaltsverzeichnis

Vorwort *XIII*

Anmerkung *XV*

1	**Handlungs- und Prozessorientierung** *1*	
2	**Arbeitssicherheit, Umweltschutz und Kommunikation im Sinne von Responsible Care** *5*	
2.1	Responsible Care und Leitlinien der chemischen Industrie *5*	
2.2	Arbeitssicherheit *7*	
2.2.1	Sicheres Handeln im Laboratorium *9*	
2.2.1.1	Allgemeine Grundsätze *9*	
2.2.1.2	Bauliche Sicherheitseinrichtungen im Laboratorium *11*	
2.2.1.3	Brand- und Explosionsverhütung *12*	
2.2.1.4	Bekämpfung von Feuer *14*	
2.2.1.5	Tätigkeit mit gesundheitsschädlichen Chemikalien *16*	
2.2.1.6	Grenzwerte *25*	
2.2.1.7	Schutzmaßnahmen *26*	
2.2.2	Gesetzliche Grundlagen *29*	
2.2.2.1	Berufsgenossenschaft der chemischen Industrie *30*	
2.2.2.2	Gewerbeaufsicht *31*	
2.2.2.3	Versicherungsrechtliche Aspekte von Arbeitsunfällen und Berufskrankheiten *31*	
2.3	Umweltschutz *33*	
2.3.1	Grundlagen des Umweltschutzes *34*	
2.3.1.1	Ökologie *34*	
2.3.1.2	Emission und Immission *35*	
2.3.2	Gesetzliche Regelungen *36*	
2.3.3	Die Ökofaktoren *38*	
2.3.3.1	Schutz von Wasser *38*	
2.3.3.2	Schutz der Luft *40*	
2.3.3.3	Abfallsammlung, -verwertung und -entsorgung *42*	
2.3.3.4	Schutz vor Lärm *44*	

1 × 1 der Laborpraxis: Prozessorientierte Labortechnik für Studium und Berufsausbildung. 2. Auflage.
Stefan Eckhardt, Wolfgang Gottwald, Bianca Stieglitz
Copyright © 2007 WILEY-VCH Verlag GmbH & Co. KGaA, Weinheim
ISBN: 978-3-527-31657-1

2.3.3.5	Schutz vor energiereicher Strahlung	45
2.4	Informationsbeschaffung	45
2.4.1	Datenermittlung aus Fachliteratur	45
2.4.2	Datenermittlung von CDs	46
2.4.3	Datenermittlung aus dem Internet	46
2.5	Kommunikation und Konfliktbewältigung	51
3	**Umgang mit Chemikalien und Werkstoffen**	**53**
3.1	Umgang mit Chemikalien	53
3.2	Werkstoffe im Laboratorium	54
3.2.1	Werkstoff Glas	54
3.2.2	Werkstoff Metall	57
3.2.3	Werkstoff Kork und Gummi	58
3.2.4	Werkstoff Kunststoff	59
4	**Umgang mit Arbeitsgeräten und Energieträgern**	**61**
4.1	Massenmessung	61
4.1.1	Basisgröße Masse	61
4.1.2	Gewichtskraft	62
4.1.3	Bestimmung der Masse	63
4.1.3.1	Der Umgang mit Waagen	64
4.1.3.2	Abwiegen von Gegenständen	65
4.1.3.3	Einfluss der Umgebung auf das Wägeergebnis	66
4.1.4	Qualifizierung von Waagen	67
4.2	Volumenmessung	71
4.2.1	Physikalische Definitionen	72
4.2.1.1	Basisgröße Länge	72
4.2.1.2	Volumen	72
4.2.2	Geräte zur Volumenmessung	72
4.2.2.1	Einlaufgeeichte Messgeräte (In)	73
4.2.2.2	Auslaufgeeichte Messgeräte (Ex)	75
4.2.3	Allgemeiner Umgang mit Volumenmessgeräten	80
4.2.3.1	Kennzeichnung der Geräte	80
4.2.3.2	Arbeitshinweise	82
4.2.3.3	Qualifizierung von Volumenmessgeräten	83
4.2.4	Spritzen zur Flüssigkeitsentnahme	87
4.2.4.1	Mikrospritzen	88
4.2.4.2	Spritzen mit Luer-Anschluss	88
4.3	Temperaturmessung	89
4.3.1	Wärme und Temperatur	89
4.3.2	Temperaturmessgeräte	90
4.3.2.1	Flüssigkeitsthermometer	90
4.3.2.2	Bimetallthermometer	92
4.3.2.3	Thermoelement	92
4.3.2.4	Elektrisches Widerstandsthermometer	92

4.3.2.5	Pyropter (optisches Pyrometer)	*93*
4.4	Heizgeräte	*93*
4.4.1	Brenner	*93*
4.4.2	Elektrische Heizgeräte	*96*
4.5	Kühlsysteme	*99*
4.6	Bewegen von Flüssigkeiten	*101*
4.7	Trocknen von Feststoffen, Flüssigkeiten und Gasen	*103*
4.8	Trennen mit Zentrifugen	*110*
4.9	Arbeiten unter Vakuum	*111*
4.10	Umgang mit Gasen	*114*
4.11	Arbeiten mit dem Mikroskop	*117*
4.12	Arbeiten mit dem Ultraschallbad	*120*
5	**Qualitätssichernde Maßnahmen im Laboratorium**	*121*
5.1	Qualitätsregularien	*122*
5.1.1	GLP/GMP	*122*
5.1.2	Akkreditierung nach EN 45001 bzw. ISO 17025	*126*
5.2	Ratschläge zur Steigerung der Qualität im Laboratorium	*128*
5.3	Qualitätssicherung analytischer Verfahren (Validierung)	*129*
5.3.1	Validierungsparameter Präzision	*131*
5.3.2	Validierungsparameter Richtigkeit	*133*
5.3.3	Validierungsparameter Robustheit	*135*
5.4	Statistische Bewertungen von Arbeitsergebnissen	*135*
5.5	Fehlerfortpflanzung	*137*
5.5.1	Berechnung eines „subtraktiven Prozesses"	*138*
5.5.2	Berechnung eines „Quotienten- Prozesses"	*138*
6	**Wirtschaftlichkeit im Laboratorium**	*141*
6.1	Kosten	*141*
6.1.1	Personalkosten	*142*
6.1.2	Geräte und Materialkosten	*143*
6.1.3	Energiekosten	*146*
6.2	Ermittlung von Gesamtkosten	*147*
7	**Dokumentation und Protokollierung**	*149*
7.1	Anfertigung allgemeiner Protokolle	*150*
7.2	Spezielle Form einer Syntheseprotokollierung	*151*
7.3	Spezielle Formulierung eines Analysenprotokolls	*155*
7.4	Genauigkeit in der Angabe von Zahlendaten	*157*
8	**Herstellung von Lösungen und Messungen von Konstanten (Prozess)**	*161*
8.1	Prozessbeschreibung	*161*
8.2	Lösungen und disperse Systeme	*162*
8.3	Anteil- und Konzentrationsangaben	*167*
8.3.1	Massenanteil	*167*

8.3.2	Volumenanteil 169
8.3.3	Massenkonzentration 170
8.3.4	Volumenkonzentration 170
8.3.5	Stoffmengenkonzentration 171
8.4	Mischen von Lösungen 172
8.5	Bestimmung von Konstanten 174
8.5.1	Gerätequalifikation 175
8.5.2	Bestimmung des Brechungsindexes 177
8.5.2.1	Messung mit dem Abbe-Refraktometer 178
8.5.2.2	Gerätequalifikation des Refraktometers 179
8.5.3	Dichtebestimmung von Flüssigkeiten 180
8.5.3.1	Dichtebestimmung mit dem Pyknometer 182
8.5.3.2	Dichtebestimmung mit der Mohr-Westphalschen Waage 184
8.5.3.3	Dichtebestimmung mit dem Aräometer (Spindel) 185
8.5.4	pH-Wert-Messung 186
8.5.4.1	Umgang mit pH-Papier (Indikatorpapier) 187
8.5.4.2	Messen mit pH-Elektroden (Einstabmesskette) 188
8.5.4.3	Umgang mit der pH-Elektrode 189
8.5.5	Bestimmung der Viskosität 192
8.5.5.1	Messung mit dem Höppler-Viskosimeter 195
8.5.5.2	Aufnahme der Fließkurve mit dem Rotationsviskosimeter 197
8.5.6	Bestimmung der Oberflächenspannung 198
9	**Volumetrische Analysen** 203
9.1	Analytische Chemie 203
9.2	Volumetrische Analysen 204
9.2.1	Neutralisationsreaktion 204
9.2.1.1	Berechnung von Maßlösungen 206
9.2.1.2	Herstellung von Maßlösungen 209
9.2.1.3	Titerbestimmung 210
9.2.1.4	Titrationskurven 214
9.2.1.5	Indikatorauswahl 218
9.2.1.6	Quantifizieren von Analyten in einer Probe 220
9.2.2	Redoxtitrationen 224
9.2.2.1	Redoxvorgänge 224
9.2.2.2	Ermittlung der Oxidationszahlen 226
9.2.2.3	Aufstellung der Reaktionsgleichung (Ionenschreibweise) 227
9.2.2.4	Permanganometrie 229
9.2.2.5	Iodometrische Bestimmungen 232
9.2.3	Argentometrische Titrationen 235
9.2.4	Komplexometrische Titrationen 237
9.3	Projektarbeit 242
9.3.1	Projektbeschreibung 242
9.3.2	Auswertung des Projektes 243

10 **Herstellen und Trennen von Feststoffmischungen, Fixpunktmessung (Prozess)** *245*
10.1 Prozessbeschreibung *245*
10.2 Der Schmelzpunkt *246*
10.2.1 Der Mischschmelzpunkt *247*
10.2.2 Die Bestimmung des Schmelzpunktes *247*
10.2.3 Aufgaben zur Schmelzpunktbestimmung *250*
10.3 Bestimmung der Dichte von Feststoffen *252*
10.3.1 Bestimmung der Dichte von Feststoffen mit der hydrostatischen Waage *252*
10.3.2 Bestimmung der Dichte von Feststoffen mit dem Pyknometer *252*
10.3.3 Aufgaben zur Dichtebestimmung *254*
10.4 Homogenisieren *254*
10.5 Die Feststoffextraktion *256*
10.6 Mechanisches Trennen von Feststoffgemischen *258*
10.6.1 Klassieren durch Sieben *259*
10.6.2 Die Siebanalyse *260*

11 **Präparative und analytische Filtrationen (Prozess)** *265*
11.1 Prozessbeschreibung *265*
11.2 Allgemeine Einführung *266*
11.3 Filtrationsmethoden *266*
11.3.1 Filtration bei Normaldruck *266*
11.3.2 Filtration bei Unterdruck *268*
11.3.3 Filtration bei Überdruck *269*
11.4 Waschen von Niederschlägen *269*
11.5 Einfache Ionennachweise des Filtrates *269*
11.6 Trocknen des abfiltrierten Rückstandes (Filterkuchen) *271*
11.7 Präparative Filtration *271*
11.7.1 Präparative Filtration bei Normaldruck *271*
11.7.2 Präparative Filtration bei Unterdruck *272*
11.7.3 Präparatives Trocknen *272*
11.7.4 Projektaufgaben „Präparative Filtration" und „Ionennachweise" *272*
11.7.4.1 Ionennachweise *272*
11.7.4.2 Präparative Trennung *273*
11.8 Analytische Filtration für eine gravimetrische Quantifizierung *273*
11.8.1 Analytische Papierfilterfiltration (Prozess I) *274*
11.8.1.1 Durchführung einer direkten Fällung *274*
11.8.1.2 Filtration mit Hilfe von Papierfiltern *277*
11.8.1.3 Überführung des Niederschlages in eine wägbare Form durch Glühen *279*
11.8.1.4 Berechnung von gravimetrischen Analysenergebnissen *281*
11.8.1.5 Fehlersuche Fe (Trouble shooting) *283*

11.8.2	Analytische Filtertiegelfiltration (Prozess II)	284
11.8.2.1	Durchführung von indirekten Fällungen	285
11.8.2.2	Analytische Unterdruckfiltration	285
11.8.2.3	Fehlersuche Ni (Trouble shooting)	288
11.9	Projektaufgaben „Analytische Filtration"	289
12	**Produktsynthese Veresterung (Prozess)**	**295**
12.1	Prozessbeschreibung	295
12.2	Synthese	295
12.2.1	Reaktionsbeschreibung	296
12.2.2	Syntheseapparatur	298
12.2.3	Reaktionsdurchführung	300
12.3	Extraktion von Flüssigkeiten	301
12.3.1	Methoden der flüssig-flüssig-Extraktion	302
12.3.2	Extraktion des synthetisierten Esters	305
12.4	Destillation	306
12.4.1	Destillationsverfahren	310
12.4.1.1	Gleichstromdestillation	310
12.4.1.2	Destillation des synthetisierten Esters	312
12.4.1.3	Gegenstromdestillation (Rektifikation)	312
12.4.1.4	Vakuumdestillation	316
12.4.1.5	Vakuumdestillation des synthetisierten Esters	319
12.4.1.6	Schleppmitteldestillation (Wasserdampfdestillation)	320
12.5	Ausbeuteberechnungen	320
12.6	Möglichkeiten der Beeinflussung von Kosten, Ausbeute und Produktqualität	322
12.7	Produktanalytik	323
12.8	Synthesetransfer	324
13	**Produktsynthese Verseifung (Prozess)**	**325**
13.1	Prozessbeschreibung	325
13.2	Synthese	326
13.2.1	Reaktionsbeschreibung	326
13.2.2	Syntheseapparatur	327
13.2.3	Reaktionsdurchführung	327
13.3	Umkristallisation	328
13.3.1	Umkristallisation aus heiß gesättigter Lösung	328
13.3.1.1	Umkristallisation in wässrigem Lösemittel	332
13.3.1.2	Umkristallisation in organischen Lösemitteln bzw. Lösemittelgemischen	333
13.3.1.3	Umkristallisation der synthetisierten Salicylsäure	334
13.3.2	Umfällung	334
13.4	Ausbeuteberechnungen	335
13.5	Produktanalytik	336

14 Produktsynthese Oxidation (Prozess) *339*

- 14.1 Prozessbeschreibung *339*
- 14.2 Synthese *340*
- 14.2.1 Reaktionsbeschreibung *340*
- 14.2.2 Syntheseapparatur *341*
- 14.2.3 Präparation des Trockenröhrchens *343*
- 14.2.4 Reaktionsdurchführung, Ablauf der Reaktion *343*
- 14.3 Trennung der Reaktionsprodukte *344*
- 14.3.1 Trennung mit Hilfe der Wasserdampfdestillation *344*
- 14.3.2 Trennung des Gemisches mit Hilfe der Chromatografie *347*
- 14.4 Lösemittelrecycling *353*
- 14.5 Produktkontrolle durch Titration der Benzoesäure *353*
- 14.6 Biochemische Reaktion, Hemmung durch Benzoesäure *354*
- 14.6.1 Reaktion *354*
- 14.6.2 Reaktionsdurchführung *354*
- 14.7 Interpretation des Oxidationsprozesses *355*
- 14.8 Prozessübertragung *355*

15 Herstellung von Natriumcarbonat durch eine Gasreaktion (Prozess) *357*

- 15.1 Prozessbeschreibung *357*
- 15.2 Umgang mit Gasen *358*
- 15.2.1 Gasentwicklung *358*
- 15.2.2 Geräte zur Gasentwicklung *359*
- 15.2.3 Auffangen von Gasen *361*
- 15.2.4 Probennahme von Gasen *362*
- 15.2.5 Gasreinigung *363*
- 15.2.6 Messung von Gasvolumina *364*
- 15.3 Prozess: Synthese von Natriumhydrogencarbonat *367*
- 15.3.1 Reaktionsbeschreibung *367*
- 15.3.2 Syntheseapparatur *367*
- 15.3.3 Reaktionsdurchführung *368*
- 15.4 Qualitativer Nachweis von Natriumhydrogencarbonat *369*
- 15.4.1 Nachweis von Natriumionen *369*
- 15.4.2 Nachweis von Carbonationen *369*
- 15.4.3 Nachweis von Ammoniumionen *370*
- 15.4.4 Nachweis von Chloridionen *370*
- 15.5 Quantifizierung von Natriumhydrogencarbonat *370*
- 15.6 Umsetzung von Natriumhydrogencarbonat zu Natriumcarbonat *371*
- 15.7 Projektaufgaben *371*

16 Herstellung von Kupfersulfat, eine englische Anweisung *373*

- 16.1 Prozessbeschreibung *373*
- 16.2 Formation of Copper Sulfate Pentahydrate *374*
- 16.2.1 Objectives *374*
- 16.2.2 Working Protection *374*

16.2.3	Basic Theory	375
16.2.4	Equation	375
16.2.5	Procedure	375
16.2.6	Equipment	375
16.2.7	Chemicals	376
16.2.8	Experimental	376
16.2.9	Quantification Using a Complexometric Titration	376
16.2.9.1	Standardise the EDTA Titre	377
16.2.9.2	Complexometric Titration for Copper	377
16.3	Vocabulary	377
16.4	Übung	379
17	**Vorbereitung zur praktischen „Teil 1 Prüfung" für Chemielaboranten**	383
17.1	Allgemeine Tipps bei der Durchführung der praktischen Prüfung	384
17.2	Exemplarische präparative Aufgabe	386
17.2.1	Aufgabe: Herstellung von Diacetyldioxim	387
17.2.2	Detaillierte Beschreibung der Arbeitsvorschrift	388
17.2.3	Auswertung der präparativen Aufgabe	392
17.3	Exemplarische Aufgabe „Charakterisieren von Produkten"	393
17.3.1	Vollständige Arbeitsweise	393
17.3.2	Detaillierte Arbeitsvorschrift „Charakterisieren von Produkten"	394
17.3.3	Auswertung der Aufgabe „Charakterisieren von Produkten"	396
17.4	Gesamtauswertung der praktischen Prüfung	397
18	**Anhang**	399
18.1	Tabellen	399
18.2	Umgang mit dem Beilstein Handbuch	406
18.3	Abbildungen wichtiger Laborglasgeräte	411
19	**Medienliste**	421
19.1	Empfohlene Links	421
19.2	Empfohlene Bücher zur Laboratoriumstechnik	422
	Sachverzeichnis	425

Vorwort

Rascher als erwartet musste die 2002 gestaltete erste Auflage dieses Buches mit einem Nachdruck von 2004 wieder überarbeitet werden. Zum einen liegt das an der großen Nachfrage, die das praxisorientierte Buch erfahren hat, zum anderen haben sich wichtige Gegebenheiten verändert, die eine Überarbeitung notwendig machten. Dazu gehören vor allem die Veränderungen innerhalb der Abschlussprüfung für Chemielaboranten nach der Reform von 2002 und die Veränderungen der Gefahrstoffverordnung bzw. der Reformierung des Grenzwertkonzeptes.

Folgerichtig wurde das Kapitel 2 „Arbeitssicherheit, Umweltschutz und Kommunikation im Sinne von Responsible Care" gründlich überarbeitet, indem die neuen Bestimmungen und Empfehlungen Eingang finden.

Völlig neu wurde ein Kapitel zur Vorbereitung der praktischen Prüfung innerhalb der „ersten gestreckten Prüfung" aufgenommen. Die Autoren sind davon überzeugt, dass die in dem Kapitel enthaltenen Tipps und Tricks dem Prüfling helfen, diese Prüfung effektiver zu absolvieren.

Dem Kapitel 5 „Qualitätssichernde Maßnahmen im Laboratorium" wurde ein Abschnitt über die Validierung analytischer Methoden zugefügt und so das Thema abgerundet.

Selbstverständlich wurden alle genannten und empfohlenen Medien auf ihre Aktualität überprüft und neue interessante Informationsquellen aufgenommen.

Insgesamt wurde die bewährte Form der prozess- und handlungsorientierten Vermittlung der notwendigen Kenntnisse und Fertigkeiten beibehalten.

Unser Dank geht an die Kollegen der Provadis GmbH Partner für Bildung und Beratung, Frankfurt für die konstruktive Förderung, aber auch an die vielen Leser, die uns durch Ihre Hinweise unterstützt haben. Wir sind uns sicher, dass wir mit der 2. Auflage die Ausbildung von naturwissenschaftlichem Personal im Laboratorium noch besser begleiten und unterstützen können.

Frankfurt, im September 2006

Stefan Eckhardt
Wolfgang Gottwald
Bianca Stieglitz

1 × 1 der Laborpraxis: Prozessorientierte Labortechnik für Studium und Berufsausbildung. 2. Auflage.
Stefan Eckhardt, Wolfgang Gottwald, Bianca Stieglitz
Copyright © 2007 WILEY-VCH Verlag GmbH & Co. KGaA, Weinheim
ISBN: 978-3-527-31657-1

Anmerkung

Durch die prozessorientierte Ausrichtung dieses Buches besteht die Gefahr, dass der Leser beim Überspringen von Texteilen den Handlungsfaden eines Prozesses verliert. Wir empfehlen daher, dass zunächst durch intensives Studium eines Kapitels der Prozess integrativ erfasst und verstanden wird. Danach kann die Umsetzung des Prozesses in die Praxis erfolgen. Symbole im Text und Ablaufdiagramme am Anfang eines prozessorientierten Kapitels erleichtern das Verfolgen des Prozesses.

Folgende Symbole werden im Text verwendet:

Theoretische Aufgabe, vom Schreibtisch aus zu erledigen.

Vom Prozess isolierte Praxisaufgabe oder Praxisübung.

Der folgende Text ist Bestandteil eines Prozesses oder eines Projektes.

Bitte um besondere Beachtung des Textes oder Vorsicht, es droht besondere Gefahr!

1 × 1 der Laborpraxis: Prozessorientierte Labortechnik für Studium und Berufsausbildung. 2. Auflage.
Stefan Eckhardt, Wolfgang Gottwald, Bianca Stieglitz
Copyright © 2007 WILEY-VCH Verlag GmbH & Co. KGaA, Weinheim
ISBN: 978-3-527-31657-1

1
Handlungs- und Prozessorientierung

Der wesentliche Bestandteil der neuen Ausbildung in den Laborberufen beruht auf der Handlungsorientierung. Darunter versteht man eine ganzheitliche Ausbildung, die für jede Einzelaufgabe oder für einen ganzen Prozess die Elemente
- Planung,
- Entscheidung,
- Durchführung und
- Bewertung

beinhaltet. Die Lösungsstrategie für eine Aufgabe muss weitgehend vergleichbare Lösungsvarianten berücksichtigen können. Nicht das Fachwissen als Summe von Einzelwissen und Fakten, die nur kurzzeitig anwendbar sind, steht im Mittelpunkt einer modernen Ausbildung, sondern die Befähigung zur selbständigen Handlung im Gesamtprozess. Die Befähigung zum Selbstlernen und zur Selbstmotivation ist ein herausragendes Ziel in der modernen Ausbildung.

Komplexe Lernsituationen werden am besten durch Beispiele konkretisiert, die die realen Gegebenheiten im Laboratorium berücksichtigen. Sie sind aber immer bestimmt durch die Handlungsphasen:
- Information, Problemanalyse, Problembeschreibung,
- Entscheidung für einen Lösungsweg,
- Genaue Planung des Lösungsweges,
- Problemlösung durch praktische Durchführung,
- Kontrolle und Aufgabenkritik,
- Beurteilung und Bewertung.

Dieses Buch hat in den ersten Kapiteln eine einführende Thematik. Deswegen kann die beschriebene Handlungsorientierung nicht immer konsequent durchgehalten werden. Schließlich kann eine Entscheidung für eine bestimmte, eher komplizierte Labortechnik erst dann getroffen werden, wenn sie in ihren Grundzügen bekannt ist. Auch müssen zunächst einige Grundlagen, wie die des Umweltschutzes, der Qualitätssicherung, der Umgang mit Arbeitsmitteln und Energie sowie der Ermittlung von Kosten aufgezeigt werden, um dann in den Prozessen das erlernte Grundwissen anwenden zu können.

In vielen Fällen kann die beschriebene Vorgehensweise der Handlungsorientierung bereits bei der Erlernung grundlegender Techniken angewandt werden. Das schließt die Bewertung und Beurteilung der Ergebnisse ein.

Für den jungen Auszubildenden oder Studenten ist die Erkenntnis zwingend notwendig, dass er die in den allgemeinbildenden Schulen oft angewandte Praxis des „Schubladenlernens" schnell ablegt. Nur so kann er sich zu einer kompetenten und entscheidungsfreudigen Laborfachkraft entwickeln.

Um das zu erreichen, ist es wichtig, dass der Lernende seine Ziele eindeutig definiert. Nur eindeutige und machbare Ziele programmieren auf den Erfolg.

 **Aufgabe**

Versuchen Sie, folgende acht Ratschläge zur Zielorientierung umzusetzen:
1. Notierung der Wünsche
   Nehmen Sie sich ein Stück Papier und etwas Zeit, dann schreiben Sie stichwortartig alle beruflichen Wünsche und Träume auf, die Sie interessieren und die Sie sich gerne erfüllen würden. Versuchen Sie aber immer, realistisch zu bleiben.
2. Zieldefinition
   Nach der Notierung der Wünsche und Träume überprüfen Sie nochmals, ob Ihre Angaben realistisch sind. Formulieren Sie nun Ihre Ziele schriftlich und in einem positiven Stil. Sind alle Ziele von Ihnen beeinflussbar oder sind sie nur durch äußere Einflüsse zu erreichen? Trifft Letzteres zu, sollten die Ziele realistischer überdacht werden.
3. Begründungen der Ziele
   Überlegen Sie, warum es wichtig für Sie ist, die notierten Ziele zu erreichen. Legen Sie die Begründung schriftlich fest. Stellen Sie fest, dass bei Ihnen keine besondere Motivation vorhanden ist, das Ziel zu erreichen, streichen Sie das Ziel von Ihrer Liste.
4. Zielwertigkeit
   Überprüfen Sie Ihre Ziele auf Realisation. Legen Sie fest, mit welchem Ziel Sie beginnen.
5. Fähigkeitszuweisung
   Denken Sie nun nach, welche besonderen Fähigkeiten Sie besitzen, und wie Sie die Fähigkeiten verwenden können, Ihre formulierten Ziele zu verwirklichen. Machen Sie eine Liste, in der Sie Ihre Ziele und die Fähigkeiten übereinstimmen lassen. Stellen Sie fest, welches Ziel am besten zu Ihren Befähigungen passt.

6. Erfolgsprogrammierung
   Lehnen Sie sich zurück und überlegen Sie, wie Ihr Leben aussehen könnte, wenn Sie Ihr Ziel erreicht haben. Stellen Sie sich diese Situation besonders positiv vor. Wie würde dann Ihr Alltag aussehen, was würden Sie dann tun?
7. Beginn
   Nun geht's los! Setzen Sie nun konsequent Ihre Planung in die Tat um. Ihre Ziele sind klar und eindeutig definiert. Bleiben Sie nicht stehen und schauen Sie nicht zurück. Setzen Sie sich Zwischenziele und kontrollieren Sie regelmäßig Ihre Zwischenschritte.
8. Belohnung
   Belohnen Sie sich bei Erreichen eines Zwischenschrittes oder eines Endzieles. Gehen Sie z. B. mit Freunden essen. Jedes Erreichen eines Zieles wird Ihre Persönlichkeit stärken.

Alle erfolgreichen Menschen haben klare Ziele. Sie erkennen, dass nur sie allein für die Erreichung der Ziele verantwortlich sind. Auf dem Weg zur Zielerreichung werden Probleme überwiegend als Chancen begriffen. Der wichtigste Schlüssel zum beruflichen Erfolg ist die solide Sammlung von Informationen und der sichere Erwerb von fachlichen Fertigkeiten.

2
Arbeitssicherheit, Umweltschutz und Kommunikation im Sinne von Responsible Care

2.1
Responsible Care und Leitlinien der chemischen Industrie

Auf der internationalen Konferenz für Umwelt und Entwicklung 1992 in Rio de Janeiro ist das Leitbild des „Sustainable Development", der nachhaltigen und zukunftsverträglichen Entwicklung, als gemeinschaftliches Ziel verabschiedet worden. Die Unternehmen der deutschen Industrie beteiligen sich in diesem Rahmen aktiv an der weltweiten Initiative *„Responsible Care"*, d. h. dem verantwortlichen Handeln. Innerhalb dieser Initiative verpflichten sich die teilnehmenden Unternehmen, die Leistungen für Sicherheit, Gesundheit und Umweltschutz kontinuierlich zu verbessern und das unabhängig von den gesetzlichen Bestimmungen. Die Verbesserungsprozesse werden nach innen und außen sichtbar gemacht. Im Vordergrund steht die Schonung natürlicher Ressourcen, die Verringerung von Emissionen und die Steigerung der Sicherheit. Das geschieht durch ein modernes Management und durch engagiertes Handeln aller Mitarbeiter. Daher stehen die Mitarbeiterschulung und der ständige Dialog mit Mitarbeitern, Kunden und der Öffentlichkeit im Vordergrund der Responsible Care. In diesem Sinn hat die chemische Industrie 1986 Leitlinien veröffentlicht, die 1999 durch Sondervereinbarungen zwischen der Gewerkschaft IG BCE und dem Arbeitgeberverband BAVC ergänzt wurden.

Die Leitlinien der Initiative *„Verantwortliches Handeln"* des VCI (Verband Chemischer Industrie) werden nachfolgend ungekürzt aufgeführt:

1. Die chemische Industrie betrachtet Sicherheit sowie Schutz von Mensch und Umwelt als Anliegen von fundamentaler Bedeutung. Deshalb sind von der Unternehmensführung umweltpolitische Leitlinien zu formulieren und regelmäßig auf neue Anforderungen zu überprüfen sowie Verfahren zur wirksamen Umsetzung dieser Vorgaben in die betriebliche Praxis zu schaffen.
2. Die chemische Industrie stärkt bei allen Mitarbeitern das persönliche Verantwortungsbewusstsein für die Umwelt und schärft deren Blick für mögliche Umweltbelastungen durch ihre Produkte und den Betrieb ihrer Anlagen.

3. Die chemische Industrie nimmt Fragen und Bedenken der Öffentlichkeit gegenüber ihren Produkten und Unternehmensaktivitäten ernst und geht konstruktiv darauf ein.
4. Die chemische Industrie vermindert zum Schutz ihrer Mitarbeiter, Nachbarn, Kunden und Verbraucher sowie der Umwelt kontinuierlich die Gefahren und Risiken bei Herstellung, Lagerung, Transport, Vertrieb, Anwendung, Verwertung und Entsorgung ihrer Produkte. Sie berücksichtigt bereits bei der Entwicklung neuer Produkte und Produktionsverfahren Gesundheits-, Sicherheits- und Umweltaspekte.
5. Die chemische Industrie informiert ihre Kunden in geeigneter Weise über den sicheren Transport, die Lagerung, die sichere Anwendung, Verwertung und Entsorgung ihrer Produkte.
6. Die chemische Industrie arbeitet ständig an der Erweiterung des Wissens über mögliche Auswirkungen von Produkten, Produktionsverfahren und Abfällen auf Mensch und Umwelt. Die chemische Industrie wird ungeachtet der wirtschaftlichen Interessen die Vermarktung von Produkten einschränken oder deren Produktion einstellen, falls nach den Ergebnissen einer Risikobewertung die Vorsorge zum Schutz vor Gefahren für Gesundheit und Umwelt dies erfordert. Sie wird die Öffentlichkeit darüber umfassend informieren.
7. Die chemische Industrie leitet bei betriebsbedingten Gesundheits- oder Umweltgefahren die erforderlichen Maßnahmen ein, arbeitet in enger Abstimmung mit den Behörden und informiert die Öffentlichkeit unverzüglich.
8. Die chemische Industrie bringt ihr Wissen und ihre Erfahrung aktiv in die Erarbeitung praxisnaher und wirkungsvoller Gesetze, Verordnungen und Standards ein, um den Schutz von Mensch und Umwelt zu gewährleisten.
9. Die chemische Industrie fördert die Grundsätze und die Umsetzung der Initiative Verantwortliches Handeln. Dazu dient insbesondere ein offener Austausch von Erkenntnissen und Erfahrungen mit betroffenen und interessierten Kreisen.

In einer offenen, demokratischen Gesellschaft gibt es zwischen den betroffenen Gruppierungen Meinungsunterschiede zur Durchsetzung geeigneter Maßnahmen des Umweltschutzes. Grundsätzlicher Konsens zwischen allen betroffenen Gruppen besteht beim Vorsorgeprinzip, nicht jedoch über die Schritte der Umsetzung.

Nach den „Chemiepolitischen Grundsätzen des BUND" soll dem Vorsorgeprinzip durch drei Gebote Rechnung getragen werden:
- das Minimierungsgebot für den Chemikalieneinsatz,
- das Recyclinggebot unter der Bevorzugung des Primärrecyclings (z. B. Mehrwegverpackung) vor dem Sekundärrecycling (z. B. Verbrennen),
- der Grundsatz des ökologischen Designs, d. h. durch eine Stoffauswahl, nach dem alle Stoffe ohne Probleme in den biochemischen Stoffkreislauf eingebunden werden können.

Demgegenüber befürchtet die chemische Industrie, aus dem Vorsorgeprinzip könnte ein Bevormundungsprinzip werden, indem die Marktmechanismen zu ideologisch festgelegt und politisch ausgerichtet sind. Der Gegensatz macht sich auch dadurch bemerkbar, dass Umweltschützer aufwendigere Genehmigungsverfahren bei der Errichtung von Anlagen fordern und die chemische Industrie günstigere Rahmenbedingungen für Investitionen benötigt, weil die schnelle Abkehr vom nachsorgenden zum vorsorgenden Umweltschutz nur mit neuen Anlagen gelingt.

2.2
Arbeitssicherheit

Die Sicherheit von Mitarbeitern zu erhöhen und gesundheitliche Gefährdungen zu vermeiden, ist ein in den Leitlinien verankertes vorrangiges Ziel der chemischen Industrie. Mögliche Gefährdungen sollen systematisch ermittelt, beurteilt und schließlich reduziert werden. Neben der sicherheitsgerechten Planung einer betrieblichen Anlage oder eines Laboratoriums und der Instandhaltung der Einrichtung müssen alle Mitarbeiter regelmäßig geschult werden, um das persönliche Verantwortungsbewusstsein zu fördern.

Die Unfallhäufigkeit in der chemischen Industrie ist bereits jetzt relativ gering (Tabelle 2-1). Das darf aber nicht dazu verleiten, dass das Sicherheitsbewusstsein vernachlässigt wird.

In der Tabelle 2-2 sind zum Vergleich die Unfallraten aus anderen Berufsgenossenschaften aufgeführt.

2 Arbeitssicherheit, Umweltschutz und Kommunikation

Tab. 2-1. Unfälle pro 1000 „Vollarbeiter" in der chemischen Industrie in Deutschland

Jahr	Arbeitsunfälle (ohne Wegunfälle) pro 1000 Vollarbeiter in der chemischen Industrie
1950	83,12
1960	109,18
1970	98,65
1980	54,51
1990	34,90
1995	27,60
1996	23,54
1997	22,19
1998	22,76
1999	22,08
2000	21,13
2001	20,45
2002	18,75
2003	16,79
2004	15,78

Quelle: Jahresbericht 2004, BG Chemie (www.bgchemie.de)

Tab. 2-2. Unfälle pro 1000 „Vollarbeiter" in ausgesuchten Berufsgenossenschaften in Deutschland (Auswahl)

Berufsgenossenschaft	Arbeitsunfälle (ohne Wegunfälle) pro 1000 Vollarbeiter (1999)	Arbeitsunfälle (ohne Wegunfälle) pro 1000 Vollarbeiter (2004)
Bau BG Hamburger	146,59	73,81
Tiefbau BG	97,64	64,93
Fleischerei BG	95,41	74,69
Holz BG	83,91	65,46
Norddeutsche Metall BG	61,10	44,72
Papiermacher BG	55,68	32,05
BG Nahrungsmittel und Gaststätten	49,41	46,14
Großhandels und Lager BG	37,47	25,19
BG Bahnen	37,17	39,59
BG für Einzelhandel	28,47	25,57
Textil und Bekleidungs BG	25,25	21,16
BG chemische Industrie	*22,08*	*15,78*
Verwaltungs BG	21,76	19,12
See BG	18,91	14,54
BG für Gesundheit	17,07	11,41
Mittelwert aller BGs	*41,53*	*29,99*

Quelle: Jahresberichte 2000 und 2004, BG Chemie (www.bgchemie.de)

Während bei der BG Chemie vor 25 Jahren die Unfallquote noch etwa dem gesamten Durchschnitt aller gewerblichen Branchen entsprach, macht sie heute nur die Hälfte aus. Diese positive Entwicklung ist durch den hohen Sicherheitsstandard in der chemischen Industrie zu erklären; aber auch das gut entwickelte Sicherheitsbewusstsein der Beschäftigten in der Chemie machte diese Entwicklung möglich.

In den folgenden Abschnitten stehen die persönlichen Sicherheitsmaßnahmen des Laborpersonals im Vordergrund, um dann im Abschnitt 2.2.2 die gesetzlichen Bestimmungen zu erläutern.

2.2.1
Sicheres Handeln im Laboratorium

2.2.1.1 Allgemeine Grundsätze

Die für die chemische Industrie charakteristischen Gefahren liegen vor allem beim Umgang mit Gefahrstoffen, in der Anwendung von hohen Drücken und Temperaturen sowie dem Gebrauch von elektrischer Energie. Infolge von Verbrennungen und Zersetzungen der verwendeten Chemikalien sind Brände und Explosionen möglich. Durch Säuren und Laugen sind bei unsachgemäßem Arbeiten Verätzungen der Haut und der Schleimhäute nicht auszuschließen. Durch das Betreiben von lärmintensiven Anlagen können beim Weglassen der vorgeschriebenen Schutzmaßnahmen Gehörschädigungen auftreten.

Wichtige Hinweise beim Arbeiten im Laboratorium:
- Informieren Sie sich über die geltenden Sicherheitsbestimmungen in Ihrem Laboratorium! Arbeiten Sie nie allein in Ihrem Laboratorium! Bei einem Unfall kann sonst keiner Hilfe holen.
- Halten Sie alle Notausgänge und Fluchtwege frei von Gegenständen!
- Informieren Sie sich über die Telefonnummern von Ärzten, Krankenhäusern und der Feuerwehr!
- Alle in chemischen Laboratorien auftretenden Stoffe sind, falls ihre Ungefährlichkeit nicht zweifelsfrei feststeht, stets als gefährlich anzusehen und entsprechend zu behandeln!
- Der Kontakt chemischer Stoffe mit Haut, Kleidung sowie ihr Einatmen ist grundsätzlich zu vermeiden!
- Im Laboratorium ist *ständig* eine geeignete Schutzbrille mit Seitenschutz zu tragen! Brillenträger mit korrigierten Gläsern benötigen Spezialbrillen mit angepassten optischen Gläsern.
- In den Laboratorien besteht striktes Rauchverbot!
- In den Laboratorien ist festes, geschlossenes und trittsicheres Schuhwerk und Schutzkleidung (Kittel, Labormantel) aus geeignetem Material zu tragen! Die Schutzkleidung sollte wöchentlich gewechselt werden.
- Durch Chemikalien verschmutzte Kleidung ist sofort zu tauschen! Bei Hautkontakt ist sofort mit viel Wasser nachzu-

waschen, ggf. müssen noch andere Maßnahmen eingeleitet werden.
- Essen und Trinken ist in Laboratorien streng verboten!
- Der Arbeitsplatz ist stets sauber und trocken zu halten! Geräte, die zur Zeit nicht benötigt werden, sollten in den Schrank zurückgestellt werden. Reinigen Sie nach jedem Versuch die Gegenstände.
- Arbeiten mit gefährlichen Stoffen sind im gut ziehenden Abzug durchzuführen! Das gilt besonders dann, wenn gesundheitsgefährdende Gase, Dämpfe und Stäube entstehen. Abzüge sind fest ins Laboratorium eingebaute, kastenförmige Arbeitsräume, die mit einer nicht splitternden Schutzscheibe und einer Absaugung versehen sind. Die Absaugung muss kontinuierlich überprüft werden, dies geschieht elektronisch oder ersatzweise durch ein in den Abzug eingebautes Windrad.
- Bei offenem Umgang mit giftigen, ätzenden oder reizenden Stoffen sind die erforderlichen Körperschutzmittel wie Handschuhe, Vollschutzmasken etc. zu tragen. Ggf. sind fremdbeatmende Atemschutzmasken zu tragen.
- Falls während der Arbeit im Laboratorium gefährliche Stoffe austreten oder unerwartet entstehen, sind gefährdete Personen zu warnen und der Vorgesetzte zu verständigen!
- Kommen Chemikalien in die Augen, sind sie sofort mit dem Inhalt einer vorgeschriebenen Augenspülflasche oder Augendusche auszuspülen. Nach dem Spülen ist ein Arzt zu benachrichtigen.
- Sollte sich während oder nach der Arbeit Unwohlsein einstellen, ist ebenfalls sofort der Arzt hinzuzuziehen. Auch bei noch so geringen Verletzungen ist immer ein Arzt zu konsultieren.
- Es wird empfohlen, lange Haare am Kopf nach hinten wegzubinden, halten Sie mindestens 20 cm Abstand von allen Brennern, Heizgeräten und rotierenden Gegenständen wie z. B. Rührern.
- Wenn Sie mit Brenner arbeiten, versichern Sie sich, dass keine brennbaren Lösemittel in der Nähe stehen.
- Benutzen Sie die bereitgestellten Körperschutzmittel gemäß dem Hautschutzplan Ihres Laboratoriums oder Ihres Unternehmens.

In jedem Laboratorium muss gemäß § 14 der Gefahrstoffverordnung eine Betriebsanweisung aushängen, in der die bei der Tätigkeit mit Gefahrstoffen auftretenden Gefahren für Mensch und Umwelt aufgezählt und die erforderlichen Schutzmaßnahmen sowie die Verhaltensregeln beschrieben werden. In der Betriebsanweisung sind auch Anweisungen über das Verhalten im Gefahrfall und über die notwendige Erste Hilfe beschrieben.

Nach der Gefahrstoffverordnung und dem Chemikaliengesetz sind Gefahrstoffe:
- gefährliche Stoffe, welche nach § 3a des Chemikaliengesetzes kennzeichnungspflichtig (Gefahrensymbole: siehe Abschnitt 2.2.1.5) sind,
- explosionsfähige Stoffe und brennbare Stäube,
- Stoffe, aus denen gefährliche oder explosionsfähige Stoffe entstehen bzw. freigesetzt werden können oder
- Stoffe, die erfahrungsgemäß Krankheitserreger übertragen können.

Vor der Tätigkeit mit Gefahrstoffen ist jeder Labormitarbeiter verpflichtet, sich über das jeweilige Gefahrenpotential der verwendeten und herzustellenden Chemikalien sorgfältig zu informieren. Häufig muss dies vor Arbeitsbeginn vom Labormitarbeiter im Laborjournal auch dokumentiert werden.

Aufgabe

Lesen Sie sich die Betriebsanweisungen Ihres Laboratoriums mehrmals sorgfältig durch, so dass im Ernstfall automatisch und richtig gehandelt wird. Ihr Leben, Ihre Gesundheit oder das der Kollegen hängt oft nur von der richtigen Entscheidung im Ernstfall ab.
Welche Hautschutzmittel gemäß Hautschutzprogramm sollen Sie vor und nach der Arbeit anwenden?

2.2.1.2 Bauliche Sicherheitseinrichtungen im Laboratorium

In einem Laboratorium müssen viele Sicherheitseinrichtungen fest eingebaut sein. Darüber hinaus kann jeder Betreiber zusätzliche Einrichtungen in das Laboratorium einbauen.

Aufgabe

Überprüfen Sie, welche von den folgenden Einrichtungen in Ihrem Laboratorium oder in Ihr Laborgebäude eingebaut sind und wo sich die Einrichtungen befinden:
- mindestens zwei Türen pro Laboratorium, die weit voneinander entfernt sind; eine davon ist der „Notausgang",
- die Türen gehen nach außen auf,
- Feuerlöscher (welcher Typ?),
- Löschdecke,

- mehrere Augenwaschflaschen bzw. Augenduschen, verteilt an markanten Stellen im Laboratorium,
- zentrale Gasabschaltung, am besten außerhalb des Laboratoriums,
- zentrale Stromabschaltung,
- FIR-Stromschutzabschaltung/Sicherung,
- Steckdosen, die mit wasserdichten Klappen gesichert sind,
- feuerfeste Labortische, die nach innen etwas geneigt sind,
- Sicherheitsenergiehähne, farblich richtig gekennzeichnet,
- Energieleitungen (Gas, Wasser, Luft etc.) beschriftet oder farbig markiert,
- zentral abstellbare Energieleitungen,
- Arbeitsabzüge zum gefahrlosen Arbeiten mit gefährlichen Stoffen,
- Kontrollanzeige, ob die Abzüge angestellt sind,
- Tischabzüge,
- Abzüge über Waagen und Trocknungsschrank,
- Feuermelder bzw. Telefon,
- Notfallplan,
- Betriebsanweisungen und Gefahrstoffverordnung,
- Unfallverhütungsvorschriften,
- Merkblätter der Berufsgenossenschaft,
- Schränke bzw. Halterungen für Gasstahlflaschen (Druckbehälter).

Informieren Sie sich: Wie viele Kubikmeter Luft pro Stunde werden in Ihrem Laboratorium umgewälzt? Welche Sicherheitseinrichtungen sind zusätzlich in Ihrem Laboratorium eingebaut?

2.2.1.3 Brand- und Explosionsverhütung

Die Brand- und Explosionsgefahr durch brennbare Gase und Dämpfe ist eine wichtige Gefahrenquelle beim Arbeiten im Laboratorium. Brennbare Gefahrstoffe bilden mit Luft zündfähige Gemische, die sich beim Erreichen des Zündbereiches an offenen Flammen und an heißen Flächen entzünden können. Zur Beurteilung der Zündgefahr eines Gefahrstoffes ist die Kenntnis des Flammpunktes (siehe Tabelle 18-3), des Brennpunktes, der Zündtemperatur und des Zündbereiches notwendig.

Der *Flammpunkt* ist die niedrigste Temperatur in °C, bei der sich aus der zu prüfenden Flüssigkeit bei einem Druck von 1013 mbar Dämpfe in solcher Menge entwickeln, dass sie mit der Luft über der Flüssigkeit gerade ein zündfähiges Gemisch ergeben, welches sich bei Annäherung einer Zündquelle entzündet. Nach Wegnahme der Zündquelle erlischt die Flamme wieder.

Der *Brennpunkt* ist die Temperatur, bei der sich erstmalig so viele Dämpfe entwickeln, dass die Verbrennung nach Entfernung der Zündquelle weiter fortschreitet.

Die *Zündtemperatur* ist die Temperatur einer erhitzten Wandung, bei der sich das zündwilligste Brennstoff-Luft-Gemisch oder die Flüssigkeitströpfchen gerade von selbst entzünden.

Der *Zündbereich*, begrenzt durch die „obere" und „untere Zündgrenze", gibt den Konzentrationsbereich eines brennbaren Gases oder Dampfes in Luft an, innerhalb dessen die durch eine äußere Zündquelle eingeleitete Verbrennung *selbstständig* fortschreitet.

Unterhalb der unteren Zündgrenze kann das Gemisch nicht brennen und oberhalb der oberen Zündgrenze ist es zu brennstoffreich und kann nur mit weiterer Luftzufuhr brennen.

Beim Überschreiten der unteren Zündgrenze tritt nach erfolgter Zündung zunächst „nur" eine Verpuffung auf. Bei größerer Konzentration nehmen die Verbrennungsvorgänge immer mehr den Charakter einer Explosion oder einer Detonation an. Oberhalb des Zündbereiches wird dann die Zündungsgeschwindigkeit wieder kleiner, so dass der Vorgang immer mehr einer Verbrennung ähnelt.

Um die von einem Stoff ausgehende Gefährdung deutlich zu machen, wurde die Brand- und Gefahrenklassen entwickelt. Die Brandklassen kann man der Tabelle 18-4 des Anhanges entnehmen.

 Merken Sie sich die Brand- und Gefahrenklassen und ihre Einteilung nach Flammpunkt und Mischbarkeit!

Die durch die unterschiedlichen Flammpunkte und die Mischbarkeit mit Wasser entstehenden besonderen Gefahren, die von Flüssigkeiten ausgehen können, haben zu einer zusätzlichen Gefahrenklassifikation geführt. Sie ist der Tabelle 18-2 des Anhanges zu entnehmen.

Da ein Brand oder eine Explosion nur entsteht, wenn brennbarer Stoff in Gegenwart von Luftsauerstoff entzündet wird, ergeben sich drei Ansatzpunkte zur Brandverhütung:
- der Ausschluss des Luftsauerstoffes,
- der Ausschluss einer Zündquelle,
- die Mengenbeschränkung brennbarer Stoffe.

Zum Ausschluss von Luftsauerstoff wird unter einem Inertgas gearbeitet, z. B. unter Stickstoff oder Helium. Unter einem Inertgas versteht man ein Gas, welches derart reaktionsträge ist, dass es mit den beteiligten Reaktanten nicht reagiert.

Zum Ausschluss einer Zündquelle vermeidet man in explosionsgefährdeten Räumen offenes Feuer, Öfen, Feuerungen und offenes Licht. Auch entfernt liegende Zündquellen sind zu vermeiden, da die Dämpfe fast aller brennbarer Substanzen schwerer als Luft sind und sich deshalb in Gruben, Kanälen, Kellern und anderen tiefgelegenen Räumen sammeln. Eine gefährliche Zündungsursache ist die Funkenentladung durch die mit statischer Elektrizität aufgeladenen Flüssigkeiten, Stäube und Gase sowie die Entstehung von Reib- und Schlagfunken. Die

Bildung der elektrostatischen Aufladungen kann durch Erdung vermieden werden. Auch an heißen Flächen kann eine Zündung erfolgen.

Zur Mengenbeschränkung brennbarer Stoffe sollen brennbare Flüssigkeiten der Gefahrenklassen A1 und B an Arbeitsplätzen im Laboratorium nur in Standgefäßen von höchstens einem Liter Inhalt aufbewahrt werden. Die Gesamtmenge der für den Handgebrauch benötigten Flüssigkeiten der Klassen A1 und B soll so gering wie möglich gehalten werden.

Wegen der vielfältigen, in jedem Einzelfall zu ergreifenden Maßnahmen zur Verhinderung von Bränden und Explosionen, sollen hier nur einige grundsätzliche Hinweise gegeben werden.

2.2.1.4 Bekämpfung von Feuer

Ein im chemischen Laboratorium ausgebrochener Brand wird bekämpft mit den folgenden drei Maßnahmen, die gemeinsam angewendet werden können:
- Entziehung des Luftsauerstoffes,
- Abkühlen des Brandherdes,
- Beseitigung des Gefahrstoffes.

Dem Brandherd wird Sauerstoff entzogen, indem z. B. Fenster und Türen geschlossen gehalten werden, oder man verdrängt ihn mit einem Feuerlöschmittel. Durch den Einsatz von geeigneten Löschmitteln, z. B. Wasser, Kohlenstoffdioxid, Pulver oder Schaum, wird der Brandherd soweit abgekühlt, bis der Brand unterbrochen wird. Wenn es möglich ist, unterbricht man die Zufuhr des brennenden Stoffes durch das Absperren einer Leitung, z. B. die zentrale Abschaltung einer Gasleitung.

Im Mittelpunkt der Brandbekämpfung stehen immer die Feuerlöschmittel. Die Wahl des geeigneten Löschmittels hängt von der Brandklasse ab, zu der der brennende Stoff gehört.

Im Anhang sind die Brandklassen und die Löschmittel, mit denen Brände der jeweiligen Klasse bekämpft werden, zusammengestellt (Tabelle 18-4).

Der wichtigste Löscher für das chemische Laboratorium ist der Kohlensäurelöscher (Abbildung 2-1). Er enthält in einer stählernen Gasflasche unter Druck stehendes, flüssiges Kohlenstoffdioxid, CO_2. Beim Öffnen des Ventils kühlt das Gas durch die Entspannung ab und verfestigt sich zu Kohlenstoffdioxidschnee mit einer Temperatur von $-78\,°C$. Dadurch wird die Brandstelle gekühlt und der Sauerstoff verdrängt. Kohlenstoffdioxid kann auch zur Brandbekämpfung in elektrischen Anlagen verwendet werden. Auf eine ausreichende Sauerstoffversorgung des Brandbekämpfers ist zu achten, da das ungiftige Kohlenstoffdioxid den Luftsauerstoff aus der Atemluft verdrängt.

Alle Feuerlöscher besitzen eine Plombe, die noch unversehrt sein muss. Dann ist sicher, dass der Löscher noch nicht benutzt worden ist. Die Haltbarkeit des Löschers ist durch ein Ablaufdatum begrenzt, welches auf dem Löscher aufgedruckt sein muss.

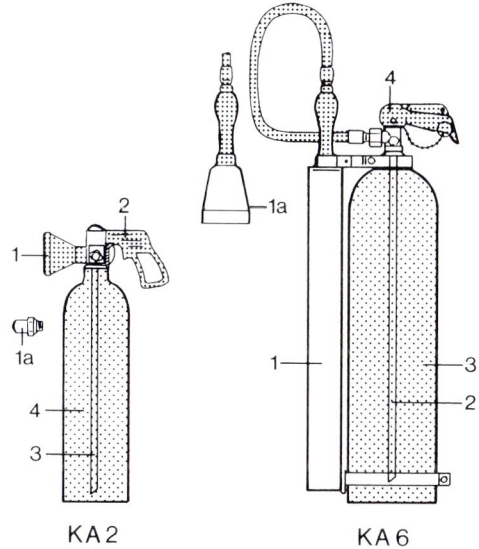

Abb. 2-1. Querschnitt durch einen Feuerlöscher.

Kohlensäurelöscher.
KA2: 1 Nebeldüse oder 1a Gasdüse, 2 Pistolenventil mit Sicherheits-Berstscheibe, 3 Steigrohr, 4 Kohlensäureflasche aus Aluminium;
KA6: 1 Schneerohr oder 1a Nebeldüse, 2 Steigrohr, 3 Kohlensäureflasche aus Aluminium, 4 Hebelventil mit Sicherheits-Berstscheibe.

Weit verbreitet sind auch die Pulverlöscher, welche die chemischen Reaktionen unterbrechen, die in einer Flamme ablaufen. Die Verschmutzung von Räumen durch das Pulver ist jedoch enorm. Diese Löscher dürfen nie in Computerräumen oder Reinräumen angewendet werden!

Zur Brandbekämpfung sollten in jedem chemischen Laboratorium Handfeuerlöschgeräte und ggf. Löschsand vorhanden sein. Mit ihnen lassen sich kleinere und mittlere Brände eindämmen, die durch ausgelaufene Lösemittel oder heftige Reaktionen in Schalen und Kolben entstehen.

 Bei größeren Bränden sind folgende Brandschutzregeln zu beachten:

1. Immer ohne eigene Gefährdung das Feuer bekämpfen, dabei Ruhe und Besonnenheit bewahren.
2. Menschenrettung steht an erster Stelle!
3. Bei überschaubaren Brandherden muss dem Melden des Feuers sofort die Bekämpfung mit dem nächsten, geeigneten Feuerlöscher folgen, sofern dies ohne Gefährdung möglich ist. Alle Maschinen und sonstige Aggregate sind abzustellen. Räume, Treppen und andere Zugänge sind stets zu räumen, um ein ungehindertes Arbeiten zu ermöglichen und Unfälle zu vermeiden.
4. Bei starker Rauchentwicklung müssen alle Türen und Fenster geschlossen werden, bis die Löschmittel unmittelbar eingesetzt werden können. Der Luftsauerstoff fördert jede Verbren-

nung und kann das Feuer zu einer mit einer Stichflamme verbundenen Explosion ausweiten.
5. Sind Gasdruckflaschen für verflüssigte und verdichtete Gase in Brand geraten, ist wegen der Explosionsgefahr sofort die Umgebung zu räumen, die Feuerwehr zu rufen und von der Anwesenheit der Gasdruckflaschen zu informieren.
6. Die Bedienungsanleitung der Feuerlöscher ist zu beachten. Der Brand wird stets von unten nach oben bekämpft, damit das Feuerlöschmittel unmittelbar an die brennenden Stoffe gelangt.
7. Wasser verwendet man als Feuerlöschmittel nur, wenn sicher ist, dass keine mit Wasser reagierenden Chemikalien beteiligt sind. Auf keinen Fall darf es eingesetzt werden, wenn Alkalimetalle, spezifisch leichtere, mit Wasser nicht mischbare Flüssigkeiten (z. B. Benzin) oder elektrische Anlagen brennen.
8. Brennende Kleidung von Personen wird durch Abdecken mit Löschdecken, durch Unterstellen unter die Löschbrause oder durch Benutzung einer Löschwanne gelöscht.

Praxisaufgabe

Gehen Sie zu der Betriebsfeuerwehr Ihres Unternehmens bzw. Behörde und lassen Sie sich die Handhabung eines Feuerlöschers erklären und löschen Sie ggf. verschiedene Übungsbrände (z. B. Benzin, Alkohol). Falls es in Ihrem Unternehmen keine Feuerwehr gibt, nehmen Sie Kontakt mit der örtlichen Feuerwehr auf.

Nehmen Sie eine Übungs-Löschdecke aus der Halterung und üben Sie deren Gebrauch an einem Kollegen. Falten Sie nach dem Gebrauch die Übungs-Löschdecke wieder korrekt zusammen.

Überprüfen Sie, ob alle Feuerlöscher in Ihrem Laboratorium noch eine unversehrte Plombe besitzen und ob deren Haltbarkeitsdatum noch nicht abgelaufen ist! Welche Löscher befinden sich in Ihrem Laboratorium?

2.2.1.5 Tätigkeit mit gesundheitsschädlichen Chemikalien

Dieses Kapitel soll helfen, Gesundheitsschäden bei Tätigkeiten mit gesundheitsgefährlichen Arbeitsstoffen, den Gefahrstoffen, zu vermeiden. Bei der Vielzahl dieser Gefahrstoffe ist eine Einteilung nach ihrer Wirkung auf den menschlichen Körper sinnvoll. Die Symbole dieser Gefahrstoffe sind als Übersicht im Anhang in Tabelle 18-6 abgebildet.

Das Chemikaliengesetz unterscheidet insgesamt 15 verschiedene Gefährlichkeitsmerkmale. Diese werden nach folgenden Eigenschaften eingeteilt:
- toxische Eigenschaften
  - sehr giftig (Gefahrensymbol T+)
  - giftig (Gefahrensymbol T)
  - gesundheitsschädlich (Gefahrensymbol Xn)
  - ätzend (Gefahrensymbol C)
  - reizend (Gefahrensymbol Xi)
  - sensibilisierend (ohne eigenes Gefahrensymbol)
- physikalisch-chemische Eigenschaften
  - hochentzündlich (Gefahrensymbol F+)
  - leichtentzündlich (Gefahrensymbol F)
  - entzündlich (ohne eigenes Gefahrensymbol)
  - brandfördernd (Gefahrensymbol O)
  - explosionsgefährlich (Gefahrensymbol E)
- ökotoxische Eigenschaften
  - umweltgefährlich (Gefahrensymbol N)
- spezielle toxische Eigenschaften
  - krebserzeugend (ohne eigenes Gefahrensymbol)
  - erbgutverändernd (ohne eigenes Gefahrensymbol)
  - fortpflanzungsgefährdend (ohne eigenes Gefahrensymbol)

Die Einstufung eines Stoffes erfolgt über die sog. R-Sätze (Gefahrenhinweise), sie geben an, welche konkreten Gefahren bei der Tätigkeit mit dem Stoff vorliegen. Das Gefahrensymbol gibt lediglich die Kennzeichnung wieder. Zusätzlich zu den R-Sätzen gibt es für jeden Stoff die Sicherheitsratschläge (S-Sätze). Diese weisen auf verbindliche Maßnahmen sowie die persönlichen Schutzmaßnahmen für die sichere Tätigkeit mit dem Gefahrstoff hin. Sowohl die R-Sätze als auch die S-Sätze sind im Anhang in Tabelle 18-7 zu finden.

Sehr giftig (T+) sind Gefahrstoffe, wenn sie schon in sehr geringen Mengen infolge von Einatmen, Verschlucken oder einer Aufnahme durch die Haut äußerst schwere akute bzw. chronische Gesundheitsschäden oder den Tod bewirken können.

Zur Unterscheidung der Toxizität werden folgende R-Sätze verwendet:

R 26: Sehr giftig beim Einatmen.
R 27: Sehr giftig bei Berührung mit der Haut.
R 28: Sehr giftig beim Verschlucken.

Giftig (T) sind Gefahrstoffe, wenn sie infolge von Einatmen, Verschlucken oder einer Aufnahme durch die Haut erhebliche akute oder chronische Gesundheitsschäden oder den Tod bewirken können.

Es gelten folgende R-Sätze:

R 23: Giftig beim Einatmen.
R 24: Giftig bei Berührung mit der Haut.
R 25: Giftig beim Verschlucken.

Gesundheitsschädlich (Xn) sind Gefahrstoffe, wenn sie infolge von Einatmen, Verschlucken oder einer Aufnahme durch die Haut Gesundheitsschäden von beschränkter Wirkung hervorrufen können. Große Mengen dieser Gefahrstoffe können auch zum Tod führen.
Die hierzu gehörenden R-Sätze sind:

R 20: Gesundheitsschädlich beim Einatmen.
R 21: Gesundheitsschädlich bei Berührung mit der Haut.
R 22: Gesundheitsschädlich beim Verschlucken.

Ätzend (C) sind Gefahrstoffe, wenn bei Berührung mit der Haut diese in ihrer gesamten Dicke zerstört wird. Es wird zwischen ätzenden und stark ätzenden Gefahrstoffen unterschieden. Bei stark ätzenden Substanzen wird die Haut innerhalb von 3 Minuten Einwirkzeit, bei ätzenden Stoffen innerhalb von 4 Stunden Einwirkzeit zerstört.
Man erkennt dies anhand der R-Sätze:

R 34: Verursacht Verätzungen.
R 35: Verursacht schwere Verätzungen.

Reizend (Xi) sind Gefahrstoffe, wenn sie nach maximal vierstündiger Einwirkzeit z. B. auf der Haut eine Entzündung (z. B. eine Rötung der Haut) bewirken, die mindestens 24 Stunden anhält, um dann wieder zurückzugehen. Die Wirkung ist somit in Unterscheidung zu „ätzend" eine reversible Körperreaktion.
Es gelten die R-Sätze:

R 36: Reizt die Augen.
R 37: Reizt die Atmungsorgane.
R 38: Reizt die Haut.
R 41: Gefahr ernster Augenschäden.

Sensibilisierend nennt man Gefahrstoffe die Allergien auslösen können.
Wenn eine Atemwegsallergie ausgelöst wird, muss der Gefahrstoff mit dem Gefahrensymbol Xn (Gesundheitsschädlich) und dem R-Satz R 42 gekennzeichnet werden.

R 42: Sensibilisierung durch Einatmen möglich.

Die Auslösung einer weniger gefährlichen Hautallergie kennzeichnet das Gefahrensymbol Xi (Reizend) und der R-Satz:

R 43: Sensibilisierung durch Hautkontakt möglich.

Hochentzündlich (F+) sind Gefahrstoffe, wenn sie als flüssige Stoffe oder Zubereitungen einen Flammpunkt unter 0 °C und einen Siedepunkt von höchstens 35 °C haben. Gasförmige Stoffe werden als hochentzündlich eingestuft, wenn sie bei Normalbedingungen bei Luftkontakt entzündlich reagieren.
Der hier anzugebende R-Satz ist:

R 12: Hochentzündlich.

Leichtentzündlich (F) sind Gefahrstoffe, wenn sie
- sich bei Raumtemperatur an der Luft ohne Energiezufuhr erhitzen und schließlich entzünden können,
- in festem Zustand durch kurzzeitige Einwirkung einer Zündquelle leicht entzündet werden können und nach deren Entfernung weiterbrennen oder weiterglimmen,
- in flüssigem Zustand einen Flammpunkt unter 21 °C besitzen,
- als Gase bei Normaldruck mit Luft einen Zündbereich haben oder
- bei Berührung mit Wasser oder mit feuchter Luft leicht entzündliche Gase in gefährlicher Menge entwickeln.

Flüssigkeiten mit einem Siedepunkt unter 140 °C sind sehr oft leichtentzündlich.
Die R-Sätze für diese Gefahrengruppe sind:

R 11: Leichtentzündlich
R 15: Reagiert mit Wasser unter Bildung hochentzündlicher Gase.
R 17: Selbstentzündlich an der Luft.

Entzündlich sind Gefahrstoffe, wenn sie in flüssigem Zustand einen Flammpunkt von 21 °C bis einschließlich 55 °C besitzen. Da diese Gefahrenkategorie kein eigenes Gefahrensymbol hat, erkennt man die Gefahr nur über den dazugehörenden R Satz:

R 10: Entzündlich.

Brandfördernd (O) sind Gefahrstoffe, wenn sie bei Berührung mit anderen, insbesondere entzündlichen Stoffen stark wärmeerzeugend reagieren können oder zur Stoffklasse der organischen Peroxide gehören. Diese können leicht Sauerstoff abspalten, der unabhängig vom Luftsauerstoff eine Verbrennung ermöglicht. Die R-Sätze unterscheiden hierbei nach den Stoffeigenschaften:

R 8: Feuergefahr bei Berührung mit brennbaren Stoffen.
R 9: Explosionsgefahr bei Mischung mit brennbaren Stoffen.

Explosionsgefährlich (E) sind Gefahrstoffe, wenn sie durch Flammentzündung zur Explosion gebracht werden können oder gegen Stoß oder Reibung empfindlicher sind als Dinitrobenzol. Unter anderem zählen auch alle Sprengstoffe (R 3) zu dieser Kategorie für die allerdings das wesentlich strengere Sprengstoffgesetz zählt.
Die R-Sätze sind:

R 2: Durch Schlag, Reibung, Feuer oder andere Zündquellen explosionsfähig.
R 3: Durch Schlag, Reibung, Feuer oder andere Zündquellen besonders explosionsfähig.

Umweltgefährlich (N) sind Gefahrstoffe, wenn sie Wasser, Boden, Luft, Klima, Pflanzen oder Mikroorganismen derart verändern, dass Gefahren für die Umwelt entstehen.
Es gelten nach Art der Auswirkung folgende R-Sätze:

R 50: Sehr giftig für Wasserorganismen.
R 51: Giftig für Wasserorganismen.
R 52: Schädlich für Wasserorganismen.
R 53: Kann in Gewässern längerfristig schädliche Wirkung haben.
R 54: Giftig für Pflanzen.
R 55: Giftig für Tiere.
R 56: Giftig für Bodenorganismen.
R 57: Giftig für Bienen.
R 58: Kann längerfristig schädliche Wirkungen auf die Umwelt haben.
R 59: Gefahr für die Ozonschicht.

Die drei folgenden Kategorien werden häufig als cmr-Stoffe (für cancerogen, mutagen, reproduktionstoxisch) bzw. als KEF-Substanzen (krebserzeugend, erbgutverändernd, fortpflanzungsgefährdend) zusammengefasst.

Krebserzeugend (*cancerogen*) sind Gefahrstoffe, wenn sie infolge von Einatmen, Verschlucken oder Hautresorption beim Menschen Krebs verursachen oder die Krebshäufigkeit erhöhen können. Dies ist der Fall, wenn
- eindeutige epidemiologische Befunde vorliegen,
- sie die Häufigkeit bösartiger Geschwülste in einem nach geeigneten Methoden durchgeführten Tierversuch bei Zufuhr der gerade noch verträglichen Menge über die Atemwege, in den Magen oder über die Haut erhöhen und sich in geeigneten Kurzzeittesten Anhaltspunkte für krebserzeugende oder erbgutverändernde Eigenschaften ergeben haben oder
- sie die Häufigkeit bösartiger Geschwülste in einem nach geeigneten Methoden durchgeführten Tierversuch an einem Säugetier

bei Zufuhr über die Atemwege, in den Magen oder über die Haut erhöhen, wobei die zugeführten Mengen unter Berücksichtigung eines ausreichenden Sicherheitsfaktors der menschlichen Exposition vergleichbar sind.

Krebserzeugende Stoffe werden nach den EU-Richtlinien in drei Kategorien eingeteilt:

Kategorie 1: Stoffe, die beim Menschen bekanntermaßen krebserzeugend wirken
Bei diesen Stoffen weiß man definitiv, dass eine krebserzeugende Wirkung beim Menschen besteht. Bei Verwendung dieser Stoffe gelten strenge Sicherheitsregeln, gegenüber der Behörde muss nachgewiesen werden, dass kein ungefährlicherer Ersatzstoff zur Verfügung steht (Substitutionsprinzip). Stoffe dieser Kategorie müssen mit dem Gefahrensymbol T (Giftig) und dem R-Satz R 45 und ggf. R 49 gekennzeichnet werden.

R 45: Kann Krebs erzeugen.
R 49: Kann Krebs erzeugen beim Einatmen.

Kategorie 2: Stoffe, die sich im Tierversuch als eindeutig krebserzeugend erwiesen haben
Auch wenn bei diesen Stoffen noch kein eindeutiger Beweis für eine Krebserzeugung beim Menschen nachgewiesen werden konnte, werden diese Stoffe wie die Kategorie 1 behandelt und gekennzeichnet.

Kategorie 3: Stoffe mit Verdacht auf krebsauslösende Wirkung
In diese Kategorie fallen Stoffe, die zum einen sehr gut untersucht sind und deren krebserzeugende Eigenschaft erst oberhalb einer deutlich wahrnehmbaren Warnwirkung einsetzt, so dass sie nicht in die Kategorie 2 fallen. Zum anderen sind hier Stoffe zu finden, bei denen ein Anfangsverdacht auf krebserzeugende Wirkung besteht, dieser allerdings noch nicht hinreichend bewiesen werden konnte.
Stoffe der Kategorie 3 werden mit dem Gefahrensymbol Xn (Gesundheitsschädlich) und dem R-Satz R 40 gekennzeichnet.

R 40: Verdacht auf krebserzeugende Wirkung.

Erbgutverändernd (mutagen) sind Gefahrstoffe, wenn sie nach Eindringen in den menschlichen Organismus zu einer Veränderung des Informationsgehaltes des genetischen Materials an Keimzellen führen können; solche Veränderungen können sowohl bei Genen als auch bei Chromosomen verursacht werden.
Nach den EU-Richtlinien (analog zu den krebserzeugenden Wirkungen) werden Stoffe der Kategorie 1 und 2 mit dem Gefahrensymbol T (Giftig) und dem R-Satz R 46 gekennzeichnet. Stoffe der Kategorie 3 erkennt man an dem Gefahrensymbol Xn (Gesundheitsschädlich) und dem R-Satz R 68.

R 46: Kann vererbbare Schäden verursachen.
R 68: Irreversibler Schaden möglich.

Fortpflanzunggefährdend (*teratogen* bzw. *reproduktionstoxisch*) sind Gefahrstoffe, wenn sie das vorgeburtliche Leben des Menschen derart schädigen, dass eine dauerhafte (irreversible) Fruchtfehlentwicklung im Mutterleib oder eine dauerhafte (irreversible) Beeinträchtigung der weiteren Entwicklung der Nachkommen verursacht werden kann. Dies ist der Fall, wenn

- eindeutige epidemiologische Befunde vorliegen oder
- sie in geeigneten Tierversuchen bei Zufuhr über die Atemwege, in den Magen oder über die Haut eine dauerhafte Fruchtschädigung verursachen können; die hierbei zugeführten Mengen dürfen für das Muttertier nicht toxisch sein und sollen unter Berücksichtigung eines ausreichenden Sicherheitsfaktors der möglichen Exposition des Menschen entsprechen.

Stoffe der ersten beiden EU-Kategorien werden mit dem Gefahrensymbol T (Giftig) und dem R-Satz R 61 gekennzeichnet. Bei Einstufung in Kategorie 3 findet das Gefahrensymbol Xn (Gesundheitsschädlich) und R-Satz R 63 sowie ggf. R 64 Verwendung.

R 61: Kann das Kind im Mutterleib schädigen.
R 63: Kann das Kind im Mutterleib möglicherweise schädigen.
R 64: Kann Säuglinge über die Muttermilch schädigen.

Auf sonstige Weise für den Menschen schädigend sind Gefahrstoffe, wenn sie bei langanhaltender Aufnahme kleiner Mengen infolge von Einatmen, Verschlucken oder Aufnahme durch die Haut chronische Gesundheitsschäden verursachen, die durch die vorherigen Bezeichnungen nicht klassifiziert werden können.

Atemgifte sind besonders gefährliche Substanzen im Labor und werden daher im Folgenden detailliert betrachtet:
Die Atemgifte werden in vier Gruppen unterteilt:
- erstickend wirkende Gase,
- narkotisch wirkende Gase,
- Reizgase und
- die übrigen giftigen Gase.

Die *erstickenden* Gase und Dämpfe können Gase und Dämpfe sein, die an sich nicht gesundheitsschädlich sind, aber zum Ersticken führen, wenn ihre Beimischung zu Luft deren Sauerstoffgehalt unterhalb 15 % reduziert. Hierzu gehören z. B. Stickstoff, Helium, Kohlenstoffdioxid und Argon. Die Tätigkeit mit solchen Gasen und Dämpfen ist u. U. problematisch, weil das Gas mit den menschlichen Sinnen nicht erfasst werden kann. Da die meisten dieser Stoffe schwerer als Luft sind, sammeln sie sich an den jeweils tiefsten Stellen. Deshalb ist es verboten, in

Gruben, Schächten oder geschlossenen Behältern ohne besondere Sicherheitsmaßnahmen und ohne Überprüfung der Atemluft einzusteigen. Eine Atemschutzmaske mit Filtereinsatz ist unbrauchbar, da nicht genügend Sauerstoff im entsprechenden Gasgemisch vorhanden ist und diese Geräte nur gegen geringe Mengen giftiger Stoffe wirksam sind. In Weinkellern sterben beim Gärungsprozess in jedem Jahr leider viele Winzer, weil sie die sauerstoffverdrängende Wirkung des Kohlenstoffdioxides nicht beachten.

Die *narkotischen Gase und Dämpfe* haben betäubende Wirkung. Stoffe, die dabei keine schweren Nachwirkungen zeigen (z. B. das Distickstoffoxid, Lachgas, N_2O), werden in der Medizin zur Narkose verwendet. Andere Substanzen (z. B. Benzol) wirken stark schädigend und in großen Konzentrationen sogar tödlich.

Reizgase üben eine stark reizende, bei entsprechend hoher Konzentration ätzende Wirkung, vor allem auf die Schleimhäute und Augen aus. Dazu gehören alle Gase, die in wässriger Lösung Säuren oder Laugen bilden. Reizende Wirkung zeigen mitunter aber auch die Stäube bestimmter Salze (Silberchlorid, Natriumcarbonat).

Die übrigen giftigen und gesundheitsschädlichen Stoffe werden nochmals unterschieden in einerseits giftige Feststoffe und Stäube mineralischer oder pflanzlicher Natur und andererseits in giftige Flüssigkeiten, die in erster Linie durch Hautresorption ins Blut gelangen und sowohl das Blut selbst als auch die Leber und andere Organe schädigen.

Die Gefahr der Aufnahme giftiger Flüssigkeiten ist besonders bei der Tätigkeit mit organischen Lösungsmitteln (z. B. Aceton, Benzol, halogenierte Kohlenwasserstoffe) sehr groß. Hinzu kommt oft deren betäubende Wirkung, so dass stets für frische Luft im Laboratorium gesorgt werden muss.

Die giftigen Gase und Dämpfe wirken oft schon in geringen Mengen tödlich. Besonders gefährlich ist die Tätigkeit mit ihnen, wenn sie, wie z. B. Kohlenstoffmonoxid (CO), geruch- und farblos sind.

Mit Atemschutzgeräten soll das Einatmen schädlicher Stoffe verhindert werden. Ist der Sauerstoffgehalt der Luft *unter 17 %* gesunken oder die Gaskonzentration unbekannt, dann müssen Geräte verwendet werden, die von der Umgebungsluft unabhängig sind. Dazu sind z. B. Schlauchgeräte, Sauerstoffschutzgeräte oder Pressluftatmer geeignet.

Liegt der Sauerstoffgehalt der Luft *oberhalb 17 %* und die Schadstoffkonzentration *unterhalb 0,5 %*, dann sind geeignete Atemschutzfilter ausreichend. Dabei ist zu beachten, dass Partikelfilter nicht vor Gasen und Dämpfen, und Atemfilter nicht vor Schwebstoffen schützen. Die Atemfilter sind jeweils für bestimmte Stoffe geeignet und entsprechend gekennzeichnet (siehe Tabelle 18-5). Nach Ablauf der angegebenen Lagerzeit müssen auch ungebrauchte Filter ersetzt werden. Atemfilter werden nach ihrem jeweiligen Schutzumfang entsprechend DIN 3181 in Filterklassen eingeteilt.

Aufgabe

Suchen Sie für folgende Chemikalien die R- und S-Sätze aus einer Sicherheitsdatenbank.
- Schwefelsäure 96 %
- Acetanilid
- Aceton
- Dimethylether
- Brom

Stoffe, die noch nicht vollständig überprüft und einkategorisiert wurden (z. B. Forschungsprodukte), müssen nach § 5 des Chemikaliengesetzes mit dem Hinweis „Achtung – noch nicht vollständig geprüfter Stoff" bzw. bei Stoffgemischen „Achtung – diese Zubereitung enthält einen noch nicht vollständig geprüften Stoff" versehen werden.

Für jeden Stoff müssen vom Hersteller vor dem Inverkehrbringen Sicherheitsdatenblätter von fachkundigen Personen erstellt werden. Diese Sicherheitsdatenblätter sind wichtige Informationsquellen für den Anwender und müssen daher ständig aktualisiert werden. Sie müssen folgende Informationen enthalten:
- Stoffname und Firmenbezeichnung,
- Stoffzusammensetzung inkl. der Arbeitsplatzgrenzwerte,
- mögliche Gefahren,
- Erste-Hilfe-Maßnahmen,
- Maßnahmen zur Brandbekämpfung,
- Maßnahmen bei unbeabsichtigter Freisetzung,
- Handhabung und Lagerung,
- Expositionsbegrenzung und persönliche Schutzausrüstung,
- physikalische und chemische Eigenschaften,
- Stabilität und Reaktivität,
- Angaben zur Toxikologie,
- Angaben zur Ökologie,
- Angaben zur Entsorgung,
- Angaben zum Transport und
- sonstige Angaben.

Weitere Informationsquellen für die Gefährdungsbeurteilung des Arbeitsplatzes sind:
- EU-Richtlinien,
- Berufsgenossenschaftliche Vorschriften (BGV, früher UVV),
- Berufsgenossenschaftliche Regeln (BGI, BGR),
- Berufsgenossenschaftliche Merkblätter (M-Merkblätter) und
- Datenbanken wie: Tox-line, GisChem, GESTIS.

2.2.1.6 Grenzwerte

Ein entscheidender Faktor beim praktischen Arbeitsschutz ist die Aufstellung und natürlich die Einhaltung von Grenzwerten, d. h. Belastungen des Laborarbeiters. Durch die Neufassung der Gefahrstoffverordnung (Januar 2005) wurde ein neues Grenzwertkonzept eingeführt. Die bisher verwendeten Grenzwerte wie MAK-Wert (Maximale Arbeitsplatzkonzentration) und TRK-Wert (Technische Richtkonzentration) wurden alle durch einen allgemeingültigen Arbeitsplatzgrenzwert (AGW) ersetzt.

> „Der Arbeitsplatzgrenzwert (AGW) ist der Grenzwert für die zeitlich gewichtete durchschnittliche Konzentration eines Stoffes in der Luft am Arbeitsplatz in Bezug auf einen gegebenen Referenzzeitraum. Er gibt an, bei welcher Konzentration eines Stoffes akute oder chronische schädliche Auswirkungen auf die Gesundheit im Allgemeinen nicht zu erwarten sind." § 3 Abs. 6, Gefahrstoffverordnung

Der AGW ist somit noch am ehesten mit dem MAK-Wert zu vergleichen. Allerdings fehlt dem AGW der Arbeitszeitbezug. Die meisten MAK-Werte wurden als AGW übernommen.

Die Definition des MAK-Wertes lautete: „Der MAK-Wert (maximale Arbeitsplatzkonzentration) ist die höchstzulässige Konzentration eines Arbeitsstoffes als Gas, Dampf oder Schwebstoff in der Luft am Arbeitsplatz, die nach dem gegenwärtigen Stand der Kenntnis auch bei wiederholter und langfristiger, in der Regel täglich 8-stündiger Exposition, jedoch bei Einhaltung einer durchschnittlichen Wochenarbeitszeit von 40 Stunden (in Vierschichtbetrieben 42 Stunden je Woche im Durchschnitt von vier aufeinanderfolgenden Wochen) im Allgemeinen die Gesundheit der Beschäftigten und deren Nachkommen nicht beeinträchtigt und diese nicht unangemessen belästigt". Die MAK-Werte wurden aufgrund toxikologischer und arbeitsmedizinischer bzw. industriehygienischer Erfahrungen bei der Tätigkeit mit den betreffenden Stoffen aufgestellt und ständig überprüft und ggf. korrigiert. Bis der AGW in die „Technischen Regeln" eingearbeitet ist, können die bisherigen MAK-Werte für die Beurteilung der Gefährdung am Arbeitsplatz weiterhin herangezogen werden.

Aufgabe

> Suchen Sie sich mit Hilfe einer AGW-Tabelle (Datenbank) die AGW-Werte folgender Chemikalien:
> - Methanol
> - Ethanol
> - n-Hexan
> - 2-Methyl-pentan
> - Trichlormethan (Chloroform)
> - Benzol

> Welcher Stoff hat wahrscheinlich die größte toxische Wirkung auf den menschlichen Körper?

Der TRK-Wert
Konnten nach der bis 2005 geltenden Gefahrstoffverordnung für bestimmte Stoffe keine MAK-Werte aufgestellt werden, weil eine Wirkung des Stoffes auf den menschlichen Organismus vermutet aber noch nicht mengenmäßig bestimmbar war, dann trat an die Stelle des MAK-Wertes die Technische Richtkonzentration (TRK-Wert). Diese TRK-Werte waren Richtkonzentrationen, die als Jahresmittelwerte nicht überschritten werden durften. Als Einwirkungsdauer galten 8 Stunden täglich und 40 Stunden wöchentlich. Leider gibt es hier im neuen Gefahrstoffrecht keine analogen Grenzwerte. Da die Unternehmen allerdings weiterhin aufgefordert sind geeignete Schutzmaßnahmen für die Arbeitnehmer betrieblicherseits zu ergreifen, müssen hier unbedingt Orientierungswerte geschaffen bzw. die alten TRK-Werte weiterhin mindestens eingehalten werden.

2.2.1.7 Schutzmaßnahmen

Die Gefahrstoffverordnung fordert, dass die Gesundheit und die Sicherheit der Arbeitnehmer bei Tätigkeiten mit Gefahrstoffen sichergestellt sein müssen.

Schutzmaßnahmen zur Verhinderung gesundheitsschädigender Gefahren bestehen in technischen Einrichtungen, die dem jeweiligen Stoff und dem durchgeführten Verfahren entsprechen müssen. Darüber hinaus werden die Gefahrenstellen gekennzeichnet und die betroffenen Arbeitnehmer bei Tätigkeiten mit Gefahrstoffen sorgfältig unterwiesen.

Im sog. Schutzstufenkonzept werden die zu ergreifenden Maßnahmen in vier aufeinander aufbauende Stufen eingeordnet. Anhand der Gefahrenmerkmale der tatsächlich verwendeten Gefahrstoffe und der betriebsinternen Gefährdungsbeurteilung werden technische, organisatorische und persönliche Schutzmaßnahmen und deren Wirksamkeitskontrollen vorgeschrieben.

Schutzstufe 1: Liegt aufgrund der Arbeitsbedingungen, der geringen Stoffmengen und der dauerhaft niedrigen Exposition nur eine geringe Gefährdung vor, müssen folgende Maßnahmen ergriffen werden:
- Die Gefährdung der Gesundheit und der Sicherheit der Beschäftigten bei Tätigkeiten mit Gefahrstoffen ist zu beseitigen oder auf ein Minimum zu reduzieren. Dies wird z. B. erreicht durch:
  – Bereitstellung geeigneter Arbeitsmittel für Tätigkeiten mit Gefahrstoffen,
  – Begrenzung der Anzahl der Beschäftigten, die Gefahrstoffen ausgesetzt sind oder ausgesetzt sein können,
  – Begrenzung der Dauer und des Ausmaßes der Exposition,
  – angemessene Hygienemaßnahmen, insbesondere die regelmäßige Reinigung des Arbeitsplatzes,

- Begrenzung der am Arbeitsplatz vorhandenen Gefahrstoffe auf die für die betreffende Tätigkeit erforderliche Menge.
- Die Kontamination des Arbeitsplatzes und die Gefährdung der Beschäftigten ist so gering wie möglich zu halten. Der Arbeitgeber hat die Funktion und die Wirksamkeit der technischen Schutzmaßnahmen regelmäßig, mindestens jedoch jedes dritte Jahr, zu überprüfen; das Ergebnis der Prüfung ist aufzuzeichnen.
- Der Arbeitgeber hat sicherzustellen, dass alle bei Tätigkeiten verwendeten Stoffe und Zubereitungen identifizierbar sind.
- Gefahrstoffe sind so aufzubewahren oder zu lagern, dass sie die menschliche Gesundheit und die Umwelt nicht gefährden. Es sind dabei Vorkehrungen zu treffen, um Missbrauch oder Fehlgebrauch zu verhindern.
- Gefahrstoffe dürfen nicht in solchen Behältern aufbewahrt oder gelagert werden, durch deren Form oder Bezeichnung der Inhalt mit Lebensmitteln verwechselt werden kann. Gefahrstoffe dürfen nur übersichtlich geordnet und nicht in unmittelbarer Nähe von Arzneimitteln, Lebens- oder Futtermitteln einschließlich deren Zusatzstoffe aufbewahrt oder gelagert werden.
- Gefahrstoffe, die nicht mehr benötigt werden, und Behältnisse, die geleert worden sind, die aber noch Reste von Gefahrstoffen enthalten können, sind sicher zu handhaben, vom Arbeitsplatz zu entfernen, zu lagern oder sachgerecht zu entsorgen.

Die Schutzstufe 1 gilt für reizende (Xi), für gesundheitsschädliche (Xn) und für ätzende (C) Gefahrstoffe bei niedriger Exposition, wenn die Maßnahmen der Schutzstufe 1 ausreichen.

Schutzstufe 2: Reichen die zur Sicherung der Beschäftigten einzuhaltenden Maßnahmen der Schutzstufe 1 nicht aus, sind die Maßnahmen der Schutzstufe 2 zu ergreifen. Die Schutzstufe 2 ist bei Gefahrstoffen die übliche grundlegende Schutzstufe.

Die Maßnahmen müssen in folgender Reihenfolge ergriffen werden:
1) kollektive Schutzmaßnahmen (z. B. technische Quellenabsaugung),
2) organisatorische Schutzmaßnahmen (z. B. durch Anpassung der Arbeitsorganisation),
3) individuelle Schutzmaßnahmen (z. B. zusätzliche persönliche Schutzausrüstung (PSA)).

Zunächst gilt es somit unabhängig von der Kostensituation die Absaugvorrichtungen zu optimieren, bevor die Mitarbeiter mit Atemmasken ausgestattet werden.

Folgende Maßnahmen müssen nach dem Schutzstufenkonzept ergriffen werden:

- „Der Arbeitgeber hat dafür zu sorgen, dass die durch einen Gefahrstoff bedingte Gefährdung der Gesundheit und Sicherheit der Beschäftigten bei der Arbeit durch die in der Gefährdungsbeurteilung festgelegten Maßnahmen beseitigt oder auf ein Mindestmaß verringert wird. Um dieser Verpflichtung nachzukommen, hat der Arbeitgeber bevorzugt eine Substitution durchzuführen. Insbesondere hat er Tätigkeiten mit Gefahrstoffen zu vermeiden oder Gefahrstoffe durch Stoffe, Zubereitungen oder Erzeugnisse oder Verfahren zu ersetzen, die unter den jeweiligen Verwendungsbedingungen für die Gesundheit und Sicherheit der Beschäftigten nicht oder weniger gefährlich sind. Der Verzicht auf eine mögliche Substitution ist in der Dokumentation der Gefährdungsbeurteilung zu begründen. …
- Beschäftigte müssen bereitgestellte persönliche Schutzausrüstungen benutzen, solange eine Gefährdung besteht. Der Arbeitgeber darf das Tragen von belastender persönlicher Schutzausrüstung nicht als ständige Maßnahme zulassen und dadurch technische oder organisatorische Schutzmaßnahmen nicht ersetzen.
- Der Arbeitgeber ist verpflichtet, getrennte Aufbewahrungsmöglichkeiten für die Arbeits- oder Schutzkleidung einerseits und die Straßenkleidung andererseits zur Verfügung zu stellen, sofern bei Tätigkeiten eine Gefährdung der Beschäftigten durch eine Verunreinigung der Arbeitskleidung zu erwarten ist.
- Der Arbeitgeber hat zu ermitteln, ob die Arbeitsplatzgrenzwerte eingehalten sind. Dies kann durch Arbeitsplatzmessungen oder durch andere gleichwertige Beurteilungsverfahren erfolgen. Werden Tätigkeiten entsprechend eines vom Ausschuss für Gefahrstoffe ermittelten und vom Bundesministerium für Wirtschaft und Arbeit veröffentlichten verfahrens- und stoffspezifischen Kriteriums durchgeführt, kann der Arbeitgeber von einer Einhaltung der Arbeitsplatzgrenzwerte ausgehen.
- Die Beschäftigten dürfen in Arbeitsbereichen, in denen die Gefahr einer Kontamination durch Gefahrstoffe besteht, keine Nahrungs- oder Genussmittel zu sich nehmen. Der Arbeitgeber hat hierfür vor Aufnahme der Tätigkeiten geeignete Bereiche einzurichten."
- Wenn Tätigkeiten mit Gefahrstoffen von einem Beschäftigten alleine ausgeführt werden, hat der Arbeitgeber in Abhängigkeit von dem Ergebnis der Gefährdungsbeurteilung zusätzliche Schutzmaßnahmen zu treffen oder eine angemessene Aufsicht zu gewährleisten. Dies kann auch durch Einsatz technischer Mittel sichergestellt werden.

Schutzstufe 3: Reichen auch die zur Sicherung der Beschäftigten einzuhaltenden Maßnahmen der Schutzstufe 2 nicht aus, sind die Maßnahmen der Schutzstufe 3 zu ergreifen. Dies gilt ebenfalls immer, wenn mit sehr giftigen, giftigen oder sog. KEF-Stoffen (krebserzeugend, erbgutverändernd, fortpflanzungsgefährdend) gearbeitet wird. Stoffe der Schutzstufe 3 sind in geschlossenen Systemen zu handhaben. Die Einhaltung der Arbeitsplatzgrenzwerte muss durch Messung der Konzentration der Stoffe in der Luft am Arbeitsplatz überprüft und dokumentiert werden. Alternative sinnvolle Nachweismethoden sind hierbei erlaubt.

Stoffe der Schutzgruppe 3 müssen unter Verschluss aufbewahrt werden, so dass nur Fachkundige Zugang zu ihnen haben.

Schutzstufe 4: Die höchste Schutzstufe gilt für KEF-Stoffe der Kategorie 1 und 2 bei denen konkret eine Schädigung beim Menschen bzw. beim Tier nachgewiesen werden konnte. Hier muss der betreffende Stoff tatsächlich gemessen werden, alternative Nachweismethoden sind ausdrücklich ausgeschlossen. Die Arbeitsbereiche der Schutzstufe 4 müssen deutlich abgegrenzt und gekennzeichnet werden.

2.2.2
Gesetzliche Grundlagen

Die Erfordernisse des Arbeitsschutzes sind in Gesetzen und den auf ihrer Grundlage erlassenen Verordnungen sowie in den Unfallverhütungsvorschriften der Berufsgenossenschaften niedergelegt. In diesen Rechtsvorschriften werden vielfach die zu fordernden Schutzziele nur in allgemeiner Form angegeben. Die technischen Mittel und Methoden, mit denen sie erreicht werden können, findet man in umfangreichen Regelwerken, in den Vorschriften technischer Verbände (beispielsweise des Vereins Deutscher Ingenieure (VDI) oder des Vereins Deutscher Elektroingenieure (VDE)), in den Richtlinien und Merkblättern der Berufsgenossenschaften, in Normblättern und neueren einschlägigen Publikationen. Die Gesamtheit dieser Informationen bildet den Stand der Technik. Dieser wird leider nirgendwo als Ganzes dargestellt, muss aber vom Sicherheitsfachmann überblickt werden und muss zumindest in Bezug auf die Informationsmöglichkeiten bekannt sein. Daher werden in der chemischen Industrie Sicherheitsreferenten und Sicherheitsbeauftragte benannt und besonders ausgebildet. In größeren Unternehmen gibt es sehr häufig ganze Abteilungen, deren Mitarbeiter sich mit der Unfallverhütung und dem Arbeitsschutz befassen.

Eine optimale Sicherheit der Arbeitsplätze herzustellen, kann aber nicht bedeuten, dass jede denkbare Sicherheitsvorkehrung, die auch absurdeste Verhaltensweisen der Beschäftigten berücksichtigt, in der Praxis verwirklicht werden muss. Es muss von den ausgebildeten Mitarbeitern in gewissen Grenzen einsichtiges Verhalten erwartet werden. Hinsichtlich der technischen Vorkehrungen muss ein sinnvoller Kompromiss zwischen den denkbaren Maßnahmen und dem notwendigen wirtschaftlichen Aufwand gefunden werden. Arbeitsschutz ist also immer eine fachliche Leistung im Umgang mit chemischen Prozessen.

2.2.2.1 Berufsgenossenschaft der chemischen Industrie

Gegen Ende des 19. Jahrhunderts wurden die Unternehmer wegen der zunehmenden Industrialisierung durch das Reichshaftpflichtgesetz von 1871 zum Ersatz des Schadens verpflichtet, den einer ihrer Arbeitnehmer durch ihre Schuld erlitt. Diese sog. Unternehmerhaftpflicht wurde abgelöst durch die unter Bismarck 1884 entstandene Sozialversicherung. Daraus entwickelte sich 1911 eine gesetzliche Durchführungsgrundlage, die Reichsversicherungsordnung (RVO). Ein Zweig dieser heutigen Sozialversicherung ist die Gesetzliche Unfallversicherung. Träger dieser gesetzlichen Unfallversicherung sind die Berufsgenossenschaften, die nach Gewerbezweigen gegliedert sind.

Die Berufsgenossenschaft der chemischen Industrie (BG Chemie) besteht als Körperschaft des öffentlichen Rechts seit dem 6.6.1885 und hat folgende Merkmale:

- Sie ist eine bundesunmittelbare, rechtsfähige Körperschaft des öffentlichen Rechts.
- Sie hat das Recht auf Selbstverwaltung durch ehrenamtliche Vertreter der Arbeitgeber und -nehmer der chemischen Industrie.
- Es finden Sozialwahlen alle sechs Jahre statt.
- Sie bildet Ausschüsse in den Organen.
- Die Aufbringung der Mittel wird durch nachträgliche Bedarfsdeckung (Eigenumlage, Konkursausfallgeld und Lastenausgleich) erreicht.

Die BG Chemie ist zusammen mit den übrigen 35 gewerblichen Berufsgenossenschaften Mitglied des Hauptverbandes der gewerblichen Berufsgenossenschaften e.V.

Mitglied der BG Chemie sind kraft Gesetzes alle Unternehmer im Bereich der chemischen Industrie. Nur sie bringen die notwendigen Geldmittel im Umlageverfahren auf, nicht die Arbeitnehmer. Dabei wird der im Laufe eines Jahres ermittelte Finanzbedarf nachträglich auf die Mitglieder umgelegt. Die Beitragshöhe bemisst sich nach der Jahreslohnsumme eines Betriebes und der Gefahrenklasse, in die er eingestuft wurde. Die Gefahrenklasse ist abhängig von der Anzahl der meldepflichtigen Unfälle, der sog. 1000-Mann-Quote. Man rechnet mit einer einfachen Proportion hoch, wie viele Unfälle pro 1000 Mitarbeiter und Jahr geschehen sind.

Versicherter in der BG Chemie ist kraft Gesetzes jeder, der in einem Arbeits-, Ausbildungs- oder Dienstverhältnis steht, ohne Rücksicht auf Alter, Geschlecht, Familienstand, Nationalität, Entgelt und auch ohne Rücksicht darauf, ob der Betrieb, in dem er tätig ist, die Beiträge zur Berufsgenossenschaft bezahlt hat oder nicht.

Die Aufgaben der BG Chemie umfassen u. a.:
- die Verhütung von Arbeitsunfällen mit allen geeigneten Mitteln,
- die Beratung bei sicherheitstechnischer Gestaltung technischer Ausrüstungen,
- die Durchführung von Schulungen,

- die Beratung der Betriebe (Mitglieder und Versicherte) in sicherheitstechnischen Fragen,
- die Kontrolle der Einhaltung von Unfallverhütungsvorschriften und Arbeitsschutzvorschriften,
- der Erlass von Unfallverhütungsvorschriften,
- die Erstellung von Unfallverhütungsberichten mit statistischen Angaben,
- die umfassende, nahtlose medizinische und berufliche Versorgung bei Arbeitsunfällen, Wegeunfällen und Berufskrankheiten (BK),
- die Errichtung von Unfallkrankenhäusern und Rehabilitationsstätten,
- die Erbringung von Geldleistungen für Verunglückte und Hinterbliebene.

Grundlage für jede Leistung der BG ist, dass der Unfall als „Berufs-" oder „Wegeunfall" anerkannt wird und dass er unmittelbar nach dem Unfall in einem Unfallbericht dokumentiert wurde.

2.2.2.2 Gewerbeaufsicht

Ein Gesetz von 1839 verbot die Arbeit von Kindern unter 9 Jahren und beschränkte die Arbeitszeit von Kindern über 10 Jahren auf 10 Stunden täglich. Da es nicht eingehalten wurde, sollten ab 1853 Fabrikinspektoren über die Durchführung des Gesetzes wachen. Sie wurden von den Königlichen Gewerbeinspektoren abgelöst, aus denen die Gewerbeinspektoren unserer Zeit hervorgingen.

Die Aufgaben der Gewerbeaufsicht sind in der Gewerbeordnung (GewO) geregelt. Sie bestehen in der Überwachung

- des technischen Arbeitsschutzes,
- des sozialen Arbeitsschutzes und
- des Arbeitszeitschutzes.

Dabei versteht man unter Arbeitsschutz alle Maßnahmen zur Erhaltung von Leben, Gesundheit und Arbeitsfähigkeit der nicht selbstständigen Arbeitnehmer. Durch die Gewerbeordnung sind die Aufsichtsbeamten zur Durchführung ihrer Aufgaben mit polizeilichen Befugnissen ausgestattet.

2.2.2.3 Versicherungsrechtliche Aspekte von Arbeitsunfällen und Berufskrankheiten

Gegen die Folgen eines Arbeitsunfalls (Betriebs- und Wegeunfall) oder einer Berufs- krankheit sind alle Beschäftigten durch die Gesetzliche Unfallversicherung abgesichert. Die Berufsgenossenschaft haftet nur für körperliche und gesundheitliche Schäden, nicht aber für Sachschäden.

Arbeitsunfall

Ein Arbeitsunfall liegt vor, wenn
- eine versicherte Person bei einer betrieblichen Tätigkeit (Betriebsgefahr)
- durch ein zeitlich begrenztes, von außen kommendes Ereignis (z. B. Hieb, Stich, Schlag, Stoß)
- körperlich geschädigt wird.

Kein Arbeitsunfall liegt vor, wenn eine dieser Voraussetzungen fehlt. Ein Unfall ist nicht zu entschädigen,
- wenn sich der Unfall zwar während der Betriebstätigkeit ereignet, jedoch durch eine dem Verletzten dienende (eigenwirtschaftliche) Tätigkeit verursacht wird,
- wenn ein Krankheitszustand nur während einer Betriebstätigkeit zum Ausbruch kommt, nicht auf äußere Gewalteinwirkung (Unfallereignis) zurückzuführen ist, auch bei jeder anderen Gelegenheit hätte entstehen können,
- wenn der Versicherte zwar durch betriebliche Umstände verunglückt, jedoch nicht zu Schaden kommt,
- wenn der Verletzte Alkohol oder andere Betäubungsmittel genossen hat.

Wegeunfall

Ein Wegeunfall liegt vor, wenn
- eine versicherte Person auf einem versicherten Weg
- durch ein zeitlich begrenztes, von außen kommendes Ereignis (z. B. Sturz durch Glatteis, Zusammenstoß im Straßenverkehr)
- körperlich geschädigt wird.

Kein Wegeunfall liegt vor, wenn eine dieser Voraussetzungen fehlt. Der versicherte Weg beginnt und endet an der Außentür des Hauses. Nur der unmittelbare Weg von und zu der Arbeits- oder Ausbildungsstätte ist versichert. Umwege sind, sofern sie nicht unbedeutend sind, im Regelfall nicht versichert. Der Versicherungsschutz lebt bei einer kurzen Unterbrechung wieder auf, wenn der Versicherte sich wieder auf seinem üblichen Weg befindet. Der Versicherungsschutz ist endgültig erloschen, wenn der Heimweg aus eigenwirtschaftlichen Gründen mehr als zwei Stunden unterbrochen wird (z. B. Gasthausaufenthalt). Dagegen fallen Umwege, die für die Nutzung einer Fahrgemeinschaft unternommen werden, unter den Schutz der BG.

Alle Arbeitsunfälle, die zu einer Arbeitsunfähigkeit von mehr als drei Kalendertagen führen, müssen der BG durch eine Unfallanzeige gemeldet werden. Diese Unfälle werden jährlich von der BG in der sog. 1000-Mann-Quote aufgeführt (siehe Tabelle 2-1 und Tabelle 2-2).

Berufskrankheit

Eine Berufskrankheit liegt vor, wenn
- eine versicherte Person durch berufliche Tätigkeit gesundheitlich geschädigt wird und
- die Erkrankung in der „Berufskrankheiten-Verordnung" erfasst ist (ein nach den Erkenntnissen der medizinischen Wissenschaft aufgestellter Katalog der Erkrankungen, denen bestimmte Personengruppen durch ihre Arbeit in erheblich höherem Grade als die übrige Bevölkerung ausgesetzt sind).

Keine Berufserkrankung liegt vor, wenn eine dieser Voraussetzungen fehlt. Da nicht immer ohne weiteres zwischen einer „normalen" und einer Berufskrankheit zu unterscheiden ist, haftet die Berufsgenossenschaft in der Regel nur für Schadensfälle, die sie in der Liste der Berufskrankheiten aufführt.

Aufgabe

> Besorgen Sie sich eine Kopie eines Unfallmeldeformulars Ihrer BG. Kennzeichnen Sie das Formular so, dass es sofort als Übungsformular erkennbar und ungültig ist. Beschreiben Sie einen fiktiven Wegeunfall, der Ihnen passiert sein könnte. Sie wären im Winter auf dem glatten Bürgersteig vor Ihrem Grundstück auf dem Weg zur Arbeit ausgerutscht und hätten sich das Handgelenk so geprellt, dass Sie einen Arzt konsultieren mussten.

2.3 Umweltschutz

Umweltschutz ist eine der dringlichsten Aufgaben unserer Zeit. Die chemische Industrie verfolgt seit langen Jahren das Konzept des integrierten Umweltschutzes, d. h. die Vermeidung von umweltrelevanten Emissionen bereits bei der Entstehung und nicht erst deren aufwendige Entsorgung. Sie setzt ihr technisches Wissen und Können, ihre Forschungskapazität und das Engagement ihrer Mitarbeiter ein, um z. B.
- umweltfreundlichere Produktionsverfahren anzuwenden,
- mit Rohstoffen, Wasser und Energien möglichst sparsam umzugehen,
- durch Wiederverwendung oder Weiterverarbeitung von Nebenprodukten bzw. Abfällen Rohstoffe einzusparen und Umweltbelastungen zu verringern,
- die Verunreinigung des Bodens, der Gewässer und der Luft so gering wie möglich zu halten,

- die Belastung der Luft und der Gewässer durch Reinigungsanlagen nach dem Stand der Technik zu vermindern und
- durch Aus- und Weiterbildung der Mitarbeiter, vor allem aber durch eine bewusste Umwelterziehung, jeden Einzelnen für ein umweltgerechtes und sicheres Arbeiten zu gewinnen.

2.3.1
Grundlagen des Umweltschutzes

2.3.1.1 Ökologie

Das eigene Tun muss für alle so ausgerichtet sein, dass für die Umwelt die geringstmögliche Belastung entsteht. Um die vielschichtigen und z. T. sehr komplexen Aufgaben im Umweltschutz besser verstehen zu können und um sich selbst umweltgerecht verhalten zu können, sollte jeder über ein ökologisches Grundwissen verfügen.

Dabei versteht man unter Ökologie die Wissenschaft von den Wechselbeziehungen zwischen Organismen und ihrer belebten und unbelebten Umwelt. Der Begriff Organismen umfasst Bakterien, Pilze, Pflanzen, Tiere und Menschen.

Unter Umwelt werden alle direkt und indirekt auf den Organismus einwirkenden Einflüsse der Außenwelt verstanden. Diese Umweltfaktoren können in Gruppen eingeteilt werden:
- klimatische Faktoren (Temperatur, Feuchtigkeit, Wind),
- Bodeneigenschaften (Wassergehalt, pH-Wert),
- chemische Faktoren (Sauerstoff, Pflanzennährstoffe, Chemikalien),
- physikalische Faktoren (Licht, Schwerkraft),
- biotische Faktoren (Schmarotzer, Einwirkungen von Lebewesen als Feinde von bestimmten Arten, Krankheitserreger),
- topische Faktoren (Ernährungsfaktoren, Urbarmachung).

Die ökologische Umwelt ist die Gesamtheit aller direkt und indirekt auf den Organismus wirkenden Umweltfaktoren. Innerhalb der Umwelt ist das Ökosystem eine funktionale Einheit aus Organismen und Umwelt, es umfasst Biotop und zugehörige Lebensgemeinschaft. Durch wechselseitige Beziehungen von Organismen untereinander und den verschiedenen Umweltfaktoren entsteht immer ein Abhängigkeitsgefüge. Die Gesamtheit der Lebewesen eines Ökosystems wird als Lebensgemeinschaft bezeichnet. Der charakteristische Lebensraum dieser Lebensgemeinschaft, z. B. Trockenhang, Seeufer, Almwiese, ist das Biotop. In einem Ökosystem ist die Lebensgemeinschaft aus zahlreichen Arten aufgebaut. Diese beeinflussen sich gegenseitig, und jede Art beansprucht einen bestimmten Lebensraum. Aus dem Zusammenspiel aller Faktoren und aller Arten ergibt sich ein ökologisches Gleichgewicht. Dieses bleibt über einen kurzen oder längeren Zeitraum erhalten. Wenn sich die Umweltfaktoren ändern, wandeln sich die Ökosysteme. Durch Veränderung des ursprünglichen, ökologischen Gleichgewichts entstehen neue Lebensgemeinschaften mit veränderten Kapazitätswerten. Jedes

Ökosystem hat die Eigenschaft, nach einer Belastung durch eine Störung wieder in den Gleichgewichtszustand zurückzukehren. Je stabiler ein System ist, desto schneller wird die Störung ausgeglichen. Die Summe der Störungen, die ein Ökosystem ohne bleibende Schadwirkung in der Lage ist zu kompensieren, stellt die Belastbarkeit des Ökosystems dar.

Konzentrationen
Bei Diskussionen über Ökologie und Umwelt spielt die Konzentration von Verunreinigungen eine große Rolle. Einige Beispiele sollen die abstrakten Begriffe verdeutlichen.

- Ein Suppenteller fasst 0,27 Liter Flüssigkeit. Wird dem Inhalt ein Löffel Essig beigemischt, ist der Essig in einer Konzentration von ca. 1 % vorhanden und wird in dieser Konzentration noch von den Geschmacksnerven des Menschen erfasst.
- Ein Löffel Essig, verteilt auf 2,7 Liter Flüssigkeit in einer großen Flasche ist in einer Verdünnung von 1:1000 vorhanden. Der Essig hat eine Konzentration von ca. 1 Promille.
- Ein Tankzug fasst etwa 2700 Liter (2,7 m^3). Der Löffel Essig macht hier ein Millionstel des Tankinhaltes aus, d. h. im gefüllten Tank befindet sich 1 ppm Essig (10^{-6}).
- 2,7 Millionen Liter Flüssigkeit fasst ein Transportschiff. Gibt man einen Löffel Essig in den Tank, enthält die Ladung ca. 1 ppb Essig (10^{-9}).
- Wenn es darum ginge, einen Löffel Essig in der Talsperre Östertal im Sauerland nachzuweisen (ca. 2,7 Milliarden Liter Wasser), dann würde der Essig 1 ppt des Talsperreninhaltes ausmachen (10^{-12}).
- 2,7 Billionen Liter Wasser gibt es im Starnberger See. Ein Löffel voll Essig, in diesem See verteilt, ergibt eine Konzentration von 1 ppq (10^{-15}).

2.3.1.2 Emission und Immission

Emissionen im Sinne des Bundesimmissionsschutzgesetzes sind die von einer Anlage ausgehenden Luftverunreinigungen, Erschütterungen, Geräusche, Wärme, Strahlen und ähnliche Umwelteinwirkungen. So werden Stoffe, die z. B. aus Schornsteinen, dem Autoauspuff oder natürlichen Quellen in die Atmosphäre gelangen, als Emissionen bezeichnet. Durch Transport in der Luft verteilen sich Emissionen und können als Immissionen auf die Umwelt einwirken. Emissionen gehen als Depositionen auf die Erdoberfläche in gasförmiger, flüssiger oder fester Form nieder.

Die Emissionsquellen lassen sich in drei große Gruppen einteilen:
- Emissionen, die vom Menschen nicht erzeugt werden, z. B. bei Vulkanausbrüchen,

- Emissionen, die durch Eingriffe des Menschen in die Natur verursacht werden, z. B. durch Landbau und Tierhaltung,
- Emissionen, die durch die Tätigkeit des Menschen sowie durch den Einsatz fossiler Brennstoffe zur Energiegewinnung in Kraftwerken und im Verkehr sowie zu Heizzwecken erzeugt werden.

Besonders durch die intensive Nutzung fossiler Brennstoffe trägt der Mensch zu den in die Atmosphäre gelangenden Emissionen bei. Die aus direkter menschlicher Aktivität resultierenden Emissionen von Kohlenstoffdioxid, Schwefeloxid und Stickstoffoxiden (NO_x) übertreffen zum Teil die natürlichen Emissionen. Es ist aber auch zu erkennen, dass die Atmosphäre durch die völlige Vermeidung menschlicher Emission von diesen Stoffen nicht befreit werden kann, sie sind Teil des natürlichen Stoffkreislaufes. Das Problem besteht darin, dass sich die Emission aus natürlichen Quellen und Emissionen von menschlichen Aktivitäten addieren und dann u. U. Grenzwerte übersteigen (Tabelle 2-3).

Tab. 2-3. Emittierter Stoff und Wirkung auf die Umwelt (Beispiele)

In die Luft emittierter Stoff	Wirkung auf die Umwelt
Fluorchlorkohlenwasserstoffe (FCKW)	Zerstörung der Ozonschicht
Kohlenstoffdioxid, Methan, Lachgas	globale Erwärmung der Erde (Treibhauseffekt)
Schwefeldioxid	saurer Regen, lokales Baumsterben, Asthma, Pseudokrupp
Stickstoffoxid (NO_x)	saurer Regen, Asthma, Erhöhung der Ozonkonzentration in der Luft, globales Baumsterben

Immissionen sind gemäß des Bundesimmissionsschutzgesetzes auf Menschen sowie Tiere, Pflanzen oder Gegenstände einwirkende Luftverunreinigungen, Geräusche, Erschütterungen, Licht, Wärme, Strahlen oder ähnliche Umweltfaktoren. Im Gegensatz zu Emissionen werden Immissionen auf den Einwirkungsort bezogen. Werden Stoffe emittiert, vermischen sie sich zunächst mit Luft oder anderen Gasen und wirken erst dann in verdünnter Form auf den Organismus.

2.3.2
Gesetzliche Regelungen

Zur Durchsetzung der Belange des Umweltschutzes gibt es in der Bundesrepublik eine Fülle von Gesetzen, Verordnungen und Technischen Anleitungen (TA). Verordnungen und Technische Anleitungen sind in ihrer Wirkung Gesetzen gleich. Sie können nur schneller geändert und damit dem „Stand der Technik" besser angepasst werden. Die wichtigsten gesetzlichen Grundlagen des Umweltschutzes werden nachfolgend genannt und kurz beschrieben.

Das *Bundesimmissionsschutzgesetz* wurde zum Schutz vor schädlichen Umwelteinwirkungen durch Luftverunreinigungen, Geräusche, Erschütterungen und ähnliche Vorgänge erlassen. Es enthält Vorschriften über
- die Errichtung und den Betrieb von Anlagen,
- die Beschaffenheit von Stoffen, Anlagen und Erzeugnissen,
- die Beschaffenheit und den Betrieb von Fahrzeugen,
- den Bau und die Änderung von Straßen und Schienenwegen,
- die Ermittlung und Überwachung von Emissionen und Immissionen.

Die *Technische Anleitung (TA)-Luft* ist Teil des Bundesimmissionsschutzgesetzes. Sie enthält als allgemeine Verwaltungsvorschrift Richtwerte und Grenzwerte für Emission und Immission verschiedener Schadstoffe.

Die *TA-Lärm* enthält Richtwerte für Geräuschimmissionen, aufgegliedert nach der Nutzungsart der betroffenen Gebiete.

Die *Störfallverordnung* legt fest, welche Produktionsanlagen genehmigungspflichtig sind und regelt die Störfallvorsorge und -abwehr beim Betrieb dieser Anlagen.

Die *Smogverordnung* der Länder legt Höchstkonzentrationen für Schadstoffe in der Luft fest. Werden diese Grenzwerte erreicht, treten Beschränkungen für den Straßenverkehr, den Betrieb von Heizungen und den Betrieb von industriellen Anlagen in Kraft.

Das *Wasserhaushaltsgesetz* enthält Regelungen zur Erhaltung eines ordnungsgemäßen Wasserhaushaltes und legt z. B. Grundwassernutzung und Abwassermengen fest.

Die *Abwasserabgabenverordnung* ist ein marktwirtschaftliches Instrument zur Verringerung der Schadstoffe in Abwässern. Die Abgaben sollen den Vorteil ausgleichen, den Einleiter nicht ausreichend geklärter Abwässer gegenüber denjenigen haben, die ihre Abwässer ausreichend reinigen. Die Abgaben richten sich nach der Menge und der Schädlichkeit der eingeleiteten Schmutzstoffe.

Das *Abfallbeseitigungsgesetz* regelt die Verpflichtung zur ordnungsgemäßen Beseitigung von Abfällen durch öffentlich-rechtliche Körperschaften oder die Selbstbeseitigungsverpflichtung der Verursacher.

Das *Chemikaliengesetz* (Gesetz zum Schutz vor gefährlichen Stoffen) soll sicherstellen, dass neue Stoffe, bevor sie in Verkehr gebracht werden, auf gefährliche Eigenschaften hinreichend untersucht und die aufgrund der Untersuchungsergebnisse notwendigen Sicherheitsvorkehrungen beim Umgang mit diesen Stoffen beachtet werden.

Die *Gefahrstoffverordnung* hat den Zweck, durch Regelungen über das Inverkehrbringen (Verpacken, Kennzeichnen, Weitergeben) von gefährlichen Stoffen und über den Umgang (Aufbewahrung, Lagerung und Vernichtung) mit Gefahrstoffen den Menschen vor Gesundheitsgefahren und die Umwelt vor stoffbedingten Schädigungen zu schützen.

Zweck des *Pflanzenschutzgesetzes* ist es, Pflanzen und Pflanzenerzeugnisse vor Schadorganismen und Krankheiten zu schützen (Pflanzen- und Vorratsschutz) und Schäden abzuwenden, die bei Anwendung von Pflanzenschutzmitteln und anderen Maßnahmen des Pflanzenschutzes, insbesondere für die Gesundheit von Mensch und Tier, entstehen können. Außerdem enthält es Vorschriften für die Zulassung von Pflanzenschutzmitteln.

Die *Strahlenschutzverordnung* regelt den Umgang mit radioaktiven Stoffen und den Schutz der Beschäftigten bei diesem Umgang.

Der neue *Ausbildungsrahmenplan* von Laboranten regelt in Punkt 3.2, Umweltschutz, wie zur Vermeidung von betriebsbedingten Umweltbelastungen die Ausbildung gestaltet werden soll. Das Lernziel ist während der gesamten Ausbildung zu vermitteln!

2.3.3
Die Ökofaktoren

2.3.3.1 Schutz von Wasser

Wasser ist ein bedeutsamer Ökofaktor, da ohne Wasser kein Leben vorstellbar wäre. Der Wassergehalt von Pflanzen und Tieren liegt zwischen 50 und 95 %. Die wichtigste Aufgabe des Wassers ist der Stofftransport, da es ein gutes Lösemittel für viele Stoffe ist. Neben seiner Bedeutung für die Ernährung dient das Wasser in Flüssen und Meeren als wichtiger Verkehrsweg. In chemischen und technischen Prozessen wird Wasser wegen seiner guten Wärmeaufnahmefähigkeit als Kühlmedium genutzt. In den chemischen Betrieben wird Wasser als Prozesswasser benutzt, in dem die Reaktionen ablaufen.

Wasser wird belastet durch
- natürliche Belastungen (z. B. durch absterbende Organismen),
- Haushalte und öffentliche Einrichtungen (z. B. Reinigungsmittel, Rohrleitungen, Schwimmbäder, Krankenhäuser, Warmwasser),
- Gewerbebetriebe (z. B. Molkereien, Schlachthöfe, Werkstätten),
- Industriebetriebe (z. B. Arbeitsstoffe, Chemikalien, Öle, Kühlwasser).

Die meisten organischen Stoffe, die ins Wasser eingetragen werden, werden nach einiger Zeit infolge von Bakterieneinwirkung zu Biomasse umgewandelt. Diese Selbstreinigung des Wassers wird gezielt in biologischen Kläranlagen angewandt. Wichtig dabei ist die im Wasser befindliche Sauerstoffmenge. Bei sehr hoher organischer Belastung wird soviel Luftsauerstoff verbraucht, dass auf Sauerstoff angewiesene Lebewesen und Pflanzen zugrunde gehen.

Gelangen stickstoff- und phosphorhaltige Verbindungen ins Wasser, kann es durch verstärkten Pflanzenwuchs zur Eutrophierung kommen. Dabei sterben Algen in tieferen Wasserschichten ab. Durch Sauerstoffarmut und durch das Entstehen giftiger Stoffwechselprodukte „kippt das Gewässer um", d. h. es ist darin kein Leben möglich.

Schwermetalle wie Cadmium, Blei und Quecksilber wirken direkt schädigend auf Tiere und Pflanzen, da sie in den Stoffwechsel eingreifen.

Säuren können den pH-Wert so weit verringern, dass Pflanzen und Tiere im Gewässer nicht mehr leben können. Oft werden durch den geringen pH-Wert Aluminiumionen aus dem Boden gewaschen, die in hohen Konzentrationen ein Leben im Wasser unmöglich machen, obwohl die Gewässer äußerlich „sauber" aussehen.

Um die Qualität eines Oberflächenwassers nach biologischen Kriterien zu beurteilen, beobachtet man Leitorganismen und Lebensgemeinschaften, die in Gewässern auftreten oder fehlen. Die Güteklassen des Oberflächenwassers sind:
- I   unbelastet,
- II   mäßig belastet,
- III   stark verschmutzt,
- IV   übermäßig verschmutzt.

Der Schutz des Wassers besteht zum einen darin, weniger Wasser zu verbrauchen, zum anderen, das verschmutzte Wasser zu reinigen.
Durch technische Maßnahmen kann der Wasserverbrauch für viele Zwecke reduziert werden. In der Industrie wird das Wasser, vornehmlich das Kühlwasser, zunehmend im Kreislauf geführt. Durch die Entwicklung und den Einsatz neuer Produktionsverfahren mit höherer Ausbeute wurde eine Reduzierung des Wasserverbrauches erzielt, obwohl die Gesamtmenge der Produkte im gleichen Zeitrahmen deutlich stieg (Tabelle 2-4).

Tab. 2-4. Wasserverbrauch und Wasserverschmutzung in Deutschland

Jahr	Wasserverbrauch [Milliarden m^3]	Cadmiumeintrag [kg]	Phosphoreintrag [t]	Kosten für Wasserschutz [Millionen €]
1995	3,26	450	537	1356
1996	3,31	k. A.	k. A.	1229
1997	3,52	341	339	1340
1998	3,40	k. A.	k. A.	1189
1999	3,28	286	305	1162
2000	3,31	226	353	1134
2001	3,33	259	348	1058
2002	3,38	k. A.	348	1038
2003	3,19	220	371	k. A.

k. A. = keine Angabe   Quelle: VCI (www.vci.de)

Die Reinigung des Abwassers erfolgt heute meistens in biologischen Kläranlagen oder biologischen Anlagen mit chemischer Nachbereitung, die mit mechanischen, biologischen und chemischen Mechanismen das Wasser fast zur Trinkwasserqualität reinigen. Ein Problem ist der in großen Mengen anfallende Schlamm, der teils verbrannt und teils in Deponien gelagert wird. Oft enthält der Schlamm Schwermetalle, so dass eine Lagerung in Sonderdeponien notwendig ist.

Aufgabe

Suchen Sie im Internet mit Suchmaschinen Einträge über den Begriff „Kläranlage" und informieren Sie sich. Nehmen Sie Kontakt mit der Kläranlage Ihres Unternehmens, Ihrer Hochschule oder Gemeinde auf. Lassen Sie sich die Kläranlage und ihre Funktionsweise genau zeigen.

Gehen Sie auf folgende Begriffe ein:

Rechenwerk, Schwimmstoffabscheider, Vorklärbecken, optimaler pH-Wert, Flockungsmittel, optimale Temperatur des Wassers, Belebungsbecken, Mikroorganismen, Sauerstoffbedarf, Belüfter, Nachklärbecken, Klärschlamm, Schlammverdickung, Klärschlammverbrennung, Biohochreaktor, Phosphatabscheidung.

Fragen Sie nach der Qualität des gereinigten Abwassers und lassen Sie sich die Kenndaten des Wassers erläutern: CSB, BSB_5, TOC, DOC, Bakterientoxizität, Fischtoxizität, Feststoffgehalt.
   Beschreiben Sie in einem Referat die Wirkungsweise einer biologischen Kläranlage mit Phosphatabscheidung.

Wasserverbrauchsreduzierung
Setzen Sie sich in die Mitte Ihres Laboratoriums. Drehen Sie sich langsam um 360 Grad und überlegen dabei, an welchen Stellen und mit welchen Maßnahmen der Wasserverbrauch Ihres Labors gesenkt werden könnte. Stellen Sie Ihre Maßnahmen tabellarisch zusammen und schätzen Sie deren Umsetzungskosten.

2.3.3.2 Schutz der Luft

Die Luft ist ein Gasgemisch mit einer Zusammensetzung von

Stickstoff	78 %
Sauerstoff	21 %
Edelgase	ca. 1 %
Kohlenstoffdioxid	0,04 %

Durch Emissionen ist die Luft in den Industrieländern mehr oder weniger verschmutzt. Meistens handelt es sich um Gase (wie z. B. NO_x), Dämpfe (wie z. B. Kohlenwasserstoffe) und Stäube (z. B. Ruß).
   Eine Aufbereitung von verunreinigter Luft in der Atmosphäre ist nicht oder nur begrenzt möglich. Eine Reinigung der Luft muss daher vor Austritt in die Atmosphäre erfolgen. Am besten ist es, die Emission von Schadstoffen so gering wie

möglich zu halten. In der TA-Luft wurden die zulässigen Grenzwerte für Emissionen festgelegt. Die Reinigung der Autoabgase durch 3-Wege-Katalysatoren reduzierte die Mengen an NO_x und Schwefeldioxid, obwohl die Fahrzeugdichte ständig wächst. Allerdings sind noch nicht alle Probleme gelöst, z. B. die Rußemission von Dieselmotoren.

In der chemischen Industrie unterscheidet man Verfahren zur Beseitigung staubförmiger und gasförmiger Luftverunreinigungen.

Staubabscheidung

Die Abscheidung staubförmiger Verunreinigungen kann nach verschiedenen Methoden erfolgen:

Mechanische Staubabscheidung: Die mechanische Abscheidung von Staub aus Abluft oder Abgas beruht auf der Abscheidung der Staubpartikel durch die Schwer- oder Fliehkraft.

Nassentstaubung: Hierbei wird die Abluft durch einen Wassersprühnebel geleitet. Dabei werden die Staubteilchen von Wassertröpfchen benetzt und abgeschieden.

Filtrationsentstaubung: Die Abluft wird mittels Filter von den Staubteilchen gereinigt. Die Filtermittel bestehen aus unterschiedlichen Materialien, wie Wolle, synthetische Fasern etc.

Elektroentstaubung: Die Staubteilchen werden elektrisch aufgeladen, mit Hilfe eines elektrischen Feldes zur positiven Elektrode transportiert und dort abgeschieden.

Beseitigung gasförmiger Emissionen

Zur Beseitigung bzw. Begrenzung gasförmiger Emissionen finden hauptsächlich folgende Verfahren Anwendung:

Absorptionsverfahren: Luftverunreinigungen werden aus dem Abluftstrom „ausgewaschen". Eine z. B. mit Chlorwasserstoff HCl verunreinigte Abluft wird gereinigt, indem der Chlorwasserstoff mit Wasser herausgewaschen wird. Viele Absorptionsverfahren haben jedoch den Nachteil, dass die Abluftprobleme ins Abwasser verlagert werden. Häufig ist die Aufbereitung und Entsorgung der „Waschflüssigkeit" nur mit technisch sehr aufwendigen Maßnahmen möglich.

Adsorptionsverfahren: Die gasförmigen Schadstoffe werden an der Oberfläche eines festen Adsorbens, z. B. Aktivkohle, festgehalten. Zur Rückgewinnung des adsorbierten Stoffes können die beladenen Adsorptionsmittel aufgearbeitet werden.

Thermische Abgasreinigung: Hier werden Kohlenwasserstoffverbindungen, die sich in Abluft oder Abgas befinden, bei Temperaturen von 600 °C zu CO_2 und Wasser oxidiert.

Katalytische Abgasreinigung: Durch Einsatz geeigneter Katalysatoren, z. B. Platin oder Palladiumverbindungen, kann die Oxidation von Kohlenwasserstoffen in der Abluft bei Temperaturen von 300 bis 400 °C durchgeführt werden. Der Hauptvorteil dieses Verfahrens liegt in der niedrigeren Verbrennungstemperatur. Jedoch können Katalysatorgifte, wie z. B. Phosphorverbindungen, Blei und Halogene die Lebensdauer des Katalysators stark verringern.

In Tabelle 2-5 wird die Luftemission in Deutschland von 1995 bis 1999 aufgeführt.

Tab. 2-5. Luftemission in Deutschland

Jahr	Emission von SO_2 [1000 t]	Emission von NO_x [1000 t]	Emission von organischen Stoffen [1000 t]	Kosten für Luftschutz [Millionen €]
1995	65,46	41,7	25,9	753
1996	39,1	39,0	19,1	784
1997	27,2	41,7	19,6	909
1998	25,0	38,8	15,1	705
1999	21,7	34,0	14,1	604
2000	18,4	31,9	13,3	524
2001	17,7	31,2	12,7	521
2002	18,1	31,9	12,9	480
2003	17,3	30,9	13,9	k. A.

k. A. = keine Angabe   Quelle VCI (www.vci.de)

2.3.3.3 Abfallsammlung, -verwertung und -entsorgung

In der chemischen Produktion fallen neben den Hauptprodukten auch unerwünschte Reststoffe oder Rückstände an. Am günstigsten ist es natürlich, die Nebenprodukte zu vermeiden, da sie unnötig Kosten verursachen und die Produktivität reduzieren. Das ist jedoch nicht immer möglich, da viele chemische Prozesse unter Nebenreaktionen ablaufen. Es gehört zu der „hohen Kunst" der Chemie und der Verfahrenstechnik, die Prozesse so zu beeinflussen, dass nur wenig Abfall entsteht. Diesen gilt es entweder wiederzuverwenden, weiterzuverwerten oder schadlos zu beseitigen.

Unter der Wiederverwendung ist die Nutzung der Reststoffe in ihrer vorliegenden Form ohne chemische Umwandlung zu verstehen, z. B. die Nutzung von Abfallgips (aus der Phosphorsäureherstellung) als Baumaterial oder von Schlacke als Füllmaterial. Auch das Wiederaufschmelzen von Kunststoffresten zu neuer Formgebung ist ein Beispiel (Recycling).

Bei der Weiterverwendung werden die Produktionsreststoffe chemisch verändert, z. B. durch Oxidation, Elektrolyse oder Depolymerisation, um die in den Rückständen enthaltenen Grundstoffe oder Energien zu verwerten.

Entsorgung
Die industriellen Abfallstoffe werden nach folgenden Abfallarten getrennt:
- hausmüllähnliche Gewerbeabfälle,
- Klärschlämme,
- produktionsspezifische Abfälle.

Ist die Wiederverwendung oder Weiterverwertung der Reststoffe aus technischen oder wirtschaftlichen Gründen nicht möglich, werden diese zu Abfällen im eigentlichen Sinne. Dann ist die schadlose Entsorgung dieser Stoffe im Rahmen eines rechtlich und technisch geordneten Beseitigungsverfahrens erforderlich. Deponie und Abfallverbrennung bilden die Schwerpunkte der Entsorgung.

Abfallentsorgung

Der Entscheidung über die weitere Behandlung der Abfälle gehen analytische Untersuchungen voraus. Bei der Abfallbeseitigung sowie bei der behördlichen und innerbetrieblichen Überwachung der Abfallbeseitigung werden die Abfälle nach mehreren Kriterien beurteilt. Dabei geht es insbesondere um das Verhalten der Stoffe beim Befördern, Zwischenlagern und der geordneten Beseitigung. Dies erfordert Untersuchungen über physikalische, chemische und biochemische Eigenschaften der Abfälle. Art und Umfang der Untersuchungen sind in den abfallrechtlichen Genehmigungen vorgegeben. Der tatsächlich betriebene Untersuchungsaufwand übertrifft in vielen Unternehmen den Rahmen des Vorgeschriebenen.

Abfallverbrennung

Falls feste, pastöse und flüssige Abfälle aus industrieller Produktion aufgrund ihrer umweltrelevanten Inhaltsstoffe von der Lagerung in einer Deponie ausgeschlossen sind, erfolgt ihre Beseitigung in speziell konstruierten Verbrennungsanlagen. Bei derartigen Abfällen handelt es sich z. B. um:
- organische Produktionsrückstände,
- pflanzliche und tierische Fettprodukte,
- Pflanzenbehandlungs- und Schädlingsbekämpfungsmittel,
- Mineralölprodukte aus der Erdölverarbeitung und Kohleveredlung,
- organische Lösemittel,
- Farben, Lacke, Klebstoffe, Kitte und Harze.

Bei der Verbrennung müssen schädliche Emissionen vermieden werden. Daher werden die Rauchgase entsprechend den behördlichen Auflagen gereinigt; die TA-Luft konkretisiert hierbei den Stand der Technik.

Abfalldeponierung

Unter dem Begriff *Deponie* versteht man allgemein die geordnete Ablagerung von Abfällen auf einem dafür vorgesehenen Gelände. Bei diesem Verfahren werden die Abfälle systematisch eingebaut, verdichtet und mit einem geeigneten Material abgedeckt, so dass keine Gefährdung des Grund- und Oberflächenwassers eintritt und den hygienischen und ästhetischen Belangen Rechnung getragen wird. Art und Menge der Abfälle und deren Beschaffenheit bestimmen im Einzelfall die technischen Anforderungen und das Ausstattungsniveau der Deponieanlage. Dies gilt insbesondere im Hinblick auf den erforderlichen Aufwand für Gewässerschutzmaßnahmen.

Nach Abfallherkunft unterscheidet man folgende Deponiearten:

Hausmülldeponie: Dort werden überwiegend Hausmüll und hausmüllähnliche Abfälle abgelagert.

Industrieabfalldeponie: Hier werden überwiegend oder ausschließlich Abfälle aus gewerblicher Tätigkeit abgelagert.

Bei Ablagerung von Sonderabfällen (z. B. toxischen Stoffen) handelt es sich um eine Sonderabfalldeponie.

Auszuschließen von der Lagerung in einer Deponie sind im Allgemeinen:
- organische Lösemittel,
- Abfallstoffe, aus denen im Zusammenwirken mit anderen Abfällen gefährliche Umsetzungen resultieren können,
- geruchsintensive Abfälle, soweit diese – trotz Abdeckung – eine ständige Geruchsquelle darstellen.

In Tabelle 2-6 werden die Abfallkosten in Deutschland von 1995 bis 1999 aufgeführt.

Tab. 2-6. Abfall und Abfallkosten in Deutschland

Jahr	Gesamtabfall [Millionen t]	Abfallkosten [Millionen €]
1995	3,97	920
1996	2,37	1160
1997	2,55	903
1998	2,13	878
1999	2,00	848
2000	2,40	830
2001	2,19	832
2002	2,20	805
2003	2,08	k. A.

k.A. = keine Angabe   Quelle: VCI (www.vci.de)

2.3.3.4 Schutz vor Lärm

Lärm ist unerwünschter Schall. In der Lärmschutzgesetzgebung wird Lärm näher definiert als Schall (bzw. Geräusch), welcher Gefahren, erhebliche Nachteile oder erhebliche Belästigungen für die Allgemeinheit oder die Nachbarschaft herbeiführt oder an Arbeitsplätzen Gesundheit, Arbeitssicherheit oder Leistungsfähigkeit beeinträchtigt. Zur Verminderung/Vermeidung von Lärm/Geräuschen sind Apparate so zu konstruieren, dass sie möglichst geräuscharm arbeiten und Restgeräusche durch Kapseln, Dämmen usw. minimieren. Manchmal ist auf die Anwendung persönlicher Schallschutzmittel wie Gehörschutzstöpsel, Gehörschutzwatte und Gehörschutzkapseln nicht zu verzichten.

2.3.3.5 Schutz vor energiereicher Strahlung

Energiereiche Strahlung ist:
- Röntgenstrahlung,
- radioaktive Strahlung,
- ultraviolette Strahlung (UV),
- Laserstrahlung,
- Mikrowellen.

Zum Schutz vor energiereicher Strahlung wurden zahlreiche Verordnungen erlassen
- Röntgenverordnung,
- Strahlenschutzverordnung,
- Richtlinien „Umschlossene radioaktive Stoffe",
- Richtlinien „Zum Schutz gegen ionisierende Strahlen bei Verwendung und Lagerung offener radioaktiver Stoffe".

Mitarbeiter und Auszubildende, die im Rahmen ihrer Tätigkeit mit Strahlungsquellen in Berührung kommen, müssen vor Beginn ihrer Tätigkeit auf die Gefahren beim Arbeiten mit ionisierender und radioaktiver Strahlung hingewiesen und für den Umgang mit energiereicher Strahlung eingehend unterwiesen werden. Mitarbeiter, die das 18. Lebensjahr noch nicht vollendet haben, dürfen nicht mit ionisierender und radioaktiver Strahlung arbeiten.

2.4 Informationsbeschaffung

Eine gründliche Information ist Voraussetzung für ein erfolgreiches Arbeiten im Laboratorium. Intensives Studium von Literaturstellen und Datenbänken machen oft ein stundenlanges Arbeiten im Laboratorium überflüssig. Informationen und Daten sind zu beschaffen
- mit Hilfe von Fachliteratur,
- mit Hilfe von CD-Lexika,
- aus dem Internet.

2.4.1 Datenermittlung aus Fachliteratur

Für die Datenermittlung im analytischen Sektor sind zwei Bücher zu nennen:
- Küster, Thiel: Rechentafeln für die chemische Analytik,
  105. Auflage
  De Gruyter, Berlin
  Ca. 30 Euro

- Hübschmann, Links: Tabellen zur Chemie in Ausbildung und Beruf,
  9. Auflage, Handwerk und Technik, Hamburg
  Ca. 13 Euro

Sie enthalten z. B. Molekularmassen, Tabellen für den gravimetrischen und maßanalytischen Bereich, physikalische Daten und vieles mehr.

Für die erste Datenermittlung im präparativen Bereich ist zu nennen:
- Lax-D'Ans: Chemiker Taschenbuch, 3 Bände, Berlin
  Ca. 165 Euro

Das Buch enthält tabellarisch von vielen Chemikalien die physikalischen und chemischen Eigenschaften, wie molare Masse, Löslichkeit, Schmelzpunkt, Siedepunkt usw. Die wichtigste und umfassendste Informationsquelle für den Synthetiker ist „Beilsteins Handbuch der organischen Chemie", das seit 1918 herausgegeben wird. Es besteht aus dem Hauptwerk (1909) und den laufenden Ergänzungswerken. Es ist nach einem speziellen System geordnet, welches im Hauptwerk beschrieben ist. Im Beilstein werden von den jeweilgen Chemikalien aufgeführt: Konfiguration, Vorkommen, Gewinnung, Herstellung, Bildung, Struktur, Energiegrößen, physikalische Eigenschaften, Analyse und vieles mehr.

Im Anhang, Abschnitt 17.2, ist eine englischsprachige Anleitung zum Umgang mit dem Beilstein-Handbuch aufgeführt.

2.4.2
Datenermittlung von CDs

Zur schnellen Begriff- und Datensuche eignen sich hervorragend die auf CDs digitalisierten Daten eines Chemie-Lexikons. An erster Stelle ist bei der Ausbildung naturwissenschaftlichen Nachwuchses folgendes CD-Lexikon zu empfehlen:
- Römpp Lexikon Chemie
  Schulversion, ab 3.1/95/98/NT
  Thieme Verlag Stuttgart
  Ca. 950 Euro (2002)

Durch Eingabe eines Begriffes oder Wortteilen des Begriffes kann eine schnelle Suche gestartet werden. Der besondere Vorteil der CD-Lexika liegt in der schnellen Verknüpfung und Suche von artverwandten Begriffen.

2.4.3
Datenermittlung aus dem Internet

Das Internet bietet vielfache und umfangreiche Möglichkeiten, sich in allen Bereichen der Chemie Informationen zu beschaffen. Die Kunst ist jedoch, aus diesem weltweiten Datennetz die benötigten Informationen zu finden und sie entsprechend zu filtern. In diesem Abschnitt sollen ein paar ausgesuchte Homepages kurz vorgestellt werden, die für Mitarbeiter in chemischen Laboratorien von besonderer Bedeutung sind. Die Inhalte dieser Homepages werden kurz erläutert, damit bei der entsprechenden Problematik auch gleich auf der richtigen Seite nach Informationen gesucht werden kann. Weitere Adressen über Informationsseiten können aus der Medienliste in Kapitel 19 entnommen werden. Die aufgeführte Liste erhebt keinen Anspruch auf Vollständigkeit.

Eine gute Begleithilfe während der Laborantenausbildung ist auf der Homepage *www.arbeitsplattform.de* zu finden. Auf dieser informativen Seite der Fritz-Henßler-BK in Dortmund findet man nach Anklicken des „Enter-Buttons" weitgehende Informationen zu den beiden Laborantenabschlussprüfungen, umfangreiche Linksammlungen (Datenbanken, anorganische und organische Chemie, Übersetzungshilfen und Analytik) sowie diverse, ständig aktualisierte Surftipps. Eine Diskussionsplattform rundet diese Adresse ab. Der regelmäßige Besuch dieser Adresse ist empfehlenswert!

www.chemie.de ist mit über 260.000 Nutzern ein führender Informationsdienst für die Chemie-, Analytik- und Laborbranche in Europa. Neben tagesaktuellen Nachrichten aus Wirtschaft und Forschung findet man zahlreiche Werkzeuge zur gezielten Recherche, z. B.:
- Werkzeugkasten: Nützliches vom Einheitenumrechner bis zum Verzeichnis gebräuchlicher Gefahrensymbole,
- ChemStarter: Diskussionsforum zum Austausch über chemische Fragen,
- ChemieKarriere.net: branchenspezifisches Karriereportal für Jobsuchende und
- MetaXchem: Spezialsuchmaschine für Chemikalien.

www.chemlin.de bietet mit über 25 000 Internetquellen und verschiedenen Informationsmultiplikatoren wie Datenbanken für 800 000 Chemikalien, Sicherheitsdaten, Journalartikeln sowie aktuellen Informationen zur chemischen Forschung, Jobbörse etc. ein umfassendes Medium für die Informationsbeschaffung auf dem Gebiet der Chemie und der angrenzenden Fachgebiete – in deutscher und in englischer Sprache.

www.analytik.de ist das führende Internet-Portal für analytische Chemie und bietet eine für den Nutzer kostenfreie Informations- und Kommunikationsplattform zu Themen rund um das Labor: von Fachredakteuren gepflegte Rubriken, täglich aktuelle Meldungen, Produktneuheiten, Termine, ein Diskussionsforum sowie eine Job- und Gerätebörse. Zusätzlich integriert sind Datenbanken mit denen der Besucher über intelligente Suchfunktionen für ihn interessante Laboratorien und Laborprodukte findet. Weiterhin informiert ein alle zwei Monate erscheinender Newsletter 15 000 Nutzer aus Labor und Analytik über Interessantes und Aktuelles aus der Branche.

www.analytik-news.de ist ein Online-Labormagazin mit aktuellen Nachrichten, Online-Stellenmarkt, Veranstaltungskalender, Gebrauchtgerätebörse, Diskussionsforum sowie einer umfangreichen Linksammlung mit über 8000 Einträgen. Darüber hinaus informieren mehrere Email-Newsletter über Jobangebote, Nachrichten und interessante Links für Analytiker im Labor.

Werden jedoch spezielle Begriffe oder Daten gesucht, empfiehlt sich die Inanspruchnahme von Suchmaschinen. Dabei ist zu beachten, dass eine Suchmaschine natürlich nur einen Teil des weltweiten Datenbestandes sichten und katalogisieren kann, trotzdem ist man beim gezielten Suchen nach Daten auf solche Suchmaschinen angewiesen.

Im Internet sind zwei unterschiedliche Suchkonzepte im Einsatz, *Suchmaschinen* und *Webkataloge*.

Suchmaschinen lesen Tag für Tag über so genannte *Robots* den kompletten Text einzelner Webseiten ein und speichern ihn in einer Datenbank. Diese Datenbank kann dann vom Betreiber der Suchmaschine ausgewertet werden. Typische Suchmaschinen sind z. B. google.de und altavista.de.

Webkataloge werden nicht von Maschinen erstellt, sondern von Redakteuren, die das Internet nach guten Websites durchsuchen. Wird eine Seite für gut befunden, schreibt der Redakteur eine kurze Zusammenfassung und ordnet die Seite in eine passende Rubrik ein. Ein typischer Katalog ist z. B. yahoo.de.

Suchmaschinen finden auch ausgefallene Seiten, während die Kataloge eher eine Zusammenstellung von qualitativ hochwertigen Websites zu einem Thema bieten (aus Sicht des Redakteurs). Kein Katalog ist jedoch in der Lage, mit dem Wachstum des Webs auch nur annähernd Schritt zu halten.

Oftmals wird der Begriff Suchmaschinen synonym für alle Arten von Suchwerkzeugen benutzt; in diesem Sinn wird der Begriff Suchmaschine nachfolgend verwendet.

Bei der Suche von Informationen sind ein paar Regeln einzuhalten, sonst „ertrinkt" man in der Datenflut des Internets. Es sollen nachfolgend ein paar Regeln am Beispiel der viel benutzten Suchmaschine *www.google.de* erläutert werden.

Nach dem Aufruf der Suchmaschine muss man sich zunächst entscheiden, ob der einzugebende Suchbegriff weltweit, nur innerhalb Deutschlands oder im gesamten deutschsprachigen Raum gesucht werden soll. Die entsprechenden Buttons befinden sich unter dem Eingabefeld.

Der Anwender wird jetzt den zu suchenden Begriff in das Eingabefeld eingeben, z. B. <Neutralisation> (Die Zeichen < und > dienen zur textlichen Verdeutlichung der Eingabe und dürfen nicht in das Eingabefeld der Suchmaschine eingegeben werden.)

Der einzugebende Begriff soll so genau wie möglich definiert werden. Dazu ist auch die Eingabe mehrerer Begriffe zulässig. www.google.de verknüpft diese Begriffe immer mit einer „Und-Beziehung", d. h., nur die Seiten werden angezeigt, in der *alle* genannten Begriffe vorhanden sind. Andere Suchmaschinen suchen bei Mehrfacheingaben häufig mit Oder-Beziehungen. Bei diesen Verknüpfungen werden die Seiten angezeigt, bei denen *einer* der benannten Begriffe vorhanden ist.

Aufgabe

> Bei www.google.de erhält man bei der Anfrage nach <Rotationsverdampfer> 71 300 Einträge, bei der Anfrage nach <Rotationsverdampfer Wasserstrahlvakuum> nur 413 Einträge. Interpretieren Sie das Ergebnis. Prüfen Sie mit der Suchmaschine www.fireball.de die Anfrage nach den gleichen Begriffen.

www.google.de ignoriert allgemeine Wörter oder Buchstaben, die als sog. Stopp-Wörter bekannt sind, z. B. „der", „die" und „das" oder Zahlen. Sollen z. B. Informationen über den Film „Das Boot" gefunden werden, bekommt man bei www.google.de alle Seiten ausgewiesen, die Informationen über Boote enthalten (z. B. Bootsbau, Bootstypen usw.). Um die Stopp-Wörter doch mit in die Suche einzubeziehen, kann ein Pluszeichen vorgestellt werden, also z. B. „ +Das Boot". Die Suche nach <MWG> (Massenwirkungsgesetz) ergibt 1 450 000 Einträge, darunter auch Informationen über die biotechnologische Firma MWG. Bei der Eingabe <Das MWG> wurden 1 320 000 Einträge gefunden. Bei der Eingabe <+Das MWG> wurden 191 000 Seiten gefunden, die alle den Textteil „Das MWG...." beinhalten.

Mit einem Minuszeichen vor einem Begriff wird dieser bei der Suche ausgeschlossen, wobei vor dem Minuszeichen aber ein Leerzeichen sein muss.

Mit www.google.de kann durch Hinzufügen von Ausführungszeichen nach Wortgruppen gesucht werden. Zum Beispiel findet man bei der Suche nach <Neutralisation> 1 800 000 Seiten. Die Suche nach <Neutralisation Indikator> bringt 40 000 Seiten, die alle die Schlüsselwörter „Neutralisation" und „Indikator" enthalten. Die Suche nach <Neutralisation „bis zum Umschlag"> ergibt nur 93 Seiten, die den Begriff „Neutralisation" und die Wortgruppe „bis zum Umschlag" enthalten.

Bei www.google.de können keine Beschränkungen (sog. „Wildcards" oder „Joker") zum Suchen benutzt werden, z. B. <Neutral*>. Auch wird nicht zwischen Groß- und Kleinschreibung unterschieden. <Neutralisation>, <NEUTRALISATION> und <NeUtRaLiSaTiOn> liefert die gleichen Suchergebnisse.

Weitere und verfeinerte Suchroutinen können mit der Funktion „erweiterte Suche" eingestellt werden.

Werden nach der Eingabe des Suchbegriffes die Seiten angezeigt, die diese Suchbedingung erfüllen, kann man entweder durch anwählen der entsprechenden Adresse in der gesamten Homepage suchen, oder man kann unter der Adresse den Link im Cache anwählen und es werden auf der entsprechenden Seite direkt die gesuchten Begriffe markiert angezeigt. Das beschleunigt häufig eine Suche, da man sich das Durchlesen langer Textpassagen sparen kann und so schneller beim gesuchten Abschnitt landet.

Nicht immer liefern www.google.de, www.altavista.de etc. die besten Suchergebnisse, häufig können spezielle Suchmaschinen eingesetzt werden.

Metasuchmaschinen   Metasuchmaschinen suchen gleichzeitig mit Hilfe mehrerer Einzelsuchmaschinen. Allerdings werden bei unzureichender Einschränkung des Themas so viele Seiten gefunden, dass das Ergebnis eher verwirrend ist. Eine empfehlenswerte Metasuchmaschine ist www.ixquick.com die mit logisch verknüpften Begriffen brauchbare Ergebnisse liefert.

Suche nach Bildern und ClipArts   Die besten Ergebnisse erhielten wir mit der Bildersuche von
- www.abacho.de oder
- http://bildersuche.abacho.de.

Aber auch bei der allgemeinen Suchmaschine www.google.de ist eine gezielte Suche nach Bildern möglich. Bei der Eingabe des Suchbegriffes muss dann über der Eingabezeile des Suchbegriffes angeklickt werden, dass nur Bilder angezeigt werden sollen.

Beim Einbinden von Bildern in Texte und Berichte müssen die Urheberrechte beachtet werden.

Wissenschaftliche Suchmaschinen   Diese Art von Suchmaschinen sind auf wissenschaftliche Texte (Berichte, Dissertationen, Versuche, Daten etc) im Netz ausgerichtet. Die besten Ergebnisse erhielten wir mit den Suchmaschinen
- www.scirus.com,
- www.klug-suchen.de und
- www.dino-online.de.

Interessante Webseiten befinden sich im Medienverzeichnis Abschnitt 19.1. Es ist jedoch durch die ständige Anpassung im Web möglich, dass eine der aufgeführten Seiten vom Betreiber abgeschaltet oder namentlich verändert wurde.

Aufgabe

1. Suchen Sie mit Hilfe einer Suchmaschine nach dem Begriff <Pluto>
- alle Seiten, die sich mit dem Planeten Pluto befassen, alle anderen sind auszuschließen,
- alle Seiten, die sich mit der Comicfigur „Pluto" von Walt Disney befassen, alle anderen sind auszuschließen.
2. Was ergibt die Anfrage nach <fußball münchen - "fc bayern">? Prüfen Sie das Ergebnis nach! Beachten Sie bei der Suche den Umlaut „ü" im Wort München. Überprüfen Sie, ob es zu unterschiedlichen Ergebnissen führt, wenn man einerseits

den Umlaut „ü" eingibt und anderseits das Wort mit „ue" geschrieben eingibt.

2.5 Kommunikation und Konfliktbewältigung

Anfang der achtziger Jahre erschütterten eine Reihe von Störfällen das bis dahin relativ stabile Ansehen der chemischen Industrie in der Bevölkerung. Kritiker warfen damals der chemischen Industrie vor, sich einzuigeln und nur dann Informationen weiterzugeben, wenn es gar nicht anders ging. Die chemische Industrie erkannte damals, dass der Dialog mit Betroffenen der einzig richtige Weg ist, ein Klima des Vertrauens zu schaffen. Zwischen den Unternehmen der chemischen Industrie, ihren Mitarbeitern, Nachbarn, Kunden und Verbrauchern muss eine offene und kontinuierliche Informationskette aufgebaut werden. Besonders wichtig ist der Dialog mit den Mitarbeitern.

Die Wettbewerbssituation hat sich in den letzten Jahren erheblich verändert. Innerbetrieblich änderte sich die Arbeitsorganisation, weg von der traditionellen Funktionsorientierung hin zur Orientierung an Prozessketten. Zwischen den Mitarbeitern eines Teams muss eine Dialogkette aufgebaut werden. Projekte ohne Teamarbeit sind heute nahezu undenkbar. Dabei stehen sowohl dem Teamleiter als auch Mitarbeitern hohe Erwartungen gegenüber. Zu den heutigen Anforderungen an Berufsbewerber gehört die Eignung, im Team arbeiten zu können.

Zunächst muss das Team wissen, wo es steht, wo es in die Hierachie des Betriebes eingebunden ist und welche Aufgaben es übertragen bekam. Die Kenntnis eines Hierachienbaumes des Unternehmens ist dabei sehr hilfreich. Hierbei sollten nicht nur die Namen mit den Positionen verbunden werden, sondern auch die jeweiligen Aufgaben in Grundzügen beschrieben werden.

Es ist oft für die Mitarbeiter, die in einem Team zusammengefasst werden, schwierig, die hohen Erwartungen gemeinsam zu erfüllen und die gesetzten Ziele effektiv zu erreichen. Ein gutes Team verkörpert genau die Qualitäten, die ein Chef von einem einzelnen Mitarbeiter unmöglich gleichzeitig verlangen könnte: den stabilen Anführer, den perfekten Diplomaten, den Analytiker, das Verkaufstalent und den Kreativen. Da sich hinter diesen Qualitäten ganz unterschiedliche Charaktere verstecken, wird verständlich, warum u. U. Konfliktsituationen vorprogrammiert sind. Es gibt Verhaltensregeln für Teamkollegen, die nicht nur eine Zusammenarbeit fördern, sondern auch helfen können, Konflikte zwischen Mitarbeitern schon im Vorfeld zu vermeiden.

Ein Konfliktpotential kann entstehen, wenn sich ein Teamkollege bei der Arbeitsverteilung unfair behandelt fühlt. Der Grund dafür kann entweder darin liegen, dass sein Arbeitspensum wirklich oder vermeintlich höher ist als das der anderen oder er die weniger interessanten Arbeiten zugeteilt bekommt. Wie geht man mit einem solchen Konflikt um? Zunächst muss jeder Mitarbeiter das Prinzip der Teamarbeit akzeptieren und verstehen. Das Team nutzt die persönlichen Stärken der einzelnen Mitarbeiter, um die Arbeit zu optimieren. Das Team muss bei der Verteilung der Arbeiten besonders darauf achten, dass unangenehme Aufgaben nicht immer auf den gleichen Kollegen abgewälzt werden, Konflikte sind sonst vorprogrammiert. Für eine effektive Teamarbeit ist der Eindruck zu vermeiden, dass ein Mitglied ein höheres Arbeitspensum zu erledigen hätte als die anderen. Nur so lässt sich jeglicher Unmut von Anfang an ausschließen. Konflikte können sich auch dann leicht einschleichen, wenn ein Teamkollege das Gefühl bekommt, aus dem Team ausgeschlossen zu sein. Dieses Gefühl der Ausgeschlossenheit lässt sich vermeiden, indem alle Teamkollegen ihre Meinung über jeden einzelnen Aspekt der Teamarbeit äußern dürfen. Das Team sollte auf einen regen Gedankenaustausch hinwirken. Alle Informationen sollten für alle Kollegen erreichbar sein. Das ist entscheidend, um Missgunst im Team nicht aufkommen zu lassen. Weiter ist von Bedeutung, dass jeder Vorschlag vom Team zunächst positiv aufgenommen wird, um einerseits keinem Kollegen das Gefühl von Minderwertigkeit zu geben und andererseits, um die Motivation, Ideen zu entwickeln und einzubringen, zu steigern. Kritik an vorgebrachten Vorschlägen sollte einer anschließenden Diskussion vorbehalten bleiben.

Entstehen persönliche Auseinandersetzungen zwischen Mitarbeitern, sollte jeder eine Vorstellung davon haben, wie er am effektivsten und einfühlsamsten mit dem anderen über dessen Verhalten sprechen kann. Insbesondere gibt es Kollegen, mit denen man leichter zusammenarbeiten kann und solche, mit denen sich der Umgang eher schwierig gestaltet. Jeder im Team sollte sich zunächst aber klar machen, dass selbst ein noch so schwieriger Charakter auch echte Vorteile für das Team und seine Arbeit zu bieten hat. Ein Team tut gut daran, schwierige Kollegen nicht einfach abzuurteilen, sondern stattdessen deren Schwächen als Schwächen des Teams zu akzeptieren. Schwächen eines Mitarbeiters, die das Team nicht auszugleichen versteht, werden sich fast zwangsläufig irgendwann auf den Teamgeist auswirken.

Sollte es dennoch einmal zu einer direkten Konfrontation zwischen Kollegen des Teams kommen, ist der Teamleiter gefragt. Es ist sinnvoll, dass er die streitenden Kollegen zu einer Diskussion bittet, bei der er einerseits als neutraler Leiter fungiert, der darauf achtet, dass die Aussprache nicht in ein Gefecht persönlicher Attacken ausartet, andererseits sollte er deutlich darauf hinweisen, welche Auswirkungen die Differenz auf die gesamte Teamarbeit hat und dass deswegen eine baldige Lösung nötig ist.

3
Umgang mit Chemikalien und Werkstoffen

3.1
Umgang mit Chemikalien

Chemikaliengefäße sind eindeutig und dauerhaft zu beschriften. Auf den Gefäßen sind die Gefahrensymbole anzubringen. Flüssigkeiten gehören in enghalsige Flüssigkeitsflaschen, Feststoffe in weithalsige Feststoffflaschen. Es dürfen zur Aufbewahrung von Chemikalien keine Gefäße benutzt werden, die sonst zum Transport oder zur Lagerung von Nahrungsmitteln und Trinkwaren dienen. Chemikalien sind sorgfältig und bestimmungsgemäß (u. U. Kühlung) so aufzubewahren, dass sie sich nicht zersetzen. Von giftigen und brennbaren Stoffen ist nur eine kleine Menge im Laboratorium zu lagern, im Gebäudegang außerhalb des Laboratoriums dürfen keine Chemikalien aufbewahrt werden. Zweckmäßig ist die Einrichtung eines zentralen Chemikalienraums, in dem nach organisatorisch günstigen Kriterien die Chemikalien gelagert und verwaltet werden.

Zum Transport von Chemikalien sind Eimer, Tragkästen o. ä. zu benutzen. Gasflaschen dürfen nur in besonderen „Bombenwagen" transportiert werden. Im Laboratorium werden Chemikalienflaschen zum Transport grundsätzlich mit beiden Händen angefasst, wobei eine Hand am Hals anfasst, die andere am Flaschenboden. Chemikalien dürfen nicht in Aufzügen transportiert werden, in denen gleichzeitig Menschen oder Tiere transportiert werden.

Der Hautkontakt mit Chemikalien ist zu vermeiden. Beim Öffnen einer Flasche wird diese vom Körper weggehalten, u. U. könnte sich in der Flasche ein Druck aufgebaut haben. Bei der Entnahme von Chemikalien überzeugt man sich, dass auch die richtige Flasche geöffnet wurde. Der Stopfen wird mit der breiten Fläche auf den Labortisch gelegt, so dass der Stopfen nach oben schaut. Die Entnahme einer Festsubstanz erfolgt mit einem sauberen und trockenen Spatel, niemals mit einem Reagenzglas die Substanz aus der Flasche „stechen". Zum Umfüllen größerer Feststoffmengen wird beim Umschütten ein Pulvertrichter benutzt. Flüssigkeiten werden aus der Vorratsflasche über einen Trichter in ein Zwischengefäß geschüttet und von dort mit einem Stechheber entnommen. Versehentlich zuviel entnommene Chemikalien werden nicht mehr in das Vorratsgefäß zurückgeschüttet. Werden aus Metallbehältern größere Mengen von brennbaren Lösemitteln entnommen, müssen alle Gegenstände (auch das Personal) geerdet werden. Ansonsten kann es zu einer statischen Aufladung kommen und der Ausgleichfunke kann das Lösemittel in Brand setzen.

Bei Umfüllen mit einem Trichter muss immer sehr langsam geschüttet werden, damit die Luft aus dem Gefäß entweichen kann. Flaschen werden maximal zu 80 % gefüllt.

Beim Ausgießen der Flüssigkeiten aus Flaschen wird die Flasche so gehalten, dass das Etikett nach oben zeigt, dann kann es nicht verätzt werden.

3.2
Werkstoffe im Laboratorium

Die in den Laboratorien verwendeten Arbeitsgeräte bestehen aus Glas, Kunststoff, Metall und Porzellan, wobei der Werkstoff Glas den größten Teil der Gerätschaften ausmacht.

3.2.1
Werkstoff Glas

Im chemischen Laboratorium verwendet man zum Aufbau von Apparaturen meist Glasgeräte, da Glas einige sehr vorteilhafte Eigenschaften in sich vereinigt.
Glas ist
- durchsichtig, dadurch können Reaktionen gut beobachtet werden,
- beständig gegen Wärme und Chemikalien (außer gegen starke Laugen und Flusssäure),
- gut zu verformen, damit vom Anwender leicht in Apparaturen einzubauen sowie
- relativ leicht zu reinigen.

Nachteilig bei der Verwendung von Glas ist die geringe Bruchfestigkeit mit erheblicher Verletzungsgefahr. Glasreste und Bruchstücke sind immer sofort zusammenzukehren und zu beseitigen. Glasgeräte mit sichtbaren Bruchstellen („Sterne") sind ohne Ausnahme nicht mehr zu benutzen.

Die im Laboratorium üblichen Glasgeräte sind im Abschnitt 17.3 des Anhangs abgebildet.

Bei der Verwendung von Glasteilen unter Vakuum ist auf die Unversehrtheit der Geräte zu achten. Evakuiert werden dürfen nur Glasgeräte, die völlig rund sind (z. B. Rundkolben) oder die eine besonders dicke Wandung aufweisen (z. B. Saugflasche).

Die *Reinigung* der benutzten Glasgeräte muss mit großer Sorgfalt erfolgen, da zurückbleibende Verunreinigungen die Durchführung nachfolgender Experimente und Analysen beeinträchtigen können. Zunächst empfiehlt es sich, das Glas nur mit Reinigungs- und Lösemitteln, ohne Verwendung von Bürsten, zu säubern. Welche Mittel man verwendet, hängt von der Art der Verunreinigung ab, die meist aus dem vorangegangenen Versuch bekannt ist. In der folgenden Aufzählung sind einige Reinigungsmittel und die mit ihnen entfernbaren Rückstände aufgeführt. Ist die Verunreinigung nicht bekannt, dann probiert man die Reinigungsmittel in der nachfolgenden Reihenfolge aus.

Die wichtigsten Spülmittel sind aus Tabelle 3-1 zu entnehmen.

Tab. 3-1. Spülmittel

Spülmittel	Beseitigt
kaltes oder warmes Wasser	Staub, Salze
Wasser mit Zusätzen wie Spülkonzentrate	Fett
Sodalösung oder Ätzlaugen	Fett
Säuren in verschiedenen Konzentrationen	Metallreste
organische Lösemittel	Öle, Teer, Harze, organische Stoffe
Chromschwefelsäure	Teer, Harze, Fette

Wenn sich ein Stoff nur langsam von der Glaswand löst, unterstützt und ergänzt man die Wirkung des Reinigungsmittels durch eine mechanische Reinigung. Dazu verwendet man bevorzugt *Bürsten*, deren Form und Größe den zu reinigenden Gegenständen angepasst sein sollte. Sie dürfen nicht zu groß sein, da eine gewaltsam durch einen Flaschen- oder Kolbenhals gezwängte Bürste zum Bruch des Gerätes führt. An den dabei entstehenden Glasscherben und -splittern ist die Verletzungsgefahr groß.

In vielen Laboratorien kommen heute Spülmaschinen zur Anwendung. Meistens reicht es aus, wenn handelsübliche Reinigungsmittel verwendet werden, es gibt jedoch auch spezielle Spülmittel für den Laborgebrauch.

Zum Trocknen werden die gereinigten Glasgeräte an einem Trockengestell aufgehängt, nachdem sie mit enthärtetem Wasser nachgespült wurden. Schneller trocknen sie, wenn sie mit der Öffnung nach unten in einen beheizbaren Trockenschrank gelegt werden. Von dieser Methode sollten geeichte Geräte wie Pipetten, Büretten oder Messkolben ausgenommen werden, da das Erwärmen und Abkühlen u. U. unkontrollierbare Volumenänderungen zur Folge haben können. Will man Geräte sehr schnell trocknen, so spült man sie zuletzt mit Alkohol und saugt die Lösemitteldämpfe ab. Diese Vorgehensweise ist jedoch bei Volumenmessgeräten (z. B. Pipetten und Messkolben) nicht empfehlenswert, da sich eventuell vorhandene Fettpartikel beim Lösen im Alkohol in dem gesamten Messgerät verteilen.

Die gereinigten Glasgeräte werden vor Staub geschützt in Schränken oder Schubladen aufbewahrt.

Die Verbindung zwischen den Glasteilen einer Apparatur wird soweit wie möglich durch Normschliffe hergestellt, da Gummi oder Kork und selbst Kunststoffe von vielen Gasen und Flüssigkeiten angegriffen werden. Die Schliffgeräte besitzen kegelförmig (Kegelschliff) oder kugelförmig (Kugelschliff) geschaffene Glasflächen, die als Schliffkern oder Schliffhülse gearbeitet sind (vgl. Abbildung 3-1). Kern und Hülse werden in der oberen Hälfte des Schliffes ganz dünn mit Silicon- oder Spezialfett eingefettet, ineinandergesteckt, und das Fett durch Drehen so gleichmäßig verteilt, dass der Schliff klar durchsichtig ist. Sog. Exsikkatorfett (Vaseline) ist als Schlifffett nicht zu empfehlen, weil es bereits bei geringer Hitzeeinwirkung deutlich an Schmierwirkung verliert.

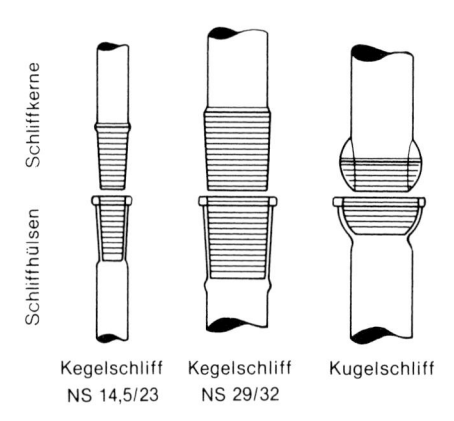

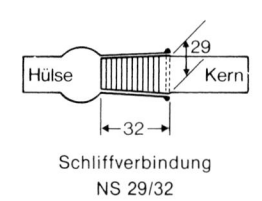

Abb. 3-1. Schliffformen.

Der Kugelschliff ist in gewissen Grenzen in der senkrechten Achse verschiebbar und erleichtert den Aufbau spannungsfreier Apparaturen. Durchmesser und Länge der Kegelschliffe sind nach DIN-Vorschriften genormt. In Tabelle 3-2 sind die im chemischen Laboratorium am häufigsten verwendeten Schliffgrößen und ihre Abmessungen zusammengestellt. Von den angegebenen Werten darf ein Normschliff höchstens um 0,1 mm abweichen. Wie aus der Tabelle 3-2 erkennbar ist, setzt sich die Normbezeichnung der Schliffe aus dem größten Durchmesser und der Länge, angegeben in mm, zusammen.

Tab. 3-2. Abmessungen von Kegelschliffen nach DIN

Kegelschliffbezeichnung	Größter Durchmesser [mm]	Kleinster Durchmesser [mm]	Länge [mm]
NS 14,5 / 23	14,5	12,2	23
NS 19 / 26	19	16,4	26
NS 29 / 32	29	25,8	32
NS 45 / 40	45	41	40

Nach dem Gebrauch werden Schliffe durch Abreiben mit einem sauberen Polyesterlappen entfettet, danach wird zwischen Kern und Hülse ein Papierstreifen gesteckt. Dieser Papierstreifen verhindert das „Verbacken" der Schliffe. Ist einmal ein Schliffkegel in einer Hülse so verbacken, dass man sie nicht mehr auseinanderziehen kann, dann hilft oft ein vorsichtiges Erwärmen des zusammengebackenen Schliffsystems mit einer Brennerflamme oder mit dem Fön (Achtung: Die Apparatur muss lösemittelfrei sein!). Nach dem Abkühlen können die beiden Schliffe meistens durch eine ruckhafte Drehbewegung auseinander gezogen werden.

Häufig werden Schliffe für eine Syntheseapparatur eingefettet, nach dem Gebrauch leider ohne Entfettung auf ein Analysengerät gesteckt (z. B. NS 14,5-Schliff auf 100-mL-Messkolben). Das Analysengerät überzieht sich nach kurzer Zeit innen mit einer Fettschicht und kann nicht mehr als genaues Analysengerät Verwendung finden. Die Marke am Analysengerät kann nicht mehr durch einen Flüssigkeitsmeniskus eingestellt werden. Dann hilft nur noch eine gute Entfettung des Analysengerätes.

Es wird je nach dem Verfettungsgrad eine 1- bis 5-prozentige Lösung von RBS®-Seifenkonzentrat in entsalztem Wasser hergestellt, die Lösung auf ca. 40 °C erwärmt und die Analysengeräte über Nacht in dieser Lösung belassen. Vorsicht: Die RBS®-Lösung ist relativ stark alkalisch. Die entfetteten Geräte sind zunächst mit Wasser, dann mit etwas essigsäurehaltigem Wasser und dann mit viel entsalztem Wasser zu spülen, bis das ablaufende Wasser pH-Wert-neutral ist. Die RBS®-Lösung kann mehrfach benutzt werden.

Eine Entfettung von Analysengeräten mit organischen Lösemitteln ist nicht sinnvoll, da das gelöste Fett dann über das ganze Analysengeräte verteilt wird und beim schnellen Verdunsten des Lösemittels als dünner Film anhaftet.

3.2.2
Werkstoff Metall

Metalle und ihre Legierungen wie z. B. Eisen, Messing, Kupfer, Aluminium sind gegen einige Chemikalien beständig. Meistens jedoch müssen die aus ihnen hergestellten Geräte mit einer Schutzschicht überzogen werden, um die Zerstörung ihrer Oberfläche durch Korrosion zu verhindern. Unter Korrosion versteht man die von der Oberfläche ausgehende Zerstörung eines Werkstoffes. Sie wird hervorgerufen durch ungewollte chemische oder elektrochemische Vorgänge. Das ist häufig mit deutlichen Verschleißerscheinungen verbunden. Der Ablauf von Korrosionsprozessen durch atmosphärische Einflüsse wird stark von der Luftfeuchtigkeit bestimmt. Die Erosion ist ebenso wie die Korrosion eine von der Werkstoffoberfläche ausgehende Zerstörung. Sie wird überwiegend hervorgerufen durch Festkörperteilchen, die in schnell strömenden Gasen und Flüssigkeiten enthalten sind.

Der beste Schutz gegen Korrosion und Erosion ist das Überziehen des zu schützenden Werkstoffes mit korrosionsbeständigen Schichten. Für solche Überzüge verwendet man:
- edlere Metalle (z. B. Vergolden, Verchromen, Vernickeln usw.),
- unedlere Metalle (z. B. Verzinken von Eisen),
- Oxidschichten (z. B. Phosphatieren, Eloxieren),
- Kunststoffe oder Lacke,
- Emaille,
- Schamotte.

Die Schutzschichten müssen porenfrei auf das Metall aufgetragen sein, damit die korrodierende Substanz nicht durchdringen und unter ihnen das zu schützende Metall angreifen kann. Aus demselben Grund ist eine feste Haftung des Überzugs auf der Metalloberfläche erforderlich, die deshalb gründlich gereinigt werden muss, bevor das Schutzmittel aufgetragen wird. Die Reinigung erfolgt
- mechanisch mit Schmiergel, Stahlbürste, Sandstrahlgebläse,
- chemisch mit Säure (H_3PO_4),
- durch ein Abbeizmittel oder
- durch Abbrennen alter Lackschichten.

3.2.3
Werkstoff Kork und Gummi

Kork, ein aus der Rinde von Korkeichen gewonnener Rohstoff, wird hauptsächlich für gestanzte Flaschenkorken und gepresste Korkringe verwendet. Er ist unbeständig gegen Halogene, heiße konzentrierte Laugen und konzentrierte Säuren. Da in vielen Erzeugerländern mittlerweile der Kork knapp geworden ist, sollte er nur im Ausnahmefall benutzt werden.

Gummi, das früher aus dem milchartigen Saft verschiedener tropischer Bäume als Naturkautschuk gewonnen wurde, wird heute fast ausschließlich synthetisch hergestellt. Im Laboratorium wird es für Gummischläuche und -stopfen benötigt. Diese müssen vor verschiedenen Lösemitteln geschützt werden, in denen sie quellen und dadurch unbrauchbar werden. Zu diesen Lösemitteln gehören z. B. Ether, Aceton und vor allem Benzol und andere aromatische Kohlenwasserstoffe sowie Chlorkohlenwasserstoffe wie Trichlormethan (Chloroform) und Tetrachlormethan (Tetrachlorkohlenstoff). Bei Temperaturen über 50 °C wird Gummi klebrig und damit unbrauchbar.

Der Gummischlauch wird zum Durchleiten von Gasen oder Flüssigkeiten benutzt. Auch zum Verbinden von Glasteilen ist er im Laboratorium nicht mehr wegzudenken. Die meisten Gummischläuche haben eine Wandstärke von 1,5 bis 4 mm und einen Innendurchmesser von 2 bis 12 mm. Der Vakuumschlauch hat dagegen einen Innendurchmesser von ca. 4 mm und eine Wandstärke von 5 mm. Diese Dicke ist notwendig, damit der Schlauch bei angelegtem Vakuum nicht durch den Luftdruck zusammengedrückt wird. Gummischläuche, die unter Druck (auch Wasserdruck!) stehen, werden mit Schellen oder Kabelbindern befestigt.

3.2.4
Werkstoff Kunststoff

Kunststoffe ersetzen heute in vielen Bereichen die oben genannten Werkstoffe. Man stellt aus ihnen Dichtungen, Gewebe, Stopfen, Schläuche, Spatel usw. her. Zwar sind Kunststoffe gegen Hitze empfindlich, doch werden sie von Säuren und Laugen sowie vielen Gasen nicht angegriffen. Im Laboratorium wird ein Kunststoff immer mehr verwendet: das bis ca. 260 °C verwendbare Polytetrafluorethen (PTFE), ein Handelsname ist Teflon®. Dieser Kunststoff besitzt sogar schmierende Eigenschaften. Daher wird er gerne dort eingesetzt, wo sich Teile drehen, z. B. Glasrührer in Rührerhülsen, die mit PTFE ausgelegt sind.

Aus dem breiten Sortiment der Kunststoffe seien in Tabelle 3-3 nur einige Grundtypen aufgeführt.

Tab. 3-3. Oft verwendete Kunststoffe im Laboratorium

Kunststoff	Kurzzeichen	Maximale Einsatztemperatur [°C]
Niederdruckpolyethylen (z. B. Hostalen®);	PE N.D.	120
Hochdruckpolyethylen (z. B. Lupolen®);	PE H.D.	95
Polypropylen (z. B. Hostalen PP®);	PP	135
Polyvinylchlorid (PVC);	PCV	130
Polyamide (Nylon®, Perlon®, Ultramide®)	PA	160
Poly-ether-ether-keton	PEEK	90
Polystyrol	PS	70
Silikonkautschuk	SIL	300
Polytetrafluorethen (Teflon)	PTFE	260

Allen Kunststoffen ist gemeinsam, dass sie gegen scharfe Reinigungsmittel empfindlich sind. Keinesfalls darf man Scheuermittel benutzen, die die Oberfläche der Kunststoffgegenstände verkratzen. Dazu kommt noch, dass verkratzte Gegenstände schwer zu reinigen sind. Zum Reinigen nimmt man zweckmäßigerweise warmes Wasser mit etwas Seifenkonzentrat.

Kunststoffe werden unterhalb von 0 °C leicht spröde, daher sind sie für Synthesen bei niedrigen Temperaturen nicht geeignet.

4
Umgang mit Arbeitsgeräten und Energieträgern

Die in Laboratorien verwendeten Geräte sind sehr vielfältig und speziell auf ihre Verwendung angepasst. Die Energieträger sind gemäß den Anforderungen des Anwenders auszuwählen und zu optimieren.

In den folgenden Abschnitten werden diejenigen Arbeitsgeräte beschrieben, auf die in den späteren Kapiteln nicht mehr genauer eingegangen wird.

4.1
Massenmessung

4.1.1
Basisgröße Masse

Unter der Masse versteht man die in einem Körper enthaltene Stoffportion. Die Masse ist im international verbindlichen SI-Einheitensystem eine Basisgröße mit dem Größensymbol m und der Basiseinheit Kilogramm (Einheitenzeichen kg). Um die Massen verschiedener Körper und Stoffportionen miteinander vergleichen zu können, muss die Masse eines Körpers – quasi als „Ur-Kilogramm" – genau auf 1 kg festgelegt werden. Dieser Körper wird seit 1872 in Paris aufbewahrt und ist ein Platin-Iridium-Zylinder von 39 mm Durchmesser und 39 mm Höhe. Es gibt zurzeit Überlegungen, dieses Urkilogramm neu zu definieren. Ein zweiter, gleichermaßen angefertigter Platin-Iridium-Zylinder zeigt mittlerweile eine zu deutliche Abweichung von dem ursprünglichem „Urkilogramm". Die genaue Definition stand bei der Erstellung des Manuskriptes noch nicht fest; diskutiert wird z. B. eine genaue Teilchenanzahl eines bestimmten Stoffes.

Die Basiseinheit kg kann in kleinere oder größere Einheiten umgewandelt werden:
- Tonnen (t)
- Kilogramm (kg)
- Gramm (g)
- Milligramm (mg)
- Mikrogramm (µg)
- Nanogramm (ng)

1 × 1 der Laborpraxis: Prozessorientierte Labortechnik für Studium und Berufsausbildung. 2. Auflage.
Stefan Eckhardt, Wolfgang Gottwald, Bianca Stieglitz
Copyright © 2007 WILEY-VCH Verlag GmbH & Co. KGaA, Weinheim
ISBN: 978-3-527-31657-1

Der jeweilige Umrechnungsfaktor von Einheit zu Einheit beträgt 1000, z. B.:
- 1 kg = 1000 g
- 1 g = 1 000 000 µg
- 1 mg = 0,001 g
- 1 µg = 0,000 001 g

4.1.2
Gewichtskraft

In der Praxis wird die Masse einer Stoffportion fälschlicherweise als ihr Gewicht bezeichnet. Um beide Begriffe genauer voneinander abzusetzen, wird diese Größe naturwissenschaftlich exakt als Gewichtskraft (Größensymbol F_G) bezeichnet. Sie ist das Produkt aus der Masse einer Stoffportion m und der Erdbeschleunigung g (g = 9,81 m/s²) gemäß Gl. (4-1).

$$F_G = m \cdot g \tag{4-1}$$

Die Einheit der Gewichtskraft ist – ebenso wie die der Kraft – das Newton (Einheitenzeichen N = $\frac{kg \cdot m}{s^2}$).

Da die Erde keine vollkommene Kugelgestalt hat, ist die Erdbeschleunigung nicht an allen Orten der Erde gleich. Durch die Rotation der Erde mit den Polen als Drehachse liegen diese näher am Erdmittelpunkt als der Äquator. Daher ist die Erdanziehung an den Polen größer als am Äquator, folglich auch die Erdbeschleunigung und mit ihr die Gewichtskraft. In Abbildung 4-1 ist dieser Unterschied für einen Körper der Masse von 1 kg dargestellt. Während seine Masse (ebenso wie sein Volumen und seine Stoffmenge) überall auf der Erdoberfläche gleich bleibt, und damit ortsunabhängig ist, unterscheidet sich seine Gewichtskraft um die in der Abbildung angegebenen Beträge. Die Gewichtskraft muss folglich als ortsabhängig betrachtet werden.

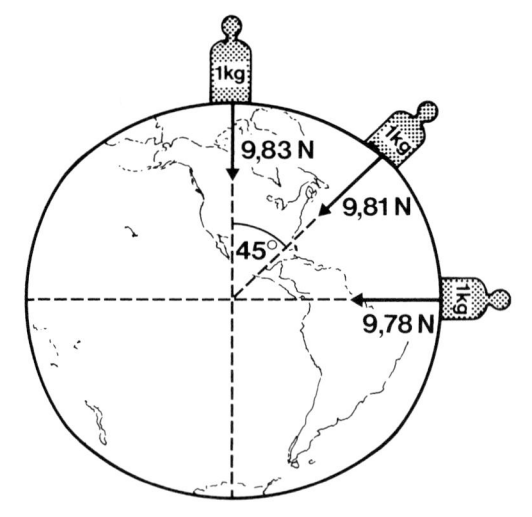

Abb. 4-1. Schematische Darstellung der Ortsunabhängigkeit der Masse eines Körpers auf der Erdoberfläche und der Ortsabhängigkeit der Gewichtskraft desselben Körpers (Masse = 1 kg).

Während die Bestimmung einer Masse durch einen Massenvergleich einer unbekannten Masse mit einer bekannten Masse („Massenstein") durchgeführt wird, wird die Gewichtskraft mit einer Federwaage gemessen (Abbildung 4-2).

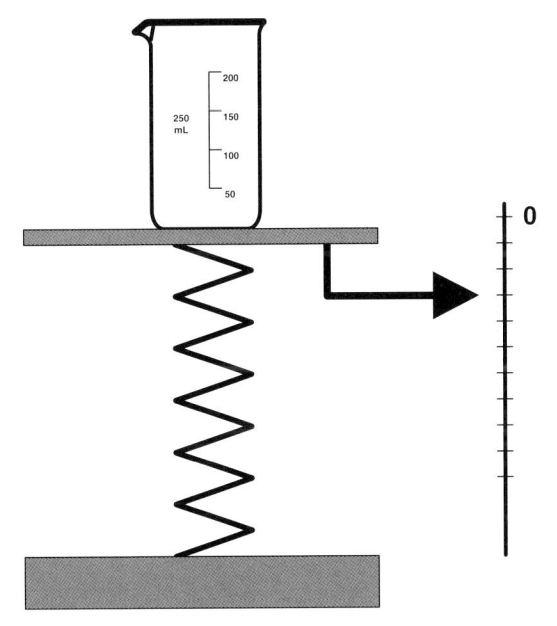

Abb. 4-2. Federwaage.

4.1.3
Bestimmung der Masse

Die Bestimmung der Masse wird als Massenvergleich mit einer Waage durchgeführt. Es gibt unterschiedliche Waagentypen.
- Hebelwaagen: Es handelt sich um rein mechanische Waagen, sie sind heute in Laboratorien nicht mehr gebräuchlich.
- Präzisionswaagen: Sie werden auch als Obertellerwaagen bezeichnet. Es sind elektronische Waagen, meist ohne eine Ummantelung des Waagentellers (siehe Abbildung 4-3 c,d, Präzisionswaage der Firma Satorius, Göttingen).
- Analysenwaagen: Es sind sehr genaue elektronische Waagen mit einem Schutzgehäuse zur Vermeidung von Wägestörungen durch Zugluft (siehe Abbildung 4-3 b, Analysenwaage der Firma Satorius, Göttingen).
- Mikrowaagen: Es handelt sich um äußerst genaue und noch sehr teure elektronische Waagen, die ebenfalls mit einem Schutzgehäuse ausgestattet sind (siehe Abbildung 4-3 a, Mikrowaage der Firma Satorius, Göttingen).

Die Auswahl eines Waagentyps richtet sich nach der gewünschten Genauigkeit der Einwaage. Beim präparativen Arbeiten reicht gewöhnlich eine Präzisionswaage, bei analytischen Arbeiten benutzt man eine Analysenwaage oder eine Mikrowaage.

Abbildung 4-3 zeigt eine Reihenfolge verschiedener Waagentypen mit abnehmender Genauigkeit.

Abb. 4-3. Verschiedene Waagentypen mit abnehmender Genauigkeit.
(c,d Präzisionswaagen, b Analysenwaage, a Mikrowaage)

4.1.3.1 Der Umgang mit Waagen

Das Ein- und Auswiegen von Stoffportionen ist ein häufig durchgeführter Arbeitsvorgang. Die Waage als universell eingesetztes Gerät im Laboratorium verursacht bei entsprechend unsachgemäßer Verwendung Fehler, die sich durch alle Arbeitsschritte hindurchziehen und potenzieren.

Grundsätzlich sollte eine Wägung erst nach einem „Warmlaufen" der Waage erfolgen. Elektronische Waagen reagieren recht empfindlich auf ungünstige Umgebungseinflüsse. Während früher bei den mechanischen Waagen die Waagschale nach Wiegevorgang immer wieder festgestellt wurde („arretiert"), ist dies bei den heutigen elektronischen Waagen nicht mehr notwendig. Vor jedem Wägeprozess muss die Waage auf den Nullpunkt eingestellt werden. Dieser Vorgang wird *Justieren* genannt.

Sauberkeit

Jede Waage muss sauber sein. Staubpartikel, die sich in der empfindlichen Messelektronik festsetzen, können zu Messfehlern führen. Daher sollte eine Waage direkt nach der Benutzung gesäubert werden.

Standort

Waagen sollten einen festen, ebenen und sicheren Standort haben. Um Erschütterungen abzufangen, stehen sie meist auf Wägetischen, bei denen eine schwere Steinplatte eben auf einem Sandbett oder Gummipuffern liegt. Zusätzlich verfügen die meisten Waagen über eine Libelle. Diese funktioniert wie eine zweidimensionale Wasserwaage. Man muss durch entsprechendes Drehen der Waagenstellfüße die Luftblase der Libelle in die Mitte eines vorgegebenen Kreises bringen. Diesen Vorgang nennt man *Nivellieren*. Wenn dies erreicht ist, steht die Waage absolut eben. Es empfiehlt sich hierbei, zunächst die Waagenstellfüße ganz in das Gehäuse hineinzudrehen und dann langsam unter Beobachtung der Libelle diese wieder hinauszudrehen. Waagen, die eine solche Libelle nicht haben, sollten zumindest auf einem möglichst ebenen Grund fest stehen.

Zugluft
Empfindliche Waagen werden durch ein Gehäuse vor Zugluft geschützt. Bei der Messung müssen alle Frontschieber des Gehäuses geschlossen sein. Zusätzlich gilt es, darauf zu achten, dass die Waage an einem zugluftgeschützten Ort steht. Falls aufgrund giftiger, staubender oder gesundheitsgefährdender Chemikalien eine Absaugung in der Nähe der Waage notwendig sein sollte, kann die Genauigkeit einer Waage nicht mehr vollständig garantiert werden. Moderne Waagen können die Luftbewegung zu einem großen Teil kompensieren, indem die Empfindlichkeit verringert wird.

Elektrostatik/Magnetismus
Auch elektrostatische Aufladungen und Magnetfelder beeinflussen das Messergebnis elektronischer Waagen. Auch hier haben die Hersteller Waagen entwickelt, die diese Aufladung kompensieren. Allgemein gilt, dass insbesondere Magnete (auch in Form von den häufig verwendeten „Rührfischen") nicht innerhalb eines Radius von 1 m um und unter einer Waage verwendet oder gelagert werden sollten.

Temperatur
Auch unterschiedliche Umgebungstemperaturen beeinflussen das Messergebnis, insbesondere direkte Sonnenbestrahlung erfordert häufig eine erneute Justierung der Waage. Viele moderne Waagen messen automatisch die Umgebungstemperatur und führen eine Eigenjustierung bei Temperaturänderungen durch. Gänzlich verzichten sollte man auf das direkte Auswiegen von Körpern, die wärmer als die umgebende Luft sind. Die durch die Wärme erzeugte Auftriebskraft ist nicht zu kompensieren.

Eckbelastungen
Genauere Ergebnisse werden beim Wiegen erzielt, wenn sich das zu wiegende Gut möglichst zentriert auf der Waagschale befindet. Bei zu extremer Eckbelastung kann die Elektronik kein genaues Ergebnis liefern.

4.1.3.2 Abwiegen von Gegenständen
Die Bedienung der Waage ist dem jeweiligen Handbuch der Waage zu entnehmen. Es werden die folgenden Versuche durchgeführt:

Praxisaufgabe: Waagenvergleich

- Vergleich der im Laboratorium befindlichen Waagen
  Es werden auf allen im Laboratorium befindlichen Waagen folgende Körper je dreimal ausgewogen:
  – 1-Cent-Stück,
  – Nutschring,
  – leeres 100-mL-Becherglas.
  Die Ergebnisse sind in einer Tabelle zusammenzustellen und entsprechend zu interpretieren.
- Einwiegen von Feststoffen auf der Analysenwaage
  Es werden auf einer Analysenwaage 500 mg Kochsalz, auf 0,0005 mg genau, in ein Wägegläschen eingewogen. Die Einwaagen sind zu dokumentieren und zu interpretieren.
  Für die Masse des leeren Becherglases wird häufig der Begriff „*Tara*" verwendet, die Summe der Massen von Becherglas und Kochsalz ist die „*Bruttomasse*".
- Einwiegen von Feststoffen auf der Präzisonswaage
  Es sollen auf einer Präzisionswaage 3,4 g Kochsalz in ein Becherglas eingewogen werden.
- Einwiegen von Flüssigkeiten auf der Präzisionswaage
  Es werden mit einem Stechheber auf einer Präzisionswaage 0,5 g, 1,0 g und 5,0 g Wasser, auf 0,1 g genau, in ein Wägegläschen eingewogen. Die Einwaagen sind zu dokumentieren und zu interpretieren.
- Einwiegen von Flüssigkeiten auf der Analysenwaage
  Es werden mit einem Stechheber dreimal auf einer Analysenwaage genau 20 Tropfen Wasser in ein Wägegläschen eingewogen (zu verwenden ist immer der gleiche Stechheber). Die Einwaagen sind zu dokumentieren und entsprechend zu interpretieren.

4.1.3.3 Einfluss der Umgebung auf das Wägeergebnis

Praxisaufgabe: Einfluss auf das Wägeergebnis

Es werden die folgenden Versuche durchgeführt:
- *Einfluss der Temperatur*
  Temperieren Sie einen Aluminiumkörper nach und nach auf 20 °C, 40 °C, 60 °C, 80 °C und 100 °C in einem Wasserbad und wiegen Sie ihn dann nach sehr kurzem Abtrocknen sofort aus. Verwenden Sie hierzu den ersten Wert, den die Waage anzeigt.

Die jeweiligen Massen sind zu dokumentieren, in ein Diagramm einzutragen und zu interpretieren.
- *Einfluss der Eckbelastungen*
Nehmen Sie einen Massenkörper, welcher mindestens dreiviertel des möglichen Wägebereiches einer Analysenwaage abdeckt. Diesen Massenkörper wiegen Sie nun jeweils dreimal in der Mitte und an den vier äußersten Punkten der Waagschale (links, rechts, hinten, vorne). Die jeweiligen Massen sind zu dokumentieren und zu interpretieren.

4.1.4 Qualifizierung von Waagen

Unter einer Qualifizierung wird die Überprüfung auf die Funktionalität des betreffenden Laborgerätes verstanden. Grundsätzlich unterscheidet man dabei die Überprüfung auf Richtigkeit und die Überprüfung auf Präzision.

Richtigkeit von Waagen

Jede Waage hat eine eigene Richtigkeit, die sowohl von der Waage als auch von ihrem Standort abhängt. Unter der Richtigkeit wird die Abweichung der „wahren" Masse eines Körpers von der tatsächlich gewogenen Masse verstanden. Zur Überprüfung der Richtigkeit werden Normmassen verwendet. Abweichungen von der Richtigkeit werden durch systematische Fehler verursacht.

Gerätehersteller geben oft eine als Digits bezeichnete Größe für die Richtigkeit an. Zum Beispiel hat eine typische Analysenwaage eine Richtigkeit von ±1 Digit. Da sich Digits auf die jeweils letzte angegebene Stelle einer Waage beziehen, bedeutet dies bei einer Einwaage von 4,5005 g, dass die gewogene Stoffportion zwischen 4,5004 und 4,5006 g wiegt. Leider wird in der Praxis diese idealisierte Richtigkeit kaum erreicht.

Präzision von Waagen

Unter der Präzision versteht man das Maß der gegenseitigen Übereinstimmung unabhängiger Ergebnisse aus Mehrfachmessungen. Eine hohe Präzision beschreibt eine geringe Streuung der Messergebnisse.

Um die individuelle Präzision einer Waage zu ermitteln, empfiehlt es sich, denselben Massenkörper über 20 Tage zu einem festgelegten Zeitpunkt von der gleichen Person auswiegen zu lassen. Der Massenkörper sollte so gewählt werden, dass mindestens dreiviertel des Messbereiches der Waage beansprucht werden. Von den einzelnen Messwerten wird jeweils die Abweichung vom Vortagswert in Digits ausgerechnet. Der Mittelwert dieser 19 Abweichungswerte ergibt die individuelle Präzisionsgrenze der Waage. In Tabelle 4-1 ist eine solche Bestimmung exemplarisch aufgeführt:

Tab. 4-1. Bestimmung der Genauigkeit einer Analysenwaage

Nummer	Datum	Auswaage x [g]	Abweichung vom Vortag [digits]
1	03.09.01	200,0000	–
2	04.09.01	200,0002	2
3	05.09.01	200,0003	1
4	06.09.01	200,0001	2
5	07.09.01	200,0000	1
6	10.09.01	200,0002	2
7	11.09.01	200,0001	1
8	12.09.01	200,0000	1
9	13.09.01	199,9998	2
10	14.09.01	199,9999	1
11	17.09.01	200,0001	2
12	18.09.01	200,0002	1
13	19.09.01	200,0002	0
14	20.09.01	200,0000	2
15	21.09.01	200,0002	2
16	24.09.01	200,0002	0
17	25.09.01	200,0001	1
18	26.09.01	199,9999	2
19	27.09.01	200,0001	2
20	28.09.01	200,0000	1
Summe:		4000,0016	

Der Mittelwert der Abweichungsdigits in der Tabelle 4-1 nach Gl. (4-2) beträgt 1,36.

Tägliche Überprüfung von Waagen

Nahezu alle Qualitätssicherungsstandards verlangen, sobald ein Fehler festgestellt wurde, eine Wiederholung aller Vorgänge ab dem Zeitpunkt, bei dem zuletzt eine Fehlerfreiheit festgestellt wurde. Überprüft man eine Waage z. B. nur montags und stellt dann einen gravierenden Fehler fest, so hat man alle Arbeiten, die in der vergangenen Woche mit dieser Waage durchgeführt wurden, zu wiederholen. Schon aus diesem Grund empfiehlt sich eine tägliche Überprüfung der Waage.

Eine solche tägliche Überprüfung darf aus Kostengründen nicht zu zeitaufwendig sein. Es bietet sich eine einfache Überprüfung in Art einer vereinfachten Statistischen Prozesskontrolle (SPC) an. Empfohlen wird die tägliche Massenbestimmung eines Massenkörpers im oberen Viertel des Messbereiches der Waage und die Visualisierung der Messwerte in einer Grafik. Es muss sichergestellt werden, dass sich die Masse des Massenkörpers nicht verändert. Das kann z. B. durch schmutzige Finger geschehen, daher sollten beim Wiegen immer fusselfreie Stoffhandschuhe angezogen werden oder eine Pinzette benutzt werden.

Als Kriterium, ob die Waage noch in ihrem Präzisionsbereich liegt, dient das Beobachten der Messkurve um den Mittelwert $\bar{x}$ und das Über- bzw. Unterschreiten der Oberen- bzw. Unteren Eingriffsgrenzen (OEG bzw. UEG). Diese Werte werden mittels der Gl. 4-2 bis 4-5 berechnet.

Mittelwert: $$\bar{x} = \frac{\sum x_i}{N} \tag{4-2}$$

Differenzwert: $$R = \frac{\sum \text{Differenzen}}{N} \tag{4-3}$$

Obere Eingriffsgrenze: $$\text{OEG} = \bar{x} + (2{,}66 \cdot R) \tag{4-4}$$

Untere Eingriffsgrenze: $$\text{UEG} = \bar{x} - (2{,}66 \cdot R) \tag{4-5}$$

Für das Beispiel aus Tabelle 4-1 ergeben sich folgende Werte:

Mittelwert: $$\bar{x} = \frac{4000{,}0016 \text{ g}}{20} = 200{,}0001 \text{ g}$$

Differenzwert: $$R = \frac{0{,}0026 \text{ g}}{19} = 0{,}0001368 \text{ g}$$

Obere Eingriffsgrenze: $$\text{OEG} = 200{,}0001 \text{ g} + (2{,}66 \cdot 0{,}0001368 \text{ g}) = 200{,}0005 \text{ g}$$

Untere Eingriffsgrenze: $$\text{UEG} = 200{,}0001 \text{ g} - (2{,}66 \cdot 0{,}0001368 \text{ g}) = 199{,}9997 \text{ g}$$

Da keine Waage Bruchteile eines Digits anzeigt, wird hierbei immer auf volle Digits gerundet.

Wird die Obere Eingriffsgrenze überschritten oder die Untere Eingriffsgrenze unterschritten, arbeitet die Waage nicht mehr präzise genug und die Waage wird mit einem internen oder externen Kalibriergewicht erneut gemäß der Gerätebeschreibung justiert.

Die Ermittlung der Präzision auf diesem Weg bringt einen Vorteil. Mit den Werten lässt sich eine Minimaleinwaage berechnen, die man abwiegen muss, sofern die Fehlerquote bei der Einwaage z. B. 0,5 % nicht übersteigen soll. Dieser Wert wird mit Gl. (4-6) berechnet:

Minimaleinwaage $$= \frac{(2{,}66 \cdot R) \cdot 100\,\%}{\text{Ablesbarkeit} \cdot \text{erlaubte Fehlertoleranz}} \tag{4-6}$$

Werden die Werte aus Tabelle 4-1 in die Gl. (4-6) eingesetzt, ergibt dies folgenden Wert:

$$\text{Minimaleinwaage} = \frac{(2{,}66 \cdot 0{,}0001368\ \text{g}) \cdot 100\,\%}{0{,}0001\ \text{g} \cdot 0{,}5\,\%} = 728\ \text{digits} \triangleq \underline{0{,}0728\,\text{g}}$$

Es müssten also mindestens 72,8 mg eingewogen werden, um das Qualitätskriterium „nicht mehr als 0,5 % Waagenfehler" zu erfüllen.

Ein Standortwechsel der Waage erfordert eine erneute Bestimmung der individuellen Abweichung und damit auch der Minimaleinwaage und der Eingriffsgrenzen.

Abbildung 4-4 zeigt ein Beispiel für ein solches Formblatt. Die Abbildung 4-5 zeigt eine beispielhafte Gerätekarte aus der Laborpraxis. Man erkennt das Abdriften des Messwertes zur Oberen Eingriffsgrenze. Eine dann erfolgte Justierung mit einer Justiermasse setzte die Waage wieder in ihren Ausgangszustand zurück und sie konnte nach 5 Tagen wieder benutzt werden. In dieser Zeit bleibt die Waage außer Betrieb! Sollte die Nachjustierung nicht erfolgreich sein, muss ein Fachmann vom Kundenservice des Herstellers die Waage reparieren.

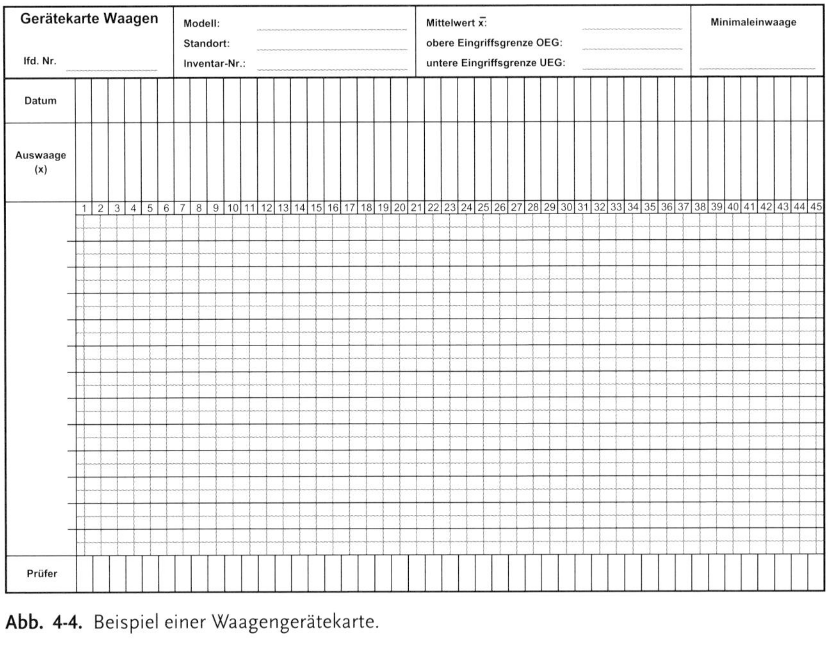
Gerätekarte Waagen
lfd. Nr.
Modell:
Standort:
Inventar-Nr.:
Mittelwert $\bar{x}$:
obere Eingriffsgrenze OEG:
untere Eingriffsgrenze UEG:
Minimaleinwaage
Datum
Auswaage (x)
1 2 3 4 5 6 7 8 9 10 11 12 13 14 15 16 17 18 19 20 21 22 23 24 25 26 27 28 29 30 31 32 33 34 35 36 37 38 39 40 41 42 43 44 45
Prüfer

Abb. 4-4. Beispiel einer Waagengerätekarte.

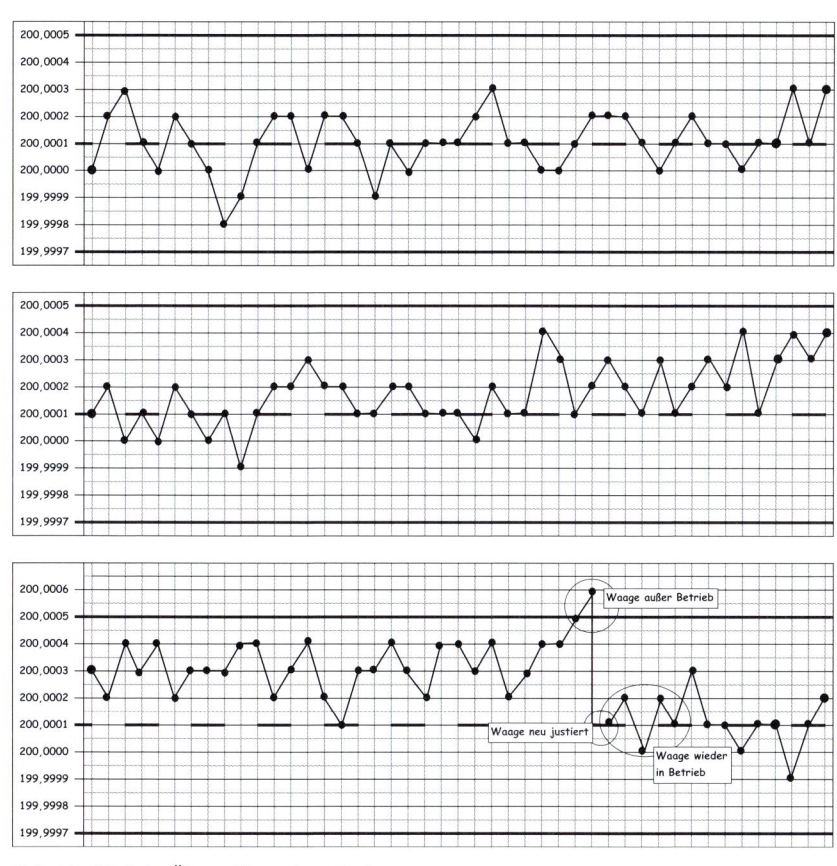

Abb. 4-5. Tägliche Überprüfung einer Analysenwaage.

Praxisaufgabe: Überprüfung einer Analysenwaage

> Man ermittle mit einem Massenkörper an 20 aufeinander folgenden Arbeitstagen den Mittelwert, die Obere- und Untere Eingriffsgrenze und die erforderliche Mindesteinwaage einer Analysenwaage. Überprüfen Sie regelmäßig die Präzision der Waage.

4.2 Volumenmessung

Bei chemischen Reaktionen werden flüssige Reaktanten häufig durch Abmessen der Volumina bereitgestellt. Das Volumen ist hierbei die Größe des Raumes, den dieser Stoff einnimmt. Das Volumen eines Stoffes ist keine unabhängige Größe, wie z. B. die Masse, sondern es ist u. a. von der Temperatur abhängig.

4.2.1
Physikalische Definitionen

4.2.1.1 Basisgröße Länge

Eine Strecke wird im international verbindlichen SI-Einheitensystem beschrieben durch die Basisgröße Länge mit dem Größensymbol L oder s und der Basiseinheit Meter (Einheitenzeichen m). Ein Meter war nach der ursprünglichen Definition der zehnmillionste Teil eines Erdmeridianquadranten (das ist ein Längengrad zwischen Pol und Äquator) und lag als sog. Urmeter in Form eines Stabes in Paris vor. Heute wird ein Meter etwas präziser als die Länge von 1 650 763,73 Wellenlängen der gelben Strahlung des Kryptonisotopes 86 im Vakuum definiert.

4.2.1.2 Volumen

Das Volumen ist eine aus der Basisgröße Länge abgeleitete Größe mit dem Symbol V und mit der Einheit Kubikmeter (Einheitenzeichen m^3) oder Liter (Einheitenzeichen L). Beide Einheiten können ineinander umgerechnet werden. 1 m^3 entsprechen 1000 L und 1 L entsprechen 0,001 m^3.

In der Laborpraxis werden oft folgende Umrechnungen benötigt:
- 1 L = 1000 mL = 1000 cm^3
- 1 m^3 = 1 000 000 cm^3
- 1 mL = 1 cm^3

Durch die Definition des Volumens als abgeleitete Größe der Länge entfällt seit 1969 die Beschreibung des Liters als 1 kg chemisch reinen Wassers bei +4 °C und 1013 mbar.

4.2.2
Geräte zur Volumenmessung

Geräte zur Volumenmessung ruhender Flüssigkeiten werden in zwei Gruppen unterteilt. Zum einen gibt es die Gruppe der auf *Einlauf* geeichten Messgeräte, zum anderen die auf *Auslauf* geeichten Messgeräte.

Die Genauigkeit eines Volumenmessgerätes hängt allgemein von dem Ablesedurchmesser ab. Je kleiner dieser ist, um so genauer ist das Volumen bestimmbar, da schon kleine Volumenänderungen sich in der Höhe des Flüssigkeitsspiegels bemerkbar machen. Die Genauigkeit wird zusätzlich erhöht, wenn an der Ablesemarke der Eichstrich als kompletter Ring angebracht wurde.

Nachfolgend sind die wichtigsten Gerätetypen in den oben beschriebenen Gruppen aufgeführt. Auf Tropftrichtern, Tropfflaschen, Bechergläsern oder gar Eimern sind häufig ungenaue Messskalen angebracht. Im eigentlichen Sinne kann hier nicht von Messgeräten gesprochen werden. Außerdem ist ihr Ablesedurchmesser relativ groß. Auf eine Beschreibung wurde daher verzichtet.

4.2.2.1 Einlaufgeeichte Messgeräte (In)

Bei den auf Einlauf geeichten Volumenmessgeräten befindet sich bei exakter Füllung genau das angegebene Volumen im Gerät. Durch die unvermeidliche Benetzung der Gefäßwand kann das angegebene Volumen nicht vollständig entnommen werden. Zur Kennzeichnung werden diese Geräte mit dem Kurzzeichen „In" beschriftet. Nachfolgend werden folgende auf Einlauf geeichten Volumenmessgeräte beschrieben:
- Messkolben,
- Messzylinder und
- Pyknometer (siehe Abbildung 4-6).

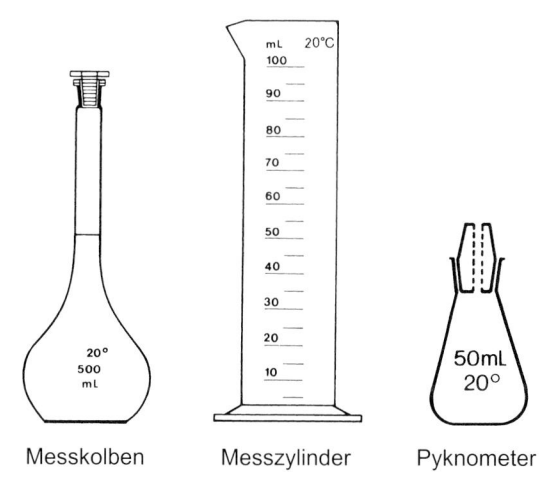

Abb. 4-6. Einlaufgeeichte Volumenmessgeräte.

Messkolben

Messkolben sind langhalsige Standgefäße. Der sich nach oben verengende, zylindrische Hals kann entweder mit einem genormten Glasschliffstopfen oder mit einem Gummistopfen nahezu luftdicht geschlossen werden. Sie werden hauptsächlich in der Maßanalyse mit Volumina von 5 mL bis 5 L benutzt. Beim Auffüllen des Kolbens wird die Flüssigkeit zuerst nur bis knapp unter die Eichmarke aufgefüllt. Dann wird die Temperatur überprüft und ggf. korrigiert. Alle Luftblasen werden durch vorsichtiges Klopfen z. B. mit einem Holzteil oder durch Behandeln in einem Ultraschallbad aus dem Kolben entfernt. Dann wird tropfenweise, z. B. mit einem Stechheber, bis zur Ringmarke aufgefüllt und der Kolben verschlossen. Die bauchige Form des Messkolbens gewährleistet nun eine gute Durchmischung. Beim Schütteln des Messkolbens wird der Stopfen mit der Hand gesichert, dabei kann der Messkolben auf den Kopf gedreht werden.

Messkolben kommen in zwei Genauigkeitsklassen in den Handel (A und B), wobei nur die Klasse A der Deutschen Eichordnung entspricht. Die entsprechend zugelassenen Fehlergrenzen für Wasser bei 20 °C sind in Tabelle 4-2 angegeben.

Tab. 4-2. Fehlergrenzen von Messkolben

Genauigkeits-klasse	Nenn-volumen [mL]	Max. Fehler	
		[mL]	[%]
A	10,00	0,0250	0,25
	100,0	0,100	0,10
	250,0	0,150	0,06
	500,0	0,250	0,05
	1000,0	0,400	0,04
	2000	0,600	0,03
	5000	1,20	0,02
B	10,00	0,0500	0,50
	100,0	0,200	0,20
	250,0	0,300	0,12
	500,0	0,500	0,10
	1000	0,800	0,08
	2000	1,20	0,06
	5000	1,80	0,04

Messzylinder

Messzylinder sind zylindrische Standgefäße mit einer Ausgussvorrichtung und einer Skaleneinteilung, die es erlauben, beliebige Volumina abzumessen. Messzylinder ohne Ausgussvorrichtung und mit einem Schliffstopfen werden als *Mischgefäße* bezeichnet. Durch den relativ großen Ablesedurchmesser kann ein Messzylinder nicht als ein geeichtes Volumenmessgerät bezeichnet werden. Die meisten Messzylinder haben einen Volumenfehler von ca. 1 %. Da der Volumenfehler mit der Größe des Durchmessers zunimmt, sollte ein Messzylinder immer an das zu messende Volumen angepasst werden. Als Regel gilt: Der Messzylinder sollte mindestens zu ca. 25 % des Nennvolumens gefüllt sein. Natürlich muss hier auch eine blasenfreie Füllung gewährleistet sein.

Inzwischen sind auch geeichte Messzylinder der Klasse A im Handel. Die Genauigkeitszunahme (Klasse B zu A) wird durch einen in der Gefäßrückwand angebrachten Schellbach-Streifen (genauere Erklärung siehe Abschnitt 4.2.2.2) erreicht. Außerdem gibt es auch spezielle ein- und auslaufgeeichte Kunststoffmesszylinder.

Pyknometer

Ein Pyknometer ist ein kleines Glasgefäß, durch dessen eingeschliffenen Stopfen eine Kapillare führt. Ein Pyknometer wird mit der Flüssigkeit komplett gefüllt und danach der Stopfen mit der Kapillare vorsichtig in den Schliff des Pyknometers gleiten gelassen. Hierbei wird überschüssige Flüssigkeit durch die Kapillare gedrückt und im Pyknometer befindet sich nun genau die auf ihm angegebene Flüssigkeitsmenge. Durch den kleinen Durchmesser des Pyknometers ist eine sehr große Genauigkeit gewährleistet. Das Pyknometer wird meistens zur Bestimmung der Dichte von Flüssigkeiten verwendet.

4.2.2.2 Auslaufgeeichte Messgeräte (Ex)

Bei auslaufgeeichten Volumenmessgeräten läuft bei richtiger Handhabung genau das angegebene Volumen heraus. Konstruktionsbedingt bleibt somit etwas Flüssigkeit in der Spitze der Pipette zurück. Dieser Rest in der Pipettenspitze darf auf keinen Fall nachträglich durch Ausblasen oder Spülen entfernt werden. Geräte dieser Gruppe werden mit einem „Ex" gekennzeichnet. Nachfolgend werden
- Pipetten (Voll- und Messpipetten),
- Mikroliterpipetten,
- Dispenser und
- Büretten

beschrieben (siehe Abbildung 4-7).

Messpipette   Vollpipette   Mikroliterpipette   Dispenser

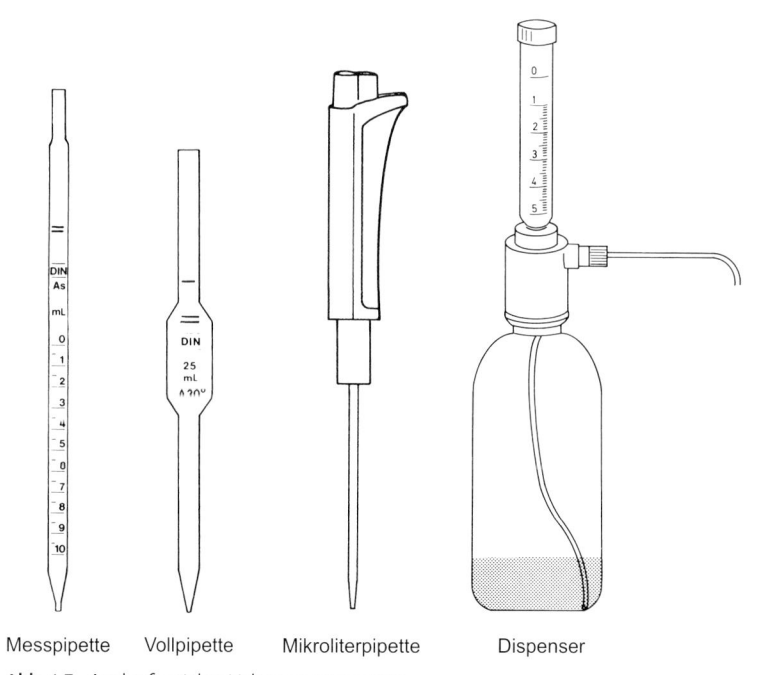

Abb. 4-7. Auslaufgeeichte Volumenmessgeräte.

Pipetten

Pipetten sind zylindrische Saugrohre, die am unteren Ende in eine Spitze auslaufen. Entsprechend ihrer Bauart werden sie in zwei Gruppen aufgeteilt.

Die Vollpipetten sind in der Mitte des Glasrohres bauchig erweitert. Die Messmarke befindet sich wieder oberhalb der Ausweitung, wodurch ein kleiner Ablesedurchmesser ein sehr genaues Einstellen der Flüssigkeitsmenge garantiert. Durch die bauchige Form können größere Volumina gemessen werden. Allerdings kann nur das durch den Hersteller vorgegebene Volumen abgemessen werden. Vollpipetten gibt es hauptsächlich in der Genauigkeitsklasse AS (wobei hier A für die Genauigkeitsklasse und S für schnellen Ablauf steht).

Sollen variable oder gar ungerade Volumen abgemessen werden, können die etwas ungenaueren Messpipetten verwendet werden. Diese sind über die gesamte Länge in Volumeneinheiten unterteilt, der Rohrdurchmesser ist überall gleich groß. Messpipetten sind in den Genauigkeitsklassen A, B und AS erhältlich.

Die entsprechend zugelassenen Fehlergrenzen für Wasser bei 20 °C sind in Tabelle 4-3 angegeben.

Tab. 4-3. Fehlergrenzen von Pipetten (max. Fehler in % bei Messpipetten bezogen auf das komplette Volumen)

Pipettenart	Genauigkeitsklasse	Nennvolumen [mL]	Unterteilung [mL]	max. Fehler [mL]	max. Fehler [%]
Vollpipette	AS	2,000	–	0,010	0,50
		10,00	–	0,020	0,20
		20,00	–	0,030	0,15
		25,00	–	0,030	0,13
		50,00	–	0,050	0,10
Messpipette	AS	2,0	0,02	0,010	0,50
		5,0	0,05	0,030	0,60
		10	0,10	0,050	0,50
		20	0,10	0,060	0,30
		25	0,20	0,100	0,40
	B	2,0	0,02	0,020	1,00
		5,0	0,05	0,050	1,00
		10	0,10	0,100	1,00
		20	0,10	0,090	0,45
		25	0,10	0,090	0,36

Arbeitshinweise zum Umgang mit Pipetten

Zum Abmessen einer Flüssigkeitsmenge wird die fettfreie Pipette mit ihrer Spitze in einer ausreichenden Tiefe in die Flüssigkeit getaucht und die Flüssigkeit mit einer Pipettierhilfe knapp über die oberste Ringmarke angesaugt. Nun nimmt man die Pipette aus der Flüssigkeit hinaus und wischt an der Außenseite mit einem saugfähigen, fusselfreien Lappen die anhaftende Flüssigkeit ab. Dann stellt man bei senkrechter Haltung der Pipette vorsichtig in Augenhöhe den Meniskus des Flüssigkeitsspiegels auf die Höhe der Ringmarke ein. Hierbei darf an der Spitze kein Tropfen hängen bleiben, ggf. wird dieser abgeschüttelt. Auf ein weiteres Abwischen sollte verzichtet werden, da ansonsten weitere Flüssigkeit aus der Pipette herausgesaugt werden könnte. Zum Ablassen der Flüssigkeit wird die Pipette senkrecht an eine schräg gehaltene Gefäßwandung gehalten und ohne weitere Behinderung lässt man die Flüssigkeit ablaufen. Nach einer auf der Pipette angegebenen Auslaufzeit (meist 15 s) ist das gewünschte Volumen abgelaufen. Die in der Pipette vorhandene Restflüssigkeit wird verworfen.

Zum Ansaugen der Flüssigkeit verwendet man sog. Pipettierhilfen. *Ein Ansaugen mit dem Mund ist aus Arbeitsschutzgründen streng verboten.* Es gibt eine große Anzahl an zugelassenen Pipettierhilfen. Nachfolgend seien drei sehr gebräuchliche Pipettierhilfen beschrieben (siehe Abbildung 4-8).

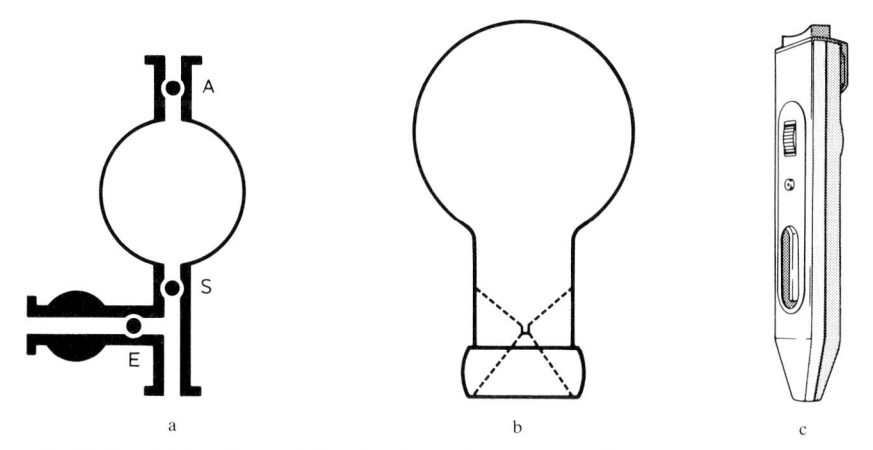

Abb. 4-8. Verschiedene Pipettierhilfen. (a Peleus-Ball, b Howorka-Ball, c Brand-Pipettierhilfe.)

Peleus-Ball Der Peleus-Ball besteht aus einem Gummiball mit drei Druckventilen, die mit A, S und E gekennzeichnet werden. Durch Drücken auf das Ventil A (für Ausdrücken) kann die Luft im Gummiball herausgedrückt werden. Danach wird durch Drücken auf das S-Ventil (für Saugen) in der Pipette ein Unterdruck erzeugt und somit die Flüssigkeit in der Pipette nach oben gesaugt. Zum Einstellen des Meniskusses und zum vollständigen Entleeren wird nun auf E (für Entleeren) gedrückt und die Flüssigkeit kann wieder ausfließen. Sobald ein großer Teil der Flüssigkeit bereits aus der Pipette abgelaufen ist, wird der Peleus-Ball von der Pipette entfernt, damit die Flüssigkeit völlig ungehindert ablaufen kann.

Der Vorteil dieser Pipettierhilfe besteht darin, dass es praktisch zu keinem Kontakt des Anwenders mit dem zu pipettierenden Stoff kommt. Ein Nachteil ist, dass eine Reinigung des Balles bei Kontamination mit der Flüssigkeit sehr aufwendig ist. Mit der Zeit lässt auch die Dichtigkeit der Ventile beträchtlich nach.

Howorka-Ball Der Howorka-Ball besteht lediglich aus einem Gummiball ohne Ventile. Er kann nur zum Ansaugen von Flüssigkeiten verwendet werden. Zum anschließenden Einstellen des Meniskusses verwendet man den auf den oberen Pipettenrand gelegten Zeigefinger, der mehr oder weniger angehoben wird. Eine Kontamination des Fingers mit zu pipettierenden Flüssigkeit lässt sich dabei manchmal nicht vollständig ausschließen. Der große Vorteil des Howorka-Balles ist das schnellere und mit ein wenig Übung feineres Aufsaugen der Flüssigkeit. Auch lässt sich ein verschmutzter Howorka-Ball leicht und effektiv reinigen.

Brand-Pipettierhilfe Bei der Brand-Pipettierhilfe lässt sich das Volumen in der Pipette leicht durch Drehen eines Stellrades einstellen.

Mikroliterpipette

Mikroliterpipetten, auch Kolbenhubpipetten genannt, werden zum schnellen und genauen Pipettieren kleiner Volumina benutzt. Sie sind ähnlich wie Injektionsspritzen aufgebaut und mit fest eingestelltem aber auch mit variablem Hub im Bereich von 1 bis 5000 µL erhältlich. Von den Herstellern wird der maximale Fehler dieser Pipettenbauart allgemein mit kleiner als 1 % angegeben.

Das Pipetteninnere enthält einen Kolben, der luftdicht in einem Zylinder bewegt werden kann. Der Hub dieses Kolbens besteht aus dem eingestellten Hub des zu pipettierenden Volumens und dem Ausstoßhub zum vollständigen Entleeren der Pipette. An das Pipettenende wird eine Spitze aus Polypropylen gesteckt, die beim Pipettieren die gesamte Flüssigkeitsmenge aufnimmt, so dass die eigentliche Pipette nicht mit der Flüssigkeit in Berührung kommt. Wird die zu pipettierende Flüssigkeit gewechselt, wird auch die Spitze ausgetauscht. Zum Vorbenetzen neuer Spitzen empfiehlt sich ein dreimaliges Aufnehmen und Abgeben der zu pipettierenden Flüssigkeit. Zur Flüssigkeitsaufnahme wird der Bedienungsknopf bis zum ersten Anschlag gedrückt und die Pipettenspitze senkrecht ca. 3 mm in die Flüssigkeit getaucht. Nun lässt man den Bedienungsknopf langsam zurückgleiten. Die Spitze wird unter Abstreifen an der Gefäßwand aus der Flüssigkeit gezogen. Bei der Flüssigkeitsabgabe wird die Spitze an eine schräg gehaltene Gefäßwand durch langsames Drücken des Bedienungsknopfes bis zum ersten Anschlag entleert. Nach ca. drei Sekunden wird der Knopf bis zum zweiten Anschlagspunkt gedrückt und die Spitze dabei vollständig entleert. Soll nicht mehr pipettiert werden, wird die Spitze verworfen. Die Mikroliterpipette darf auf keinen Fall mit gefüllter oder benetzter Spitze waagerecht hingelegt werden, da sonst Flüssigkeit in die Pipette gelangen kann.

Dispenser

Dispenser sind Volumenmessgeräte zum genauen, schnellen und rationellen Dosieren von größeren Flüssigkeitsmengen. Diese können direkt auf Originalflaschen aufgeschraubt werden und gewährleisten einen stufenlos einstellbaren Volumenhub. Beim Aufziehen von Flüssigkeiten sollten Gasbläschen vermieden werden, die ansonsten das Volumen stark verfälschen können. Außerdem sollte man die Flüssigkeit des ersten Hubs verwerfen, da es hier im Auslauf zu Verdunstungen gekommen sein kann. Beachtet man diese Arbeitshinweise, liegen die Fehlergrenzen unter 1 %.

Büretten

Büretten sind zylindrische Glasrohre mit einem Hahn am unteren Ende und einer von oben beginnenden Skala. Der Hahn am Ende der Bürette erlaubt ein tropfenweises Dosieren der Flüssigkeit in ein Gefäß. Trotz des relativ großen Durchmessers sind Büretten sehr genaue Volumenmessgeräte. Diese Genauigkeit wird durch den sog. Schellbach-Streifen erreicht. Dies ist ein an der hinteren Glaswandung angebrachter blauer Streifen mit einem schmalen, weißen Streifen in der Mitte. Durch die Lichtbrechung im Meniskus der Flüssigkeitsoberfläche erscheint der Streifen hier als eine Spitze, mit der die Flüssigkeit an der Skala abgelesen werden kann (siehe Abbildung 4-9).

Der Schellbach-Streifen ist empfindlich auf Chemikalieneinwirkung, z. B. sollte Seifenlösung nicht zu lange von außen einwirken.

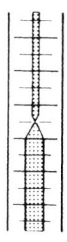

Schellbach-Streifen

Abb. 4-9. Schellbach-Streifen in einer Bürette.

Die zugelassenen Fehlergrenzen der Büretten für Wasser bei 20 °C sind in Tabelle 4-4 angegeben.

Zunächst wird die Bürette senkrecht an eine Stativstange angeklammert und die Flüssigkeit mit Hilfe eines Bürettentrichters langsam über den Nullpunkt hinaus eingefüllt. Eventuell vorhandene Luftbläschen werden durch vorsichtiges Klopfen an der Glaswandung entfernt. Nach *Entfernung des Trichters* (sehr wichtig!) wird der Flüssigkeitsspiegel auf den Nullpunkt der Bürette eingestellt, dabei ist auf Augenhöhe mit dem Nullpunkt zu achten. Auch hier gilt es, die auf der Bürette angegebene Wartezeit (meist 30 s) einzuhalten, bis endgültig abgelesen wird. Im Gegensatz zu den Pipetten darf die Bürettenspitze während der Flüssigkeitsabgabe nicht die Gefäßwand berühren. Nun kann durch Öffnen des Hahns

Tab. 4-4. Fehlergrenzen von Büretten

Genauigkeitsklasse	Nennvolumen [mL]	Unterteilung [mL]	Max. Fehler [mL]
AS	5	0,02	0,010
	10	0,02	0,020
	25	0,05	0,030
	50	0,1	0,050
B	10	0,02	0,050
	25	0,05	0,050
	50	0,1	0,100

so lange tropfenweise Flüssigkeit aus der Bürette entnommen werden, bis ein bestimmtes Volumen herausgelassen wurde oder eine Reaktion vollständig abgelaufen ist. An der Bürettenspitze anhaftende Tropfen streift man immer wieder an der Gefäßwand des Reaktionsgefäßes ab. Am Ende kann dann nach der Wartezeit das ausgelaufene Volumen in oben beschriebener Weise abgelesen werden (Schellbach-Streifen). Vor jeder einzelnen Analyse ist die Bürette erneut mit der Flüssigkeit bis zum Nullpunkt aufzufüllen.

4.2.3
Allgemeiner Umgang mit Volumenmessgeräten

4.2.3.1 Kennzeichnung der Geräte

Um einen schnellen Überblick über die verwendeten Geräte zu erhalten, sind die wichtigsten Kenndaten auf den Geräten aufgedruckt (siehe Abbildung 4-10).
  Es sind:
- Hersteller,
- Symbol für Auslauf (mit Angabe der Wartezeit) oder Einlauf: z. B. Ex – 15 s für auslaufgeeicht mit einer Wartezeit von 15 Sekunden,
- Nennvolumen: z. B. 20,
- Einheitenzeichen: z. B. mL,
- Genauigkeitsklasse: z. B. A für die genaueste Klasse,
- Skalenwert (falls erforderlich),
- Justiertemperatur: meist 20 °C (nur bei dieser Temperatur wird die angegebene Volumenmenge mit entsprechender Fehlertoleranz garantiert),
- Fehlergrenze.

4.2 Volumenmessung

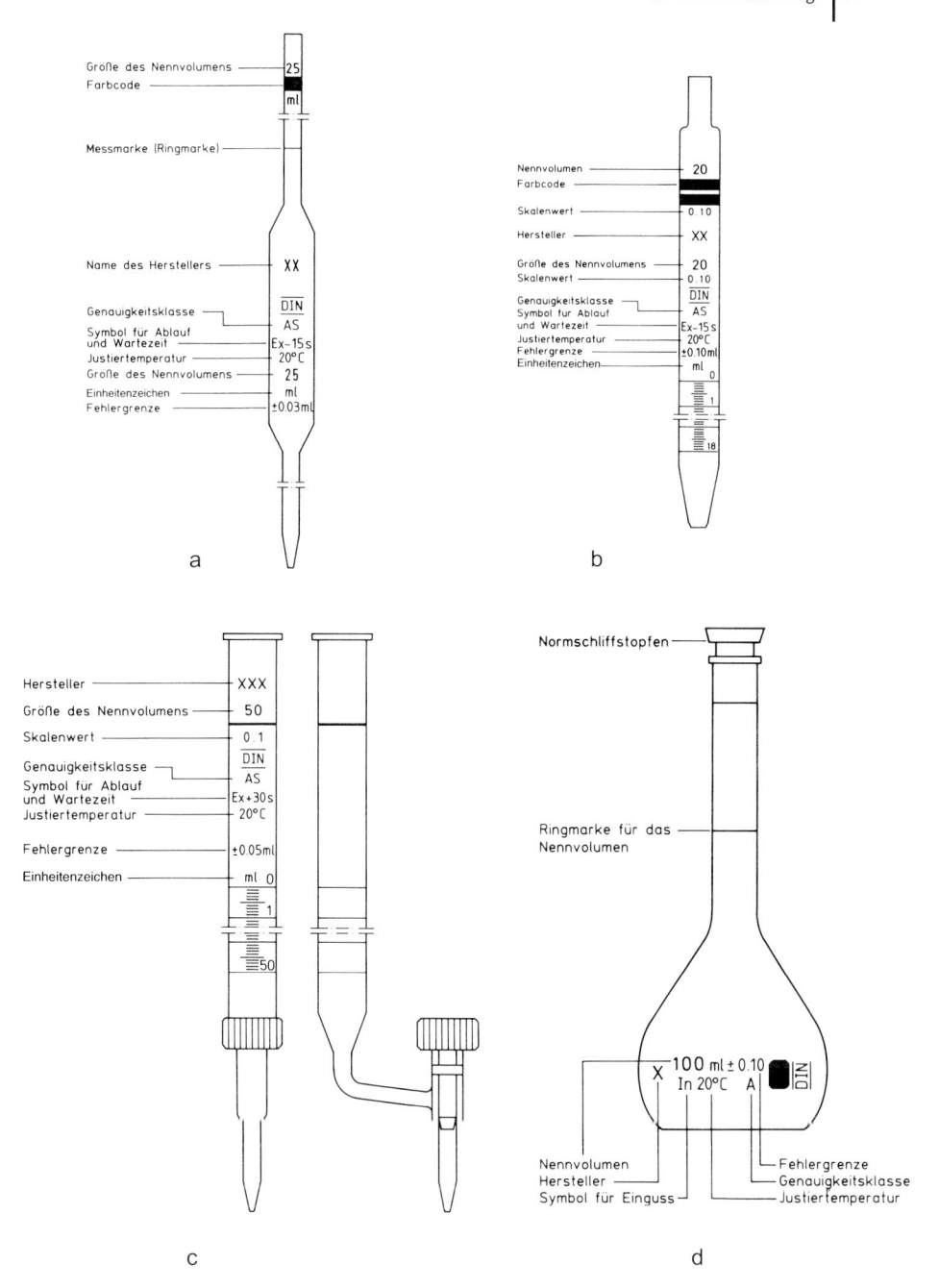

Abb. 4-10. Kenndaten der wichtigsten Volumenmessgeräte.
(a 25-mL-Vollpipette, b 20-mL-Messpipette, c 50-mL-Bürette, d 100-mL-Messkolben.)

4.2.3.2 Arbeitshinweise

Zusammenfassend seien hier noch einmal einige allgemein gültige Arbeitshinweise für die Volumenmessung aufgeführt:

- Die Glasgeräte müssen absolut fettfrei sein, erreicht wird dies z. B. durch längeres Benetzen mit 5-prozentiger, warmer RBS-Lösung und anschließendem gründlichen Spülen mit verdünnter Essigsäure und Wasser.
- Die Auslaufspitzen dürfen auf keinen Fall beschädigt sein.
- Vor Gebrauch werden die Volumenmessgeräte mehrmals mit kleinen Mengen der abzumessenden Flüssigkeit vorgespült.
- Außen anhaftende Flüssigkeit wird vor der Einstellung des Volumens vorsichtig abgewischt oder zumindest abgestreift.
- Die angegebenen Wartezeiten zur Flüssigkeitseinstellung sind einzuhalten.
- Die Flüssigkeitsoberfläche wird beim Ablesen immer in Augenhöhe eingestellt, um einen Ablesefehler (den sog. Parallaxefehler) zu vermeiden.
- Luftblasen stören jede Volumenmessung, sie sind daher durch leichtes Klopfen oder durch Ultraschall zu entfernen und generell durch langsames Befüllen der Volumenmessgeräte zu vermeiden.
- Geeichte Volumenmessgeräte sollten grundsätzlich nicht im Trockenschrank getrocknet werden, da die Temperierung das Gefäßvolumen verändern kann.
- Um eine akzeptable Genauigkeit eines volumenvariablen Messgerätes (z. B. Messzylinder) einzuhalten, sollte die abgemessene Flüssigkeitsmenge mindestens 25 % des Gesamtvolumens des Messgerätes erreichen. Müssen kleinere Volumina gemessen werden, ist ein kleineres Messgerät zu verwenden.

Flüssigkeiten in Glasgefäßen bilden ihre Oberfläche als Meniskus aus (siehe Abbildung 4-11). Der Flüssigkeitsspiegel ist entweder nach oben oder nach unten gewölbt.

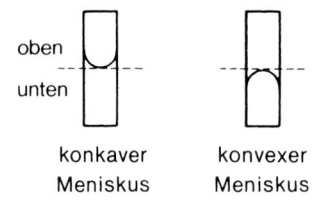

Abb. 4-11. Meniskusbildung der Flüssigkeitsoberfläche in Glasgefäßen.

Glas benetzende Flüssigkeiten (z. B. Wasser) wölben die Oberfläche nach unten aus (sog. konkaver Meniskus), es wird an der tiefsten Stelle in der Mitte des Meniskusses abgelesen. Bei undurchsichtigen Flüssigkeiten lässt sich dieser Meniskus nicht erkennen. Man ist daher gezwungen, an dem oberen Flüssigkeitsrand abzulesen und mit einem gewissen Volumenfehler zu rechnen. Ein Abschätzen des nicht sichtbaren Meniskusses verbietet sich, da keine reproduzierbaren Ergebnisse erhalten werden.

Bei nicht benetzenden Flüssigkeiten (z. B. Quecksilber) bildet sich der Meniskus nach oben aus (konvexer Meniskus). Hier wird immer an der obersten Erhebung abgelesen.

4.2.3.3 Qualifizierung von Volumenmessgeräten

Bei der Volumenmessung ist die Genauigkeit der verwendeten Geräte in regelmäßigen Abständen zu überprüfen. Nachfolgend sind drei Beispiele für eine effiziente und genaue Überprüfung von Messkolben, Pipetten und Büretten beschrieben.

Zur Überprüfung von Volumenmessgeräten müssen – aufgrund der Temperaturabhängigkeit des Volumens – die Geräte und die Prüfflüssigkeit unbedingt dieselbe bekannte Temperatur haben. Hierzu werden Geräte und eine ausreichende Menge an Prüfflüssigkeit (meist reicht hier Wasser) mindestens zwei Stunden in den gleichen Raum gestellt. Dadurch ist eine Temperaturgleichheit gewährleistet. Die Dichte der Prüfflüssigkeit ist vor und nach der Überprüfung der Geräte zu ermitteln.

Überprüfung eines Messkolbens

Der Messkolben wird absolut trocken auf einer Analysenwaage auf 0,0005 g genau gewogen und anschließend über einen Trichter – ohne den Schliff zu benetzen – mit der Prüfflüssigkeit luftblasenfrei bis zur Ringmarke befüllt. Danach wird der Kolben wieder gewogen.

Diese Bestimmung wird mindestens zehnmal hintereinander durchgeführt. Tabelle 4-5 zeigt die Daten, die bei einer Überprüfung eines 100-mL-Messkolbens ermittelt wurden.

Tab. 4-5. Überprüfung eines 100-mL-Messkolbens

Nr.	m(Wasser) [g]	V(Wasser)* [mL]	Differenz zu 100 mL [mL]
1	99,6864	99,9823	0,0177
2	99,6848	99,9807	0,0193
3	99,6907	99,9867	0,0133
4	99,6888	99,9848	0,0152
5	99,6880	99,9840	0,0160
6	99,6851	99,9810	0,0190
7	99,6885	99,9845	0,0155
8	99,6860	99,9819	0,0181
9	99,6894	99,9854	0,0146
10	99,6901	99,9861	0,0139

* $\vartheta = 25\,°C$ / Dichte von Wasser bei 25 °C beträgt $\rho = 0{,}99704\ g/cm^3$

Der Mittelwert der 10 Messwerte aus Tabelle 4-5 berechnet sich nach Gl. (4-7):

$$\bar{x} = \frac{\sum x_i}{N} \tag{4-7}$$

Die Summe der Einzelwerte (x_i) ist durch die Anzahl der Messwerte ($N = 10$) zu dividieren. Der Mittelwert beträgt in unserem Beispiel $\bar{x} = 99{,}984$ mL.

Im Mittel fehlen also 0,016 mL Flüssigkeit im Kolben. Der Messkolben hat somit eine Abweichung von 0,016 %, was der normalen Fehlertoleranz nach Tabelle 4-4 entspricht. Der Messkolben genügt daher den Anforderungen.

Praxisaufgabe: Überprüfung einer Pipette

> Überprüfen Sie eine 25,0-mL-Pipette aus Ihrer Gerätesammlung.
>
> Das temperierte Wasser wird mit der Pipette in ein vorgewogenes, absolut trockenes und fettfreies Wägegläschen pipettiert. Von dem pipettierten Volumen wird mit der Analysenwaage die Masse auf 0,0005 g genau bestimmt. Dieser Vorgang wird mit derselben Vollpipette innerhalb von zwei Stunden zehnmal wiederholt.
>
> Von den gemessenen Daten wird der Mittelwert, die Standardabweichung und der Vertrauensbereich des Mittelwertes berechnet, diese Werte sind mit den Angaben auf der Pipette zu vergleichen.

Während der Mittelwert nach Gl. (4-7) die Lage der Verteilung beschreibt und somit ein Repräsentanzwert für die Richtigkeit ist, kann die Standardabweichung s die Streuung der Verteilung beschreiben. Die Standardabweichung ist das Maß für die Präzision des Messvorgangs.

Die Standardabweichung s berechnet sich aus dem Abstand jedes einzelnen Messwertes x_i zum Mittelwert $\bar{x}$ aller Messwerte. Diese Abstände werden quadriert. Hierdurch werden kleine Abstände gering bewertet, große Abstände entsprechend stark gewichtet und eventuelle negative Vorzeichen aufgehoben. Die Quadrate der Abstände werden summiert und durch die Anzahl der Messwerte N, vermindert um 1 (Freiheitsgrad), dividiert. Die Quadratwurzel hieraus ist die Standardabweichung s. Die Berechnung ist in Gl. (4-8) zusammengefasst.

$$s = \sqrt{\frac{(\bar{x} - x_1)^2 + (\bar{x} - x_2)^2 + (\bar{x} - x_3)^2 + \ldots + (\bar{x} - x_n)^2}{N - 1}} = \sqrt{\frac{\sum (\bar{x} - x_i)^2}{N - 1}} \qquad (4\text{-}8)$$

Die Standardabweichung s beschreibt die Streuung des normalverteilten Prozesses und ist ein Maß für die Präzision. Sie ist geometrisch der Abstand zwischen dem Mittelwert $\bar{x}$ und dem Wendepunkt der Gaußschen Normalverteilungskurve.

Vertrauensbereich des Mittelwertes

Der Vertrauensbereich μ berechnet sich nach Gl. (4-9)

$$\mu = \bar{x} \pm \frac{s \cdot t}{\sqrt{N}} \qquad (4\text{-}9)$$

In Gl. (4-9) bedeutet:

- μ Vertrauensbereich
- s Standardabweichung
- N Anzahl der Messwerte (10)
- t Studentscher Faktor (hier 2,20)

Der Studentsche Faktor t ist einerseits von der Anzahl der Messungen, andererseits von der Vertrauenswahrscheinlichkeit P abhängig und kann aus Tabellen entnommen werden. Mit der im Laboratorium üblichen Wahrscheinlichkeit von $P = 95\,\%$ und $N = 10$ beträgt der Wert $t = 2{,}20$.

Der Vertrauensbereich μ gibt die Schwankungsbreite um den Mittelwert $\bar{x}$ an, die von der Anzahl der zugrunde liegenden Messwerte abhängt. Bei $P = 95\,\%$ wird das Ergebnis von durchschnittlich 95 von insgesamt 100 Messungen in diesem berechneten Vertrauensbereich μ liegen.

Tabelle 4-6 zeigt die Ergebnisse, die bei der Überprüfung einer 25-mL-Vollpipette mit Wasser erzielt wurden.

Tab. 4-6. Daten der Überprüfung einer 25-mL-Vollpipette

Nr.	m(Wasser) bei 25 °C [g]
1	24,9245
2	24,9112
3	24,9078
4	24,9315
5	24,9130
6	24,9155
7	24,9200
8	24,9279
9	24,9150
10	24,9348

Schätzen Sie mit den Daten der Tabelle 4-6 ab, ob die Pipette unter Berücksichtigung der Dichte von Wasser bei 25 °C (0,9970 g/cm^3) innerhalb der Herstellerangabe qualifiziert ist.

Praxisaufgabe: Überprüfung einer 10-mL-Vollpipette

> Führen Sie die Überprüfung einer 10-mL-Vollpipette durch. Berechnen Sie den Mittelwert, die Standardabweichung und den Vertrauensbereich des Mittelwertes und vergleichen Sie diese Werte mit den Angaben auf der Pipette.
>
> Lassen Sie von einem anderen Mitarbeiter zu einer anderen Zeit mit derselben Pipette den Versuch wiederholen und vergleichen Sie dessen Ergebnisse mit Ihren Werten.

Überprüfung einer Bürette

Für die Überprüfung einer Bürette wird diese zunächst bis zur Nullmarke mit der Prüfflüssigkeit aufgefüllt. Nun lässt man ein bestimmtes Volumen der Flüssigkeit in ein trockenes und tariertes Wägegläschen auslaufen und wiegt die entsprechende Flüssigkeitsmenge auf 0,0005 g genau aus.

Anschließend füllt man die Bürette wieder bis zur Nullmarke, lässt die gleiche Volumenmenge wieder in ein trockenes und ausgewogenes Wägegläschen auslaufen und wiegt die Flüssigkeit aus. Dieser Vorgang wird fünfmal wiederholt. Mit der Dichte der Prüfflüssigkeit wird auf das ausgelaufene Volumen umgerechnet und die Differenz zum angestrebten Volumen bestimmt.

Bei der Überprüfung einer 50-mL-Bürette wird dieser Vorgang jeweils bei folgenden Volumina durchgeführt:

5, 10, 15, 20, 25, 30, 35, 40, 45 und 50 mL.

Die jeweiligen Differenzen werden in ein Diagramm eingetragen, der Schnittpunkt mit der X-Achse gibt den genauesten Bereich der Bürette an.

Abbildung 4-12 zeigt eine Überprüfung einer 50-mL-Bürette mit Wasser bei 25 °C nach der oben beschriebenen Vorgehensweise. Wie man erkennen kann, hat die Bürette zwischen 25 und 35 mL Auslaufvolumen ihre höchste Genauigkeit.

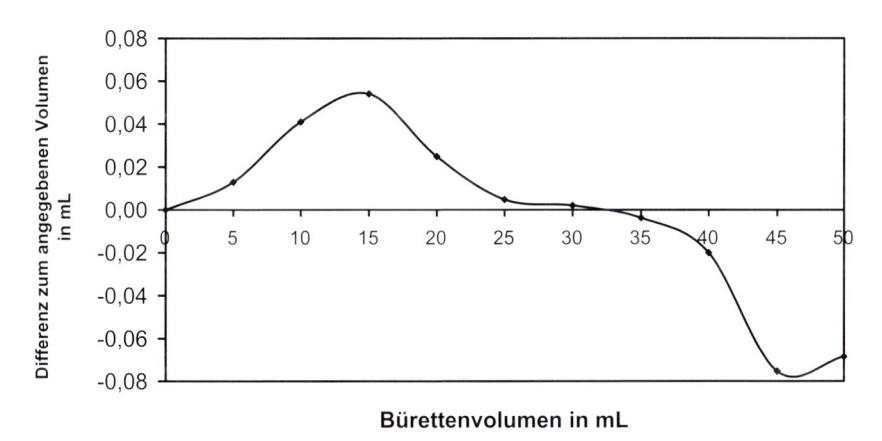

Abb. 4-12. Überprüfung einer 50-mL-Bürette.

Praxisaufgabe: Überprüfung einer 25-mL-Bürette

Führen Sie den oben beschriebenen Vorgang mit einer 25-mL-Bürette durch. In welchem Bereich hat diese Bürette die größte Genauigkeit?

4.2.4
Spritzen zur Flüssigkeitsentnahme

Spritzen sind im präparativen Praktikum nützlich, um kleinere Mengen luftempfindlicher Reagenzien abzumessen und zu transportieren. In der instrumentellen Analytik werden Mikrospritzen benötigt, um sehr kleine Volumina Probenflüssigkeit von 0,5 bis 20 µL in ein GC- oder HPLC-Gerät zu injizieren. Der sichere Umgang mit Spritzen muss gelernt werden. Der Stempel einer Spritze ist vorsichtig und gleichmäßig in den Spritzenkörper zu drücken. Das Aufsaugen der

Flüssigkeit soll langsam und gleichmäßig erfolgen, die Flüssigkeit darf nicht turbulent in den Spritzenkörper sprudeln.

Die Kanüle ist nach dem Aufsaugprozess mit einem Papiertuch abzuwischen. Die Spritzen sind sofort nach Gebrauch mit einem geeigneten Lösemittel zu reinigen. Wenn sich der Stempel in der Spritze verklemmt hat, versucht man, den Stempel durch vorsichtiges Drehen zu lösen. Ist der Stempel verbogen, muss die Spritze (bzw. der Stempel bei gasdichten Spritzen) ausgewechselt werden. Sind Verkrustungen in der Kanüle oder im Spritzenkörper, wird die Spritze für einige Minuten in ein Lösemittel eingetaucht und in ein Ultraschallbad gelegt. Dabei empfiehlt es sich, die folgende Lösemittelreihe einzuhalten:
- Wasser mit Spülmittel,
- verdünnte Natronlauge,
- Aceton,
- Methanol,
- Dichlormethan.

4.2.4.1 Mikrospritzen

Es werden zwei Arten von Mikrospritzen unterschieden: die gasdichten und die flüssigkeitsdichten Spritzen (Abbildung 4-13).

Gasdichte Spritzen haben Stempelspitzen aus Teflon, das Gehäuse und der Stempel sind austauschbar. Flüssigkeitsdichte Spritzen besitzen meistens Edelstahlstempel, die nicht austauschbar sind. Die Kanülen sind entweder fest in die Spritze einzementiert oder können mit einem Gewinde auf den Spritzenkörper gedreht werden. Die Kanülen sind somit austauschbar. Die meisten Nadeln haben eine 12°-Anschrägung, die das Durchstoßen einer abdichtenden Kunststoffscheibe (Septum) erleichtert.

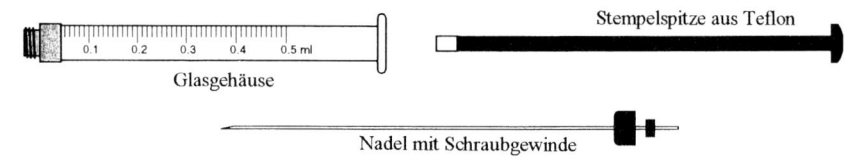

Abb. 4-13. Flüssigkeitsdichte Mikrospritzen.

4.2.4.2 Spritzen mit Luer-Anschluss

Bei einem genormten Luer-Anschluss wird der Innenkonus der Kanüle passgenau auf ein Standardkonus des Spritzenkörpers gesteckt. Es gibt verschiedene Arten von Luer-Anschlüssen (Abbildung 4-14). Der einfachste Anschluss ist der Glaskonus, robuster ist der Metallanschluss. Am festesten sitzt die Kanüle in dem Luer-Lock-Verschluss auf dem Spritzenkopf. Der Lock-Verschluss hat einen Schlitz, in den der Rand der Kanüle genau hineinpasst.

Am günstigsten sind Kunststoff-Einmalspritzen mit Luer-Anschluss, sie halten normalerweise ausreichend dicht, sind aber gegen viele Lösemittel und Chemikalien nicht beständig.

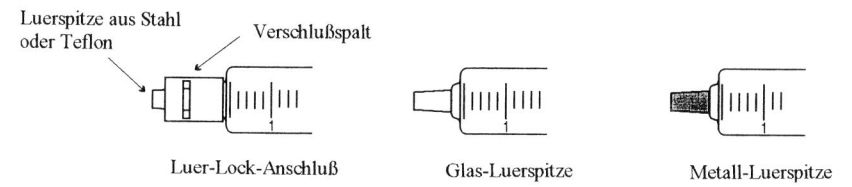

Abb. 4-14. Gängige Luer-Anschlüsse.

4.3 Temperaturmessung

4.3.1 Wärme und Temperatur

Die Wärme eines Körpers ist die Bewegungsenergie seiner Atome oder Moleküle. Je schneller sie sich bewegen, um so wärmer ist der Körper. Der Wärmezustand des Körpers wird als seine *Temperatur* bezeichnet. Es ist darauf zu achten, dass die Wärme als Energieform und die Temperatur als die Zustandsgröße dieser Energie nicht verwechselt werden.

Die Temperatur ist eine Basisgröße im SI-System. Ihre Einheit ist das Kelvin (Einheitenzeichen K). Ein Kelvin ist der 273,16te Teil der thermodynamischen Temperaturskala, die einerseits durch den *absoluten Nullpunkt* und anderseits durch den Tripelpunkt des Wassers festgelegt ist.

Am *absoluten Nullpunkt* sind die Atome und Moleküle bewegungslos, er ist definitionsgemäß bei 0 K festgelegt. Der *Tripelpunkt* bezeichnet die Temperatur, bei der Wasser, Eis und Wasserdampf miteinander im Gleichgewicht stehen. Nach der Definition liegt der Tripelpunkt von Wasser bei 273,16 K.

Neben der Kelvin-Skala, die vor allem im wissenschaftlichen Bereich verwendet wird, ist die *Celsius-Skala* vom Gesetz zur Temperaturmessung zugelassen. Ihre Bezugspunkte sind der Schmelzpunkt des Wassers (0 °C) und sein Siedepunkt bei 1,013 bar (100 °C). Die Temperaturintervalle der Kelvin- und Celsius-Skala sind gleich groß:

$$1 \text{ K} = 1 \text{ °C} \tag{4-10}$$

Zur Umrechnung von Celsius-Temperaturen in Kelvin-Temperaturen dient Gl. (4-11)

$$T = 273,16 + \vartheta \tag{4-11}$$

In Gl. (4-11) bedeutet:
T Temperatur in K
ϑ Temperatur in °C

Der absolute Nullpunkt (T = 0) in Celsius-Graden ist z. B. ϑ = –273,16 °C, der Siedepunkt des Wassers (ϑ = 100 °C) in Kelvin-Graden beträgt T = 373,16 K.

4.3.2
Temperaturmessgeräte

Um die Temperatur zu messen, verwendet man Temperaturmessgeräte, die sich in verschiedener Weise eine mit der Temperaturänderung verbundene Änderung von Stoffeigenschaften zunutze machen.

Die wichtigsten Temperaturmessgeräte im Laboratorium sind:
- Flüssigkeitsthermometer,
- Bimetallthermometer,
- Thermoelement,
- elektrische Widerstandsthermometer,
- optisches Pyrometer (Pyropter).

4.3.2.1 **Flüssigkeitsthermometer**

Das Volumen einer Flüssigkeit hängt von ihrer Temperatur ab. Beim Erwärmen erhöht sich das Volumen, beim Abkühlen verkleinert es sich. Wird eine Flüssigkeit in eine kleine Kugel gefüllt und erwärmt, dann dehnt sie sich aus, d. h. sie steigt in einer angeschlossenen Kapillare nach oben. Die Temperaturänderung und das Ausmaß der Ausdehnung stehen in einem festen Verhältnis zueinander, so dass man eine Skala anbringen kann, von der man für jeden Flüssigkeitsstand die zugehörige Temperatur ablesen kann. Damit die Flüssigkeit nicht verdampft, müssen die Kapillaren verschlossen sein. Damit der Flüssigkeitsfaden in der Kapillare gut zu erkennen ist, werden die Kapillaren oval ausgeführt. Einige Typen von Flüssigkeitsthermometern zeigt Abbildung 4-15.

In die Kugel des Flüssigkeitsthermometers werden unterschiedliche Flüssigkeiten gefüllt, allen gemeinsam ist, dass die Ausdehnung der Flüssigkeit gleichmäßig und groß genug ist. Durch die Anomalie des Wassers, es hat bei 4 °C sein kleinstes Volumen, ist z. B. Wasser als Thermometerfüllung nicht geeignet.

Quecksilber als Füllung kann im Bereich von –39 °C (Erstarrungspunkt des Quecksilbers bis +350 °C verwendet werden. Füllt man den Raum über der Quecksilberoberfläche mit Stickstoff, dann lässt sich der Temperaturbereich auf ca. +600 °C ausdehnen. Das Quecksilber aus zerbrochenen Thermometern ist mit einer Quecksilberzange einzusammeln und dann mit käuflich zu erwerbendem Absorbens (z. B. Merckursorb) zu binden. Die Industrie hat mittlerweile Thermometerflüssigkeiten auf Silikonölbasis entwickelt, die fast den gesamten Temperaturbereich von Quecksilber abdecken. Die Anwendung dieser Thermometer wird empfohlen.

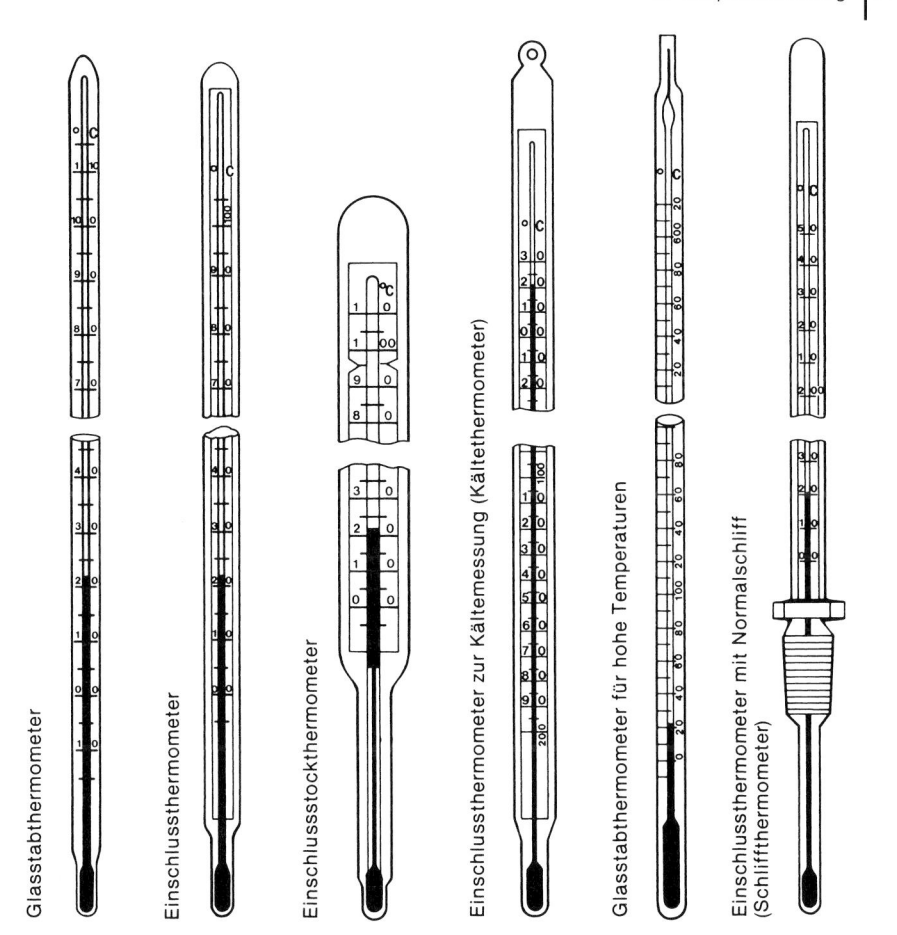

Abb. 4-15. Flüssigkeitsthermometer.

Ethanol gefüllte Thermometer sind für Temperaturen zwischen –100 °C und +70 °C zu benutzen.

Tieftemperaturthermometer dienen für Messungen zwischen –190 °C und +20 °C. Sie sind mit den Kohlenwasserstoffen Pentan oder Petrolether gefüllt.

Die für die Flüssigkeitsthermometer angegebenen Arbeitsbereiche dürfen nicht überschritten werden, da bei Überhitzung ein Überdruck die Glasrohre sprengt.

Beim Ablesen von Thermometern sollte sich das ablesende Auge senkrecht vor dem Ende des Flüssigkeitsfadens befinden („Paralaxe"). Achten Sie darauf, dass die Flüssigkeitskugel des Thermometers in die zu messende Flüssigkeit vollkommen eintaucht und dass lange genug (bis zum Temperaturausgleich) gewartet wird. Es ist ein Thermometer mit dem richtigen Messbereich zu benutzen, bei genauen Messungen sollte sich die abzulesende Temperatur möglichst in der Mitte der Messskala des Thermometers befinden. Zu beachten ist, dass die Thermometer verschiedene Skaleneinteilungen haben (z. B. Skalenweite 1 °C oder 2 °C) und es dadurch oft zu Fehlablesungen kommt.

4.3.2.2 Bimetallthermometer

Beim Bimetallthermometer nutzt man die durch Temperaturänderungen bewirkte Längenänderung von Metallstreifen aus. Legt man Streifen zweier verschiedener Metalle aufeinander, verbindet sie z. B. durch Nieten und erwärmt sie, dann dehnen sie sich in unterschiedlichem Maße aus. Die Folge ist, dass sich der Bimetallstab krümmt. Mit einer Bimetallspirale, an deren freiem Ende ein Zeiger befestigt ist, kann man auf diese Weise sehr geringe Temperaturunterschiede messen. Bimetallthermometer verwendet man bis +500 °C.

4.3.2.3 Thermoelement

An der Berührungsstelle von Drähten unterschiedlicher Metalle entsteht eine Spannung. Im Thermoelement sind zwei Metalldrähte verlötet. Wird die Lötstelle erhitzt und die entstehende elektrische Spannung („Thermospannung") an den kalten Drahtenden gemessen, ist die Spannung ein Maß für die Temperaturdifferenz zwischen der Lötstelle und den kühleren Drahtenden. Die entstehende Thermospannung wird direkt in Celsius-Graden geeicht. Die Messstelle bei der Verwendung von Thermoelementen kann weit von der Anzeigestelle entfernt sein. Daher werden Thermoelemente im betrieblichen Einsatz in Messwarten zur Temperaturmessung weit entfernter Messstellen verwendet.

Tabelle 4-7 gibt eine Übersicht über die wichtigen Thermoelemente.

Tab. 4-7. Gebräuchliche Thermoelementsysteme und der Temperaturbereich, in dem sie eingesetzt werden

Thermoelementsystem	Temperaturbereich [°C]
Kupfer-Konstantan	von −250 °C bis +400 °C
Eisen-Konstantan	von −250 °C bis +800 °C
Nickel-Chromnickel	von −250 °C bis +1100 °C
Platin-Platinrhodium	von −250 °C bis +1600 °C

4.3.2.4 Elektrisches Widerstandsthermometer

Der Stromfluss in Metallen ist temperaturabhängig. Je wärmer ein Metall ist, umso höher ist sein *elektrischer Widerstand*. Nur bei den sog. NTC-Metallen (*Negativer Temperatur Coeffizient*) trifft das nicht zu.

Beim elektrischen Widerstandsthermometer wird der Stromfluss eines Leiters direkt in Celsius-Graden geeicht. Das Widerstandsthermometer kann bei Temperaturmessungen zwischen −250 °C und +1500 °C eingesetzt werden.

4.3.2.5 Pyropter (optisches Pyrometer)

Das von einem glühenden Körper ausgestrahlte Licht ist ein Maß für seine Temperatur. Die Farbe (Wellenlänge) des ausgestrahlten Lichts ist auch bei unterschiedlichen Stoffen sehr ähnlich. Bei der Verwendung des Pyropters wird ein Draht elektrisch erhitzt bis er dieselbe Glühfarbe erreicht hat wie der Körper, dessen Temperatur zu messen ist. Gemessen wird dabei der Stromfluss, der zur Erzielung der jeweiligen Glühfarbe nötig ist. Er wird auf einer in Celsius-Graden geeichten Skala abgelesen. Pyropter sind nur bei glühenden Körpern zu verwenden.

4.4 Heizgeräte

4.4.1 Brenner

Energie in Form von Wärme wird im chemischen Laboratorium ständig benötigt, da viele chemische Reaktionen nur bei erhöhter Temperatur ablaufen. Auch zur Reinigung oder Trennung von Verbindungen, z. B. durch Destillation, muss Wärme zugeführt werden. Dabei hängt es vom jeweiligen Einsatzzweck, den beteiligten Substanzen und der erwünschten Temperatur ab, welche der verfügbaren Energiequellen (Gas, Strom oder Wasserdampf) gewählt wird und ob ggf. ein Übertragungsmedium (Heizbad) zwischengeschaltet wird.

Gas wird heute fast ausschließlich in Form von Erdgas verwendet. Es hat das Leucht- oder Heizgas abgelöst, das früher durch trockene Destillation von Steinkohle gewonnen wurde. Wegen des im Leuchtgas enthaltenen, giftigen Kohlenstoffmonoxids CO ist bei seiner Verwendung Vorsicht geboten. Über die Zusammensetzung von Erdgas informiert Tabelle 4-8.

Tab. 4-8. Chemische Zusammensetzung von Erdgas

Fast immer vorhanden	Manchmal vorhanden
Methan	Kohlenstoffdioxid
Ethan	Schwefelwasserstoff
Propan	Helium
Butan	Stickstoff

Der im Rohgas enthaltene Schwefelwasserstoff wird aus dem Erdgas entfernt, bevor es in die Verbraucherleitungen gelangt. Die im Gas gespeicherte Energie wird als Wärmeenergie freigesetzt, wenn das Gas mit Luft gemischt wird und anschließend verbrennt. Dazu wurden Brenner konstruiert, die sich durch ihre Bauweise und durch die mit ihnen erreichbaren Temperaturen unterscheiden. Sie bestehen aus einem Brennerfuß mit Gasanschluss und einer Regulierschraube, der Düse und dem Mischrohr mit regelbarer Luftzuführung. Für normale Heizzwecke werden im Laboratorium der Teclu-Brenner und der Bunsen-Brenner verwendet. Sie unterscheiden sich durch ihre Luftzuführung und durch die Form der Mischrohre (vgl. Abbildung 4-16).

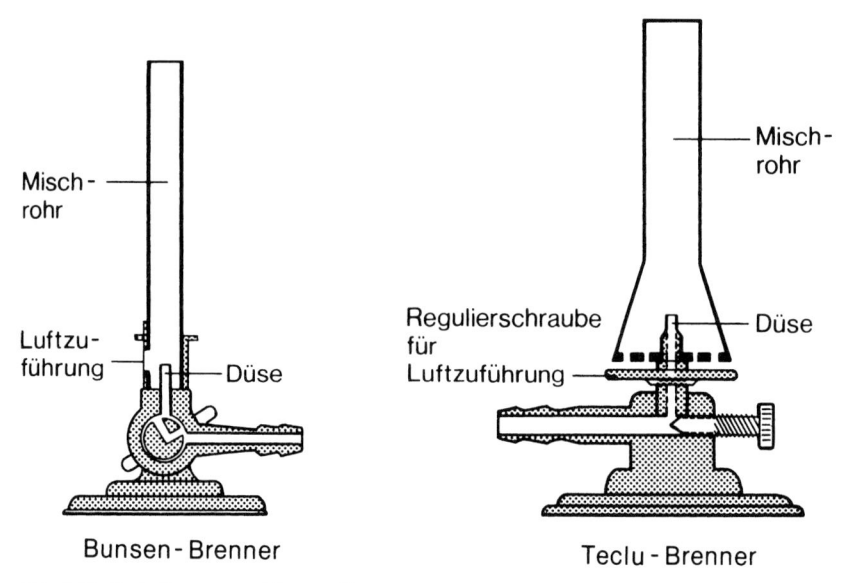

Abb. 4-16. Teclu-Brenner und Bunsen-Brenner.

Beim Teclu-Brenner wird die Luft von unten in das Mischrohr eingeführt, beim Bunsen-Brenner von der Seite. Das Mischrohr ist beim Teclu-Brenner nach unten konisch erweitert und hat einen größeren Durchmesser. Dadurch wird eine intensivere Durchmischung der Gase und eine höhere Flammentemperatur als beim Bunsen-Brenner erreicht.

Die heißeste Stelle in der blauen Flamme eines Teclu-Brenners befindet sich kurz über dem „Luftkegel". Im günstigsten Fall werden Temperaturen um 1200 °C erhalten (Abbildung 4-17).

```
900 ——•       •—— 1000
                •—— 1150
700 ——•
550 ——•         •—— 1200
                •—— 1200
250 ——•         •—— 450
```

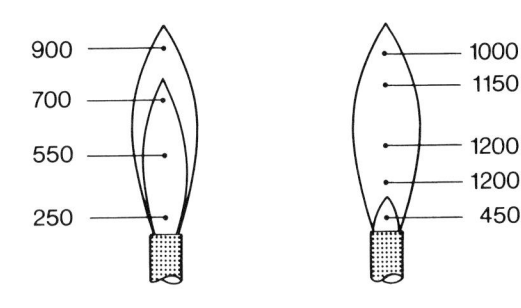

Nicht rauschende Flamme   Rauschende Flamme

Abb. 4-17. Temperaturverteilung in der Teclu-Brennerflamme in °C.

Die Inbetriebnahme eines Brenners wird wie folgt vorgenommen:

Zunächst wird der Brenner mit einem Gasgummischlauch (kein Wasserschlauch!) an den Gashahn angeschlossen. Die regelbare Luftzuführung am Brenner wird völlig geschlossen. Danach wird das Gasventil am Brenner etwas geöffnet und dann der gelbe Gashahn am Labortisch auf volle Öffnung gedreht. Dabei ist zu beachten, dass bei den heutigen Sicherheitshähnen der gelbe Hahn zunächst etwas nach unten gedrückt werden muss, dann kann das Ventil leicht geöffnet werden. Das am Brenner ausströmende Gas wird mit einem Feuerzeug oder einem Gasanzünder gezündet. Das Gas brennt mit gelber, leuchtender Flamme. Dann wird langsam die Gas- und dann die Luftzuführung am Brenner aufgedreht, bis die gewünschte Flamme entsteht.

Bei der Beendigung des Heizversuches ist die Reihenfolge umgekehrt: Zunächst wird die Luftzuführung zugedreht, dann die Gaszuführung am Brenner und dann der Gashahn am Labortisch.

Brennt der Brenner mit blauer, heißer Flamme und es wird fälschlicherweise die Gaszufuhr reduziert, „schlägt der Brenner durch", d. h. die Flamme kann über der Düse weiterbrennen. Das Brennerrohr wird dabei sehr heiß und es kann dadurch zu schweren Unfällen kommen. Stellt man ein Durchschlagen des Brenners fest, dann schaltet man die Gaszufuhr ab und lässt ihn abkühlen. Anschließend kann man ihn bei geschlossener Luftzufur erneut entzünden.

Die mit den Brennern erzeugte Flammentemperatur lässt sich durch die Luftzufuhr regulieren. Reines Gas erzeugt eine leuchtende, nicht rauschende Flamme ohne Kegel. Die Temperaturverteilung innerhalb dieser Flamme zeigt Abbildung 4-17. Mischt man dieser Flamme Luft zu, dann geht sie in eine nicht leuchtende, rauschende Flamme mit blauem Kegel über, die wesentlich heißer ist. Das Rauschen wird durch kleine Explosionen in der Flamme hervorgerufen. Das Beheizen mit der leuchtenden Flamme (ohne Luft) ist nicht zu empfehlen, da alle Gegenstände durch die unvollständige Verbrennung des Gases verrußt werden. Es empfiehlt sich daher, die Luftzuführung immer etwas aufzudrehen.

Die Gebläselampe (vgl. Abbildung 4-18) erzielt durch eine verbesserte Durchmischung der Gase und die Verwendung von Druckluft oder Sauerstoff Temperaturen bis zu 1900 °C.

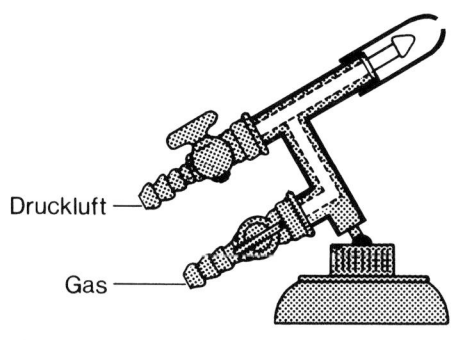

Abb. 4-18. Gebläselampe.

Sollen Glasgeräte, wie z. B. ein Erlenmeyer-Kolben, direkt mit dem Brenner erhitzt werden, wird zwischen Brenner und Glasgerät ein Wärmeüberträger eingebaut. Dabei kann es sich um ein Eisennetz mit einer feuerfesten Masse oder um eine Ceranglasplatte handeln, die auf einen Drei- oder Vierfuß aufgelegt wird.

4.4.2
Elektrische Heizgeräte

Heizgeräte, die im Laboratorium mit elektrischem Strom betrieben werden, sind in erster Linie Heizplatten, Tauchsieder, Trockenschränke und speziell für Glaskolben konstruierte elektrische Heizkörbe. Der Vorteil der elektrischen Heizung liegt in der leichten Regulierbarkeit der Wärmezufuhr z. B. durch Kontaktthermometer und Relais.

Heizkörbe
Die im Laboratorium verwendeten Heizkörbe bestehen aus einem Glasfaserkorb, der mit einem Metallgitter in runder Form gehalten wird. In den Körper des Korbes sind elektrische Heizdrähte eingelassen. In den Heizkorb können runde Geräte, wie z. B. Reaktionskolben eingehängt werden. Für jede Kolbengröße gibt es passende Heizkörbe. Die Heizkörbe können mit einem Schalter bedient werden. Bei vielen Heizkörben bedeutet die Schalterstellung 1, dass der Korb nur leicht geheizt wird. Bei der Schalterstellung 2 wird der Heizkorb nur in der unteren Hälfte beheizt, bei Schalterstellung 3 wird eine volle Heizung über den ganzen Korb ermöglicht. Ggf. ist die Bedienungsbeschreibung des Heizkorbes zu beachten.

Viele Anwender verbinden den Heizkorb mit einem Regler (Stellung 1–10) und stellen den Heizkorb auf Schalterstellung 3. Durch Drehen des Reglers zwischen 1 und 10 kann die gewünschte Intensität des gesamten Heizvorganges besser reguliert werden.

Zerbricht ein Reaktionskolben und die Flüssigkeit ergießt sich in den Korb oder der Heizkorb wird feucht, ist er sofort von der Stromzufuhr zu trennen. Er kann gewaschen und vorsichtig im Trockenschrank getrocknet werden. Dabei ist die Temperatur so niedrig zu halten, dass die Kunststoffteile nicht beschädigt werden.

Heizkörbe sind regelmäßig zu überprüfen, ob sie noch die gesetzlichen Bestimmungen (z. B. elektrischer Widerstand) erfüllen. Bei der Verwendung eines Heizkorbes bleiben die Reaktionskolben von außen sauber.

Tauchsieder, Heizbad, Kontaktthermometer, Regler
Eine in den Laboratorien sehr häufig verwendete Heizkombination ist ein flacher Tauchsieder, der in ein Heizbad eingehängt ist. In das Heizbad wird ein Kontaktthermometer getaucht. Der Kontakt des Thermometers wird mit einem kleinen Rändelrad auf die gewünschte Temperatur gedreht und dann mit einem Regler (Relais) verbunden. Der Tauchsieder wird ebenfalls mit dem Regler verbunden. Nach Inbetriebnahme des Reglers wird der Tauchsieder das Heizbad so lange aufheizen, bis das Kontaktthermometer die gewünschte Temperatur erreicht hat. Dann wird der Regler den Strom zum Tauchsieder unterbrechen. Fällt die Temperatur unter den gewünschten Wert, schaltet der Regler den Strom zum Tauchsieder ein (Abbildung 4-19).

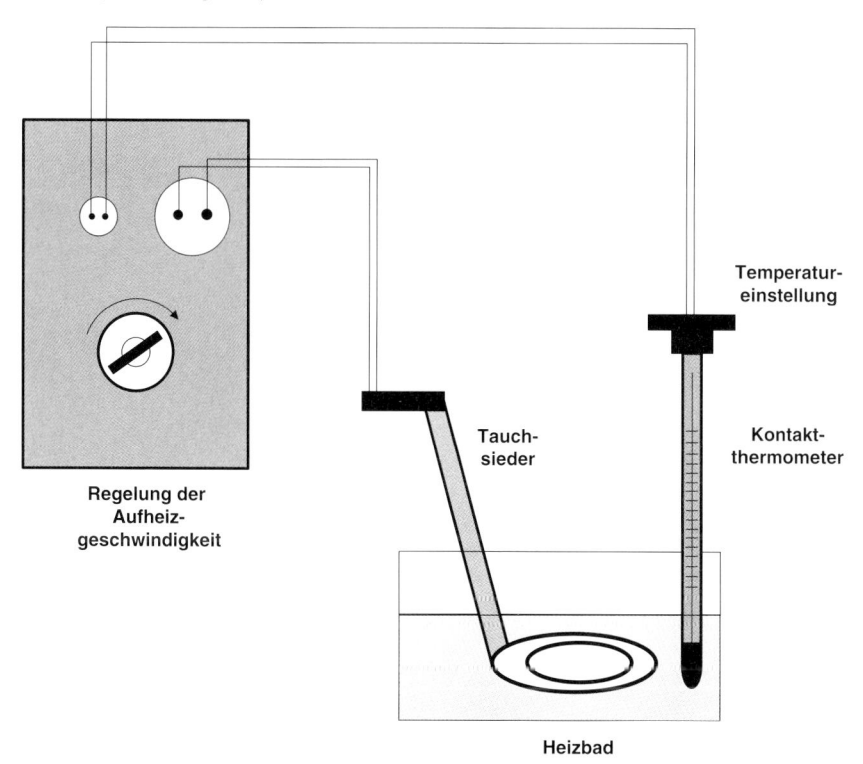

Abb. 4-19. Heizbad mit Regler (Relais), Tauchsieder, Kontaktthermometer (schematisch).

Folgende Flüssigkeiten können benutzt werden:
- Wasser   bis ca. 100 °C
- Salzlösungen   bis ca. 110 °C
- Paraffinöl   bis ca. 200 °C
- Tenside   bis ca. 200 °C
- Siliconöl   bis ca. 250 °C
- Metalllegierungen 80 bis 500 °C

Bei der Verwendung von Paraffin- oder Siliconöl wird der Reaktionskolben von außen ölig und muss nach der Reaktion wieder gereinigt werden. Bei der Verwendung von Tensiden (synthetische Seifen) genügt ein Waschen mit Wasser.

Manche Badflüssigkeiten zersetzen sich beim starken Beheizen, deshalb ist das Beheizen mit diesen Bädern im Abzug vorzunehmen. Werden die Badflüssigkeiten mit Chemikalien verschmutzt, sind sie auszutauschen und ordnungsgemäß zu entsorgen.

Bei der Verwendung eines Heizbades handelt es sich um eine indirekte Heizung, die zugeführte Wärmeenergie kann sich gut über das ganze zu beheizende Gerät verteilen. Bei einer direkten Heizung mit dem Brenner wird die Wärme mehr oder weniger punktförmig übertragen. Dabei kann das Reaktionsgefäß u. U. zerspringen.

Dampfbäder

Wasserdampf wird im Laboratorium eingesetzt, um Dampfbäder zu heizen oder Wasserdampfdestillationen (siehe Kapitel 14) durchzuführen. Die Verwendung von Dampfbädern (Abbildung 4-20) empfiehlt sich besonders zum Abdampfen leicht brennbarer Flüssigkeiten, da diese sich hierbei nicht entzünden können. Der für diese Zwecke benutzte Dampf ist Niederdruckdampf mit einer Temperatur von etwa 150 °C und einem Druck von 3 bar.

Die konzentrischen Metallringe auf dem Dampfbad sind so lange zu entfernen, bis der runde zu beheizende Gegenstand in die entstandene Öffnung passt; dann kann die Dampfzuführung geöffnet werden. Vorsicht: Dampf verursacht durch den hohen Energieinhalt starke Verbrennungen der Haut!

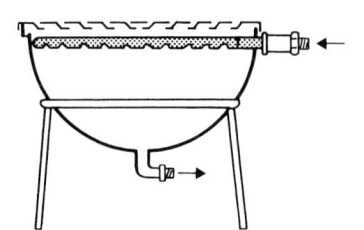

Abb. 4-20. Dampfbad.

4.5
Kühlsysteme

Im Laboratorium werden als Kühlmittel Luft, Wasser, Kältelaugen, Eis, Trockeneis und flüssiger Stickstoff verwendet. Sollen z. B. Reaktionslösungen abgekühlt werden, das Entweichen tiefsiedender Verbindungen aus Reaktionsgefäßen verhindert werden oder gasförmige Reaktionsprodukte aufgefangen werden, so muss bei tiefen Temperaturen gearbeitet werden. Bis etwa –100 °C dienen dazu verschiedene Kältemischungen, wie sie in Tabelle 4-9 aufgeführt sind. Häufig verwendet man auch Methanol, das in Kühlmaschinen bis auf –80 °C abgekühlt werden kann. Für Temperaturen unterhalb –100 °C dient in erster Linie flüssiger Stickstoff.

Tab. 4-9. Kältemedien

Kältemedium	Erreichbare Temperatur ca. [°C]
3 Teile Eis + 1 Teil Kochsalz	– 20
1 Teil Eis + 1 Teil Kaliumnitrat	– 30
Trockeneis/Methanol	– 78
Trockeneis/Aceton	– 78
Trockeneis/Ether	– 80
flüssiger Stickstoff	– 190

Die wichtigsten Geräte, in denen Kältemittel verwendet werden, sind Kühler, Kältefallen und Kühlmäntel. Einige der im Laboratorium üblichen Kühlertypen zeigt Abbildung 4-21.

Mit ihnen werden bis zu 40 °C warme Dämpfe mit Kältelauge richtig gekühlt. Zwischen 40 und 120 °C wird Wasser verwendet und zwischen 150 und 180 °C kühlt man mit Luft. Die meisten Kühler arbeiten im Gegenstromprinzip. Von unten strömt das kalte Kühlwasser in den Kühler ein und trifft dort auf den heißesten Dampf. Dadurch ist eine gute Kondensation gewährleistet. Der Intensivkühler ist der effektivste Kühler, da seine Kühlfläche am größten ist. Folglich wird er auch zum Kondensieren von niedrig siedenden Lösemitteln (Ether) verwendet. Zu bedenken ist, dass der Wasserverbrauch von Kühlern relativ hoch ist, wobei das Wasser aber nur thermisch, aber nicht chemisch belastet wird. Oft können mehrere Kühler hintereinander geschaltet werden, um den Wasserverbrauch zu reduzieren. Der Einbau von sog. „Wasserwächtern", kleine Flügelräder in Kunststoffgehäusen vor dem Kühlereingang, hilft, den Wasserstrom des Kühlers zu beobachten und ggf. zu optimieren. Es wird empfohlen, die Wasserschläuche (keine Gasschläuche!), die zum und vom Kühler führen, mit Kabelbindern an den Stutzen der Kühler zu befestigen, damit sie bei Erhöhung des Kühlwasserdruckes nicht so leicht abplatzen.

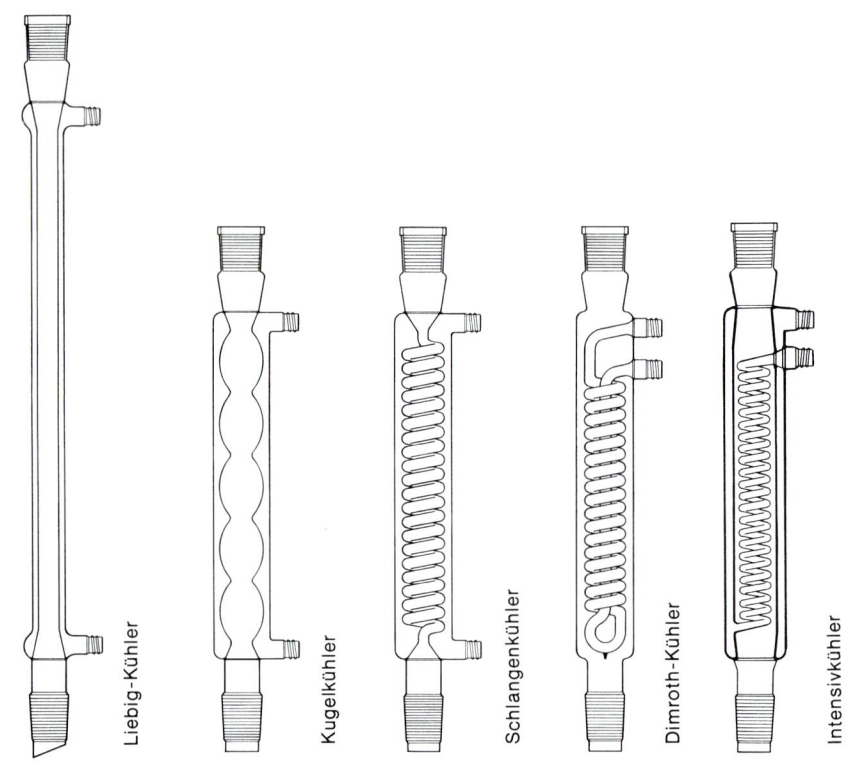

Abb. 4-21. Kühlertypen im Laboratorium.

Praxisaufgabe: Wasserverbrauch eines Kühlers

> Schließen Sie an einen Intensivkühler das Kühlwasser an und drehen Sie das Kühlwasser so auf, dass ein Wasserfluss von ca. 150 mL pro Minute entsteht. Das ablaufende Kühlwasser wird in einem Eimer aufgefangen, der Wasserfluss kann mit Hilfe einer Stoppuhr und durch Feststellen der aufgefangenen Wassermenge ermittelt werden. Setzen Sie den Kühler auf einen 500-mL-Rundkolben, in dem sich 300 mL Wasser befinden.
>
> Nach Zusatz von zwei bis drei Siedeperlen bringen Sie das Wasser im Kolben zum Kochen. Nachdem das Wasser einige Zeit gekocht hat, messen Sie die Temperatur des aus dem Kühler austretenden Kühlwassers. Reduzieren Sie nun das Kühlwasser lang-

sam, so dass am Ausfluss eine Temperatur von 40 °C (ca. 60 °C unter dem Siedpunkt des Wassers) entsteht. Welcher Kühlwasserfluss wurde jetzt eingestellt? Wird der Wasserdampf komplett durch den Kühler kondensiert?

Welcher Hinweis ergibt sich hinsichtlich Kühlwasserverbrauch aus dem Versuch?

4.6
Bewegen von Flüssigkeiten

Bei chemischen Reaktionen müssen die Reaktanten optimal vermischt werden. Das geschieht nur im Ausnahmefall durch manuelles Rühren mit einem Glasstab im Reaktionsgefäß. Normalerweise wird die Vermischung von Reaktanten durch elektrisch angetriebene Rührmotoren, durch pressluftangetriebene Rührmotoren und durch Magnetrührer vorgenommen. Im Ausnahmefall genügt zum Durchmischen einer nicht zu zähen Flüssigkeit das Durchperlen eines Gasstromes (N_2 oder He).

Der Rührer, der aus Glas oder aus Metall besteht, wird vorsichtig in das Ende einer Vakuumschlauchkupplung befestigt, die auf der Welle eines Rührmotors steckt. Mit Hilfe von Schlauchschellen oder Kabelbindern kann der Rührer in der Kupplung fixiert werden.

Am unteren Ende eines Rührers befindet sich gewöhnlich ein ca. 5 mm dicker, halbmondförmiger Rührflügel aus Teflon. Mit einer Schraube kann der Flügel an dem Rührer angebracht werden. In der vertikalen Position des Halbmondes kann der Rührer vorsichtig in einen engen Kolben eingeführt werden, durch eine kurze Schleuderbewegung entfaltet sich dann der Flügel. Fällt einmal der Rührer aus der Vakuumschlauchkupplung zum Rührmotor heraus und in ein Reaktionsgefäß, wird das Gefäß durch das weiche Teflon nicht zerstört. Trotzdem ist es empfehlenswert, eine dünne Vakuumschlauchscheibe über der Rührerführung anzubringen, die den fallenden Rührer auffängt (Abbildung 4-22).

Durch vorsichtiges Herumdrehen des Rührers mit der Hand ist zu prüfen, ob der Rührflügel irgendwo anschlägt und dabei in den Kolben eingebaute Gegenstände (z. B. Thermometer) zerstört. Die Drehzahl des elektrischen Rührermotors wird über einen Regler eingestellt. Dabei soll die Geschwindigkeit des Rührers in der Flüssigkeit so eingestellt werden, dass sie nicht umherspritzt.

Bei Verarbeitung niedrigsiedender Lösemittel (z. B. Ether) muss der verwendete Elektromotor explosionsgeschützt sein. Für die Anwendung bei explosionsgefährdeten Anlagen werden daher speziell gekapselte Elektromotoren oder pressluftgetriebene Rührmotoren verwendet.

Der Rührer wird von einer Rührerführung gehalten. Üblich sind Rührerführungen mit passenden Normalschliffen, durch die der Glasrührer durchgesteckt werden kann und die gut abdichten. Diese Art der Rührerführung besteht aus zwei Teflonringen in der Hülse, die die dichtenden Aufgaben übernehmen und zudem noch selbstschmierend sind.

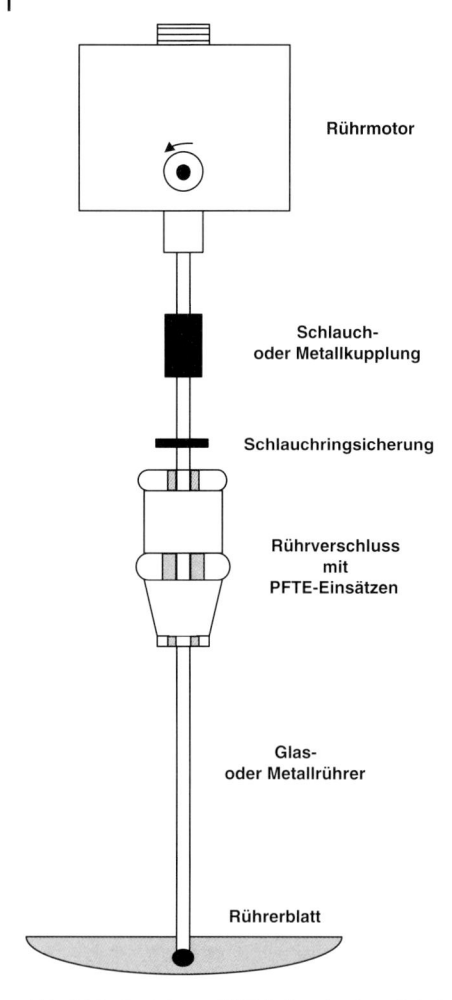

Abb. 4-22. Gesicherter KPG-Rührer in einer Rührhülse.

Für einfache Aufgaben reicht eine KPG-Rührhülse (kerngezogenes Präzisionsglasgerät), bei der die Rührerwelle in einem Präzisionsglasrohr steckt und sich drehen kann. Die Welle des Rührers muss geschmiert werden, was zu Verunreinigungen im Reaktionsbehälter führen kann. Daher sind diese Rührer heute nur noch zweite Wahl. Die Verwendung von Glycerin als Schmiermittel ist unbedingt zu vermeiden, wenn mit Salpetersäure oder Nitriergemisch aus Salpetersäure und Schwefelsäure gearbeitet wird (Explosionsgefahr!).

Für kleine Ansätze reicht die Durchmischung mit einem Magnetrührer. Diese gibt es mit und ohne Heizung. Die Magnetrührer bestehen aus einem Gehäuse, in dem ein Elektromotor eine Magnetscheibe horizontal dreht. Über der Magnetscheibe ist eine glatte Fläche angebracht, auf der die Reaktionsgefäße abgestellt werden können. Die zu rührende Flüssigkeit wird mit einem Magnetstäbchen („Rührfisch") versehen, welches durch die sich drehende Magnetscheibe berührungslos gedreht wird. Rührfische gibt es in vielen Größen und Durchmessern. Es sind Metallkerne, die mit Teflon überzogen sind.

Es ist zu beachten, dass beim Eingeben des Rührfisches in die Flüssigkeit der Magnetrührer abgestellt oder auf kleine Umdrehungsgeschwindigkeit gestellt ist. Der Rührer muss sich in der Mitte des Reaktionsgefäßes befinden. Bei hochviskosen Flüssigkeiten ist die Benutzung von Magnetrührern nicht sinnvoll.

4.7
Trocknen von Feststoffen, Flüssigkeiten und Gasen

Im Laboratorium müssen feuchte Feststoffe, Gase, Flüssigkeiten und Geräte getrocknet werden. Je nach Menge, Beschaffenheit, Empfindlichkeit und Geschwindigkeit werden dazu verschiedene Geräte benutzt. Es stehen Tonteller, Exsikkatoren, Trockenschrank, Trockenturm, Gaswaschflaschen und Trockenpistole zur Verfügung.

Tonteller
Eine gute Technik, um feuchte Feststoffe vorzutrocknen, besteht in einer intensiven Verstreichung einer geringen Menge auf einem unglasierten Tonteller. Diese unglasierten Tonteller (Biskuitbrand) sind käuflich zu erwerben und können größere Mengen von Flüssigkeiten aufsaugen.

Ein Tonteller wird in ein Tuch eingewickelt und dann vorsichtig mit einem Hammer in drei bis vier größere Stücke zerschlagen. Auf diese Tontellerteile wird das feuchte Produkt mit einem Spatel aufgestrichen und dann streichförmig hin und her bewegt. Nach einiger Zeit kann das vorgetrocknete Material zusammengeführt und auf einem anderen Teil des Tontellers aufgestrichen werden. Mit dieser Methode können geringe Menge Chemikalien (z. B. für eine Schmelzpunktbestimmung) schnell vorgetrocknet werden. Im Trockenschrank dauert die vollständige Trocknung dann nur noch Minuten.

Exsikkator
Ein einfaches Gerät zum Trocknen und zum Trockenhalten von Feststoffen bei Raumtemperatur ist der Exsikkator (vgl. Abbildung 4-23).

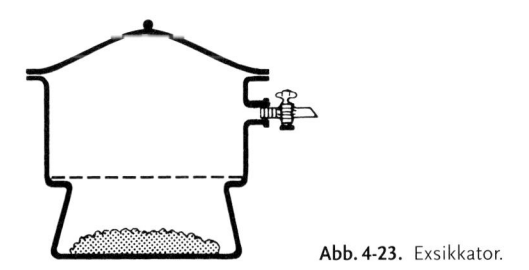

Abb. 4-23. Exsikkator.

Er besteht aus dickwandigem Glas, dadurch kann er auch evakuiert werden, was den Entzug von Wasser beschleunigt. Bei der Evakuierung (z. B. mit Hausvakuum) muss unbedingt eine Kunststoffglocke oder ein Kunststoffnetz über den Exsikkator gestülpt werden, damit im Falle einer Implosion keine scharfkantigen, dickwandigen Glassplitter umherfliegen. Manchmal werden die Exsikkatoren in spezielle Kunststofffolien eingewickelt, die bei einer Implosion den Splitterflug verhindern sollen.

Der Boden des Exsikkators wird mit einem Trockenmittel, ggf. in einer Schale abgefüllt, bedeckt. Wirksame Trockenmittel sind z. B. Silicagel, Silicagel mit Indikator, Calciumchlorid ($CaCl_2$), Natriumhydroxid (NaOH), Phosphorpentoxid (P_2O_5).

Früher war die Verwendung von Silicagel mit Kobaltchloridindikator („Blaugel") üblich. Da das im Blaugel vorhandene Kobaltchlorid problematisch ist, wird heute die Verwendung von „Orange-Gel" empfohlen. Durch Wasseraufnahme wird das Orange-Gel farblos, es kann im Trockenschrank bei 110 °C wieder getrocknet und wiederverwendet werden.

Durch das Trockenmittel wird die Luft im Exsikkator getrocknet. Bringt man nun einen feuchten Stoff in einer Schale in den Exsikkator, kann das Wasser schneller in den Trockenraum verdunsten. Das verdunstete Wasser wird dann vom Trockenmittel aufgenommen. Der plangeschliffene Deckel des Exsikkators wird leicht mit „Exsikkatorenfett" (Vaseline) eingerieben, dann lässt sich der Deckel mit geringer Kraft hin und her schieben. Beim Transport des Exsikkators sollten der Deckel und der Stopfen festgehalten werden, weil beide leicht wegrutschen bzw. herausfallen und dann zerstört werden.

Werden heiße Gegenstände in den Exsikkator eingestellt und der Deckel verschlossen, bildet sich nach dem Abkühlen ein Unterdruck im Exsikkator. Wird jetzt der Exsikkator unvorsichtig schnell über den Stopfen belüftet, besteht die Gefahr, dass durch die schnell eindringende Luft das Trockengut im Exsikkator umhergewirbelt wird. Daher muss ein Exsikkator immer zuerst langsam belüftet werden, bevor der Deckel vorsichtig weggeschoben werden kann. Betrachten Sie sich den Stopfen des Exsikkators und legen Sie die Stellung des Deckels beim Verschließen und beim Entlüften fest.

Trockenpistole

Für die Trocknung kleiner Substanzmengen und für Stoffe, die auch bei höheren Temperaturen stabil sind, ist die Trockenpistole (Abbildung 4-24) geeignet.

Man bringt in einem „Schiffchen" die Substanz in den Raum A ein und verschließt den Raum mit dem Vorratskolben B („Pistolengriff"), in dem sich das Trockenmittel befindet. Über den Hahn wird der Gesamtraum evakuiert. In dem Rundkolben wird ein Lösemittel (Heizmedium) gekocht, dessen Dampf den Raum A erwärmt. Der Siedepunkt des Heizmediums bestimmt die Trockentemperatur. Am Rückflusskühler wird das verdampfte Heizmedium verflüssigt und läuft in den Vorratskolben zurück.

Abb. 4-24. Trockenpistole.

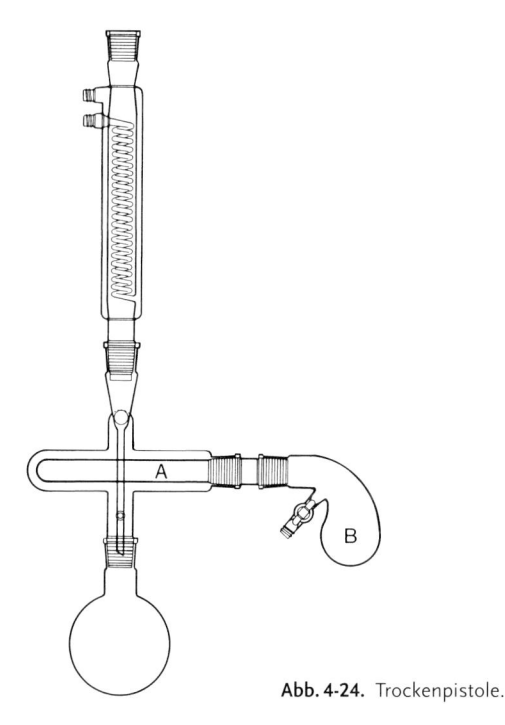

Trockenschrank/Vakuumschrank

Für größere Substanzmengen ist die Trocknung in elektrisch beheizbaren Trockenschränken sinnvoll. Alle Trockenschränke sind regelbar, d. h. der Anwender kann eine bestimmte Temperatur einstellen, dabei wird mit einem Thermostat die eingestellte Temperatur eingehalten. Sollen wasserhaltige Substanzen getrocknet werden, ist eine Temperatur von etwas über 100 °C notwendig. Manche Chemikalien, wie z. B. Kaliumbromid, binden das anhaftende Wasser so gut, dass sie bei deutlich höherer Temperatur, ca. 150 bis 160 °C getrocknet werden müssen. Heute werden Trockenschränke nur noch mit Maximalbegrenzer ausgeliefert. Werden Trockenschränke für den Tag-und-Nacht-Betrieb benötigt, müssen sie für den Dauerbetrieb ausgelegt und zugelassen sein. Sehr beliebt sind dickwandige Vakuumtrockenschränke, die unter vermindertem Luftdruck den Trocknungsprozess beschleunigen können oder bei denen Feststoffe unter verminderter Temperatur getrocknet werden können, die sonst bei 100 °C schmelzen würden.

Der zu trocknende Feststoff wird in einer Porzellanschale möglichst gut zermahlen und dann in den Trockenschrank eingebracht. Während des Trocknungsprozesses wird der Feststoff aus dem Trockenschrank geholt und nochmals vermahlen. Der Mahlprozess entfällt bei analytischen Trocknungen. Ob der Feststoff genügend trocken ist, lässt sich mit dem Massenkonstanztest überprüfen. Dabei wird auf einer genauen Waage die Masse des zu trocknenden Stoffes gewogen und der Stoff wieder in den Trockenschrank gestellt. Dieser Vorgang wird so lange wiederholt, bis die Masse konstant bleibt. Nun ist davon auszugehen, dass unter den vorhandenen Bedingungen kein Wasser mehr abgedampft werden kann. Ob der Stoff tatsächlich trocken ist, kann nur durch eine chemische Untersuchung (z. B. durch eine Karl-Fischer-Titration) belegt werden.

Trockenturm und Gaswaschflaschen

Um Gase zu trocknen, können Gastrockentürme und Gaswaschflaschen verwendet werden. Die Trockentürme (Abbildung 4-25) sind mit einem festen Trockenmittel gefüllt, dem u. U. zur besseren Standfestigkeit etwas Glaswolle untergemischt wird. Als oberer und unterer Abschluss wird ebenfalls eine Schicht Glaswolle in den Trockenturm gefüllt. Das zu trocknende Gas strömt von unten nach

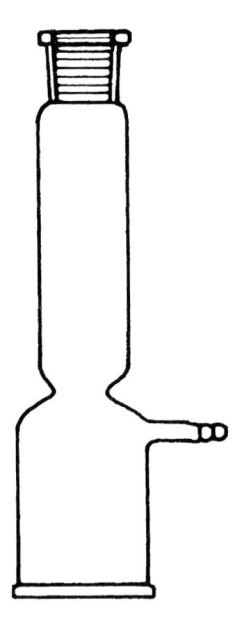

Abb. 4-25. Trockenturm.

Tab. 4-10. Trockenmittel für den Trockenturm

Trockenmittel	Anwendbar für	Nicht anwendbar für
Phosphorpentoxid	Kohlenwasserstoffe, Ethin	Chlorwasserstoff, Fluorwasserstoff
Natronkalk	neutrale und basische Gase, Ether	saure Gase
Natriumhydroxid	Ammoniakgas, Amine	saure Gase
Calciumchlorid	neutrale Gase, Chlorwasserstoff	Ammoniak, Alkohole, Amine
Natriumsulfat	alle Gase	
Molekularsieb	viele unpolare Gase	ungesättigte Kohlenwasserstoffe, polare anorganische Gase

oben hindurch. Als grundsätzliche Regel zur Auswahl des Trockenmittels gilt: Saure Gase werden mit sauren Trockenmitteln und alkalische Gase mit neutralen oder basischen Trockenmitteln getrocknet (Tabelle 4-10).

Zum Trocknen von strömenden Gasen werden auch Waschflaschen (Abbildung 4-26) verwendet, die für eine feine Verperlung von Gasblasen durch eine Flüssigkeit sorgen. Wird als Flüssigkeit in der Waschflasche konzentrierte Schwefelsäure verwendet, kann ein saures Gas (z. B. HCl oder CO_2) getrocknet werden. Häufig werden Waschflaschen jedoch benutzt, um bestimmte Stoffe aus dem Gas herauszuwaschen (z. B. Sauerstoff aus Luft). Bei der Verwendung von Waschflaschen besteht die Gefahr, dass sich beim Abkühlen die Flüssigkeit aus der Waschflasche in das Reaktionsgefäß zurückzieht. Daher werden Schutzwaschflaschen im Gegentakt kombiniert (Abbildung 4-27).

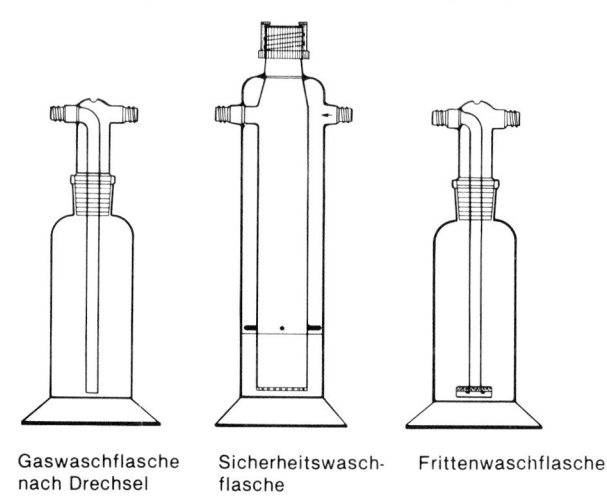

Gaswaschflasche nach Drechsel   Sicherheitswaschflasche   Frittenwaschflasche

Abb. 4-26. Waschflaschentypen.

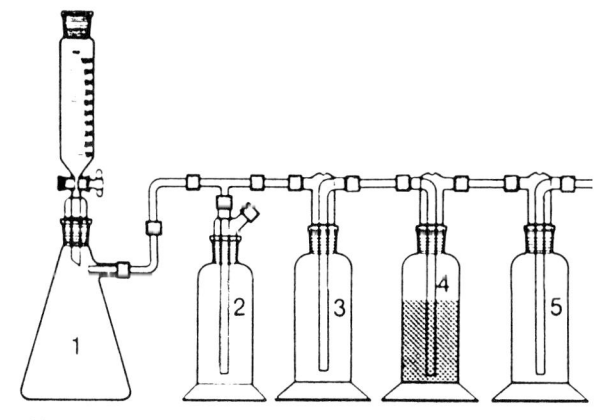

Abb. 4-27. Schaltung einfacher Waschflaschen. (1 Gasentwicklungsgefäß, 2 Tauchung, 3 Sicherheitsflasche, 4 Gaswaschflasche mit Trockenmittel, 5 Sicherheitsflasche.)

Trocknen von Flüssigkeiten

In Laboratorien werden Lösemittel verwendet, die einen Reinheitsgrad von 96 bis 99 % besitzen und die u. U. noch deutliche Mengen an Wasser enthalten. Einige Reaktionen, wie z. B. die Grignard-Reaktion, erfordern Lösemittel mit sehr niedrigen Wasserkonzentrationen. Dann ist ein separates Trocknen notwendig, ggf. kontrolliert durch eine titrimetrische Wasserbestimmung nach Karl-Fischer. Das Entwässern erfolgt durch Vortrocknung in einem geschlossenen Gefäß und nachfolgende Destillation über ein geeignetes Trockenmittel, u. U. unter einem konstanten Helium- oder Stickstoffgasstrom („Inertgas").

Nachfolgend werden einige Trockenmittel zum Entwässern von Lösemittel beschrieben.

Aluminiumoxid, Al_2O_3   Neutrales oder basisches Aluminiumoxid der Aktiviät 1 ist ein sehr gutes Trockenmittel für Kohlenwasserstoffe. Es werden bis zu 50 g pro Liter Lösemittel eingesetzt und sehr trockene Lösemittel erhalten. Al_2O_3 ist besonders geeignet für das Trocknen von Chloroform.

Calciumchlorid, $CaCl_2$ Calciumchlorid ist zum Vortrocknen von Kohlenwasserstoffen geeignet. Nicht zu verwenden für die Trocknung von Säuren, Alkoholen, Aminen und Carbonylverbindungen.

Kaliumhydroxid, KOH   Frisch gepulvertes Kaliumhydroxid (Vorsicht, sehr stark ätzend!) ist ein gutes Trockenmittel für Amine und Pyridin.

Elementares Magnesium, Mg   Alkohole können unter Magnesiumspänen getrocknet werden.

Molekularsieb (Natrium- oder Calciumaluminosilikat)   Die Porengröße der käuflichen Molekularsiebe in Kugel- oder Pulverform beträgt 3, 4 oder 5 Angström (Å). Nach dreistündigem Trocknen bei 300 °C sind es die wirksamsten Trockenmittel. Molekularsiebe lassen sich im Exsikkator über einige Wochen lagern, werden aber dann schnell unwirksam. Unwirksames Molekularsieb ergibt mit Wasser keine exotherme Reaktion und springt beim Werfen auf den Fußboden nicht elastisch auf. Das gebrauchte Molekularsieb wird einige Stunden bei 100 °C vorgetrocknet und dann bei 300 °C aktiviert.

Das zu trocknende Lösemittel lässt man 12 Stunden über dem Molekularsieb stehen, dekantiert und gibt in die klare Flüssigkeit weiteres Molekularsieb. Acetonitril, Methanol und Ethanol lassen sich nur mit der 3-Å-Form trocknen. Zum Trocknen von Aceton ist Molekularsieb nicht geeignet, da das Aceton unter Einwirkung von Molekularsieb zur Selbstkondensation neigt.

Elementares Natrium, Na   Natrium wird in einer Natriumpresse zu feinen Drähten gepresst und zum Trocknen von Ether und Kohlenwasserstoff benutzt. Es muss dafür Sorge getragen werden, dass der u. U. entstehende Wasserstoff gefahrlos entweichen kann. Natriumreste sind nach und nach in gekühltes

Butan-1-ol einzutragen. Nach intensivem Rühren der butanolischen Lösung wird zunächst mit Ethanol, dann mit Methanol und am Schluss vorsichtig mit Wasser versetzt und schließlich das Ganze in Lösemittelabfallbehältern gesammelt, die dann ordnungsgemäß zur Verbrennung abgegeben werden.

> **Achtung:** Natrium darf nicht benutzt werden, um halogenierte Lösemittel zu trocknen, da eine heftige Reaktion eintritt.

Natriumsulfat, Na_2SO_4 Mit relativ schwach wirkendem Natriumsulfat werden überwiegend Extrakte aus flüssig-flüssig-Extraktionen (siehe Abschnitt 12.3.1) getrocknet oder man verwendet es für eine Vortrocknung von Lösemitteln.

Phosphorpentoxid, P_2O_5 Es eignet sich zum Trocknen von Kohlenwasserstoffen, Ethern, Acetonitril, aber nicht zum Trocknen von Alkoholen, Aminen, Aceton, Dimethylsulfoxid (DMSO) und Säuren. Leider wird das Phosphorpentoxid beim Trocknen von relativ wasserhaltigen Lösemitteln leicht sirupartig. Phosphorpentoxid wird durch vorsichtiges Eintragen in Eiswasser und anschließende Neutralisation mit Natronlauge entsorgt.

Rotationsverdampfer

Bei vielen Reaktionen entsteht ein hochsiedendes oder festes Reaktionsprodukt in einem niedrig siedenden Lösemittel, wie z. B. Hexan, Methanol, Essigsäureethylester usw. Um das Produkt zu isolieren, muss das Lösemittel abgedampft werden. Das geschieht sehr häufig auf einem Dampfbad. Dadurch wird das Produkt thermisch wenig belastet und eine Unfallgefahr durch Brennbarkeit des Lösemittels reduziert. Gegen Ende des Abdampfprozesses (der Anteil des leichtsiedenden Lösemittels ist jetzt sehr niedrig) steigt der Siedepunkt der Mischung stark an. Daher gelingt es fast nie, das Lösemittel durch einfaches Abdampfen vollständig aus der Mischung zu entfernen, dazu legt man ein leichtes Vakuum an. Nach einiger Zeit wird das Vakuum immer besser werden, ein Zeichen, dass das Lösemittel entfernt ist. Bei sehr empfindlichen Produkten kann man von Anfang an das Lösemittel unter Vakuum abdampfen. Allerdings ist die Gefahr von Siedeverzügen relativ hoch.

Besser ist die Verwendung eines Rotationsverdampfers (Abbildung 4-28).

Die abzudampfende Flüssigkeit wird in den rotierenden Kolben gegeben, der sich in einem Flüssigkeitsbad dreht. Dadurch entsteht ein sich immer wieder erneuernder dünner Flüssigkeitsfilm auf der Kolbenwandung, aus dem das niedrig siedende Lösemittel rasch verdampft. Auch hier ist es sinnvoll, unter Vakuum zu arbeiten. Das Anlegen des Vakuums erfolgt dann, wenn der Kolben bereits rotiert, ansonsten kann die Lösung sehr stark schäumen. Anschließend kann vorsichtig die Temperatur des Flüssigkeitsbades erhöht werden. Hat das abzudampfende Lösemittel einen sehr niedrigen Siedepunkt, sollte die Vorlage mit Eis gekühlt werden, andernfalls wird das Lösemittel nicht ausreichend im wasserbetriebenen Kühler kondensiert und in die Vakuumpumpe (Abschnitt 4.9) gelangen.

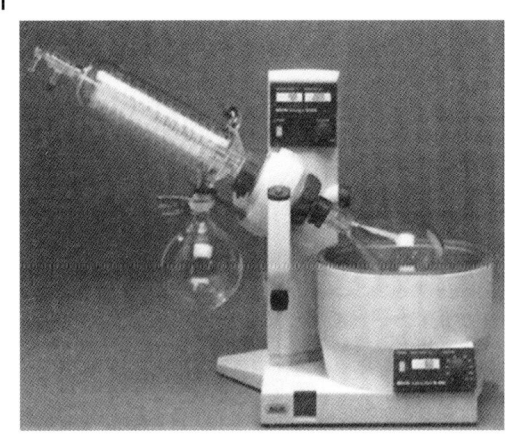

Abb. 4-28. Rotationsverdampfer.

4.8
Trennen mit Zentrifugen

Beim Zentrifugieren werden Suspensionen, die aus festen und flüssigen Bestandteilen bestehen, mit Hilfe der Fliehkraft getrennt, die auf feste Teilchen stärker wirkt als auf flüssige Teilchen. Abbildung 4-29 zeigt eine einfache Zentrifuge.

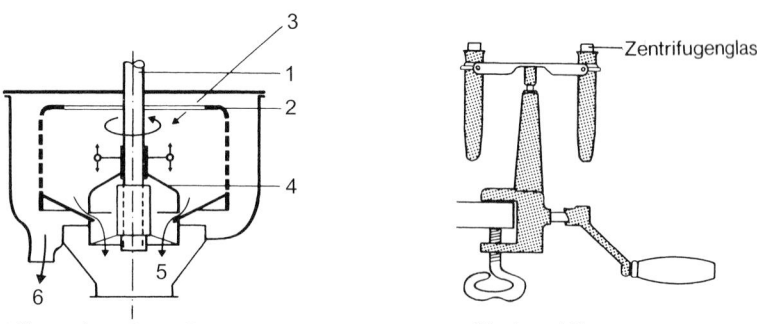

Siebzentrifuge mit vertikaler Welle.   Tischzentrifuge

Abb. 4-29. Zentrifuge. (1 Antriebswelle für Siebtrommel, 2,3 Gemischaufgabe, 4 Bodenventil, 5 Ablauf des Feststoffes, 6 Ablauf des Filtrates.)

Die zu trennende Suspension wird in ein dickwandiges Zentrifugenröhrchen gefüllt und in den Halter der Zentrifuge gestellt. In dem Halter sollte sich eine Gummimatte befinden.

Keinesfalls darf ein dünnwandiges Reagenzglas benutzt werden. Die Zentrifuge ist so zu bestücken, dass gegenüberliegende Zentrifugengläser die gleiche Gesamtmasse besitzen. Steht zum Massenausgleich keine Suspension bereit, kann dazu Wasser genommen werden. Dadurch wird ein unregelmäßiger Lauf und ein Ausschlagen der Antriebswelle vermieden. Die gewünschte Umdrehungszahl und die Laufzeit wird eingestellt, danach wird der Zentrifugendeckel geschlossen. Die Zentrifuge soll völlig stabil laufen und nicht „weglaufen". Heute sind die Zentrifugen während des Laufes nicht mehr zu öffnen. Nach Beendigung des Zentrifugenlaufes ist zu warten, bis die automatische Verriegelung aufspringt, dann können die Zentrifugenröhrchen der Zentrifuge entnommen werden. Die im Idealfall klare, überstehende Flüssigkeit kann vorsichtig vom Feststoff abgegossen werden („dekantieren").

Auch Emulsionen können mit Hilfe von Zentrifugen in die beiden Flüssigkeiten getrennt werden, sofern sich die Flüssigkeiten in ihren physikalischen Eigenschaften unterscheiden. Mit Hilfe von großen Zentrifugen wird z. B. aus Sahne das Butterfett von der Buttermilch getrennt.

4.9
Arbeiten unter Vakuum

Vakuum wird bei der Vakuumdestillation und beim Absaugen benötigt. Bei einer Implosion einer unter Vakuum stehenden Glasapparatur entstehen Bruchstücke mit sehr scharfen Kanten, die ein sehr hohes Verletzungspotential besitzen. Daher dürfen nur Geräte benutzt werden, die dem Vakuum standhalten. Dies sind Geräte, die besonders dickwandig ausgelegt sind (z. B. Saugflasche oder Exsikkator) oder Geräte, die einen runden Grundkörper besitzen (z. B. Rundkolben). Keinesfalls dürfen Geräte wie Erlenmeyer-Kolben, Becherglas, Messzylinder o. ä. evakuiert werden. Immer sind die zu evakuierenden Geräte sorgfältig auf Beschädigungen zu untersuchen. Arbeiten unter Vakuum sind hinter den Scheiben eines Abzugs oder hinter besonders aufgestellten Sicherheitsscheiben auszuführen. Das Absaugen mit dickwandigen, intakten Saugflaschen kann direkt am Labortisch ohne Schutzscheiben durchgeführt werden.

Gebräuchliche Druckeinheiten sind:
- 1 bar = 100 000 Pa (Pascal)
- 1 mbar = 100 Pa = 1 hPa (Hektopascal)
- 1 mm Hg = 1,33 mbar = 1,33 hPa
- 1 mbar = 0,76 mm Hg

Die Angabe „Torr" ist manchmal noch auf alten Geräten zu finden (1 mbar entsprechen 0,76 Torr).

Ein einfaches Vakuum von etwa 50 mbar kann mit hausinternen, zentralen Vakuumsystemen erzeugt werden, die es in jedem Laborgebäude gibt. Das Hausvakuum wird häufig zum Abziehen von Lösemitteln mit Hilfe eines Rotationsverdampfers (siehe Abschnitt 4.7) benötigt.

Solche Vakuumsysteme sind einfach zu bedienen, aber der Druck schwankt unter Umständen erheblich. Deshalb werden bei Destillationen, bei denen es auf einen konstanten Druck ankommt, spezielle Vakuumpumpen eingesetzt.

Vakuumpumpen

Früher wurden zur Erzeugung von schwachem Vakuum Wasserstrahlpumpen verwendet, die an den Kaltwasserhahn angeschlossen wurden. Mit guten Wasserstrahlpumpen kann ein Vakuum von 15 bis 20 mbar erreicht werden (abhängig von der Wassertemperatur). Nachteil dieser Pumpen ist der enorme Wasserverbrauch und die Verschmutzung des Wassers durch die abgezogenen Lösemitteln. Die Gefahr, dass Wasser in das Reaktionsgefäß gezogen wird, macht die Verwendung dieser Pumpen bei hygroskopischen Stoffen unmöglich. Daher wird von der Verwendung der Wasserstrahlpumpen abgeraten.

In den meisten Laboratorien werden heute Drehschieberpumpen (Abbildung 4-30) eingesetzt, die ein Vakuum von unter 1 mbar erzeugen können.

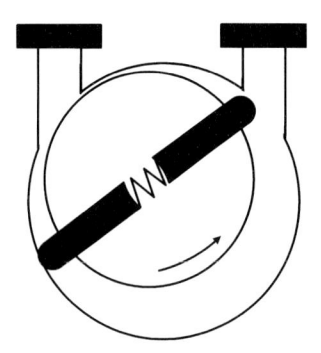

Abb. 4-30. Prinzip der Drehschieberpumpe.

In einem zylindrischen Gehäuse dreht sich ein exzentrisch gelagerter, geschlitzter Kolben. Im Schlitz des Kolbens sind radial verschiebbare Metallplatten, die Drehschieber. Durch die Drehung des Kolbens und durch die Federn in der Kolbenachse werden die Drehschieber immer gegen die Gehäusewandung gedrückt und trennen den Pumpenraum in Druck- und Saugkammer. Hinter den Schiebern vergrößert sich beim Drehen der Raum, es entsteht ein Unterdruck. Gleichzeitig verkleinert sich der Raum vor den Schiebern und es entsteht ein Überdruck (Abbildung 4-30). In der Pumpe befindet sich immer Schmieröl, zum einen um die Reibung der Schieber an der Wandung zu verkleinern, zum anderen um die Reibungswärme aufzunehmen. Gewöhnlich wird die Pumpe mit einem Gasballastventil auf der Druckseite betrieben, das mehr oder weniger geöffnet werden kann. Das Abschalten einer Vakuumpumpe darf nur bei belüfteter Anlage geschehen, da sonst ein Zurücksaugen von Öl aus der abgestellten Pumpe in die unter Vakuum stehende Anlage möglich ist. Bei modernen Pumpen wird das Zurückströmen des Öls durch Metallklappen verhindert. Die Druckseite der Pumpe ist mit einem Abzug zu verbinden.

Durch Einsaugen von Lösemitteldämpfen wird das Pumpenöl verunreinigt und die Leistung der Pumpe sinkt rapide. Ist das geschehen, hilft beim Einsaugen geringer Lösemittelmengen das Öffnen des Gasballastventils und längere Pumpenlaufzeit (Abzug!). Nach dem Einsaugen von größeren Lösemittelmengen ist immer das Pumpenöl zu wechseln.

Um das Einsaugen von Lösemitteln zu vermeiden, ist das Vorschalten einer Kältefalle sinnvoll. Kältefallen sind Glaskondensatoren, die in Kältebäder eingetaucht sind (Abbildung 4-31).

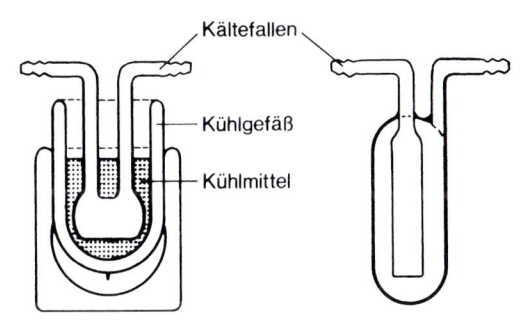

Abb. 4-31. Kältefalle in einem Dewar-Gefäß.

Sinnvollerweise werden als Kältebad Dewar-Gefäße verwendet, das sind verspiegelte, doppelwandige Glasgefäße (Prinzip Thermoskanne). Achtung, zwischen den Wandungen eines Dewar-Gefäßes herrscht ein verminderter Luftdruck. Das Gerät kann bei Beschädigung implodieren. Daher beim Reinigen niemals mit der Hand in ein Dewar-Gefäß fassen und die Gefäße nur mit weichen, langstieligen Bürsten auswischen.

Die Kältefallen, die mit flüssigem Stickstoff oder einer Trockeneis/Aceton-Mischung gefüllt sind, werden in das Dewar-Gefäß eingestellt. Manchmal werden sogar zwei Kältefallen hintereinandergeschaltet.

> Achtung: Niemals eine Kältefalle mit organischem Inhalt in flüssigen Sauerstoff stellen, es droht bei Bruch Explosionsgefahr!

Beim schnellen Eintauchen einer zimmerwarmen Kältefalle in flüssigen Stickstoff neigt dieser zum starken Schäumen, daher die Kältefalle nur langsam in den flüssigen Stickstoff eintauchen.

Auch bei längerer Pumpenlaufzeit unter Verwendung von Kältefallen ist regelmäßig das Pumpenöl zu wechseln.

Manchmal wird ein noch besseres Vakuum benötigt, als mit einer Drehschieberpumpe erzeugt werden kann. Ein besseres Vakuum erhält man durch Quecksilber- oder Öldiffusionspumpen, die immer in Verbindung mit einer Drehschieberpumpe als Vorpumpe betrieben werden müssen. Gute Modelle liefern ein Hochvakuum von bis zu 10^{-5} mbar.

Manometer

Ein schwaches Vakuum lässt sich mit einfachen Quecksilbermanometern messen. Durch die große Menge an giftigem Quecksilber, die das Manometer enthält, ist dieser Typ nicht mehr zu empfehlen. Besser ist die Verwendung eines elektronischen Pirani-Manometers.

Für Feinvakuummessungen wird häufig das Kippmanometer nach McLeod verwendet (Abbildung 4-32). Bei der Messung wird das Manometer zunächst in die vertikale Position gedreht, danach wird es in die horizontale und dann wieder in die vertikale Lage gedreht.

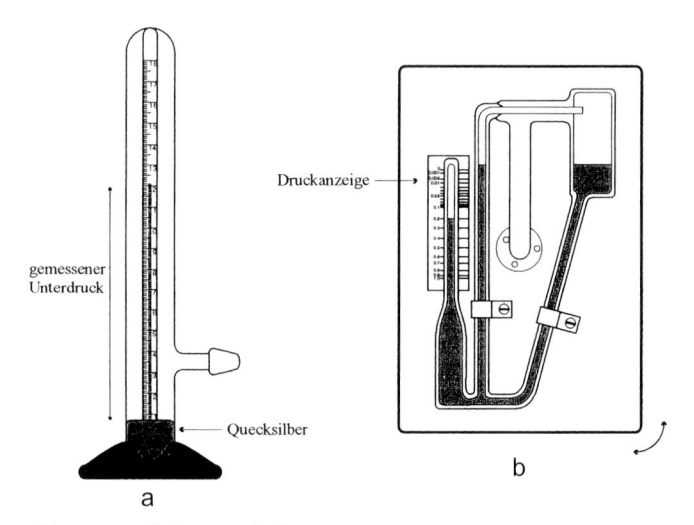

Abb. 4-32. Einfaches Quecksilbermanometer (a) und das Kippmanometer nach McLeod (b).

4.10
Umgang mit Gasen

Ist eine hohe Konzentration eines Gases erforderlich, wird das Gas chemisch nicht über Zutropfapparaturen erzeugt, sondern wird den käuflichen Gasflaschen („Gasstahlflaschen", „Bomben") aus Stahl entnommen. Stehen kleine Gasflaschen nur unter geringem Druck (z. B. bei CO_2) können Nadelventile benutzt werden, die den Gasdruck nicht reduzieren. Bei großen Stahlflaschen, die unter hohem Druck stehen, müssen Druckminderventile (Reduzierventile) benutzt werden.

Gasflaschen

Die zylindrischen Gasflaschen werden mit der Umsetzung der Euronorm DIN EN 1089-3 neu gekennzeichnet. Die Norm gilt seit Juli 1997 und die Kennzeichnung ist spätestens bis 1. Juli. 2006 abzuschließen. Durch Markierungen der neuen Farbkennzeichnungen mit dem Großbuchstaben N (für „Neu") auf der

Gasflaschenschulter und durch die unterschiedlichen Ventilanschlüsse sind Verwechslungen ausgeschlossen. Die einzig verbindliche Kennzeichnung des Gasinhaltes erfolgt auf dem Gefahrgutaufkleber. Die farblichen Kennzeichnungen gelten als zusätzliche Informationen über die Eigenschaften des Gases. Ein Gefahrgutaufkleber für Gase enthält:
- Risiko- und Sicherheitssätze,
- Gefahrzettel,
- Zusammensetzung des Gases,
- Produktbezeichnung,
- EWG-Nummer,
- vollständige Gasbenennung nach der GGVS,
- Herstellerhinweise,
- Name, Anschrift und Telefonnummer des Herstellers.

Die Farbe des zylindrischen Flaschenkörpers ist nicht genormt. Die deutsche Gasindustrie hat sich jedoch auf folgende Farben geeinigt (Tabelle 4-11):

Tab. 4-11. Farbe der Gasflaschen

Gas	Alte Kennzeichnung	Neue Kennzeichnung allein gültig seit 01.07.2006
Sauerstoff	blauer Zylinder	blauer Zylinder mit weißer Schulter und schwarzem „N"
Ethin (Acetylen)	gelber Zylinder	kastanienbraun mit kastanienbrauner Schulter und weißem „N" (Spezialventil)
Stickstoff	grüner Zylinder	grüner Zylinder mit schwarzer Schulter und weißem „N"
Kohlendioxid	grauer Zylinder	grauer Zylinder
Wasserstoff	roter Zylinder	roter Zylinder (Linksgewinde)
Helium	grauer Zylinder	grauer Zylinder mit brauner Schulter und schwarzem „N"
Druckluft	grauer Zylinder	grauer Zylinder mit grüner Schulter und schwarzem „N"

Der Großbuchstabe „N" wird zweimal, gegenüberliegend auf die Flaschenschulter aufgebracht.

Gasflaschen sind nur in speziellen Wagen („Bombenwagen") liegend und angekettet zu transportieren. Im Laboratorium sind sie nur kurzfristig, vor Wärmeeinwirkung geschützt, standfest aufzustellen sowie mit Ketten an einer festen Wand zu sichern. Am Ende des Arbeitstages sind die Gasflaschen wieder in einen besonders geschützten Raum („Gasflaschenraum") zu transportieren. In vielen Laboratorien sind besonders genehmigungspflichtige Schränke mit dicken Wänden und Absaugungsvorrichtungen eingebaut, in denen die Druckgasflaschen gelagert werden dürfen. Bei längerer Verwendung von Gasen ist zu überlegen, ob die Druckgasflaschen außer Haus in einem Käfig aufbewahrt und die Gase per Ringleitung in die betreffenden Laboratorien geleitet werden sollten. Das ist besonders bei der Verwendung brennbarer Gase (z. B. Wasserstoff) sinnvoll.

Die Entnahme der Gase aus den Druckgasflaschen erfolgt nur über die Reduzierventile (Abbildung 4-33).

Achtung: Bei der Verwendung von Sauerstoff dürfen die Gewindegänge auf keinen Fall gefettet werden, da dies zu Verpuffungen und Explosionen führen kann.

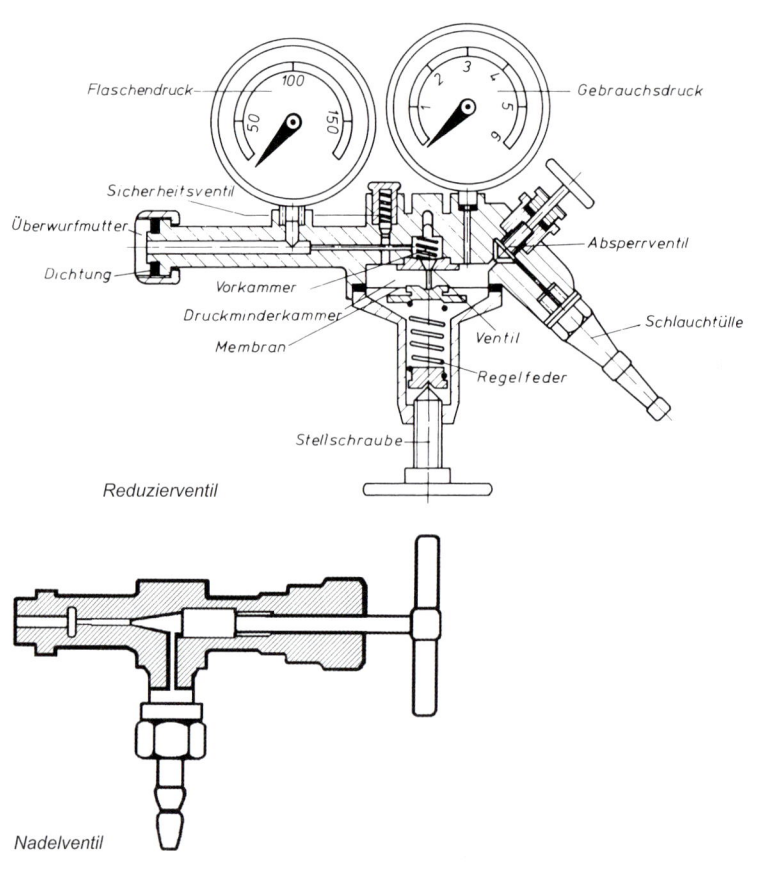

Abb. 4-33. Reduzierventil und Nadelventil.

Die Druckgasflasche wird wie folgt in Betrieb genommen:

Nach Abnahme der Flaschenkappe ist eine Sichtkontrolle der Dichtungen vorzunehmen, dann wird mit einem passenden Gabelschlüssel das Ventil auf die Druckgasflasche aufgeschraubt.

> ⚠ Zum Abdichten von Ventilen dürfen niemals Fett oder Teflonband verwendet werden.

Bei der Verwendung eines Reduzierventils muss dieses vollständig geschlossen sein und die Stellschraube für den Druck muss vollständig gelöst sein. Danach wird das Hauptventil der Druckgasflasche geöffnet. Das Manometer (1) zeigt den Flaschendruck an, mit der Stellschraube (2) wird der Entnahmedruck eingestellt, der vom Manometer (3) angezeigt wird. Durch Öffnen des Hinterdruckventils (4), ein Absperrventil, kann das Gas entnommen werden.

Es ist durch Vorschalten von geeigneten Geräten unbedingt Vorsorge zu tragen, dass keine Flüssigkeit in die Gasstahlflasche geraten kann. Wird kein Gas mehr benötigt, wird das Hinterdruckventil geschlossen, die Stellschraube gelöst und das Hauptventil der Druckgasflasche geschlossen.

Bei der Verwendung eines Nadelventils ist zu beachten, dass das Gas mit dem Flaschendruck entnommen wird und nur die Menge des Gases vom Nadelventil reguliert wird (Durchflusssteuerventil). Nadelventile sind sehr gut feinregulierbar, sind aber empfindlich gegenüber gewaltsamem Schließen. Mit Nadelventilen kann das in eine Apparatur strömende Gas reguliert werden, z. B. die einströmende Luft bei einer Vakuumdestillation.

Aus großen Gasflaschen, die Gase mit Drücken bis zu 200 bar enthalten, sollte der Restdruck nicht unter 2–5 bar sinken. Durch den Restdruck ist gewährleistet, dass keine gasförmigen Verunreinigungen eindringen können.

4.11
Arbeiten mit dem Mikroskop

Zur Verstärkung der Brechkraft des Auges bei der Betrachtung sehr kleiner Gegenstände wird dem Auge eine Sammellinse vorgeschaltet. Ein einfaches Gerät mit einer Sammellinse ist die Lupe. Eine stärkere Vergrößerung ist mit dem Mikroskop möglich, in dem zwei oder mehrere Linsen zusammenwirken. Vom Objekt wird mit der ersten Sammellinse (Objektiv) ein reelles Zwischenbild erzeugt, das mit der zweiten Sammellinse (Okular) und dem Auge betrachtet wird, so dass auf der Netzhaut das Bild des Objekts entsteht. Objektiv und Okular sind fest in eine Metallhülse (Tubus) eingebaut, die zur scharfen Abbildung des Objekts gehoben oder gesenkt werden kann. Eine zweite Möglichkeit zur Scharfeinstellung ist die Bewegung des Objekttisches (Abbildung 4-34).

Die Vergrößerung des Mikroskops ist das Produkt aus der Vergrößerung des Objektivs und der Vergrößerung des Okulars: Erzeugt beispielsweise das Objektiv ein fünfzigfach vergrößertes Zwischenbild des Gegenstandes, das vom Okular zwölffach vergrößert wird, dann ist die Gesamtvergrößerung V = 12 · 50 = 600.

Unterschieden wird am Mikroskop (vgl. Abbildung 4-34) der mechanische vom optischen Teil. Zum mechanischen Teil gehört das aus Fuß und Tubusträger gebildete Stativ, das die Standfestigkeit des Mikroskops sicherstellt. Der Fuß enthält den Beleuchtungsapparat, der Tubusträger den optischen Teil. Auf dem Objekttisch mit aufgesetztem Kreuztisch ist der Objektträger mit dem zu beobachtenden Präparat befestigt. Mit dem Kreuztisch kann das Präparat nach allen Seiten verschoben werden. Im Tubus sind die Objektive und das Okular untergebracht. Mit dem Objektivrevolver können die Objektive rasch gewechselt werden und mit dem Grob- und Feintrieb wird durch Heben und Senken des Objekttisches das Präparat scharf eingestellt.

Der Beleuchtungsapparat enthält den Kondensor, der zur exakten Ausleuchtung des Präparates dient, sowie die Okulare und die Objektive.

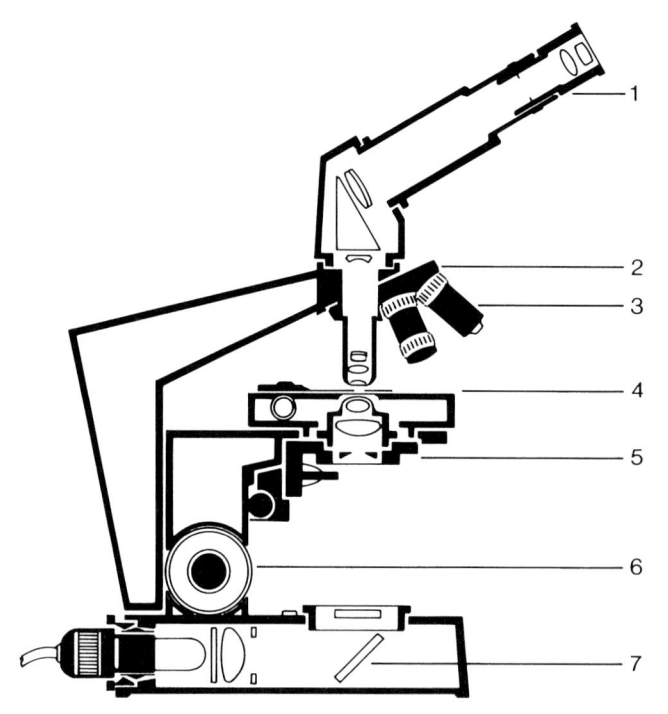

Abb. 4-34. Bauteile des Mikroskops. (1 Okular, 2 Objektrevolver, 3 Objektive, 4 Objekttisch (Kreuztisch), 5 Kondensor, 6 Hubeinrichtung für Objektisch, 7 Beleuchtung.)

Ein Mikroskop wird wie folgt bedient:
Nach dem Einschalten der Mikroskopierleuchte bringt man den Kondensor in seine höchste Stellung und schließt die Kondensorblende etwa zur Hälfte. Für einen stärkeren Kontrast wird die Blende weiter zugezogen. Nun schwenkt man

das *schwächste* Objektiv in den Strahlengang und befestigt das Präparat am Kreuztisch. Das zu mikroskopierende Objekt muss genau über dem Lichtfleck liegen, der in der Frontlinse des Kondensors sichtbar ist. Unter seitlichem Beobachten wird der Tubus durch Drehen am Grobtrieb so weit gesenkt, dass der Abstand zwischen Objektivfrontlinse und Deckglas nur noch etwa 0,5 cm beträgt. Erst jetzt blickt man ins Mikroskop. Wenn Strukturen zu erkennen sind, stellt man mit dem Feintrieb scharf ein. Das vergrößerte mikroskopische Bild wird mit völlig entspanntem Auge betrachtet. Das andere Auge soll nicht geschlossen werden, um das betrachtende Auge nicht zu überanstrengen.

Das schwächste Objektiv fängt das größtmögliche Objektfeld ein und zeigt im Überblick die günstigen und ungünstigen Präparatstellen. Dann werden der Reihe nach die Objektive mit steigender Eigenvergrößerung in den Strahlengang geschwenkt. Der Abstand zwischen Frontlinse des Objektivs und Deckglas des Präparats wird dabei immer kleiner. Mit zunehmender Eigenvergrößerung des Objektivs nimmt die Lichtstärke ab, der Durchmesser des erfassten Objektfeldes wird kleiner und die Schärfentiefe geringer. Es hängt ausschließlich von der Beschaffenheit des mikroskopischen Objekts ab, mit welchen Objektiven gearbeitet werden kann. Von der 100fachen Objektvergrößerung an muss mit Immersionsöl gearbeitet werden. Man gibt einen Tropfen Öl auf die zu mikroskopierende Stelle des Präparats und taucht mit Hilfe des Grobtriebs das Objektiv, indem man von der Seite beobachtet, in das Öl ein. Dann wird ins Okular geschaut und mit dem Feintrieb scharf eingestellt. Zur Feineinstellung muss stets das Objekt vom Objektiv wegbewegt werden, damit die Objektivfrontlinse nicht zerstört wird. Notfalls muss die Grobeinstellung wie beschrieben wiederholt werden.

Praxisaufgabe: Mikroskopische Aufnahme

Schälen und zerteilen Sie vorsichtig eine Zwiebel so, dass das zwischen den Hauptschalen liegende, dünne Zwiebelhäutchen entnommen werden kann. Mikroskopieren Sie das Zwiebelhäutchen und skizzieren Sie die Zwiebelzellen.

Färben Sie ein Stück des Zwiebelhäutchens an, indem es für 5 Minuten in eine Lösung von Eosin (Massenanteil w(Eosin) = 1 %) in Wasser gelegt wird. Nach der Entnahme wird das Häutchen kurz in eine verdünnte Essigsäurelösung gelegt (Massenanteil $w(CH_3COOH)$ = 1 %) und dann mikroskopiert. Versuchen Sie, den Zellkern zu lokalisieren.

4.12
Arbeiten mit dem Ultraschallbad

Für das menschliche Ohr nicht hörbare Ultraschallwellen lassen sich benutzen, um Inhalte von Reaktionsgefäßen zu durchmischen oder Oberflächen zu reinigen. Dazu wird ein einfaches Ultraschallbad verwendet, in das ein Reaktionsgefäß eingetaucht wird. Zur Anwendung kommen auch Ultraschallsonden, die direkt in ein Reaktionsgefäß eingetaucht werden. Besonders zum Verteilen unlöslicher Teilchen ist die Ultraschalltechnik gut geeignet. Zum Entgasen von Flüssigkeit taugt ein Ultraschallbad weniger, da der Entgasungseffekt mit einem Wirkungsgrad von unter 10 % relativ gering ist.

Ein Ultraschallbad wird zweckmäßigerweise in eine Styroporkiste oder in einen Schrank gestellt, um eine gewisse Dämpfung zu erreichen. Bei großer Intensität der Schallwellen können sie u. U. Teile des menschlichen Knochengerüsts zum Schwingen bringen. Daher darf niemals in ein eingeschaltetes Ultraschallbad hineingegriffen werden.

5
Qualitätssichernde Maßnahmen im Laboratorium

Noch vor einiger Zeit wurde mit dem Begriff „Qualität" eine besondere Wertschätzung eines Produktes oder einer Dienstleistung verstanden. Mit einer zunehmenden Kundenorientierung von Unternehmen und Behörden auf nationalen oder internationalen Märkten erfuhr der Begriff eine völlige Änderung. Heute verstehen wir unter Qualität, wenn der Kunde des Produktes oder einer Dienstleistung zufrieden ist. Der Begründer des modernen Qualitätsmanagements, J. M. Juran, definiert Qualität kurz und knapp „Qualitiy is fit for use".

Werden Produkte oder Dienstleistungen erzeugt, welche nicht vom Abnehmer verwertbar sind, bedeutet dies eine Material-, Zeit- und Geldverschwendung.

Eine moderne Arbeitsplanung stellt der Unternehmensleitung und den Mitarbeitern ganzheitliche Aufgaben und überträgt in zunehmendem Maßstab die Verantwortung für die Sicherstellung der Qualität auf die direkt am Produkt arbeitenden Menschen. Dabei wird Qualität nicht durch den Vorgesetzten oder gar durch einen Kontrolleur erzeugt. Qualität wird immer durch jeden geschaffen, der aktiv bzw. verantwortlich am Produkt oder an der Dienstleistung mitarbeitet. Neben einem guten Arbeitsmaterial und guten Anweisungen müssen jedoch auch von der Unternehmensorganisation gute Voraussetzungen geschaffen werden.

Die folgenden vier Qualitätsfaktoren stellen nur einen Ausschnitt dar und müssen von Unternehmen zu Unternehmen neu definiert werden:

Faktor Mitarbeiter	Faktor Unternehmensorganisation
• motivierte Mitarbeiter	• Eigenkontrolle
• gute Ausbildung	• richtiges Konzept
• Selbstkontrolle	• Kennen der Kundenwünsche
• Eigenverantwortlichkeit	• Umsetzung von Verbesserungen
• Ehrlichkeit	• Qualitätsmanagement

1 × 1 der Laborpraxis: Prozessorientierte Labortechnik für Studium und Berufsausbildung. 2. Auflage.
Stefan Eckhardt, Wolfgang Gottwald, Bianca Stieglitz
Copyright © 2007 WILEY-VCH Verlag GmbH & Co. KGaA, Weinheim
ISBN: 978-3-527-31657-1

Faktor Material	Faktor Methode
• gutes Werkzeug	• Qualitätssicherungsmaßnahmen anwenden
• kalibrierte Geräte	• gute Einweisung der Mitarbeiter

In diesem Kapitel sollen die im Laboratorium üblichen Qualitätsregularien vorgestellt werden. In den späteren Kapiteln werden dann, in die jeweilige Aufgabe integriert, wichtige Qualitätstechniken im chemischen Laboratorium vorgestellt.

5.1
Qualitätsregularien

Viele chemische Laboratorien, die vornehmlich analytische Aufgaben bewältigen, sehen sich heute veranlasst, Qualitätssicherungssysteme (QS) zu installieren. Es handelt sich dabei um
- GLP (Good Laboratory Practice, Gute Laborpraxis) oder
- Akkreditierung nach der Norm EN 45001 bzw. ISO 17025.

Daneben gibt es noch die für die Produktion bedeutende Gute Herstellungspraxis (Good Manufacturing Practice, GMP), in dem Laborbereiche als Teil eines Produktionsbereichs mit erfasst sein können. Besonders im Pharmabereich arbeiten Prüflabors häufig unter GMP und nicht unter GLP.

5.1.1
GLP/GMP

Die GLP entstand in den siebziger Jahren nach Unregelmäßigkeiten bei der Ermittlung von Labordaten innerhalb von Arzneimittel-Zulassungen durch die US-Behörde Food and Drug Administration, FDA. In den achtziger Jahren beschäftigte sich die OECD (Organisation für wirtschaftliche Zusammenarbeit) mit dem Thema Verantwortlichkeit und Dokumentation. Durch die Übernahme in eine EG-Richtlinie wurden die EG-Mitgliedsstaaten gezwungen, die GLP in nationales Recht umzuwandeln. In der Bundesrepublik erfolgte dies 1990 mit der Verabschiedung des Chemikaliengesetzes. Die Hauptziele der GLP sind:
- Erzeugung von Daten mit nachgewiesener Qualität,
- Nachvollziehbarkeit von Untersuchungen durch umfangreiche und lückenlose Dokumentation,
- Festlegung von Verantwortlichkeiten,
- internationale Anerkennung von Daten,
- Kostenersparnis.

Das Chemikaliengesetz grenzt den Geltungsbereich von GLP klar ein: „Nicht klinische experimentelle Prüfungen von Stoffen und Zubereitungen, deren Ergebnisse eine Bewertung ihrer möglichen Gefahren für Menschen und Umwelt in einem Zulassungs-, Erlaubnis-, Registrations-, Anmelde- oder Mitteilungsverfahren ermöglichen soll, sind unter Einhaltung der Grundsätze der GLP durchzuführen."

Konkret bedeutet dies, dass nur sicherheitsbezogene Daten bei Chemikalien, Pflanzenschutzmitteln, Pharmazeutika, Lebensmittelzusätzen und Sprengstoffen von der GLP betroffen sind. In dem vom Gesetzgeber festgelegten Geltungsbereich haben Unternehmen keine Wahl, denn sie müssen eine GLP-Bescheinigung vorlegen, wenn ihre Produkte oder Dienstleistungen zugelassen werden sollen. Um eine Zulassung zu erhalten, müssen sich die Laboratorien an die GLP-Leitstelle des jeweiligen Bundeslandes wenden. Danach prüft die Behörde, ob der „Nachweis des berechtigten Interesses" besteht, und leitet eine GLP-Inspektion ein. Eine flächendeckende GLP in allen Laboratorien wird nicht angestrebt, der Begriff soll nicht durch eine „Inflation" entwertet werden.

Die GLP verlangt einen streng formalen Aufbau des Verfahrens, in dem neben einer Prüfeinrichtung eine Qualitätssicherungseinheit (QSE) und ein Archiv notwendig sind. Abbildung 5-1 zeigt den Aufbau einer Prüfeinrichtung.

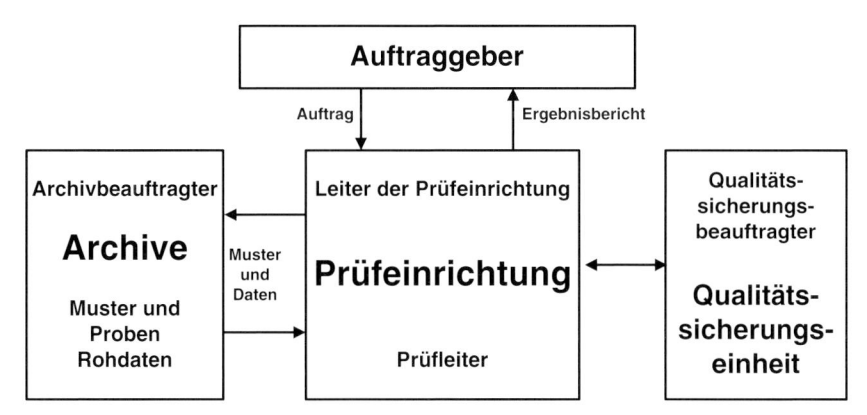

Abb. 5-1. Aufbau einer Prüfeinrichtung.

Unter einer *Prüfeinrichtung* wird in der GLP die organisatorische Einheit verstanden, in der die Prüfung vorgenommen wird, also im Regelfall das Laboratorium. Die Aufgabe der QSE besteht darin zu überwachen, dass die Regeln und Grundsätze der GLP eingehalten werden. Die QSE muss nicht innerhalb der Prüfeinrichtung eingebunden sein, ein Zugang zum Prüfleiter ist jedoch unbedingt notwendig. Als typische GLP-Funktionsträger werden innerhalb der GLP benannt:
• der Prüfleiter,
• der Leiter der Prüfeinrichtung,
• der Leiter der Qualitätssicherungseinheit (QSE),
• der Archivbeauftragte.

Vor jeder Prüfung muss ein Prüfplan festgelegt, vom Prüfleiter unterschrieben und der QSE zur Kenntnis gegeben werden. Im Prüfplan sind alle für die Durchführung einer Prüfung wichtigen Informationen enthalten.

Für die im Prüfprozess erstellten Dokumente und Aufzeichnungen fordert die GLP eine Archivierung von 30 Jahren. Bei der Archivierung von Proben und Mustern wird mittlerweile durch ein Konsensdokument (1993) der Bund-Länder-Kommission eine deutlich kürzere Zeit gefordert.

Die GLP fordert geeignete räumliche, personelle und apparative Ausstattung eines Laboratoriums. Konkrete Fragestellungen sind z. B.:
- Sind ausreichende Räumlichkeiten vorhanden?
- Sind die kritischen Bereiche der Prüfeinrichtung getrennt?
- Ist die Personalkapazität ausreichend?
- Sind geeignete Geräte vorhanden?
- Entsprechen die Geräte dem jetzigen Stand der Technik?

Die GLP fordert neben der fachlichen Qualität aller Mitarbeiter auch die Kenntnisse der GLP-Regularien. Für jeden Mitarbeiter sollten daher folgende Beschreibungen existieren:
- eine Stellenbeschreibung,
- eine Arbeitsplatzbeschreibung,
- eine Beschreibung des Ausbildungsstandes,
- eine Zusammenstellung der beruflichen Erfahrung,
- eine Zusammenstellung der absolvierten Weiterbildungsmaßnahmen.

Für jeden Mitarbeiter soll ein handschriftliches Kürzel existieren, welches in einer Kürzelliste dokumentiert ist.

Geräte, die zur Gewinnung von Daten und zur Kontrolle verwendet werden, sind zweckmäßig unterzubringen und müssen eine geeignete Leistungsfähigkeit nach dem jetzigen Stand der Technik aufweisen. Dabei ist auf eine günstige Umgebung der Geräte (z. B. Temperatur, Luftfeuchtigkeit) zu achten und ggf. zu protokollieren. Die bei einer Prüfung verwendeten Geräte sind in regelmäßigen Abständen zu überprüfen, zu reinigen, zu warten und zu kalibrieren. Die Aufzeichnungen darüber sind aufzubewahren. Sinn aller Maßnahmen ist der Nachweis, dass defekte Geräte erkannt und sofort aus dem Verkehr gezogen werden können. Für die benutzten Geräte sind Aufzeichnungen zu führen, z. B.:
- Geräteerkennung (Seriennummer),
- Gerätebezeichnung, Hersteller,
- Einsatzzweck,
- Standort,
- Geräteverantwortlichkeit,
- Hinweise zur Bedienung, Reparatur, Reinigung,
- Kalibriervorschrift,
- Aufzeichnung über Störungen.

Die GLP kennt nur eine Art von *Dokumenten*: die SOP (Standard Operating Procedure). In den SOPs werden Routineabläufe, Organisationsstrukturen und Verantwortlichkeiten geregelt. Folgende Vorgehensweise hat sich bewährt:
- Alle Dokumente sind in einheitlicher Form zu erstellen.
- Das Deckblatt enthält Titel, Autor, geprüft durch, freigegeben durch, Gültigkeitsdatum, Gültigkeitsbereich, frühere Versionen, Verweis auf andere QS-Dokumente, Verteiler, Exemplarnummer.
- Jede Seite enthält Firma, Unternehmensteil, Dokumentenart, Titel, Kennung, Version, aktuelle Seite, Gesamtseitenzahl.
- Durch eine zentrale Verwaltung aller Daten wird sichergestellt: Wer hat wann welches Exemplar von welchem Dokument erhalten?
- Alle Exemplare müssen als Original gekennzeichnet werden (z. B. durch Stempel oder Unterschrift).

Für jeden Teilschritt einer Prüfung müssen sich die folgenden Fragen beantworten lassen:
- *Wer* hat
- *was*
- *wann*
- *wie* und
- *warum* gemacht?

Alle während der Durchführung der Prüfung erhobenen Daten sind durch die erhebenden Personen unmittelbar, unverzüglich, genau und leserlich aufzuzeichnen. Diese Aufzeichnungen sind zu datieren und abzuzeichnen.

Unter *Rohdaten* versteht die GLP alle ursprünglichen Laboraufzeichnungen und Unterlagen, die als Ergebnis der Beobachtung oder Tätigkeit bei einer Prüfung anfallen. Wenn z. B. am Analysengerät ein Messwert abgelesen und notiert wird, handelt es sich um ein typisches Beispiel für Rohdaten. Jede Änderung der Rohdaten ist so vorzunehmen, dass die ursprüngliche Aufzeichnung ersichtlich bleibt, sie ist ggf. mit einer Begründung sowie mit Datum und Unterschrift zu versehen. Korrekturen mit Tippex o. ä. sind also nicht statthaft. Typische Rohdatensammlungen sind also:
- Laborjournale,
- Ausdrucke von Rechnern, Integratoren (z. B. Chromatogramme, Spektren),
- überprüfte Kopien.

Alle auf den Rohdaten basierenden Berechnungen müssen wie die Rohdaten sorgfältig dokumentiert und aufbewahrt werden.

Grundsätzlich ist zu bemerken, dass die GLP in den USA entwickelt wurde und den dortigen Gegebenheiten angepasst ist. Besonders vor dem Hintergrund des unterschiedlichen Ausbildungsstandes des Laborpersonals ist das zu spüren. Ursprünglich wurde die GLP auf toxikologische Prüfungen zugeschnitten. Beim

Übertragen der Regularien auf ein „normales" Laboratorium ergaben sich aber vielfältige Probleme.

5.1.2
Akkreditierung nach EN 45001 bzw. ISO 17025

Die Akkreditierung hat ihren Ursprung in Europa. Sinn der Maßnahme innerhalb der EU war der Abbau technischer Handelshemmnisse und die Schaffung vertrauensbildender Maßnahmen.

Unter einer Akkreditierung versteht man die formelle Anerkennung der Kompetenz eines Laboratoriums, um dann bestimmte Aufgaben durchführen zu können. Eine anerkannte Akkreditierung ist europaweit gültig. Die Akkreditierung basiert auf dem Nachweis:
- der technischen Kompetenz (z. B. Räume, Apparate),
- personellen Kompetenz (z. B. Qualifikation und Erfahrung) und
- formalen Integrität (z. B. Dokumentation und QS-System).

Der Nachweis der Kompetenz findet durch Begutachtung von Dokumenten und Überprüfung der Laboratorien durch Fachleute einer Akkreditierungsstelle statt. In Deutschland kann ein Laboratorium unter verschiedenen Akkreditierungsstellen wählen, die üblicherweise branchenorientiert sind. Die Akkreditierungsstellen müssen selbst die Forderungen der EN 45003 erfüllen und damit akkreditiert sein. Mögliche Stellen für die chemische Industrie sind die DACH (Deutsche Akkreditierungsstelle Chemie) oder das DAP (Deutsches Akkreditierungssystem Prüfwesen).

Eine Akkreditierung wird nicht pauschal für ein Laboratorium erteilt, sondern sie wird immer streng auf die vorgelegte Prüfung bezogen erteilt. Kommen neue Prüfarten oder Methoden hinzu, müssen sie der Prüfstelle gemeldet werden. Die Stelle entscheidet dann, ob eine erneute Prüfung notwendig wird.

Eine wesentliche Forderung innerhalb der EN 45001 ist:

> *„Ein Prüflabor muss so organisiert sein, dass jeder Mitarbeiter sowohl den Umfang als auch die Grenzen seines Verantwortlichkeitsbereiches kennt."*

Die Prüfung der Geräte und ihre Kalibrierung wird strenger als bei der GLP gehandhabt. In der Norm heißt es:

> *„Jeder Einrichtungsgegenstand, der überlastet oder falsch gehandhabt worden ist, zweifelhafte Ergebnisse liefert oder der sich durch eine Kalibrierung oder anderweitig als fehlerhaft erwiesen hat, muss so lange außer Betrieb gesetzt, klar gekennzeichnet und an einer bestimmten Stelle aufbewahrt werden, bis er repariert ist und dann durch Prüfung oder Kalibrierung der Nachweis erbracht wird, dass er wieder zufriedenstellend funktioniert.*

Über jede wichtige Prüf- und Messeinrichtung sind Aufzeichnungen anzufertigen.

Das gesamte Kalibrierungsprogramm muss so angelegt und durchgeführt werden, dass alle Messungen auf nationale und internationale Messnormen zurückgeführt werden können."

Dem Thema Prüfbericht wird in der Norm 45001 besonders viel Raum eingeräumt. Ziel dieses Prüfberichtes ist es, dem Auftraggeber umfassende, vollständige und korrekte Ergebnisse zu liefern. Der Auftraggeber soll durch den Prüfbericht alle für ihn wichtigen Informationen erhalten und selbst entscheiden können, wie die Informationen verwertet werden.

Grundsätzlich sind alle Ergebnisse mit einer „geschätzten Messunsicherheit" anzugeben. Im Vordergrund der Anwendung von statistischen Methoden steht daher die Abschätzung der Messunsicherheit.

Ein nach der Norm akkreditiertes Laboratorium muss frei sein von jeglichen kommerziellen und finanziellen Einflüssen. Werden z. B. in einem Laboratorium Produkte der eigenen Firma analysiert, muss eine klare Trennung der Verantwortlichkeit nachgewiesen werden. Der Betriebsleiter darf z. B. nicht gleichzeitig auch Vorgesetzter des Laborpersonals sein. Jedes akkreditierte Laboratorium muss seinem Auftraggeber auf Wunsch Zugang gewähren.

Ein Vergleich von GLP und Norm zeigt, dass sich beide Systeme in weiten Bereichen überlappen. Allerdings handelt es sich bei der GLP überwiegend um ein Dokumentationssystem, welches auch zur Qualitätsverbesserung beiträgt. Demgegenüber zielt eine Akkreditierung auf eine Steigerung fachlicher Kompetenz und der Qualität.

Tab. 5-1. Vergleich GLP und DIN 45001 (Auszug aus Kromidas, Qualität im analytischen Laboratorium, VCH, 1995)

	GLP	Akkreditierung
Regelwerk	Chemikaliengesetz (1990)	EN 45001 (1989)
Anwendung	vorgeschrieben für Daten zur Sicherheit von Mensch und Umwelt bei Produktzulassungen	freiwillige Maßnahme für Prüflabors aller Art
Ziele	Nachvollziehbarkeit aller Vorgänge durch Dokumentation	Abbau von Handelshemmnissen, Qualitätssteigerung, Vergleichbarkeit von Ergebnissen, Vermeidung von Mehrfachuntersuchungen
Beteiligte Gruppen	Hersteller-Zulassungsbehörde	Prüflabor-Auftraggeber
Charakter des Systems	Dokumentationssystem und QS-System	Kompetenznachweis und QS-System
Motto	„Was nicht dokumentiert ist, ist nicht getan worden"	„Würde ich dem Laboratorium einen Auftrag geben?"

Als Folgeregelwerk zur EN 45001 wurde mittlerweile die ISO/IEC 17025 in Kraft gesetzt.

5.2
Ratschläge zur Steigerung der Qualität im Laboratorium

Qualität ist stets die individuelle Angelegenheit eines Laboratoriums und eines Mitarbeiters. Daher können Tipps zur Qualitätssteigerung nur relativ allgemein verbindlich gegeben werden. Was an Qualität verlangt wird, bestimmt allein der Kunde oder der Abnehmer einer Ware oder einer Dienstleistung. Allerdings lässt sich mit der alleinigen Produktionsqualität nicht mehr ein Wettbewerbsvorteil erreichen. Um das Produkt herum müssen noch einige Dinge stimmen, z. B.
- pünktliche Auslieferung der Ware oder Dienstleistung,
- kompetente Auskünfte,
- rasche Serviceleistungen,
- prompte Rückrufe,
- Freundlichkeit und Hilfsbereitschaft,
- individuelle Betreuung des Kunden usw.

Das alles macht Qualität aus.

Es kann sich heute kaum noch ein Laboratorium leisten, ohne Qualitätsmechanismen zu planen und zu arbeiten. Eine Organisationsstruktur, z. B. nach GLP oder einer Norm ist rasch aufgebaut, aber sie muss mit Leben erfüllt werden, will sie mehr als ein Alibi sein. Da aber Qualität letztendlich nur von Menschen erzeugt wird, ist eine Investition in den Faktor „Mensch" von größter Bedeutung.

Es muss zunächst eine Forderung an die Labor- oder Betriebsleitung sein, dass klare Ziele definiert und vorgegeben werden. Wird den Mitarbeitern innerhalb des Zielerreichungsprozesses ein Freiraum gegeben, werden meistens Kreativitätsprozesse freigesetzt, die den Arbeitsbereich dynamisch weiterentwickeln. An die Mitarbeiter ist die Forderung zu stellen, dass sie ständig nach Fehlern und Verbesserungstechniken zu suchen haben. Der Prozess des kritischen Dialoges ist von allen Mitarbeitern zu suchen und zu leben. Der Laborleiter hat für die notwendige Zeit zu sorgen. Nur dann, wenn ein optimaler Zeitkorridor zur Verfügung steht, kann Qualität produziert werden. Das schließt ein, dass die Bereitstellung von zu viel Zeit nicht automatisch bessere Qualität erzeugt. Trotz allem Zeitmangel in Laboratorien müssen gewisse Grundregeln befolgt werden:
- Der Mitarbeiter muss gründlich und ausreichend in eine neue Aufgabe eingewiesen werden.
- Dem Mitarbeiter müssen alle Abläufe im Laboratorium genau geschildert werden.
- Er muss alles, was im Laboratorium geschieht, kennen und verstehen.
- Die Gründe jeglichen Handelns im Laboratorium müssen ihm verständlich sein.

Das Laboratorium ist ein Ort, in dem nicht immer alles sofort auf Anhieb funktioniert. Gerade das macht aber den Reiz für kreative Menschen aus. Trotzdem müssen die Schwierigkeiten, die im Laboratorium immer wieder auftreten, gemeistert werden.

Das funktioniert zunächst nur dann, wenn man zu sich und der Umgebung ehrlich ist. Fehler müssen zugegeben werden. Gleichzeitig muss im Laboratorium eine solche Atmosphäre herrschen, dass beim Zugeben eines Fehlers „nicht die Welt einstürzt". Im Gegenteil, jeder Fehler, der erkannt ist, kann meistens schnell beseitigt werden. *Eine gute Regel besagt, dass jeder Mitarbeiter und Vorgesetzte sich bemühen soll, einen gemachten Fehler nicht zum zweiten Mal zu begehen.* Wenn dann vom Mitarbeiter die Fähigkeit zur Flexibilität, der Mut zu neuen Arbeiten und die Befähigung zum kritischen Anpassen weiterentwickelt werden, sind die Eckpfeiler einer kompetenten Laboreinheit geschaffen.

Am Schluss dieses Kapitels kann nur bekräftigt werden, was der Philosoph Emmanuel Kant bereits 1797 formulierte: „Handle stets so, dass Deine Handlung Grundlage einer allgemeinen Gesetzgebung sein könnte."

Aufgabe

Stellen Sie eine Regelliste auf, die beim Entgegennehmen eines Telefonanrufes beachtet werden soll. Gehen Sie z. B. auf folgende Dinge ein:
- Wie schnell melde ich mich?
- Wie identifiziere ich mich bei der Entgegennahme?
- Wie führe ich das Gespräch? Atmosphäre?
- Wie gehe ich mit Anfragen um, die ich nicht beantworten kann?
- Wie melde ich Gespräche an Kollegen weiter?
- Wie melde ich mich ab?

5.3
Qualitätssicherung analytischer Verfahren (Validierung)

In diesem Buch steht eine Auswahl verschiedener Analysenverfahren im Vordergrund, z. B. die Gravimetrie und die Volumetrie. Dabei werden zur quantitativen Analyse von Proben Arbeitsvorschriften (SOP) verwendet, deren Gültigkeit vor der Verwendung belegt werden müssen. Das verwendete Analysenverfahren muss vor dem Gebrauch „validiert" werden.

Validierung ist der dokumentierte Nachweis, dass ein analytisches Verfahren (z. B. eine volumetrische Bestimmung) mit einem hohen Grad an Sicherheit kontinuierlich ein Ergebnis erzeugt, das vorher festgelegte Qualitätsmerkmale erfüllt.

Man muss sich also bereits im Vorfeld Gedanken machen, welche Qualitätsmerkmale (Anforderungen) das analytische Verfahren erfüllen soll. Werden z. B. Ergebnisse mit maximal 0,5 % Abweichung erwünscht oder genügt womöglich für einen ersten Überblick („Screening") eine maximale Abweichung von 2 %?

Gewöhnlich geht der Analytiker bei einer Verfahrensvalidierung so vor, dass er zunächst alle Geräte, die er für die analytische Aufgabe benötigt, auf ihre ausreichende Genauigkeit untersucht. Diesen Schritt nennt man „Gerätequalifizierung".

Das gilt insbesondere für die verwendete Waage und für volumetrische Geräte, wie z. B. Pipette bzw. Bürette. In Abschnitt 4.2.2.2 sind Hinweise zur Qualifizierung dieser Geräte aufgeführt.

Anschließend stellt der Analytiker gewöhnlich eine „künstliche Probe" her, in dem er eine genau definierte Stoffmasse des zu bestimmenden Analyten abwiegt und mit den Begleitstoffen vermischt, die in den später zu erwartenden, realen Proben ebenfalls vorkommen können. Die Begleitstoffe der Probe können u. U. einen erheblichen Einfluss auf das Analysenergebnis nehmen. Verbrauchen z. B. die Begleitstoffe bei einer Neutralisationsanalyse ebenfalls etwas zugegebene Lauge, wird das Ergebnis verfälscht.

In der Pharmabranche wird die Probenumgebung ohne den eigentlichen Wirkstoff bzw. Analyten auch „Matrix" oder „Placebo" genannt.

Manchmal kann keine künstliche Probe hergestellt werden (z. B. die Probenarten „Blut" oder „Erde"). Dann hilft man sich, indem eine bereits existierende, reale Probe mit dem reinen Analyten „aufgestockt" wird.

Mit der künstlichen Probe oder mit der aufgestockten Probe wird der Analytiker nach der erfolgten Gerätequalifizierung mindestens drei „Validierungsparameter" überprüfen:
- die Präzision (durch Mehrfachuntersuchung),
- die Richtigkeit (durch Aufstockung einer analytfreien Matrix) und
- die Robustheit (durch Variation der Bedingungen).

Darüber hinaus gibt es noch weitere Validierungsparameter, die je nach Validierungsaufgabe angepasst werden müssen. Dazu gehören z. B. die Selektivität, die Linearität, die Nachweis- bzw. Bestimmungsgrenze und die Überprüfung des Arbeitsbereiches. In diesem Kapitel wird nur auf die erstgenannten drei Validierungsparameter eingegangen. In Abbildung 5-2 sind die wichtigsten Parameter einer Validierung zusammengefasst.

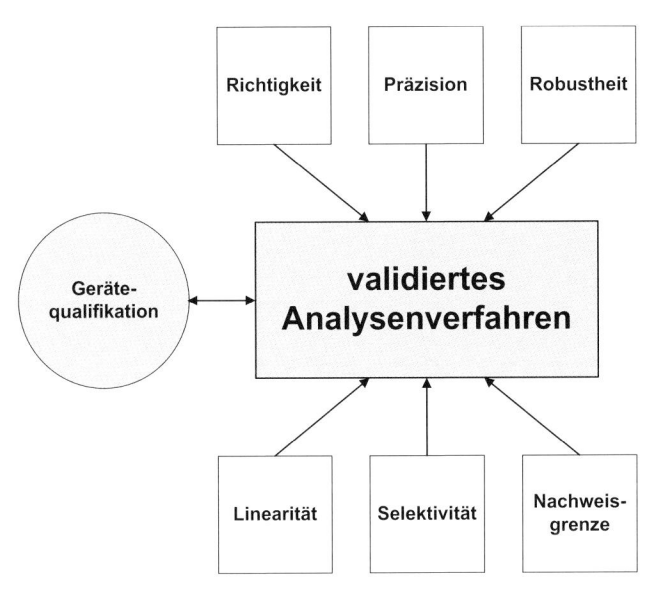

Abb. 5-2. Parameter einer Validierung.

5.3.1
Validierungsparameter Präzision

Unter Präzision wird das Maß für die Streuung eines Ergebnisses verstanden, dass durch ein analytisches Verfahren erhalten wurde. Diese Streuung von Analysenwerten, die immer vorhanden ist, wird auch „zufälliger Fehler" genannt.

Zur Abschätzung des zufälligen Fehlers wird eine künstliche Probe, evtl. unter Einbeziehung der Probennahme und der Probenvorbereitung, mehrfach mit dem zu prüfenden analytischen Verfahren analysiert. Die erhaltenen Ergebnisse werden registriert und ausgewertet. Wird die Mehrfachanalyse ohne Veränderung der Geräte und der Chemikalien vom gleichen Analytiker durchgeführt, spricht man von „Wiederholpräzision". Werden die verschiedenen Analysengänge auf anderen Geräten, unter Verwendung von Chemikalien eines anderen Herstellers und von verschiedenen Analytikern durchgeführt, spricht man von „Vergleichspräzision". Soll das zu validierende Verfahren das eigene Labor nicht verlassen, kann die Wiederholpräzision als Maß für die Streuung dienen, ansonsten ist es meistens sinnvoller, eine Vergleichspräzision vorzunehmen.

Gewöhnlich werden zur Präzisionsuntersuchung sechs bis zehn Analysen ($N = 6$ bis $N = 10$) einer künstlichen Probe durch das zu überprüfende analytische Verfahren durchgeführt.

Aus den $N = 6$ bis $N = 10$ Analysen wird nach Gl. (5-1) der Mittelwert $\bar{x}$ und nach Gl. (5-2) die Standardabweichung s berechnet.

$$\bar{x} = \frac{\sum x_i}{N} \tag{5-1}$$

$$s = \sqrt{\frac{\sum (x_i - \bar{x})^2}{N - 1}} \qquad (5\text{-}2)$$

In Gl. (5-1) und Gl. (5-2) bedeutet:
- $\bar{x}$ Mittelwert
- s Standardabweichung
- x_i Einzelwert (i steht für 1., 2., 3. usw.)
- N Anzahl der Mehrfachanalysen

Beispiel

Bei einer Präzisionsuntersuchung (Mehrfachbestimmung unter Wiederholbedingungen) einer künstlichen Probe wird eine Natronlaugelösung (NaOH) mit einem benötigten Massenanteil w(NaOH) = 5 % mit dem zu untersuchenden analytischen Verfahren sechsmal bestimmt. Es wurde vor der Analyse mit dem Auftraggeber definiert, dass eine maximale Streuung von 1,5 % akzeptiert wird.

Man erhält folgende Ergebnisse:

4,9 % / 5,2 % / 4,8 % / 5,1 % / 4,9 % / 5,1 % NaOH

Der Mittelwert wird berechnet mit Gl. (5-3):

$$\bar{x} = \frac{\sum x_i}{N} = \frac{4{,}9\,\% + 5{,}2\,\% + 4{,}8\,\% + 5{,}1\,\% + 4{,}9\,\% + 5{,}1\,\%}{6} = \underline{5{,}0\,\%} \text{ NaOH} \qquad (5\text{-}3)$$

Zur manuellen Berechnung der Standardabweichung s wird zunächst die Differenz von jedem Einzelwert zum Mittelwert berechnet $(x_i - \bar{x})$ und jede Differenz quadriert $(x_i - \bar{x})^2$, siehe dazu die Werte in Tabelle 5-2.

Tab. 5-2. Hilfstabelle zur Berechnung der Standardabweichung s

Nr.	$x_i - \bar{x}$	Ergebnis $x_i - \bar{x}$	$(x_i - \bar{x})^2$
1	4,9 % – 5,0 %	= –0,1 %	0,01 %²
2	5,2 % – 5,0 %	= 0,2 %	0,04 %²
3	4,8 % – 5,0 %	= –0,2 %	0,04 %²
4	5,1 % – 5,0 %	= 0,1 %	0,01 %²
5	4,9 % – 5,0 %	= –0,1 %	0,01 %²
6	5,1 % – 5,0 %	= 0,1 %	0,01 %²

Die Differenzenquadrate in Spalte 4 der Tabelle 5-2 werden in Gl. (5-4) eingesetzt:

$$s = \sqrt{\frac{\sum (x_i - \bar{x})^2}{N-1}} \qquad (5\text{-}4)$$

$$s = \sqrt{\frac{0{,}01\,\%^2 + 0{,}04\,\%^2 + 0{,}04\,\%^2 + 0{,}01\,\%^2 + 0{,}01\,\%^2 + 0{,}01\,\%^2}{6-1}} = \underline{0{,}155\,\%} \qquad (5\text{-}5)$$

Die Standardabweichung s, das Maß für die Streuung, beträgt 0,155 %. Um eine aussagefähige Größe für die Streuung zu erhalten, bezieht man die nach Gl. (5-5) berechnete Standardabweichung s auf den Mittelwert $\bar{x}$ und erhält die relative Standardabweichung RSD (relative standard deviation), die auch Variationskoeffizient VK genannt wird. Der Wert wird gewöhnlich als Prozentwert ausgedrückt (siehe dazu Gl. (5-6)).

$$RSD = VK = \frac{s}{\bar{x}} \cdot 100\,\% \qquad (5\text{-}6)$$

Für das Beispiel wäre der VK nach Gl. (5-7):

$$VK = \frac{s}{\bar{x}} \cdot 100\,\% = \frac{0{,}155\,\%}{5{,}0\,\%} \cdot 100\,\% = \underline{3{,}1\,\%} \qquad (5\text{-}7)$$

Der berechnete VK-Wert muss mit dem vom Auftraggeber vorgegebenen Wert oder mit Erfahrungswerten verglichen werden. Da eine maximale Streuung von 1,5 % vereinbart war, genügt das analytische Verfahren *nicht* der geforderten Präzision!

5.3.2
Validierungsparameter Richtigkeit

Der Validierungsparameter Richtigkeit beschreibt den sog. „systematischen Fehler". Dieser Fehler kann als Differenz zwischen einem „richtigen Wert", der auch „Sollwert" genannt wird, und dem durch Analyse gefundenen Wert, dem „Istwert", beschrieben werden.

Wird eine Natronlauge hergestellt, deren genauer Massenanteil mit $w(NaOH) = 5{,}00\,\%$ bekannt ist, kann nach einer Mehrfachbestimmung mit dem zu validierenden Verfahren der „Istwert" als Mittelwert aller Bestimmungen akzeptiert werden. Wäre dieser z. B. $w(NaOH) = 5{,}02\,\%$ NaOH, erhielte man nach Gl. (5-8) und Gl. (5-9):

$$\text{Absolute Differenz} = \text{Istwert} - \text{Sollwert} = 5{,}02\,\% - 5{,}00\,\% = \underline{0{,}02\,\%} \qquad (5\text{-}8)$$

$$\text{Relative Differenz} = \frac{\text{Istwert} - \text{Sollwert}}{\text{Sollwert}} \cdot 100\,\%$$

$$= \frac{5{,}02\,\% - 5{,}00\,\%}{5{,}00\,\%} \cdot 100\,\% = \underline{0{,}40\,\%} \text{ (rel.)} \qquad (5\text{-}9)$$

Eine weitere Möglichkeit zur Abschätzung der Richtigkeit ist die Berechnung der Wiederfindungsrate *WFR* nach Gl. (5-10).

$$WFR = \frac{\text{Istwert}}{\text{Sollwert}} \cdot 100\,\% = \frac{5{,}02\,\%}{5{,}00\,\%} \cdot 100\,\% = \underline{100{,}4\,\%} \tag{5-10}$$

Eine Wiederfindungsrate *WFR* von 100,4 % bedeutet, dass bei der Ergebnisfindung mit dem Verfahren 0,4 % (100,4 % – 100,0 %) durchschnittlich zu viel gefunden wird.

Zur Überprüfung der Richtigkeit wird häufig auf Materialien zurückgegriffen, die einen anerkannten und dokumentierten Gehalt des betreffenden Analyten beinhalten. Diese Materialien nennt man „Referenzmaterialien (RM)". Darunter versteht man Materialien oder Substanzen von ausreichender Homogenität, von denen ein Wert, z. B. die Stoffmasse, so genau festgelegt ist, dass er zur Kalibrierung von Messgeräten oder zur Beurteilung von Messverfahren verwendet werden kann.

Häufig wird dem Referenzmaterial durch ein Institut oder eine Behörde bescheinigt, dass es ausreichend genau ist bzw. mit welchem Fehler zu rechnen ist. Diese Materialien nennt man „zertifizierte Referenzmaterialien". Diese Referenzmaterialien werden mit einem Zertifikat ausgestattet, in dem unter Angabe der Unsicherheit und des zugehörigen Vertrauensniveaus ein oder mehre Werte aufgrund eines Ermittlungsverfahrens bescheinigt sind.

Probleme macht die Abschätzung der Richtigkeit, wenn keine künstliche Probe hergestellt werden kann, z. B. bei der Analyse von Körperflüssigkeiten.

Man hilft sich, indem man in einer Probe der Flüssigkeit zunächst den zu bestimmenden Analyten mit dem zu validierenden Verfahren analysiert und das Ergebnis festhält.

Soll z. B. im Urin Blei quantifiziert werden, analysiert man den Urin mit dem zu validierenden Analysenverfahren. Zum Beispiel findet man im Urin 10,0 ppm Blei (ppm = part per million = Teile pro Millionen Teile). Nun stockt man den Urin durch eine geeignete Methode mit weiteren 10,0 ppm Blei (= Sollwert) auf und analysiert den mit Blei aufgestockten Urin erneut. Wäre das Ergebnis der Analyse der aufgestockten Probe z. B. 19,6 ppm Blei, ergäbe sich ein Istwert von 19,6 ppm – 10,0 ppm = 9,6 ppm. Dann wäre die Wiederfindungsrate *WFR* nach Gl. (5-11):

$$WFR = \frac{\text{Istwert}}{\text{Sollwert}} \cdot 100\,\% = \frac{19{,}6\text{ ppm} - 10{,}0\text{ ppm}}{10{,}0\text{ ppm}} \cdot 100\,\% = \underline{96{,}0\,\%} \tag{5-11}$$

Man würde durchschnittlich 4 % zu wenig Blei im Urin finden.

Die Wiederfindungsrate *WFR* oder die relative Abweichung wird gewöhnlich bei mindestens drei verschiedenen Konzentrationen bestimmt, um die Abhängigkeit der Richtigkeit des analytischen Verfahrens von der Konzentration abzuschätzen.

5.3.3
Validierungsparameter Robustheit

Unter der Robustheit versteht man die Fähigkeit eines analytischen Verfahrens, auch dann noch richtige und präzise Ergebnisse zu liefern, wenn sich die Bedingungen, unter denen normalerweise gearbeitet wird, etwas verändern. Als Maß für die variierende Bedingung gilt der Bereich, in dem das Ergebnis von der Änderung einer Bedingung unabhängig ist. Variierende Bedingungen sind z. B. Wechsel eines Analysengerätes, Wechsel des Laboratoriums, Wechsel des Mitarbeiters, Wechsel der Chemikalien, Veränderung von Temperatur usw.

Die analytische Robustheit ist abhängig von der Art des Verfahrens. Während die nasschemischen Analysen als relativ robuste Methoden gelten, sind analytische Methoden, die mit aufwendigeren Messsystemen durchgeführt werden, eher empfindlich und damit unrobust. Beispiel für eine empfindliche Methode ist eine komplexe Trennung von Eiweißen mit Hilfe der Hochleistungs-Flüssigkeitschromatografie (HPLC).

Da die Robustheit auch von der Konzentration der Analyten abhängig ist, müssen Robustheitsangaben immer auf eine Konzentration an Analyten bezogen werden.

Welche Parameter in eine Robustheitsuntersuchung einbezogen werden und wie die Bedingungen variiert werden, obliegt dem Analytiker. Die Robustheit ist somit ein individuell zu prüfender Validierungsparameter und verlangt vom Analytiker große Erfahrung.

5.4
Statistische Bewertungen von Arbeitsergebnissen

Zeigen die bei der Validierung aufgenommenen Parameter Präzision und Richtigkeit, dass das analytische Verfahren gültig ist und dass die ermittelten Parameter im zu bestimmenden Konzentrationsbereich ausreichend robust sind, kann das Verfahren „in die Routine" aufgenommen werden. Die Validierungsparameter werden dokumentarisch festgehalten und stehen dem Analytiker zur Verfügung.

Die Daten dienen auch zur Abschätzung der Bewertung eines Analysenergebnisses mit Hilfe der Statistik. Für den Analytiker ist es z. B. interessant, in welchem Bereich um den Messwert er den „wahren Wert" mit einer bestimmten Sicherheit zu erwarten hat. Dieses Vertrauensintervall $\Delta \bar{x}$ des Mittelwertes kann aus den Analysendaten berechnet werden mit Gl. (5-12):

$$\Delta \bar{x} = \frac{s \cdot t}{\sqrt{N}} \qquad (5\text{-}12)$$

In Gl. (5-12) bedeutet:
- $\Delta\bar{x}$ Vertrauensbereich des Mittelwertes
- s Standardabweichung
- N Anzahl der Analysendaten
- t Studentfaktor in Abhängigkeit von der Analysenanzahl und der Sicherheit P (Tabellenwert)

In Tabelle 5-3 kann der t Wert in Abhängigkeit von der Sicherheit P (95 % oder 99 %) und der Anzahl der Messwerte (N) abgelesen werden.

Tab. 5-3. Abhängigkeit des t-Wertes von der Anzahl der Messwerte N und der Sicherheit P

N	2	3	4	5	6	7	8	9	10
95%	12,706	4,303	3,182	2,776	2,571	2,447	2,365	2,306	2,262
99%	63,656	9,925	5,841	4,604	4,032	3,707	3,499	3,355	3,250

Beispiel:
Bei einer Mehrfachbestimmung einer Natronlauge wurden folgende Ergebnisse erzielt:

4,9 % / 5,2 % / 4,8 % / 5,1 % / 4,9 % / 5,1 % NaOH
$N = 6$
Mittelwert $\bar{x} = 5{,}0\,\%$
Standardabweichung $s = 0{,}155\,\%$

Es soll der Vertrauensbereich für $P = 99\,\%$ und $P = 95\,\%$ berechnet werden.

Der t-Faktor muss der Tabelle 5-3 entnommen werden: für $P = 95\,\%$ beträgt der t-Wert ($N = 6$) 2,571 und für $P = 99\,\%$ beträgt er 4,032. Daraus errechnet sich nach Gl. (5-13) und Gl. (5-14) ein Vertrauensbereich des Mittelwertes von:

$$\Delta\bar{x} = \frac{2{,}571 \cdot 0{,}155\,\%}{\sqrt{6}} = \underline{0{,}163\,\%}\ (N = 6, P = 95\,\%) \tag{5-13}$$

$$\Delta\bar{x} = \frac{4{,}032 \cdot 0{,}155\,\%}{\sqrt{6}} = \underline{0{,}255\,\%}\ (N = 6, P = 99\,\%) \tag{5-14}$$

Würden 100 Bestimmungen durchgeführt, dann hätten 95 (95%) davon ein Ergebnis in dem Intervall $\bar{x} \pm \Delta\bar{x} = 5{,}00\,\% \pm 0{,}163\,\%$

Und von 100 Bestimmungen lägen 99 (99%) in dem Intervall:

$$\bar{x} \pm \Delta\bar{x} = 5{,}00\,\% \pm 0{,}255\,\%$$

Man erkennt, dass das Intervall größer wird, wenn eine höhere Sicherheit verlangt wird. Daher wird häufig als Istwert das Vertrauensintervall mit der Fehlerangabe des ermittelten Mittelwertes benutzt.

5.5
Fehlerfortpflanzung

Alle Analysenverfahren (z. B. volumetrische Analysen, siehe Kapitel 9, oder analytische Filtration, siehe Abschnitt 11.8) bestehen aus einer Folge von Arbeitsschritten, die standardisiert durchgeführt werden. Da kein Arbeitsschritt ohne „zufälligen Fehler" (siehe Abschnitt 5.3.1, Validierungsparameter Präzision) existiert, wird das Gesamtergebnis mit einem Gesamtfehler behaftet sein. Dazu kommen noch evtl. „grobe" handwerkliche Fehler, die vom Laboranten verantwortet werden müssen. Mit einer defekten Pipettenspitze ist z. B. keine präzise Abmessung eines Volumens durchzuführen. Wenn aber handwerkliche Fehler auszuschließen sind, kann der „zufällige Gesamtfehler" des Verfahrens abgeschätzt werden, wenn die Einzelfehler bekannt sind. Zur Anwendung kommen die Gauß'schen Fehlerfortpflanzungsgesetze.

Grundsätzlich muss man zunächst unterscheiden, ob es sich um einen „subtraktiven Vorgang" oder um einen „Quotienten-Vorgang" handelt.

Beispiel 1:
Wird z. B. das Leergewicht eines Becherglases auf der Analysenwaage (Tara) gewogen, das Becherglas mit einer bestimmten Menge eines Produktes versehen und nun das volle Becherglas auf der selben Analysenwaage gewogen (Brutto), handelt es sich um einen „subtraktiven" Vorgang. Beide Massen müssen subtrahiert werden, um die Produktmenge (Netto) zu bestimmen.

Beispiel 2:
Wird ein Messkolben, der einen Wirkstoff enthält, bis zu Marke aufgefüllt (V_M) und wird mit einer Vollpipette (V_P) ein bestimmtes Volumen aus dem aufgefüllten Kolben entnommen, kann nach Gl. (5-15) die Stoffmenge des Wirkstoffes, die entnommen wird, durch den Verdünnungsfaktor q berechnet werden.

$$q = \frac{V_P}{V_M} \qquad (5\text{-}15)$$

Es handelt sich hierbei um einen „Quotienten-Prozess".

5.5.1
Berechnung eines „subtraktiven Prozesses"

Bei einem „subtraktiven Prozess" wird der Gesamtfehler (ausgedrückt über die Standardabweichung s als Maß für die zufällige Streuung) berechnet mit Gl. (5-16)

$$s_G = \sqrt{s_1^2 + s_2^2 + \ldots} \tag{5-16}$$

Auf das Beispiel 1 bezogen, würde nach Gl. (5-17) eine *Gesamt*streuung von s_G = 0,28 mg bei der Differenzmessung zu erwarten sein, wenn nach Angaben des Waagenherstellers die Streuung der Waage s = 0,20 mg betragen würde.

$$s_G = \sqrt{0{,}20^2 \text{ mg}^2 + 0{,}20^2 \text{ mg}^2} = \underline{0{,}28 \text{ mg}} \tag{5-17}$$

Gegebenenfalls muss die Streuung s der Waage durch eigene Mehrfachmessungen abgeschätzt werden.

5.5.2
Berechnung eines „Quotienten- Prozesses"

Bei „Quotienten-Vorgängen" wird der Relativfehler $\frac{s}{y}$ durch Gl. (5-18) berechnet:

$$\frac{s}{y} = \sqrt{\left(\frac{s_1}{x_1}\right)^2 + \left(\frac{s_2}{x_2}\right)^2} \tag{5-18}$$

Am besten können die Zusammenhänge durch ein exemplarisches Rechenbeispiel aufgezeigt werden.

Rechenbeispiel
Aus einer Lösung mit w(NaCl) = 1 % ist eine Lösung mit w(NaCl) = 0,01 % herzustellen, also im Verhältnis 1:100 zu verdünnen. Die verdünnte Lösung mit w(NaCl) = 0,01 % könnte durch zwei Vorgehensweisen hergestellt werden:

Vorgehensweise 1:
5,0 mL der Lösung mit w(NaCl) = 1 % werden mit einer 5-mL-Vollpipette in einen 500-mL-Messkolben pipettiert, der mit Wasser bis zur Marke aufgefüllt wird (Verdünnung 1:100).

Vorgehensweise 2:
10,0 mL der Lösung mit w(NaCl) = 1 % werden mit einer 10-mL-Vollpipette in einen 100-mL-Messkolben pipettiert, der mit Wasser aufgefüllt wird (Verdünnung 1:10, Lösung hat jetzt eine Massenanteil von 0,1 %). 10,0 mL dieser neuen Lösung

werden wiederum in einen 100-mL-Kolben pipettiert, der mit Wasser aufgefüllt wird (Gesamtverdünnung 1:100).

Es soll abgeschätzt werden, welche der beiden Arbeitsweisen zu einem geringeren Verdünnungsfehler führt.

Die Berechnung des zufälligen Fehlers (Standardabweichung s) aus dem vom Hersteller des Messgerätes angegebenen maximalen Fehler, kann durch Gl. (5-19) berechnet werden:

$$s = \frac{\text{max. Fehler}}{\sqrt{3}} \tag{5-19}$$

Die maximalen Fehler der Messgeräte sind in Tabelle 4-2 (für Messkolben) und Tabelle 4-3 (für Pipetten) aufgeführt.

Vorgehensweise 1:
Maximaler Fehler der 5-mL-Vollpipettte nach Tabelle 4-3 = 0,030 mL
Maximaler Fehler des 500-mL-Messkolben nach Tabelle 4-2 = 0,25 mL

Daraus berechnen sich die Streuungen der Messgeräte nach Gl. (5-20) und Gl. (5-21)

$$s_P = \frac{0{,}030 \text{ mL}}{\sqrt{3}} = 0{,}0173 \text{ mL} \tag{5-20}$$

$$s_M = \frac{0{,}25 \text{ mL}}{\sqrt{3}} = 0{,}144 \text{ mL} \tag{5-21}$$

Der relative Fehler bei der Herstellung der Lösung beträgt nach Gl. (5-22)

$$\frac{s}{y} = \sqrt{\left(\frac{0{,}0173 \text{ mL}}{5 \text{ mL}}\right)^2 + \left(\frac{0{,}144 \text{ mL}}{500 \text{ mL}}\right)^2} = \underline{0{,}00347} \tag{5-22}$$

Das entspricht einem relativen Fehler von 0,347 %, sofern keine handwerklichen Fehler vom Laboranten gemacht werden.

Vorgehensweise 2:
Maximaler Fehler der 10-ml-Vollpipette nach Tabelle 4-3 = 0,020 mL
Maximaler Fehler des 100-ml-Messkolben nach Tabelle 4-2 = 0,100 mL

Daraus berechnen sich die Streuungen der Messgeräte nach Gl. (5-23) und Gl. (5-24)

$$s_P = \frac{0{,}020 \text{ mL}}{\sqrt{3}} = 0{,}0115 \text{ mL} \tag{5-23}$$

$$s_M = \frac{0{,}100 \text{ mL}}{\sqrt{3}} = 0{,}0577 \text{ mL} \tag{5-24}$$

Der relative Fehler bei der Herstellung der Lösung beträgt nach Gl. (5-25)

$$\frac{s}{y} = \sqrt{\left(\frac{0{,}0115 \text{ mL}}{10 \text{ mL}}\right)^2 + \left(\frac{0{,}0577 \text{ mL}}{100 \text{ mL}}\right)^2} = \underline{0{,}00129} \tag{5-25}$$

Das entspricht einem relativen Fehler von 0,129 %. Da dieser Vorgang wiederholt wird, verdoppelt sich der Gesamtfehler auf 0,258 %, sofern keine handwerklichen Fehler vom Laboranten gemacht wurden.

Vergleicht man beide Vorgehensweisen, erkennt man schnell, dass der Gesamtfehler mit der zweiten Strategie deutlich geringer ausgefallen ist. Dazu kommt noch, dass mit Methode 2 Lösemittelmenge eingespart wurde.

Aufgabe

> Eine Lösung mit w(Salz) = 0,1 % soll so verdünnt werden, dass eine Lösung mit w(Salz) = 0,00001 % entsteht. Stellen Sie zwei verschiedene Verdünnungsstrategien auf, berechnen Sie unter Zuhilfenahme der Tabellen 4-2 und 4-3 den jeweiligen Gesamtfehler und bestimmen Sie den präziseren Weg.

6
Wirtschaftlichkeit im Laboratorium

Die Kosten eines Produktes oder einer Dienstleistung entscheiden neben der Qualität in zunehmender Weise, ob der Auftrag dem betreffenden Laboratorium erteilt wird oder nicht. Früher gab es, besonders in Großbetrieben, zentrale Laboratorien, die automatisch einen unternehmensbezogenen Auftrag bekamen. Das Forschungslabor synthetisierte z. B. ein neues Produkt, das dann im analytischen Zentrallabor auf Struktur, Identität o. ä. untersucht wurde. Dazu musste ein Auftrag erteilt werden. Nach der Erfüllung des Auftrags wurde ein bestimmter Geldbetrag verrechnet. Der gesamte Prozess zog sich u. U. über mehrere Wochen hin. Kosten spielten hierbei nur eine untergeordnete Rolle.

Heute werden analytische Routineaufgaben direkt vom Laborpersonal „just in time" in den Syntheselabors durchgeführt, was erhebliche Zeit und Kosten spart. An die Ausbildung des Laborpersonals werden natürlich hohe Anforderungen gestellt. In den analytischen Kontrolllabors werden immer mehr Analysen mit weniger Personal durchgeführt. Alle Prozesse sind mit Kosten verbunden, deren Höhe in zunehmendem Maße entscheidend für die Konkurrenzfähigkeit der Laboratorien ist. Neben der hohen Qualität der Produkte werden mit einer verbesserten Kostensituation Arbeitsplätze stabilisiert oder gar neue geschaffen.

6.1
Kosten

Grundsätzlich fallen im Laboratorium mehrere Kostenarten an, z. B.:
- Gebäude- und Laborkosten,
- Personalkosten,
- Material- und Gerätekosten,
- Energiekosten.

Die Kostenfaktoren beeinflussen sich gegenseitig. So ist z. B. mit einem alten und verbrauchten Gerätepark u. U. eine Analytik noch brauchbar durchzuführen, die zusätzlich benötigte Zeit treibt jedoch die Kosten hoch.

Auf die Gebäude- und Laborkosten hat der einzelne Mitarbeiter in der Regel nur indirekt Einfluss, weil die Entscheidungen über den Bau oder die Ausstattung

1 × 1 der Laborpraxis: Prozessorientierte Labortechnik für Studium und Berufsausbildung. 2. Auflage.
Stefan Eckhardt, Wolfgang Gottwald, Bianca Stieglitz
Copyright © 2007 WILEY-VCH Verlag GmbH & Co. KGaA, Weinheim
ISBN: 978-3-527-31657-1

eine Aufgabe des Unternehmers ist. Auf diesen Kostenfaktor wird daher nicht eingegangen. Die Kosten, die vom Mitarbeiter in entscheidender Weise beeinflusst oder verursacht werden, sind Materialkosten, Energiekosten und natürlich Personalkosten.

6.1.1
Personalkosten

Zur Zeit der Manuskripterstellung beträgt die Ausbildungsvergütung eines Auszubildenden in der chemischen Industrie in Deutschland ca. 550 Euro pro Monat. Wurde die Ausbildung beendet, zahlen ihm viele Unternehmen das Gehalt nach der Tarifklasse E7, welche zur Zeit (Abschluss Juni 2000) 1965 Euro pro Monat (Bruttogehalt, BG) beträgt. Üblich in der chemischen Industrie ist ein 13. Monatsgehalt zu Weihnachten und ein Urlaubsgeld von 16 Euro pro Urlaubstag. Dazu kommen die vom Arbeitgeber gezahlten Beträge zur gesetzlichen Sozialversicherung.

Für einen Mitarbeiter E7 fallen für den Arbeitgeber folgende Jahresbeträge an:

13mal Gehalt E7 (1965 €)	25 545 €
13 Zuschüsse zur Rentenversicherung (9,55 % vom BG)	2 439 €
13 Zuschüsse zur Arbeitslosenversicherung (3,25 % vom BG)	830 €
13 Zuschüsse zur Krankenversicherung (6,5 % vom BG)	1 660 €
13 Zuschüsse zur Pflegeversicherung (0,85 % vom BG)	217 €
1mal Urlaubsgeld (30 Tage Urlaub)	480 €
Summe:	31 171 €

Die Summe ist Bruttojahresgehalt plus Zuschüsse zu den Sozialversicherungen. Dazu kommen u. U. noch freiwillige Sozialleistungen, wie z. B. Fahrkostenzuschüsse, Zuschüsse zur Altersversorgung usw.

Wird die Summe durch 12 dividiert, erhält man in etwa die monatlichen Aufwendungen des Arbeitgebers: 31 171 Euro : 12 = 2598 Euro pro Monat.

Die in der chemischen Industrie üblichen wöchentlichen Arbeitszeiten betragen zur Zeit 37,5 Stunden. Wenn der Monat mit 4,3 Wochen gerechnet wird, ergibt sich eine Arbeitszeit von ca. 161 Stunden pro Monat. Dividiert man den monatlichen Betrag von 2598 Euro durch 161 Stunden erhält man einen durchschnittlichen, vom Arbeitgeber aufzubringenden Stundenlohn von 16,1 Euro für einen Mitarbeiter der Stufe E7. Hierbei sind die Fehlzeiten durch Urlaub oder Krankheit nicht berücksichtigt. Dazu kommen auch noch indirekte Kosten, die mit der Führung, Ausbildung, Weiterbildung und Begleitung der Mitarbeiter anfallen. Kosten z. B. von Mitarbeitern der Personalabteilung, die Kosten des Betriebsrates, einer Aus- und Weiterbildungsabteilung usw. gehören zur indirekten Kategorie. Die Höhe des Betrages macht klar, dass der Kostenfaktor „Personal" besonders stark zu Buche schlägt. Deswegen sind Firmen besonders zurückhaltend bei der Neueinstellung von Personal.

Den Kosten der Mitarbeiter gegenüber stehen die Einnahmen, die ein Mitarbeiter durch seine Produktion oder Dienstleistung erzielt. Beide Faktoren müssen in Einklang stehen.

Kosten können gespart werden, indem der Unternehmer Personal einspart und die Ausgabenseite so direkt reduziert. Falls dadurch die Leistungen des verbleibenden Personals soweit absinken, dass die „just in time"-Situation einer Leistung in Gefahr gerät, wurde der falsche Weg beschritten.

Einen anderen Weg geht der Unternehmer und der Mitarbeiter, wenn die Leistung des Personals gesteigert wird und so die Einnahmenseite gestärkt wird. Dazu müssen aber die entsprechenden Aufträge vorhanden sein. Wird den Mitarbeitern zu wenig Zeit für eine Arbeit zur Verfügung gestellt, leidet die Qualität des Produktes und der Auftraggeber wendet sich der Konkurrenz zu.

Es ist zu erkennen, dass die Personalsituation eine genaue Optimierung seitens der Unternehmer und Mitarbeiter verlangt.

Aufgabe

Berechnen Sie den vom Arbeitgeber aufzubringenden Stundenlohn für einen Auszubildenden des ersten Ausbildungsjahres.

6.1.2
Geräte und Materialkosten

Während die anzuschaffenden Großgeräte normalerweise von dem Verantwortlichen des Laboratoriums gemäß der vorzunehmenden Aufgaben bestimmt werden und damit der Mitarbeiter im Laboratorium nur indirekt bei der Auswahl der Geräte mitbestimmen darf, hat er direkten Einfluss auf die Menge des sog. Verbrauchsmaterials.

Wenn ein Unternehmen ein bestimmtes Gerät mit einem größeren Geldbetrag kauft, hat das Unternehmen Anspruch darauf, dass die Kosten des Gerätes steuerlich über mehrere Jahre verteilt werden können („Abschreiben"). Die Abschreibungsdauer erstreckt sich je nach Verwendungszweck über 3, 4, 5 bzw. 7 Jahre. Jedes Mal, wenn das Gerät oder die Anlage benutzt wird, wird eine gewisse Menge des ursprünglichen Betrages durch Verschleiß „verbraucht". Diese Benutzungsabschreibung muss im Einzelfall geschätzt werden und hängt von der geschätzten Langlebigkeit der Geräte und Anlagen ab. Gleichzeitig muss Kapital gebildet und zurückgehalten werden, damit im Fall des endgültigen Verschleißes sofort eine neue Anlage gekauft werden kann. Das gilt im Prinzip auch für sog. Verbrauchsmaterial. Wird ein 300-mL-Erlenmeyer-Kolben aus Duran-Glas gekauft, kostet dieser etwa 4,50 Euro. Geht man davon aus, dass er durchschnittlich 50mal benutzt wird, reduzieren sich die Kosten pro Benutzung auf 9 Cent pro Benutzung. Die Benutzungsabschreibung beträgt

$$\frac{4,50\,€}{50} = 0,09\,€$$

Die mangelnde Pflege eines Gerätes oder des Verbrauchsmaterials reduziert die Benutzungsabschreibung beträchtlich. Geht z. B. der gläserne Erlenmeyer-Kolben bereits bei fünfmaliger Benutzung entzwei, muss von einer Benutzungsabschreibung von

$$\frac{4,50\ €}{5} = 0,90\ €$$

ausgegangen werden. Die Pflege der Geräte und Einrichtungen ist ein wesentlicher Bestandteil der Kostenersparung und wird vom Mitarbeiter beeinflusst! Eine wichtige Aufgabe des Laborpersonals ist die fachmännische Wartung und Pflege von Geräten.

Kritischer ist die Beschaffung von billigen Geräten, da hierbei meistens auch niedrigere Qualität eingekauft wird.

Oft ist nicht nur die optimale Beschaffung eines Materials für die Kostensituation von ausschlaggebender Bedeutung, sondern auch die Beseitigung nach dem Verbrauch. Ein eindrucksvolles Beispiel aus den Laboratorien der Autoren soll das belegen.

Vor 5 Jahren wurde in den Laboratorien zum Beseitigen von Flüssigkeiten an Pipettenaußenwänden, auf Labortischen usw. Reinigungspapier (ca. 50 × 50 cm) verwendet. Eine Kiste dieses saugfähigen Zellstoffpapiers kostete 15 Euro. Da nicht ausgeschlossen werden konnte, dass Chemikalien in das Papier aufgesogt wurden, musste das Abfallpapier als „Sondermüll" beseitigt werden. Der Verbrauch betrug pro Laboratorium etwa 1 Kiste pro Woche. Wenn in allen 25 Laboratorien gearbeitet wurde, betrug der Verbrauch 25 Kisten Papier. Nach etwa 3 Wochen war ein Sondermüllcontainer voll, da das Papier sehr aufbauschte. Die Beseitigungskosten dieses Containers betrugen damals etwa 450 Euro. Appelle an die Belegschaft, am Papier zu sparen, waren meistens nutzlos. Pro Woche fielen folgende Kosten an:

25 Kisten pro Woche à 15 €	375 €
Container-Entsorgungskosten etwa 1/3 von 450 € pro Woche	150 €

Eine Hochrechnung von durchschnittlich 45 Wochen Betrieb pro Jahr ergaben Gesamtkosten für Papier und Entsorgung von 23 625 Euro.

Ein Mitarbeiter machte den Vorschlag, statt Reinigungspapier einfaches Toilettenpapier zu benutzen. In den meisten Fällen, z. B. beim Pipettenabwischen oder beim Abreiben von Glasgeräten, genügt das Toilettenpapier den Ansprüchen. Nur bei großflächigen Verschmutzungen oder zum Reinigen von Fensterscheiben wird das Reinigungspapier weiterhin eingesetzt (pro Laboratorium und Woche ca. 0,05 Kisten, d. h. 1,25 Kisten pro Woche für 25 Laboratorien). Die Toilettenpapierrollen wurden in preiswerten Abrolleinrichtungen befestigt. Ein Nebeneffekt ist, dass durch die Perforierung des Toilettenpapieres von den Mitarbeitern nur relativ kleine Mengen den Rollen entnommen werden. Pro Woche werden etwa 10 Rollen Toilettenpapier pro Laboratorium verbraucht (d. h. 250 Rollen in 25 Laboratorien); die Rolle kostet zur Zeit 0,50 Euro. Das flache Papier nimmt in dem Sondermüllcontainer kaum Platz weg. Zur Zeit wird pro halbes Jahr ein Container entsorgt (d. h. zwei Container in einem Jahr à 45 Wochen), der Anteil des Toilettenpapiers wird mit nur ca. 10 % geschätzt. Die Kosten betragen nun:

250 Rollen Toilettenpapier à 0,5 €	125 €
1,25 Kisten Reinigungspapier à 15 €	19 €
Containerentsorgungskosten 2 · 450 € ÷ 45	20 €

Eine Hochrechnung von durchschnittlich 45 Wochen Betrieb pro Jahr ergaben Gesamtkosten an Papier und Entsorgung von 7380 Euro.

Es ergab sich durch die Umstellung ohne Einbuße an Qualität eine Ersparung von 16 245 Euro, wobei etwa das größte Einsparungspotential auf die Entsorgung fiel.

Ein weiteres Beispiel zur Kostenersparung findet man in analytischen Laboratorien, in denen Verdünnungsreihen für Kalibrierungen hergestellt werden.

Angenommen, von einem Analyten soll eine methanolische Lösung mit 0,2 mg pro 1000 mL hergestellt werden. Um eine gute Richtigkeit zu erzielen, müssen auf einer Analysenwaage mindestens 100 mg abgewogen werden. Folgende Arbeitsweisen wären grundsätzlich denkbar:

Methode 1: 100,0 mg Substanz werden abgewogen und in einem 5000-mL-Messkolben mit Methanol bis zur Marke aufgefüllt (1 mL enthält 0,02 mg Substanz). 10,0 mL dieser Lösung werden auf 1000 mL mit Methanol aufgefüllt (0,2 mg/L).

Methode 2: 100,0 mg Substanz werden abgewogen und auf 1000 mL mit Methanol aufgefüllt (1 mL enthält 0,1 mg). 10,0 mL dieser Lösung werden auf 500 mL aufgefüllt (1 mL enthält 0,002 mg). 10,0 mL dieser Lösung werden auf 100 mL aufgefüllt (0,2 mg/L).

Mit der ersten Methode werden 6000 mL Methanol verbraucht, mit der zweiten Methode 1600 mL, d. h. 4,4 L weniger. Bei einem Literpreis von ca. 12 Euro macht das ca. 52,8 Euro pro Vorgang aus. Wenn der Verdünnungsvorgang auch nur einmal pro Tag durchgeführt wird, beträgt die gesparte Summe pro Jahr ca. 11 194 Euro (212 Arbeitstage). Dabei sind die erzielten Richtigkeiten beider Methoden vergleichbar.

Viele Unternehmen fördern Verbesserungsvorschläge, indem hohe Prämien an erfolgreiche Mitarbeiter ausgeschüttet werden. Es lohnt sich in vielen Fällen, kritisch unter Kosten- und Sicherheitsaspekten die Vorgehensweise einiger Arbeitsvorschriften (SOPs) zu überprüfen.

Allerdings sei davor gewarnt, dass eigenmächtig aus Kostengründen eine Arbeitsvorschrift geändert wird. Nur mit Genehmigung des Prüf- oder Laborleiters ist das ggf. möglich.

Besonders das Einsparen von Lösemitteln und Chemikalien kann sehr lohnend sein, weil dann die Entsorgungskosten ebenfalls reduziert werden können. Eine weitere Sparmöglichkeit ist die Verwendung von günstigeren Lösemitteln. Es ist z. B. nicht akzeptabel, dass für alle Applikationen das teure „Methanol für die Spektroskopie" (Kosten ca. 25 Euro pro Liter) verwendet wird, obwohl für die meisten Applikationen das einfache „reine Methanol" (Literpreis ca. 10 Euro) ausreichen würde. Selbstverständlich muss geprüft werden, ob damit ein nicht akzeptabler Qualitätsverlust eintreten würde.

6.1.3
Energiekosten

Ein weiterer Kostenfaktor im Laboratorium ist der Verbrauch von Energien wie Strom, Wasser, Dampf usw.

Im Laboratorium wird sehr häufig der Dauerbetrieb von Geräten bevorzugt. Im Falle von Analysengeräten, bei denen durch ständiges An- und Ausmachen die sehr teuren UV-Lampen schneller verbraucht werden, ist das sicherlich sinnvoll. Auch wird man die EDV-Anlage im Normalfall morgens „hochfahren" und abends wieder ausschalten, weil das zeitraubende „booten" des Rechners ein beträchtlicher Kostenfaktor wäre. Aber es ist nicht einzusehen, dass der stromverbrauchende Trockenschrank über Nacht laufen muss, ohne dass irgendwelche Substanzen getrocknet werden. Bei der Verwendung von Heizkörben können diese mit Vorschaltwiderständen gedrosselt werden, ohne dass viel Energie verloren geht. Kritisches Beobachten aller Stromverbraucher reduziert die Stromkosten eines Laboratoriums beträchtlich. Die Stromkosten für den Betrieb von Rührgeräten fallen dabei kaum ins Gewicht. Das gleiche gilt auch für die Beleuchtungskosten. Es ist wichtiger, dass die Augen der Laborbelegschaft durch gutes Licht geschont werden, als eine übertriebene Kostenersparnis.

Noch interessanter als die Reduzierung des Stromverbrauches ist die Reduzierung des Wasserverbrauchs im Laboratorium. Hierbei ist nicht an das Sparen an besonders aufbereitetem Wasser (destilliertes Wasser, entmineralisiertes Wasser) für die Analytik gedacht, sondern z. B. an das Sparen von Kühlwasser. Das Wasser als Kühlmedium wird im Kühler normalerweise chemisch nicht verschmutzt, sondern nur geringfügig erwärmt. Läuft das Wasser direkt in den Spülstein zurück, fallen auch noch Abwasserkosten an, die sich im Laufe der Zeit zu gewaltigen Summen addieren können. Das Kühlwasser kann z. B. mehrmals mit einer kleinen Pumpe im Kreislauf durch den Kühler geschickt werden oder mehrere Kühler werden seriell hintereinander geschaltet.

Eine weitere Sparmöglichkeit ist eine Reduzierung des Wasserverbrauches beim Spülen durch ein Wasserstopventil. Bei Betätigung des Hahns läuft das Wasser eine bestimmte Zeit und stellt sich dann von selbst aus. In den Laboratorien ist oft zu beobachten, dass das Wasser einmal angestellt wird und dann stundenlang läuft.

Auch hier gilt, dass durch kritische Beobachtung der Laborumwelt teilweise sehr hohe Beträge eingespart werden können.

6.2 Ermittlung von Gesamtkosten

Nachfolgend soll eine (vereinfachte) Abschätzung der Kosten bei der Herstellung von Kupfersulfat aus Kupfer und Schwefelsäure vorgenommen werden (Englische Arbeitsvorschrift, siehe Kapitel 16). Nach der durchgeführten Synthese, bei der der Wasser- und Stromverbrauch gemessen wird, sind nach dem unten stehenden Muster die Kosten pro Kilogramm Kupfersulfat zu berechnen.

Die Kosten der Chemikalien und Geräte sind den Katalogen der Hersteller (z. B. Fluka, Merck usw.) oder deren Homepages zu entnehmen.

Aufgabe

Erstellung einer Kostenbilanz

1. Materialienbilanz

Kupfer	Kosten pro kg: _____	Kosten: _____	€
Schwefelsäure	Kosten pro L: _____	Kosten: _____	€
Salpetersäure:	Kosten pro L: _____	Kosten: _____	€
	tatsächliche Kosten Material:	_____	€

2. Gerätebilanz

Es wird mit einer Abschreibung von 2 % des Apparaturpreises gerechnet:

Kosten Vierhalskolben:	_____	€
Kosten KPG-Rührer:	_____	€
Kosten Rührerführung:	_____	€
Kosten Intensivkühler:	_____	€
Kosten Schliffkappe:	_____	€
Kosten Thermometer:	_____	€
Kosten Quickfit-Verbindung:	_____	€
Kosten Saugflasche:	_____	€
Kosten Nutsche:	_____	€
Kosten sonstige Geräte:	_____	€
Summe:	_____	€

Die tatsächlichen Kosten betragen 2 % der ermittelten Summe, dazu kommen noch 5 Euro pauschal für die Benutzung des Rührmotors und des Heizkorbes.

Für sonstige Kosten (z. B. Filter, Trichter, Filtriergestell, Hebebühne usw.) sind pauschal 15 Euro zu berechnen.

tatsächliche Kosten Geräte: _____ €

3. Energiebilanz

Strom

Die Leistung des Heizkorbes und des Rührmotors sind am Etikett des Elektrogerätes abzulesen.

Rührzeit: _____ Arbeit in kWh: _____ Rührer
Heizzeit: _____ Arbeit in kWh: _____ Heizkorb
Strompreis 11 Cent/kWh

tatsächliche Kosten Strom: _____ €

Wasser

Der Wasserstrom des Kühlers in mL/min wurde vor der Synthese ermittelt.

Dauer: _____ mL pro min: _____
Wasserverbrauch in m^3: _____
Wasserpreis: 2 €/m^3 (incl. Abwasser)

tatsächliche Kosten Wasser: _____ €

4. Gehaltbilanz

Berechnen Sie den Stundenlohn eines Auszubildenden des ersten Ausbildungsjahres inkl. Lohnnebenkosten. Aus der Gesamtdauer der Synthese (nur die Nettozeit, d. h. die Anwesenheit) und dem Gesamtstundenlohn sind die Lohnkosten für das Präparat zu berechnen.

Dauer der Synthese in Stunden: _____
Lohnkosten _____ € pro Stunde _____

tatsächliche Kosten Lohn: _____ €

5. Gesamtkosten

Addieren Sie jetzt alle „tatsächlichen Kosten" und schätzen Sie so die Gesamtkosten (ohne Kosten für die Benutzung der Räume incl. Beleuchtung, Heizung etc.).

Gesamtkosten: _____ €

Berechnen Sie jetzt die Kosten pro Gramm Kupfersulfat-Pentahydrat, indem Sie die Gesamtkosten durch die tatsächliche Ausbeute des Präparates dividieren. Vergleichen Sie das Ergebnis mit dem Chemikalienpreis aus dem Katalog.

Kosten pro Kilogramm
Kupfersulfat-Pentahydrat: _____ €

Wo wären im Prozess sinnvoll Energie und Kosten zu sparen?

7
Dokumentation und Protokollierung

Werden Schüler bei Einstellungsuntersuchungen gefragt, warum sie den Beruf des Chemielaboranten erlernen wollen, steht fast immer im Vordergrund die Freude am Experimentieren. Beim Experimentieren werden offenbar Grundeigenschaften des Menschen wie Neugierde, Spaß am Beobachten und auch ein bisschen Nervenkitzel angesprochen. In den allgemeinbildenden Schulen wird oft zu wenig getan, um den Schülern diese Unterrichtsform zu bieten. In der Berufsausbildung, zumindest in größeren Ausbildungsfirmen, wird das gerichtete und geplante Experimentieren als unverzichtbar angesehen, weil bei diesen Arbeiten wichtige Techniken erlernt und angewandt werden. Gleichzeitig muss die Fähigkeit zum Beobachten und Protokollieren, die viele Schüler allgemeinbildender Schulen fast verlernt haben, entwickelt und gefördert werden.

Die Ergebnisse einer Synthese, einer Reaktion, einer Analyse oder sonst einer Beobachtung wird ohne ordentliches Protokoll nur von geringem Nutzen sein. Das gilt natürlich nicht nur im Ausbildungslabor, sondern erst recht im Einsatzlabor während und nach der Ausbildung.

Jedes Unternehmen oder sogar jedes Arbeitsteam wird eine Protokollierung entwickeln, die den jeweiligen Bedürfnissen gerecht wird. Dabei dürfen aber gesetzliche Bestimmungen wie GLP/GMP nicht außer Betracht gelassen werden. Unabhängig von der äußeren Form gibt es aber immer Informationen, die in einem Protokoll enthalten sein müssen.

Die nachfolgende Form der Protokollierung hat sich bewährt und kann für die verschiedenen Bedürfnisse der Firmen leicht verändert werden.

Zunächst soll jedem Experimentierenden klar sein, warum in einem Laboratorium protokolliert wird

Die Gründe für die Protokollierung in einem Syntheselabor sind:

1. Der Anwender kann sich an die Durchführung einer Synthese erinnern. Das ist besonders dann wichtig, wenn die Synthese nicht erfolgreich war. Aus den gesammelten Daten kann man häufig die Fehler erkennen bzw. neue Fehler vermeiden.
2. Mit Hilfe des Protokolles lassen sich die den Edukten und Produkten zugehörigen physikalischen Daten, Spektren,

Chromatogramme leichter einsortieren, finden und interpretieren.
3. Sollten aus den Experimenten später Veröffentlichungen wie Buchartikel, Zeitungsbeiträge oder Patente erfolgen, fällt es leichter, die Daten und Ereignisse zusammenzutragen.
4. Anhand des Protokolles können andere Personen die Versuche reproduzieren.
5. Nicht zuletzt erfolgt aus einer chronologischen Protokollierung auch ein Beleg, was und wie viel in einer bestimmten Zeiteinheit geleistet wurde.

Die Gründe für die Protokollierung in einem Analytiklabor sind:
1. In einem Analytiklabor steht im Vordergrund die Dokumentation der erzielten Ergebnisse: warum, wie, wann und unter welchen Bedingungen die Analysedaten erzielt wurden. Unter GLP/GMP werden die Dokumentationssysteme gesetzlich verankert.
2. Die Analysedaten müssen so festgehalten werden, dass der Grundsatz der Rechtssicherheit gilt, d. h. dass sie vor allen Gerichten Bestand haben müssen.
3. Die Lenkung der Dokumentation hat in der gesetzlichen GLP/GMP einen höheren formalen Stellenwert als z. B. in der EN 45001 gefordert wird. Daher genügen die Dokumentationsanforderungen der GLP auch denen der EN 45001, aber nicht immer umgekehrt.
4. Aus den gefundenen Analysedaten können unter Umständen Fehler erkannt und eliminiert werden.
6. Auch in der Analytik erfolgt aus einer chronologischen Protokollierung ein Beleg, was und wie viel in einer bestimmten Zeiteinheit geleistet wurde.

7.1
Anfertigung allgemeiner Protokolle

Die Protokolle werden z. T. noch handschriftlich und dokumentenecht mit Kugelschreiber, Tinte ö. ä. angefertigt. Dabei ist auf eine lesbare Schrift zu achten. Bei der handschriftlichen Führung der Protokolle sind Verbesserungen erlaubt, jedoch sind die Verbesserungen durch einfaches Durchstreichen vorzunehmen. Dabei ist neben dem Text zu vermerken, wer, wann und warum eine Verbesserung vorgenommen hat. Der verbesserte Text muss noch lesbar sein. Verbesserung mit Tippex, Tintenkiller oder ähnlichen Produkten ist nicht statthaft und muss in jedem Fall unterbleiben. Alle Protokolle müssen identifiziert werden, d. h. den Protokollen muss eine Person, der Experimentierende, eindeutig zugewiesen werden. In einem Protokoll müssen immer klare Angaben gemacht werden, zum Beispiel ist die Angabe „ungefähr 8 g" nicht sinnvoll. Alle Protokolle müssen aktuell und zeitgleich geführt werden, das Vorschreiben und Nachschreiben von Protokollen ist nicht sinnvoll. Nach der Unterschrift des Vorgesetzten unter die Dokumentation sind Veränderungen nicht mehr statthaft.

Ein Kompromiss zwischen aktueller Protokollierung und sauberer Dokumentation besteht darin, dass ein *Ereignisprotokoll* mit den Angaben der „Rohdaten" wie Einwaagen, gemessenen Volumina, Temperaturen usw. zeitgleich geführt und die Daten später sauber in ein Hauptprotokoll überführt werden. Es gilt hier nochmals festzuhalten, *dass die Beobachtung und Beschreibung eines Experimentes im Vordergrund steht!*

Der Einsatz von EDV für die Protokollierung in den Laboratorien erlangt eine immer größere Bedeutung und ist, besonders die Datenarchivierung, individuell zu regeln.

Zur Dokumentation existieren zwei prinzipielle Modelle:
- die Führung eines Laborjournales und
- die Führung und Sammlung loser Blätter.

Das Laborjournal, ein leeres, gebundenes Schreibheft, z. B. in DIN A4-Format, mit eingedruckten Seitenzahlen, ermöglicht die einfache Zuordnung der Dokumente bei Prüfungen, Abzeichnungen usw. Die Dokumentenechtheit und die Abfolge der Eintragungen können bei dieser Form leicht überprüft werden, da herausgerissene Seiten schnell zu identifizieren sind. Eine Identifizierung des Benutzers ist nur einmal notwendig. Benutzt jedoch eine weitere Person das Laborjournal, muss diese sich konsequent identifizieren. Eine Kürzelliste aller im Laboratorium beschäftigten Personen erleichtert die Identifizierung.

Der Vorteil von abgehefteten, losen Blättern liegt darin, dass unterschiedliche Vordrucke verwendet werden können, dass bei Bedarf aus den Blättern leicht komplette Studienunterlagen zusammengestellt werden können und dass die Archivierung der Sammlungen leichter ist. Nachteilig ist bei der Loseblattarchivierung, dass es erhebliche Mühe macht, die Blattsammlungen streng chronologisch anzuordnen und dass jedes Blatt identifiziert werden muss.

Die beiden Protokollmodelle lassen sich auch kombinieren, wie nachfolgend vorgestellt.

7.2
Spezielle Form einer Syntheseprotokollierung

Folgende drei Unterlagen werden verwendet:
- Rohdatenheft mit durchlaufend nummerierten Seiten,
- Ablaufprotokollblatt,
- Blätter mit Firmenaufdruck.

In das namentlich gekennzeichnete, gebundene Rohdatenheft werden unter der Angabe des Datums alle Daten eingetragen, die im Laboratorium „zwischendurch" gesammelt werden. Dazu gehört z. B. die Auswaage einer Porzellanschale, der zeitliche Beginn einer Reaktion, die Rohausbeute eines feuchten Präparates usw. Das Rohdatenheft wird an Stelle von „Schmierzetteln" und „fliegenden Blättern" verwendet. Die Nachvollziehbarkeit von original aufgenommenen Daten ist so gewährleistet. Die Eintragungen sind so zu gestalten, dass die gewonnenen Rohdaten ohne Mühe wieder reproduziert werden können. Zweckmäßigerweise wird ein kleines Format (DIN A5) für das Rohdatenbuch verwendet, damit man das Rohdatenbuch in den Labormantel stecken kann und es immer parat hat.

In dem Ablaufprotokoll werden alle *Beobachtungen* während des Versuches festgehalten. Dieses Protokoll ist unbedingt zeitgleich und aktuell zu führen. Aus dem Ablaufprotokoll sollen der exakte Beobachtungsverlauf des gesamten Experimentes zu erkennen sein. Die genaue Führung des Ablaufprotokolls entscheidet über die Güte der Protokollierung und damit letztlich über den ganzen Versuch.

In Abbildung 7-1 ist ein Muster eines Ablaufprotokolls abgebildet.

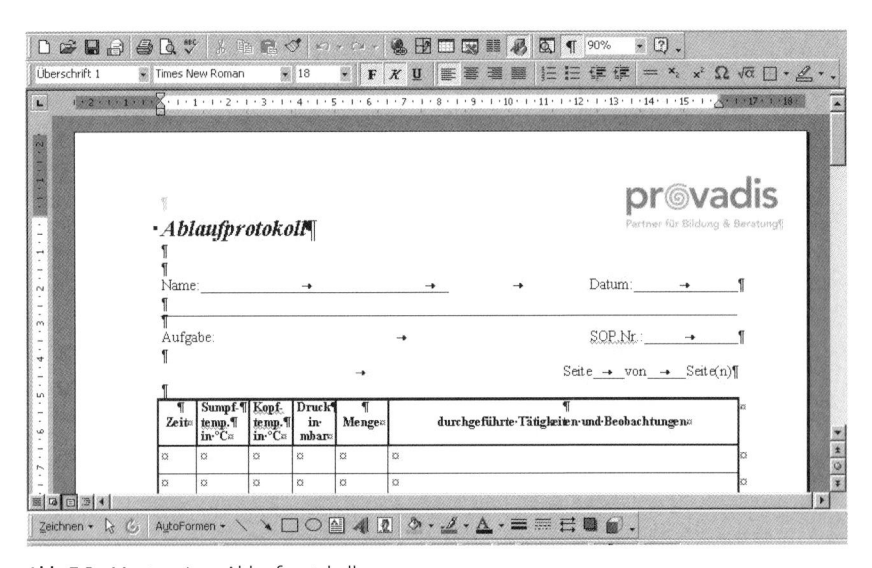

Abb. 7-1. Muster eines Ablaufprotokolls.

Das Hauptprotokoll wird auf gekennzeichnetem, kariertem Papier vorgenommen. Gegebenenfalls ist auch ein gebundenes Laborjournal zu verwenden. Falls ein Journal verwendet wird, hat es sich bewährt, ein neues Experiment stets auf der nächsten freien, rechten Seite zu beginnen. Das Syntheseprotokoll soll enthalten:

1. Überschrift
   Aus der Überschrift soll erkennbar sein, um welche Art der Synthese es sich handelt. Es ist sinnvoll, die Überschrift so konkret wie möglich zu formulieren. Also nicht „Säulenchromatografie", sondern z. B. „Trennung des Reaktionspro-

duktes vom Versuch 2347 mit Hilfe der Säulenchromatografie".
2. Nummer des Experimentes
Die Nummer des Experimentes wird in die rechte obere Ecke geschrieben. Die Nummer soll eindeutig sein. Bei der Führung eines Laborjournals kann die Experimentnummer mit der Seitenzahl korrespondieren. Auch zur Kennzeichnung der hergestellten Präparate kann die Nummer verwendet werden.
3. Datum
Anhand des Datums können Versuche und Ergebnisse aufgefunden werden.
4. Reaktionsgleichung
Sie wird auf der Seite oben aufgeführt. Verläuft die Reaktion wie gewünscht, bleibt die Reaktionsgleichung unverändert. Entstehen andere Produkte als gewünscht, können diese nach Durchstreichen (Lesbarkeit der durchgestrichenen Daten!) beigefügt werden. Eine Reaktionsgleichung kann sehr viele Informationen liefern.
5. Literaturangaben
Es wird angegeben, aus welchem Buch, aus welcher SOP die Vorschrift stammt und woher die Daten stammen usw.
6. Hinweise zum Umweltschutz und der Entsorgung
Hierher gehören z. B. Beseitigungshinweise der Edukte und Produkte.
7. Unfallverhütung, Arbeitssicherheit
Hier werden Angaben zu besonderen Gefahren gemacht, die von den Chemikalien ausgehen. Die Angaben von R- und S-Sätzen runden die Informationen ab.
8. Mengenangaben
Die Eduktmengen einer Synthese werden aufgelistet, in Gramm und Mol (bzw. mg und mmol). Die Angabe der molaren Massen in g/mol ist zweckmäßig.
9. Skizze der Apparatur
Eine Skizze der verwendeten Apparaturen ist hilfreich; mit einem Blick kann man erkennen, wie der Versuchsaufbau war. Heute werden immer mehr Fotos, die mit digitalen Kameras aufgenommen wurden, in die Protokolle eingebunden.
10. Reaktionsdurchführung
Die praktische Vorgehensweise muss genau protokolliert werden, am besten unter der Zuhilfenahme des Ablaufprotokolls. Jeder Substanzverlust sowie Abweichungen vom normalen Reaktionsablauf müssen vermerkt werden.

11. Reaktionskontrolle
    Fast alle Reaktionen werden im Verlauf kontrolliert, entweder durch Temperaturangaben und durch Vollständigkeitsreaktionen oder z. B. durch dünnschichtchromatografische Untersuchungen. Eine Darstellung der DC-Platte oder andere Ergebnisse sind ins Protokoll aufzunehmen.
12. Aufarbeitung und Reinigung
    Je nachdem wie das Produkt isoliert und gereinigt wird, müssen Angaben z. B. über Siedepunkt (Destillation), Lösemittel (Umkristalisation) oder Laufmittel (Säulenchromatografie) gemacht werden. Erhaltene Chromatogramme sind ins Protokoll aufzunehmen.
13. Querverweise zu Spektren oder sonstigen Datenblättern.
14. Das Ergebnis der Synthese wie Rohausbeute, Ausbeute, Struktur usw. ist anzugeben.
15. Abschließende Bemerkungen runden das Protokoll ab. Hier kann auch die zugehörige Seite des Rohdatenbuches angegeben werden.
16. Das Protokoll ist ggf. vom Vorgesetzten abzuzeichnen.

Nach der Fertigstellung des Protokolls wird dieses unter Angabe einer fortlaufenden Seitenzahl in einen festen Hefter oder Aktenorder eingeheftet.

Praxisaufgabe

Folgendes Pizzarezept wurde einem Kochbuch entnommen:

„300 g Mehl, ½ Würfel Hefe, 1 Prise Zucker, 1 gestrichener Teelöffel Salz, 2–3 Esslöffel Öl, 1 Tasse warmes Wasser.
Das Mehl wird mit dem Zucker, Salz und der Hefe vermischt und vorsichtig mit dem warmen Wasser nach und nach zu einem Teig verrührt. Der Teig wird 30 Minuten in einem warmen Raum gehen gelassen, dann dünn auf einem gefetteten Blech ausgerollt und mit folgenden Zutaten versehen:
Tomaten aus der Dose, Schinken, Pilze, Pizzagewürz, geriebener Käse. Auf den Belag wird das Öl gegeben und das Ganze im vorgeheizten Ofen bei 220 °C etwa 20 Minuten ausgebacken."

Stellen Sie in einer geeigneten Küche (nicht im Laboratorium!) nach dem ungenauen Rezept Pizza her und protokollieren Sie sehr genau den Verlauf der Pizzasynthese in einem Ablaufprotokoll und in einer Abschlussdokumentation nach obigem Muster. Gehen Sie besonders auf die genaue Zubereitung des Teiges, der

> Zeiten, der genauen Menge der Zutaten und des Backablaufs im Ofen ein. Beschreiben Sie das Aussehen des Syntheseproduktes Pizza.
>
> Lassen Sie sich im Anschluss daran die Pizza im Kreis Ihrer Freunde schmecken.

7.3 Spezielle Formulierung eines Analysenprotokolls

Wie bereits erwähnt, werden in vielen Analyselabors die Grundsätze von GLP bzw. GMP angewandt. In diesem Fall werden an die Erstellung und Lenkung der SOPs (*S*tandard *O*perating *P*rocedure) hohe Ansprüche gestellt. Folgende Vorgehensweise ist denkbar:

1. Alle Dokumente haben eine einheitliche Form.
2. Die Dokumente tragen ein Deckblatt. Dieses Deckblatt enthält: Titel, Autor, geprüft durch, freigegeben durch, Gültigkeitsdatum, Gültigkeitsbereich, Verweis auf frühere Versionen, Verteiler, Exemplarnummer.
3. Jede Seite enthält: Firma, Dokumentenart, Titel, Kennung, Versionsnummer und aktuelle Seite sowie die Gesamtseitenzahl.
4. Alle autorisierten Exemplare müssen als Originale gekennzeichnet sein (z. B. durch Unterschrift oder farbigen Stempel).
5. Eine zentrale Verwaltung aller Dokumente ist notwendig mit historischem Verteiler: Wer hat wann welches Exemplar erhalten?
6. Der Austausch von neuen Versionen wird nur durch Rückgabe der alten Dokumente vorgenommen.

Aus Abbildung 7-2 ist eine vereinfachte Version einer SOP zu ersehen (Ausschnitt).

Titel: **Herstellung von ß-Naptholorange** Dok.-Nr.: CL/04-SY/0007/00 Standort des Originals: Provadis Seite: 4 von 9 Nummer der vorliegenden Fassung: 1 Inkrafttreten der vorliegenden Fassung: 21.01.2000 17.01.2000 Gottwald / Fleckenstein Datum Verfasser	**pr⊙vadis** Partner für Bildung & Beratung Standard- Arbeitsanweisung (SOP)

Durchführung der Reaktion

Es sind alle Beobachtungen während der Reaktion im Protokoll zu notieren

0,105 g 1,22 mL	In einem Rollrandfläschchen werden (entspricht 0,606 mmol) Sulfanilsäure (Herstellung nach CL/04-SY/0006/00) mit E-Wasser und
0,25 mL	NaOH, $w(NaOH) = 10\%$ unter leichtem Erwärmen gelöst. Die Zugabe erfolgt jeweils mittels einer Einmalspritze. Anschließend werden
0,61 g	Eis (2 kleine Würfel) zugegeben und
0,15 mL	Salzsäure ($w(HCl) = 20\%$) zugetropft. Hierbei fällt die Sulfanilsäure in feinen, weißen Kristallen wieder aus. Unter Außenkühlung mit einem Eisbad werden bei etwa 0 – 5 °C (Thermoelement zur Temperaturkontrolle verwenden!)
0,43 mL	Natriumnitritlösung ($w(NaNO_2) = 10\%$) innerhalb von 10 min mittels einer Spritze zugetropft. Dabei bleibt die Spritze während des Zutropfens im Deckel des

Abb. 7-2. Vereinfachte Form der SOP.

Bei der Erstellung von Ergebnisprotokollen in Analyselabors ist ebenso sorgfältig vorzugehen. Das Protokoll soll enthalten:
- Überschrift,
- Datum,
- Namen des Durchführenden (ggf. Kürzel),
- eine Serien oder Probennummer,
- ggf. die Reaktionsgleichung der Reaktion,
- ggf. die Bedingungen der Analysenmethode,
- die genaue Durchführung der Analytik,
- Störungen beim Ablauf der Analytik,
- Rohdaten wie Massen, Verbrauch, Peakflächen usw.,
- ggf. Chromatogramme oder Spektren,
- Berechnungen, Statistik,
- Ergebnis mit Präzisionsangabe,
- Unterschrift,
- Unterschrift des Labor- oder Qualitätssicherungs(QS)-Vorgesetzten.

Die Form und Art der Dokumentation ist auf die Bedürfnisse jedes Laboratoriums anzupassen. Es gilt hier wie immer der Grundsatz der Verhältnismäßigkeit und Wirtschaftlichkeit, d. h. dass das festgelegte Ziel der ausreichenden Dokumentation mit dem geringst möglichen Einsatz von Zeit, Geld und Ressourcen zu erreichen ist.

Aufgabe

> Folgende, unzureichende Arbeitsvorschrift soll in eine akzeptable SOP nach den GLP/GMP-Richtlinien umgewandelt werden.
>
> *Arbeitsanweisung*
>
> Es soll eine Maßlösung mit der Stoffmengenkonzentration $c(NaOH) = 0{,}1$ mol/L hergestellt werden. Dazu werden 2,2 g Natriumhydroxid in einem Wägegläschen abgewogen, über einen Trichter mit Wasser in einen 500-mL-Messkolben überspült, mit Wasser bis zur Marke des Kolbens aufgefüllt und die entstandene Lösung gut durchgeschüttelt.

7.4 Genauigkeit in der Angabe von Zahlendaten

Taschenrechner und PC liefern bereits bei einfachen Rechenoperationen acht bis zehnziffrige Ergebnisse, die von vielen Anwendern kritiklos mit voller Ziffernfolge übernommen werden. Bereits C. F. Gauss bemerkte „Der Mangel an mathematischer Bildung gibt sich durch nichts so auffallend zu erkennen, wie durch maßlose Schärfe im Zahlenrechnen." (Zitiert nach Küster, Thiel, Fischbeck: Logarithmische Rechentafel; Walter de Gruyter Verlag, Berlin, 100. Auflage, 1969).

Zur Genauigkeit in den Angaben von Zahlendaten einige Grundsätze, die nach dem Aufsatz von B. Hofweber in der Zeitschrift „Ausbilder für die chemische Industrie", Ausgabe vom 5. November 1985, zusammengestellt wurden.

Als wichtigster Grundsatz gilt, dass ein Mess- oder Berechnungswert nicht genauer angegeben werden darf, als es die Genauigkeit des Verfahrens erlaubt. Das Ergebnis muss die Genauigkeit des Wertes widerspiegeln. Die durch Berechnung erhaltenen Ergebnisse sind auf eine sinnvolle Anzahl von Stellen zu runden. Beim Runden gelten die Regeln nach DIN 1333 (sog. kaufmännisches Runden):

1. Die letzte anzugebende Stelle behält ihren Wert, wenn ihr eine Ziffer kleiner als 5 folgt, es wird „abgerundet".
   1,8246   durch Runden auf 2 Nachkommastellen wird 1,82
2. Der Wert der letzten anzugebenden Stelle erhöht sich um 1, wenn die Ziffer 5 oder größer folgt, es wird „aufgerundet".
   1,8246   durch Runden auf 3 Nachkommastellen wird 1,825

3. Ein mehrfaches Runden ist nicht akzeptabel. Falsch wäre also:

1,8246   Runden auf 3 Nachkommastellen   1,825
und dann weiteres
         Runden auf 2 Nachkommastellen   1,83

Ausgehend von diesen Rundungsregeln können folgende drei Regeln zu Genauigkeitsangaben aufgestellt werden.

1. Angabe von Messwerten

Regel 1:
Die vorletzte Zahl einer Zahl muss sicher sein, die letzte Stelle kann unsicher sein.

Beispiel

Beim Ablesen einer Bürette (siehe Abschnitt 4.2.2) geben zwei Mitarbeiter folgende Werte an:

Mitarbeiter 1   9,8 mL
Mitarbeiter 2   9,80 mL

Wendet man die Rundungsregeln an, kann der Wert vom Mitarbeiter 1 betragen:

angegeben   9,8 mL
durch Rundung   von 9,75 bis 9,84 mL ergibt 9,8 mL

Der Wert von Mitarbeiter 2 ist zu interpretieren:

angegeben   9,80 mL
durch Rundung   von 9,795 bis 9,804 mL ergibt 9,80 mL.

Welche Angabe ist nun korrekt? Wurde z. B. eine Bürette mit einem Maximalvolumen von 50 mL benutzt, kann das abgelesene Volumen mit der zweiten Stelle nach Komma geschätzt werden. Ausgehend davon, dass die letzte Stelle eines Messwertes geschätzt sein darf, wäre die Angabe 9,80 mL akzeptabel. Wurde eine 10-mL-Bürette benutzt, mit der die dritte Stelle nach Komma geschätzt werden kann, wäre sogar die Angabe von z. B. 9,795 mL akzeptabel.

Daraus folgt, dass der Informationsgehalt z. B. der Zahl 5,00 nicht identisch ist mit dem Informationsgehalt der Zahl 5. Daher darf die Nachkommanull (5,0) nicht einfach weggelassen werden.

2. Addition und Substraktion von Daten

Regel 2:
Bei Addition und Subtraktion von Daten bestimmt der Messwert mit der kleinsten Stellenanzahl die Rundungsstelle des Messergebnisses.

Beispiel

Die molare Masse von Calciumhydroxid, $Ca(OH)_2$, soll berechnet werden. Aus Tabellenbüchern werden folgende atomaren Massen entnommen:

Ca   40,08 g/mol
H   1,00797 g/mol
O   15,9994 g/mol

Die Berechnung der molaren Masse erfolgt durch Summenbildung unter Berücksichtigung der molaren Zusammensetzung:

$$
\begin{array}{rcr}
1 \cdot 40{,}08 \text{ g/mol} &=& 40{,}08 \text{ g/mol} \\
2 \cdot 1{,}00797 \text{ g/mol} &=& 2{,}01594 \text{ g/mol} \\
2 \cdot 15{,}9994 \text{ g/mol} &=& 31{,}9988 \text{ g/mol} \\
\hline
\text{molare Masse} & & 74{,}09474 \text{ g/mol}
\end{array}
$$

Da die atomare Masse von Calcium nur mit zwei Stellen nach dem Komma angegeben wurde, darf das Ergebnis der Berechnung, die molare Masse, mit dieser Rundungsstelle angegeben werden. Die molare Masse wäre also 74,09 g/mol.

3. Multiplikation und Division von Daten
Regel 3:
Bei Multiplikation und Division von Daten bestimmt der Wert mit der kleinsten Anzahl „geltender" Ziffern die Ziffernanzahl des Ergebnisses.

Beispiel 1
Der Durchmesser eines Zylinders wird mit 10 cm und die Höhe mit 60 cm angegeben. Das Volumen des Zylinders wird angegeben mit Gl. (7-1)

$$V = \frac{d^2 \cdot \pi}{4} \cdot h \tag{7-1}$$

Wird die Kreiskonstante mit $\pi = 3{,}14$ angenommen, wird V berechnet mit Gl. (7-2):

$$V = \frac{10^2 \text{ cm}^2 \cdot 3{,}14}{4} \cdot 60 \text{ cm} = \underline{4710 \text{ cm}^3} \tag{7-2}$$

Die Einzelmaße wurden ohne Kommastelle angegeben. Nach der Rundungsregel und der Regel, dass die letzte Stelle fehlerbehaftet sein kann, könnten folgende Grenzwerte gemessen worden sein:

Durchmesser   9,5 bis 10,4 cm
Länge   59,5 bis 60,4 cm

Setzt man die Grenzwerte in die Gl. (7-3) und (7-4) ein, ergeben sich folgende Grenzwerte für das Volumen des Zylinders.

$$V = \frac{9{,}5^2 \text{ cm}^2 \cdot 3{,}14}{4} \cdot 59{,}5 \text{ cm} = \underline{4215{,}3518 \text{ cm}^3} \quad \text{(volle Stellenzahl)} \tag{7-3}$$

$$V = \frac{10{,}4^2 \text{ cm}^2 \cdot 3{,}14}{4} \cdot 60{,}4 \text{ cm} = \underline{5128{,}2982 \text{ cm}^3} \quad \text{(volle Stellenzahl)} \tag{7-4}$$

Das reine Rechenergebnis V = 4710 cm³ enthält ein Unsicherheitsintervall von 912,9464 cm³ (5128,2982 cm³ − 4215,3518 cm³)! Das bedeutet, dass die letzten drei Vorkommastellen unsicher sind. Daher ist eine Rundung ab der dritten Stelle (von rechts nach links) notwendig, das Ergebnis sollte zweiziffrig sein. Das entspricht der Regel 3, die Ausgangsmesswerte sind ebenfalls zweiziffrig. Die Volumenangabe V = 4,7 dm³ wäre ein akzeptables zweiziffriges Ergebnis.

Beispiel 2

6 g Natriumchlorid sind in 90 g Lösung gelöst. Wie groß ist der Massenanteil?
Der Massenanteil w (siehe Abschnitt 8.3.1) berechnet sich aus:

$$w = \frac{6}{90} = 0{,}06666666 \text{ (alle Stellen des benutzten Taschenrechners)} \qquad (7\text{-}5)$$

Durch Rundungen könnten auf der Waage gemessen sein:

Natriumchlorid   5,5 g bis 6,4 g
Lösung: 89,5 g bis 90,4 g

Werden die Extremwerte berechnet, erhält man nach Gl. (7-6):

$$w = \frac{5{,}5}{90{,}4} = \underline{0{,}0608407} \quad \text{und} \quad w = \frac{6{,}4}{89{,}5} = \underline{0{,}0715083} \qquad (7\text{-}6)$$

Daraus folgt, dass nur die erste Stelle nach dem Komma identisch ist, die zweite Nachkommastelle ist bereits unsicher. Nach der Regel 1 muss das Ergebnis von 0,0666666 auf w = 0,07 aufgerundet werden. In dieser Zahl ist nur *eine* „geltende" Ziffer enthalten (die 7), die Nullen nach dem Komma ergeben sich durch die Division. Die Regeln 2 und 3 werden durch dieses Beispiel bestätigt.

Ein weiterer Mitarbeiter wiegt das Natriumchlorid und die Lösung auf der Analysenwaage ab und erhält die Massen:

5,000 g   Natriumchlorid
90,400 g   Lösung

Die angegebenen Massen sind vier- und fünfziffrig. Das Ergebnis wird nach den Regeln 2 und 3 mit vier geltenden Ziffern angegeben: 0,06667.

Die Ergebnisse und Berechnungen, die sich aus den Übungen und Beispielen dieses Buches ergeben, sind immer hinsichtlich dieser drei Regeln zu überprüfen.

8
Herstellung von Lösungen und Messungen von Konstanten (Prozess)

8.1
Prozessbeschreibung

In dem Prozess wird aus einem Tensid (synthetische Seife) und verschiedenen Zusatzstoffen ein mildes Antischuppen-Haarshampoo hergestellt. Von dem hergestellten Shampoo werden verschiedene Konstanten bestimmt: die Dichte, die Viskosität, der pH-Wert und die Oberflächenspannung. Durch die Bestimmung der Konstanten kann eine Qualitätsabschätzung des Shampoos vorgenommen werden. *Prozess Kapitel 8:*

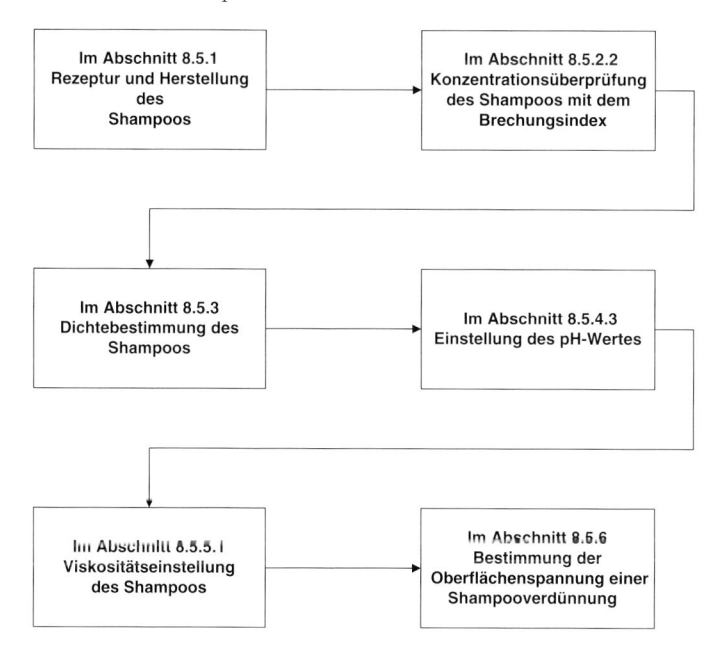

```
┌─────────────────────┐      ┌─────────────────────────┐
│ Im Abschnitt 8.5.1  │      │ Im Abschnitt 8.5.2.2    │
│ Rezeptur und        │─────▶│ Konzentrationsüberprüfung│
│ Herstellung des     │      │ des Shampoos mit dem    │
│ Shampoos            │      │ Brechungsindex          │
└─────────────────────┘      └─────────────────────────┘
                                        │
           ┌────────────────────────────┘
           ▼
┌─────────────────────┐      ┌─────────────────────────┐
│ Im Abschnitt 8.5.3  │      │ Im Abschnitt 8.5.4.3    │
│ Dichtebestimmung    │─────▶│ Einstellung des         │
│ des Shampoos        │      │ pH-Wertes               │
└─────────────────────┘      └─────────────────────────┘
                                        │
           ┌────────────────────────────┘
           ▼
┌─────────────────────┐      ┌─────────────────────────┐
│ Im Abschnitt 8.5.5.1│      │ Im Abschnitt 8.5.6      │
│ Viskositäts-        │─────▶│ Bestimmung der          │
│ einstellung des     │      │ Oberflächenspannung     │
│ Shampoos            │      │ einer Shampooverdünnung │
└─────────────────────┘      └─────────────────────────┘
```

1 × 1 der Laborpraxis: Prozessorientierte Labortechnik für Studium und Berufsausbildung. 2. Auflage.
Stefan Eckhardt, Wolfgang Gottwald, Bianca Stieglitz
Copyright © 2007 WILEY-VCH Verlag GmbH & Co. KGaA, Weinheim
ISBN: 978-3-527-31657-1

Vor der eigentlichen Beschreibung des Prozesses wird die Herstellung von Suspensionen, Emulsionen und Lösungen beschrieben und es werden wichtige Konstanten, die im Laboratorium hauptsächlich zur Abschätzung der anwendungstechnischen Eigenschaften benötigt werden, erläutert.

8.2
Lösungen und disperse Systeme

Wenn chemische Reaktionen ablaufen, müssen die Edukte, also die eingesetzten Ausgangschemikalien, sehr gut miteinander vermischt werden, damit die beteiligten Moleküle miteinander reagieren können. Bei der Reaktion entsteht oft sehr viel Wärmeenergie oder es wird zum Anspringen der Reaktion Wärmeenergie benötigt, die von außen zugeführt werden muss. Aus diesen Gründen werden chemische Reaktionen gewöhnlich in Lösungen durchgeführt.

Eine Lösung ist eine flüssige Mischung aus einem Lösemittel und dem darin gelösten Stoff, der ein Feststoff, eine Flüssigkeit oder ein Gas sein kann. Da der im Lösemittel gelöste Stoff bis zur Molekülgröße verteilt ist,
- ist eine Lösung immer durchsichtig (nicht mit Farblosigkeit verwechseln!),
- kann die Mischung nicht durch Filtration oder Zentrifugation getrennt werden,
- gelingt ihre Trennung durch Destillation, Rektifikation oder einfaches Abdampfen.

Daher handelt es sich bei den „echten" Lösungen um sog. homogene Gemische.

Mischt man z. B. Sand und Wasser zu flüssigem Schlamm, entsteht ein disperses System. Das Merkmal aller dispersen Systeme ist ihre Trübheit. Solche dispersen Systeme können mit einfachen physikalischen Techniken, wie Filtrieren, Zentrifugieren usw. getrennt werden. Sind die dispergierten Teilchen größer als die Wellenlänge des eingestrahlten Lichtes, lassen sich die Teilchen mit dem Auge oder mit dem Mikroskop erkennen.

Als typische disperse Systeme sind zu nennen:
- *Dispergierter Feststoff in dem Dispersionsmittel Flüssigkeit*
  Suspension, z. B. Sand in Wasser, Schlamm, ungelöste Reaktionsprodukte in einer Flüssigkeit. Die Trennung gelingt durch Filtration oder Zentrifugieren.
- *Flüssigkeit in Flüssigkeit*
  Emulsion, z. B. Fett in Wasser, Milch, Kosmetika: Öl-in-Wasser- (Ö/W) oder Wasser-in-Öl-Emulsionen (W/Ö). Die Emulsion wird stabil, indem ein Emulgator zugefügt wird. Die Trennung gelingt durch Zerstörung des Emulgators oder durch Zentrifugation.
- *Feststoff in Gas*
  Rauch, z. B. bei der Verbrennung fossiler Brennstoffe. Trennung durch Filtration und Abscheidung, z. B. im Elektroabscheider.

- *Flüssigkeit in Gas*
  Nebel, z. B. am Morgen eines feuchten Tages mit niedriger Temperatur. Mögliche Trennung durch Erwärmen oder Trocknen des Gases. Beim sichtbaren Nebel wurde die Aufnahme des Wassers in Luft überschritten. Feuchte, aber durchsichtige Luft ist ein homogenes Gemisch, keine Dispersion.
- *Gas in Feststoff*
  Ein disperses Gemisch aus einem Gas in einem Feststoff ist z. B. Styropor oder ein Schwamm. Eine Trennung ist gewöhnlich nicht sinnvoll.
- *Gas in Flüssigkeit*
  Ein disperses System aus einem Gas in einer Flüssigkeit ist z. B. der Schaum. Mineralwasser ist kein disperses System, da es sich um eine echte Lösung handelt.
  Ein heftig entstehender Schaum kann in einer chemischen Reaktion zum Problem werden, da eine Homogenisierung durch Rühren erschwert wird. Es werden dann sog. Entschäumer, meist auf Siliconbasis, eingesetzt, die die flüssige Trennwand zwischen den Gasbläschen zerfallen lassen. Der Schaum bricht dann zusammen.

Da bei der Vermischung zweier Gase immer ein durchsichtiges, homogenes Gemisch entsteht, ist ein solches *Gas/Gas-Gemisch* niemals heterogen.

Ein solches disperses System gibt es nicht, bei der Vermischung zweier Gase entsteht immer ein durchsichtiges, homogenes Gemisch.

In chemischen Labors wird die Verwendung von Lösungen bevorzugt, da die Moleküle in Lösungen am homogensten verteilt sind und die Reaktionen gleichmäßig und schnell verlaufen.

Eine Lösung wird wie folgt hergestellt:

Der zu lösende Stoff wird separat in einem Becherglas, Wägeglas o. ä. abgewogen. Die Lösemittelmenge wird in einem passenden Messgerät (Messzylinder, Pipette ö. ä.) abgemessen. Nun werden in ein Becherglas etwa Zweidrittel des Lösemittels vorgelegt und unter Rühren der zu lösende Stoff zugegeben. Ist mit einer deutlichen Wärmetönung zu rechnen, sollte der Ansatz von außen gekühlt werden. Zum Einrühren kann ein Glasstab, ein Magnetrührer oder eine komplette Rührapparatur mit Elektromotor dienen. Mit dem noch vorhandenen Drittel des Lösemittels wird das Glasgerät, in dem sich der zu lösende Stoff befand, ausgespült und vorsichtig in die entstandene Lösung gegeben. Um die entstandene Lösung zu homogenisieren, kann die Lösung für wenige Minuten in ein Ultraschallbad gestellt werden. Doch Vorsicht: Es gibt Chemikalien, die sich unter Ultraschalleinfluss verändern können. Zum Beispiel kann sich der Polymerisationsgrad von Polystyrollösungen (Viskosität) unter Ultraschalleinfluss merklich verringern.

Praxisaufgabe: Herstellung einer Natronlauge

Ermitteln Sie die Sicherheitsdaten von Natriumhydroxid.

> Stellen Sie nach der vorher beschriebenen Arbeitsweise eine Natronlauge aus 1800 mL entmineralisiertem Wasser und 200 g Natriumhydroxid her. Es ist eine deutliche Wärmetönung zu beobachten. Berechnen Sie dann nach Studium des Abschnittes 8.3.1 den Massenanteil in Prozent. Die entstandene Natronlauge kann nach dem Abkühlen im Praktikum verwendet werden.

Eine Sonderform einer Lösung ist die „unechte" oder „kolloidale" Lösung. Von außen betrachtet wirkt die unechte Lösung homogen oder nur ganz leicht trüb. Fällt ein Lichtstrahl durch eine unechte Lösung, kann der Lichtstrahl *in* der unechten Lösung verfolgt werden, ähnlich wie der Lichtstrahl des Projektors in einem Kino gut zu erkennen ist. In echten Lösungen ist der Lichtstrahl nicht zu sehen. Dieser Effekt wird nach seinem Entdecker „Tyndall-Effekt" genannt (Abbildung 8-1).

echte Lösung
ohne Tyndall-Effekt

scheinbare Lösung
mit Tyndall-Effekt

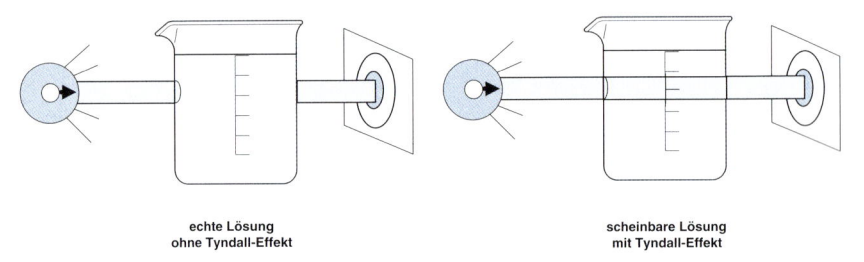

Abb. 8-1. Tyndall-Effekt.

In unechten Lösungen sind die gelösten Teilchen zwar kleiner als die Wellenlänge des eingestrahlten Lichtes, aber so groß, dass die verlängerten Schatten der Teilchen zu erkennen sind. Kolloidale Lösungen können durch Ultrafiltrationen und durch Ultrazentrifugationen getrennt werden. Beispiele solcher kolloidalen Lösungen sind Haargel, oder das Eiweiß eines Eies.

Praxisaufgabe: Herstellung von Haargel

> Als Gelbildner zur Herstellung des Haargels wird ein Co-Polymer eingesetzt, welches aus den beiden Bausteinen Acrylsäure und Acrylamid besteht. Bei der Gelbildung entsteht aus den langen Fadenmolekülen des Polymers ein Netz. In den Zwischenräumen des Netzes wird das Wasser gebunden. Die fadenförmigen Moleküle sind so groß, dass sie den Tyndall-Effekt auslösen. Der Mar-

kenname des Gelbildners ist PNC 430 HT, zu beziehen wie der Festiger HF 64 z. B. bei der Firma Colimex, Ringstraße 46, 50996 Köln (www.colimex.de).

Gelbildner PNC 430 HT (40 g)
Artikelnummer 40220   Preis ca. 2,50 Euro
Festiger HF64 (50 g)
Artikelnummer 31303   Preis ca. 4,00 Euro
(Preise Stand 2002)

Herstellung des Gels
In eine 100-mL-Flasche werden ca. 50 mL abgekochtes und erkaltetes entmineralisiertes Wasser und ca. 5 g des Haarfestigers HF 64 abgefüllt. Zum Schluss wird die Lösung mit 0,5 g PNC 430 HT und etwas Speisefarbe versetzt, die Flasche verschlossen und so lange geschüttelt, bis ein homogenes Gel entstanden ist. Der Tyndall-Effekt ist mit einer starken Lampe deutlich zu erkennen. Das unkonservierte Haargel ist ca. 2–3 Wochen zu verwenden. Eine Verwendung ist nur dann statthaft, wenn das Gel nicht mit Chemikalien kontaminiert ist. Beurteilen Sie das Gel im Vergleich zu käuflichem Markenhaargel.

Wie bereits in Abschnitt 8.2 festgestellt wurde, sind Emulsionen Verteilungen von Flüssigkeiten in anderen Flüssigkeiten. Eine einfache Emulsion ist die Verteilung von Öl in Wasser. Allerdings entmischen sich solche Verteilungen mehr oder weniger schnell. Öl-in-Wasser-Emulsionen können nur unter der Einwirkung von Emulgatoren stabilisiert werden. Die Moleküle eines Emulgators bestehen aus einem hydrophilen (wasserfreundlichen) Teil und einem lipophilen (fettfreundlichen) Teil. Mischt man Emulgatoren in eine Öl-in-Wasser-Verteilung, dann richtet sich der wasserliebende Teil nach dem Wasser und der fettliebende Teil nach dem Öl aus und kann somit beide Phasen miteinander stabil verbinden (Abbildung 8-2).

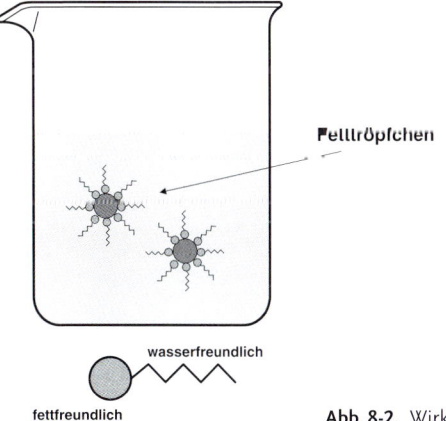

Abb. 8-2. Wirkungsweise von Emulgatoren.

Ein viel verwendeter synthetischer Emulgator ist z. B. Polyethylenglycol PEG. Natürliche Emulgatoren sind z. B. die Lecithine, die sich im Eigelb und in der Sojabohne befinden. Die wichtigsten Bestandteile des Lecithins sind sog. Phospholipide, die die in Abbildung 8-2 aufgezeichnete „Kopf-Schwanz-Struktur" besitzen.

Praxisaufgabe: Herstellung einer hochwertigen Hautmilch

Eine einfache Hautmilch besteht aus einem Pflanzenöl, einem Emulgator, einem Konsistenzgeber, den Zusatzstoffen und viel Wasser. Die Hautmilch kann nach der Herstellung direkt ausprobiert werden. Da sie nicht konserviert ist, hält sie sich jedoch nur maximal drei Wochen im Kühlschrank. Die Verwendung ist nur dann statthaft, wenn die Hautmilch nicht mit Chemikalien kontaminiert ist.

Zunächst wird der Emulgator in eine Mischung von Öl und Konsistenzgeber eingearbeitet (sog. Fettphase), danach kann die Emulsion mit Wasser hergestellt werden.

Herstellung der Fettphase
30 g hochwertiges Pflanzenöl (Avocadoöl, Jojobaöl, Sonnenblumenöl, Mandelöl)
30 g Fluidlecithin Cm und
30 g Sheabutter
werden in einem Becherglas gemischt und vorsichtig in einem Wasserbad aufgeschmolzen (nicht direkt auf der Flamme!). Nach dem Abkühlen entsteht eine halbfeste Masse. Diese Mischung ist bis zu sechs Monaten im Kühlschrank haltbar.

Herstellung der Hautmilch (Emulsion)
20 g entmineralisiertes Wasser werden bis zum Sieden erhitzt und dann kochend auf 10 g der Fettphase in einer verschließbaren Flasche gegeben. Die Flasche wird verschlossen, mit einem Lappen umwickelt und dann bis zum Erkalten geschüttelt. Ein festes gleichmäßiges Schütteln garantiert, dass die Hautmilch eine schöne Konsistenz erhält. Nach dem Abkühlen auf Raumtemperatur muss die Emulsion noch ca. einen Tag stehen, dann erhält sie die richtige Konsistenz. In die kalte Hautmilch können noch hautwirksame Stoffe wie Allantoin, Vitamin E und Parfümstoffe (Vorsicht! u. U. allergieauslösend) eingerührt werden. Hautempfindliche Personen sollten sich etwas von der fertigen Hautmilch auf die Innenseite der Armbeuge reiben. Tritt nach einigen Stunden keine Hautrötung auf, ist eine Allergie unwahrscheinlich.

> Beurteilen Sie die selbsthergestellte Hautmilch im Vergleich zu vergleichbaren Markenprodukten. Versuchen Sie die Angaben auf den Verpackungen über deren Zusammensetzung zu interpretieren.

Die Rohstoffe sind zu beziehen z. B. bei Firma Colimex, Köln (www.colimex.de).

Fluidlecithin Cm 250 mL	Artikelnummer 60353	Preis ca. 9,00 Euro
Sheabutter 250 g	Artikelnummer 60206	Preis ca. 8,50 Euro
(Preise Stand 2002)		

8.3
Anteil- und Konzentrationsangaben

Um die Menge des gelösten Stoffes im Lösemittel zu charakterisieren, gibt es mehrere Möglichkeiten:
- Angabe des Massenanteils w,
- Angabe des Volumenanteils φ,
- Angabe der Massenkonzentration β,
- Angabe der Volumenkonzentration σ,
- Angabe der Stoffmengenkonzentration c.

Bei der Angabe eines „Anteils" werden stets Quotienten gleicher Größen wie Masse oder Volumen verwendet. Bei der Angabe der Konzentration wird die Menge des gelösten Stoffes auf das Volumen der Flüssigkeit bezogen. Beiden Angaben ist gemeinsam, dass sie nur mit der formelmäßigen Angabe des gelösten Stoffes gültig sind. Dabei wird der gelöste Stoff in einer Klammer angegeben, z. B. $w(NaCl) = 12\,\%$ oder $\beta(KCl) = 25\,g/L$.

8.3.1
Massenanteil

Der Massenanteil w ist der Quotient aus der Masse m_x des gelösten Stoffes und der Gesamtmasse m_L der Lösung. Die Gesamtmasse der Lösung ist die Summe aus der Masse an gelöster Substanz m_x und der Masse des Lösemittels m_{LM} (Gl. (8-1)). Die Einheit des Massenanteils ist g/g. In vielen Laboratorien wird der Massenanteil w jedoch in % angegeben. Dazu wird der Wert nach Gl. (8-2) mit 100 % multipliziert.

$$m_L = m_x + m_{LM} \tag{8-1}$$

$$w(x) = \frac{m_x}{m_L} \cdot 100\,\% = \frac{m_x}{m_x + m_{LM}} \cdot 100\,\% \tag{8-2}$$

Zur Verdeutlichung sollen drei Rechenbeispiele exemplarisch erläutert werden:

Rechenbeispiel 1:

Berechnen Sie den Massenanteil w(NaCl) einer Natriumchloridlösung, wenn 40 g reines Natriumchlorid in 400 g entmineralisiertem Wasser gelöst werden.

1. Zunächst wird die Masse der Lösung ermittelt

$$m_L = m_x + m_{LM}$$
$$m_L = 40\text{ g} + 400\text{ g} = \underline{440\text{ g}}$$

2. Dann wird nach Gl. (8-2) der Massenanteil berechnet:

$$w(x) = \frac{m_x}{m_L} \cdot 100\,\%$$

$$w(NaCl) = \frac{40\text{ g}}{440\text{ g}} \cdot 100\,\%$$

$$w(NaCl) = \underline{9,1\,\%}$$

Rechenbeispiel 2:

Es sollen 800 g Natriumcarbonatlösung mit einem Massenanteil von w(Na$_2$CO$_3$) = 12 % hergestellt werden. Welche Masse reines Natriumcarbonat und welche Masse Wasser müssen abgewogen werden?

1. Die Berechnung des Massenanteils wird mit Gl. (8-2) vorgenommen.

$$w(x) = \frac{m_x}{m_L} \cdot 100\,\%$$

2. Zwei Größen sind in der Aufgabe gegeben:

$$12\,\% = \frac{m_x}{800\text{ g}} \cdot 100\,\%$$

m_L (800 g) und w (12 %), die Größe m_x soll berechnet werden. Durch Umstellen der Formel wird die Größe m_x

$$m_x = \frac{12\,\% \cdot 800\text{ g}}{100\,\%} = \underline{96\text{ g}}$$

berechnet.

3. Da sich nach Gl. (9-1) die Masse des gelösten Stoffes und des Lösemittels additiv zusammensetzen, kann die Masse des Lösemittels ermittelt werden:

$$m_L = m_x + m_{LM}$$

$$800\text{ g} = 96\text{ g} + m_{LM}$$

$$m_{LM} = 800\text{ g} - 96\text{ g} = \underline{704\text{ g}}$$

Wenn 704 g Wasser und 96 g Natriumcarbonat gemischt werden, entstehen 800 g einer Natriumcarbonatlösung mit $w(Na_2CO_3)$ = 12 %.

Rechenbeispiel 3:

78 g Kaliumnitrat sollen so gelöst werden, dass eine Lösung mit $w(KNO_3)$ = 15 % entsteht. Wie viel g Wasser werden dazu benötigt?

1. Zunächst wird die Gl. (8-2) benötigt:

$$w(x) = \frac{m_x}{m_x + m_{LM}}$$

2. Als Werte sind m_x (78 g) und der

$$15\,\% = \frac{78\text{ g}}{78\text{ g} + m_{LM}} \cdot 100\,\%$$

Massenanteil w (15 %) gegeben. Berechnet werden soll die Masse des Lösemittels m_{LM}.

3. Die Gleichung wird umgestellt:

$$15\,\% \cdot (78\text{ g} + m_{LM}) = 78\text{ g} \cdot 100\,\%$$

$$15\,\% \cdot 78\text{ g} + 15\,\% \cdot m_{LM} = 7800\text{ g\,\%}$$

$$m_{LM} = \frac{7800\text{ g\,\%} - 78 \cdot 15\text{ g\,\%}}{15\,\%}$$

$$m_{LM} = \underline{442\text{ g}}$$

Es müssen 442 g Wasser und 78 g Kaliumnitrat gemischt werden, um 520 g einer Lösung mit $w(KNO_3)$ = 15 % herzustellen.

8.3.2
Volumenanteil

Der Volumenanteil φ wird bei Flüssigkeitsmischungen bevorzugt angegeben. Der Volumenanteil ist der Quotient aus dem Volumen V_x eines Stoffes und der Summe V_x und V_y der an der Mischung beteiligten Flüssigkeiten *vor* dem Mischen.

Die letzte Aussage ist sehr wichtig, weil manche Gemische eine Volumenkontraktion erfahren, wenn sie aus zwei abgemessenen Flüssigkeiten gemischt werden. Zum Beispiel wird aus 100 mL Wasser und 100 mL Ethanol nur 185 mL Gemisch und nicht 200 mL.

Man kann sich das Prinzip der Volumenkontraktion verdeutlichen, wenn 100 mL dicke Bohnen und 100 mL Linsen gemischt werden. Die kleinen Linsen füllen die Zwischenräume der dicken Bohnen, das Gesamtvolumen setzt sich nicht mehr additiv zusammen.

■ **Merke:** *Der Volumenanteil φ berücksichtigt die Volumenkontraktion nicht, er berechnet sich nach Gl. (8-3)* Man unterscheide die Angaben „Volumenanteil" und „Volumenkonzentration".

$$\varphi(X) = \frac{V_x}{V_x + V_y} \cdot 100\,\% \tag{8-3}$$

Rechenbeispiel:
140 mL Ethanol und 233 mL Wasser werden gemischt. Wie groß ist der Volumenanteil φ(Ethanol) im Gemisch?

1. Der Volumenanteil kann mit Gl. (8-3) berechnet werden:

$$\varphi(\text{Et}) = \frac{V_{\text{Et}}}{V_{\text{Et}} + V_{\text{Wasser}}} \cdot 100\,\%$$

2. Alle Größen sind bekannt und können in die Gleichung eingesetzt werden:

$$\varphi(\text{Et}) = \frac{140\text{ mL}}{140\text{ mL} + 233\text{ mL}} \cdot 100\,\%$$

$$\varphi(\text{Et}) = \underline{\underline{37{,}5\,\%}}$$

8.3.3
Massenkonzentration

Die Massenkonzentration β, die sehr häufig in der Wasseranalytik und in der Färbereitechnik angewendet wird, ist der Quotient aus der Masse m_x und dem Volumen V der Lösung (Gl. (8-4)). Bevorzugt wird die Einheit g/L, aber auch die Einheit g/100 mL z. B. in der Fotometrie eingesetzt.

$$\beta(X) = \frac{m_x}{V} \tag{8-4}$$

8.3.4
Volumenkonzentration

Die Volumenkonzentration ist der Quotient aus dem Volumen der zu mischenden Flüssigkeit und dem Volumen *V* der Mischung *nach* dem Mischungsvorgang. Die Volumenkontraktion wird bei dieser Angabe also berücksichtigt!

$$\sigma(X) = \frac{V_x}{V} \tag{8-5}$$

Gewöhnlich wird die Volumenkonzentration in mL/L angegeben.

Rechenbeispiel:
100 mL Wasser und 100 mL Ethanol werden gemischt, es entstehen 185 mL Gemisch. Berechnen Sie den Volumenanteil und die Volumenkonzentration an Ethanol im Gemisch.

1. Der Volume*nanteil* berechnet sich nach Gl. (8-3)

$$\varphi(\text{Et}) = \frac{100\,\text{mL}}{100\,\text{mL} + 100\,\text{mL}} \cdot 100\,\%$$

$$\varphi(\text{Et}) = \underline{50\,\%}$$

2. Die Volume*nkonzentration* berechnet sich nach Gl. (8-5):

$$\sigma(\text{Et}) = \frac{V_x}{V}$$

$$\sigma(\text{Et}) = \frac{100\,\text{mL}}{0{,}185\,\text{L}} = \underline{541\,\text{mL/L}}$$

8.3.5 Stoffmengenkonzentration

Die Stoffmengenkonzentration $c(x)$ löst die alte Bezeichnung „Molarität" ab. Die Stoffmengenkonzentration ist definiert als der Quotient aus Stoffmenge $n(x)$ und dem Volumen V der Mischung (Gl. (8-6)).

$$c(x) = \frac{n_x}{V} \tag{8-6}$$

Die Stoffmenge n_x ist der Quotient aus der Masse m_x eines Stoffes und seiner molaren Masse M_x nach Gl. (8-7)

$$n_x = \frac{m_x}{M_x} \tag{8-7}$$

Rechenbeispiel:
Es sollen 2 L einer Lösung mit der Stoffmengenkonzentration $c(\text{NaOH}) = 0{,}3\,\text{mol/L}$ hergestellt werden. Wie viel g NaOH sind abzuwiegen?

1. Die Stoffmengenkonzentration kann mit Gl. (8-6) berechnet werden.

$$c(\text{x}) = \frac{n_x}{V}$$

Durch Umstellen der Gleichung kann die Stoffmenge berechnet werden.

$$n_{\text{NaOH}} = c(\text{x}) \cdot V$$

$$n_{\text{NaOH}} = 0{,}3\,\text{mol/L} \cdot 2\,\text{L}$$

$$n_{\text{NaOH}} = \underline{0{,}6\,\text{mol}}$$

2. Aus der Stoffmenge kann mit Gl. (8.7)

$$n_{NaOH} = \frac{m_x}{M_x}$$

die Stoffportion m durch Umstellung errechnet werden.

$$m_{NaOH} = n_{NaOH} \cdot M_x$$

Die molare Masse von NaOH beträgt $M(NaOH) = 40$ g/mol

$$m_{NaOH} = 0,6 \text{ mol} \cdot 40 \text{ g/mol}$$

$$m_{NaOH} = \underline{24 \text{ g}}$$

Werden 24 g Natriumhydroxid abgewogen und in einen 2000-mL-Messkolben gegeben, der bis zur Marke mit Wasser aufgefüllt wird, erhält man nach dem Lösen eine Natronlauge mit $c(NaOH) = 0,3$ mol/L.

8.4
Mischen von Lösungen

Manchmal werden im Laboratorium Lösungen hergestellt, indem zwei Lösungen unterschiedlichen Massenanteils zu einer neuen Lösung vermischt werden. Oder es wird eine Lösung hergestellt, indem eine höher konzentrierte Lösung mit Lösemittel (z. B. Wasser) verdünnt wird. Die Mengen bzw. die Massenanteile werden mit der Mischungsgleichung berechnet. Die Mischungsgleichung zur Berechnung von Lösungen, die durch Mischen zweier unterschiedlicher Lösungen (bzw. Lösemittel) erhalten wird, lautet:

$$m_1 \cdot w_1 + m_2 \cdot w_2 + \ldots\ldots = (m_1 + m_2 + \ldots.) \cdot w_{end} \tag{8-8}$$

In Gl. (8-8) bedeutet:
- m_1 Masse an Lösung 1
- m_2 Masse an Lösung 2
- w_1 Massenanteil der Lösung 1
- w_2 Massenanteil der Lösung 2
- w_{end} Massenanteil der entstehenden Lösung

Sollte zum Verdünnen einer Lösung reines Lösungsmittel (z. B. Wasser) verwendet werden, so beträgt der Massenanteil des reinen Lösungsmittel $w_2 = 0\,\%$.

Rechenbeispiel 1:
125 g einer Lösung mit $w(x) = 12\,\%$ werden mit 180 g einer Lösung mit $w(x) = 33\,\%$ gemischt. Welchen Massenanteil hat die entstehende Lösung?

1. Zunächst wird die Mischungsgleichung aufgestellt:

$$m_1 \cdot w_1 + m_2 \cdot w_2 = (m_1 + m_2) \cdot w_{end}$$

2. Die Daten der Rechenaufgabe werden definiert:
   $m_1 = 125\,g \quad m_2 = 180\,g \quad w_1 = 12\,\% \quad w_2 = 33\,\% \quad w_{end} = x$
   Sie werden in die Mischungsgleichung eingesetzt:
   $125\,g \cdot 12\,\% + 180\,g \cdot 33\,\% = (125\,g + 180\,g) \cdot x$
3. Durch Umstellen der Gleichung nach x kann das Ergebnis ermittelt werden:
   $$x = \frac{125\,g \cdot 12\,\% + 180\,g \cdot 33\,\%}{(125\,g + 180\,g)} = \underline{24,4\,\%}$$
4. Eine Plausibilitätsprüfung sollte erfolgen:
   Das Ergebnis muss zwischen 12 % und 33 % liegen (Mittelwert 22,5), da von der höher konzentrierten Lösung etwas mehr eingesetzt wurde, muss das Ergebnis höher als der Mittelwert sein.

Rechenbeispiel 2:
Es sollen 500 g einer Schwefelsäure mit $w(H_2SO_4) = 12\,\%$ aus einer Schwefelsäure mit $w(H_2SO_4) = 96\,\%$ durch Verdünnen mit Wasser hergestellt werden. Wie viel g Schwefelsäure mit $w(H_2SO_4) = 96\,\%$ und wie viel g Wasser sind abzuwiegen?
1. Zunächst wird die Mischungsgleichung aufgestellt und die Daten der Aufgabe definiert:
   $m_1 \cdot w_1 + m_2 \cdot w_2 = (m_1 + m_2) \cdot w_{end}$
   m_1 = Schwefelsäure $w(H_2SO_4) = 96\,\% = x$
   m_2 = Wasser
   Beide Massen $m_1 + m_2$ ergeben zusammen nach dem Mischen 500 g Lösung ($m_1 + m_2 = 500\,g$)
   Wird m_1 mit x bezeichnet, dann muss $m_2 = 500\,g - x$ sein.
   $w_1 = 96\,\%$
   $w_2 = 0\,\%$
   $w_{end} = 12\,\%$
2. Die Daten werden in die Mischungsgleichung eingesetzt
   $x \cdot 96\,\% + (500\,g - x) \cdot 0\,\% = 500\,g \cdot 12\,\%$
3. Die Gleichung wird nach x umgestellt
   (Achtung: $(500\,g - x) \cdot 0 = 0!$))
   $$x = \frac{500\,g \cdot 12\,\%}{96\,\%} = \underline{62,5\,g} \text{ Schwefelsäure mit}$$
   $w(H_2SO_4) - 96\,\%$
4. Die Menge an Wasser kann aus der Überlegung berechnet werden, dass die Massen von Schwefelsäure $w(H_2SO_4) = 96\,\%$ und Wasser zusammen 500 g betragen.
   $m_2 = 500\,g - m_1 = 500\,g - 62,5\,g = \underline{437,5\,g}$ Wasser
5. Werden 437,5 g Wasser vorgelegt und darin langsam 62,5 g Schwefelsäure mit $w(H_2SO_4) = 96\,\%$ eingerührt, erhält man 500 g Schwefelsäure mit $w(H_2SO_4) = 12\,\%$.

6. Plausibilitätsprüfung:
   Die Massen 62,5 und 437,5 g stehen im Verhältnis 1:7. Die zwölfprozentige Lösung steht zur Differenz der beiden Konzentrationen 96 % − 12 % = 84 % ebenfalls im Verhältnis 1:7.

Rechenbeispiel 3:
Wie viel g von einer Natriumchloridlösung mit $w(NaCl) = 14\,\%$ müssen zu 500 g einer Lösung mit $w(NaCl) = 5\,\%$ gemischt werden, damit eine Lösung mit $w(NaCl) = 10\,\%$ entsteht?

1. Zunächst wird die Mischungsgleichung aufgestellt und die Daten werden definiert.
   $$m_1 \cdot w_1 + m_2 \cdot w_2 = (m_1 + m_2) \cdot w_{end}$$
   $m_1 = 500\,g$
   $m_2 = x$
   $w_1 = 5\,\%$
   $w_2 = 14\,\%$
   $w_{end} = 10\,\%$

2. Dann werden die Daten in die Mischungsgleichung eingesetzt.
   $$500\,g \cdot 5\,\% + x \cdot 14\,\% = (500\,g + x) \cdot 10\,\%$$

3. Durch Umstellen nach x kann das Ergebnis erhalten werden.
   $$500\,g \cdot 5\,\% + 14\,\% \cdot x = 500\,g \cdot 10\,\% + x \cdot 10\,\%$$
   $$500\,g \cdot 5\,\% - 500\,g \cdot 10\,\% = 10\,\% \cdot x - x \cdot 14\,\%$$
   $$-2500\,g\,\% = -4\,\% x$$
   $$x = \frac{2500\,g\,\%}{4\,\%} = \underline{625\,g}$$

4. Durch Mischen von 500 g einer Lösung mit $w(NaCl) = 5\,\%$ und 625 g Lösung mit $w(NaCl) = 14\,\%$ entstehen 500 g + 625 g = 1125 g Lösung mit $w(NaCl) = 10\,\%$.

5. Plausibilitätsprüfung:
   Der Mittelwert aus beiden Konzentrationen 5 und 14 % beträgt 9,5 %, also etwas weniger als die geforderten 10 %. Daher muss von der höher konzentrierten Lösung etwas mehr als von der niedrig konzentrierten Lösung eingesetzt werden.

8.5
Bestimmung von Konstanten

Von hergestellten Lösungen oder dispersen Systemen müssen im Laboratorium sehr häufig zur Charakterisierung und zur Qualitätskontrolle verschiedene Messwerte bestimmt werden. Beispiele aus der Anwendungstechnik:

- Bestimmung des Brechungsindexes für Konzentrationsbestimmungen,
- Bestimmung der Dichte bei Batteriesäuren,
- Bestimmung des pH-Wertes von Fleisch,
- Bestimmung der Viskosität (Zähigkeit) von Farben,
- Bestimmung der Oberflächenspannung von Tensidlösungen.

Dazu dienen physikalische Messmethoden, die mit Hilfe verschiedener Geräte durchgeführt werden.

8.5.1
Gerätequalifikation

Bei der Bestimmung von Konstanten werden vom Anwender Volumenmessgeräte, elektrische und optische Geräte eingesetzt, die durch fehlerhafte Funktion und Bedienung falsche Werte ermitteln können. Um das auszuschließen, sollte vor den Messungen in regelmäßigen Abständen überprüft werden, ob das Messgerät (und der Bediener) überhaupt in der Lage ist, richtige Messwerte zu ermitteln. Diese grundlegende, qualitätsverbessernde Arbeit nennt man Gerätequalifikation (früher wurde diese Überprüfung „Gerätevalidierung" genannt).

Gewöhnlich wird die Gerätequalifikation dadurch vorgenommen, dass man unter definierten Bedingungen von Kalibrierlösungen oder Standards (z. B. reine Chemikalien) den betreffenden Messwert bestimmt und ihn mit einem Sollwert (z. B. aus Literatur oder anderen Datenbänken) vergleicht. Das Datum und die erhaltenen Werte werden in ein Gerätebuch (Logbuch) eingetragen. Bei zu starker Abweichung (eigene Definition oder SOP!) zwischen Ist- und Sollwert müssen geeignete Maßnahmen ergriffen werden, damit das Messgerät wieder richtige Werte liefert.

Nachfolgend soll die Bestimmung einiger Messwerte am Prozess „Haarshampoo" genauer erläutert werden.

Prozess Haarshampoo: Die Komponenten

Haarshampoo besteht aus entmineralisiertem Wasser, hautfreundlichen Tensiden (Waschrohstoffe), Zusatzstoffen (z. B. Antischuppenmittel und hautfreundlichen Chemikalien), Farbstoffen, Parfümen, Verdickern und Stoffen, die den gewünschten pH-Wert einstellen. Das Shampoo kann nach der Herstellung ausprobiert werden, es ist jedoch nicht konserviert und damit nur zeitlich begrenzt haltbar. Eine Verwendung ist nur dann statthaft, wenn das Shampoo nicht mit Chemikalien kontaminiert ist.

Benötigt werden:

Zetesol HT	15 Teile
Harnstoff	1 Teil

8 Herstellung von Lösungen und Messungen von Konstanten (Prozess)

Pirocton Olamin	1 Teil (Antischuppenmittel, optional)
Speisefarbstoffe	nach Bedarf
Parfümöl	3 Tropfen oder nach Bedarf
abgekochtes, entmineralisiertes Wasser	83 Teile
Kochsalz zum Einstellen der Viskosität	

Die Chemikalien sind z. B. bei Colimex, Köln (www.colimex.de) zu erhalten.

Zetesol HT 1000 mL Artikelnummer 50805 Preis ca. 7,50 Euro
Pirocton Olamin 50 g Artikelnummer 40317 Preis ca. 18,00 Euro
(Preise Stand 2002)

Folgende Grenzwerte sind bei der Messung des Shampoos einzuhalten:

Tensidgehalt:	15 % ± 0,2 % Zetesol HT
Viskosität	125 mPa · s ± 35 mPa · s (bei 40 °C)
pH-Wert mit Pirocton	7,0 ± 0,1
ohne Pirocton	5,5 ± 0,1

Zur Verfügung steht das Ausgangsprodukt Zetesol HT mit 47 % waschaktiver Substanz (WAS). Bei dem Zetesol HT handelt es sich um ein langkettiges Ethersulfat, welches durch geringen Zusatz des Tensids Betain hautfreundlicher gemacht wurde (Abbildung 8-3).

Ermitteln Sie aus dem Internet über Suchmaschinen wie www.google.de, www.fireball.de, www.altavista.de die Wirkungsweise von Tensiden. Gehen Sie auf folgende Begriffe ein: waschaktive Substanz, Schmutztragevermögen, hydrophile und hydrophobe Zonen, Oberflächenspannung, Alkylsulfonate, Ethersulfat, Betain, Kopf-Schwanz-System, anionenaktive Tenside.

Abb. 8-3. Ethersulfat.

Prozess Haarshampoo: Die Rezeptur

Zunächst wird das Zetesol HT mit ausgekochtem, entmineralisiertem Wasser von 47 % auf 15 % verdünnt. Es sollen 200 g der Zetesolgrundlösung mit $w(\text{Zetesol}) = 15\%$ hergestellt werden. Berechnen Sie mit der Mischungsgleichung die dazu notwendige

Menge Zetesol (47 %) und Wasser. Das verwendete Wasser sollte mindestens 10 Minuten aufgekocht und dann wieder abgekühlt werden. Die berechnete Zetesolmenge wird in einem Wägegläschen abgewogen.

Zweidrittel der berechneten Menge an abgekühltem entmineralisiertem Wasser werden in ein sauberes Becherglas vorgelegt und dann das Zetesol langsam in das entmineralisierte Wasser eingerührt. Mit dem restlichen Drittel des Wassers wird das Wägeglas ausgespült und in das Becherglas überführt.

Von dieser klaren *Zetesolgrundlösung* mit w (Zetesol) = 15 % soll mit Hilfe des Brechungsindexes die genaue Konzentration überprüft werden.

8.5.2
Bestimmung des Brechungsindexes

Fällt ein Lichtstrahl aus der Luft in eine Flüssigkeit, wird der Lichtstrahl charakteristisch gebrochen. Die Brechung ist leicht feststellbar, indem ein Holzstab in ausreichend viel Wasser eingetaucht wird, dabei wird der Holzstab scheinbar abgeknickt. Die Brechung des Lichtes ist eine Folge der unterschiedlichen Ausbreitungsgeschwindigkeiten in den beiden Medien Luft und Flüssigkeit (Abbildung 8-4).

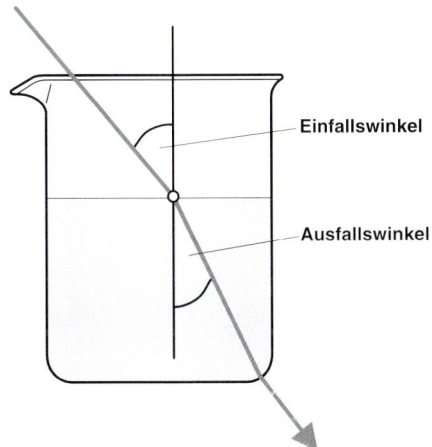

Abb. 8-4. Lichtverhältnisse beim Einfallen eines Lichtstrahles in eine Flüssigkeit.

Wenn der Winkel zwischen dem einfallenden Lichtstrahl und dem Flächenlot α ist und der Winkel zwischen dem gebrochenen Strahl und dem Flächenlot β, dann gilt die Beziehung nach Gl. (8-9):

$$n = \frac{c_1}{c_2} = \frac{\sin \alpha}{\sin \beta} \qquad (8\text{-}9)$$

In Gl. (8-9) bedeutet:
- n Brechungsindex
- c_1 Ausbreitungsgeschwindigkeit des Lichtes in Luft
- c_2 Ausbreitungsgeschwindigkeit des Lichtes in der Flüssigkeit
- α Einfallswinkel zum Lot
- β Brechungswinkel

Der Brechungsindex n ist von der Temperatur und von der Wellenlänge des einfallenden Lichtes abhängig. Im Allgemeinen wird der Brechungsindex bei 20 °C und mit einem gelben Lichtstrahl von 589 nm, dem sog. D-Licht (Licht einer Natriumdampflampe) gemessen. Dieser Wert wird mit n_D^{20} bezeichnet.

Gemessen wird der Brechungsindex n_D^{20} von der im Thermostat auf 20 °C temperierten Messflüssigkeit mit Hilfe des Abbe-Refraktometers. Dabei wird der Winkel β des Lichtstrahles in der Flüssigkeit so lange verändert, bis der ausfallende Lichtstrahl α parallel zur Flüssigkeitsoberfläche austritt (Grenzwinkel). Der Winkel α beträgt dann 90° und der Sinus des Winkels α = 1. Der Lichtstrahl auf der Oberfläche kann im Messgerät durch eine hell/dunkle Grenzlinie beobachtet werden.

8.5.2.1 Messung mit dem Abbe-Refraktometer

Das Refraktometer wird mit Gummischläuchen mit dem Thermostat verbunden. Das Thermostat wird auf 20 °C eingestellt und bei Erreichen der Temperatur die Pumpe in Betrieb genommen, so dass das Wasser durch das Refraktometer strömt.

Das Licht einer Natriumdampflampe mit der Wellenlänge von 589 nm wird auf die Lichtöffnung des Refraktometers gerichtet.

Das Oberteil des Refraktometers wird aufgeklappt und ein Tropfen der zu messenden Flüssigkeit wird gleichmäßig auf die Glasfläche des Refraktometers gestrichen. Das Aufstreichen der Flüssigkeit sollte mit einem weichen Kunststoffstab erfolgen, auf keinen Fall mit einem Glas- oder Metallstab. Da das Glas des Refraktometers sehr weich ist, wären Kratzer die Folge.

Nach dem Verschließen des Refraktometeroberteils ist mit einem Handrad die scharf eingestellte hell/dunkle Grenzfläche so einzustellen, dass sie sich genau in dem markierten Kreuz befindet. In einer Skala ist der Brechungsindex n_D^{20} abzulesen. Nach der Messung ist der Flüssigkeitstropfen mit einem weichen, feuchten und fusselfreien Tuch zu entfernen.

8.5.2.2 Gerätequalifikation des Refraktometers

> ⚠ Ermitteln Sie von den genannten organischen Lösemitteln die Sicherheitsdaten.

Von folgenden, reinen Lösemitteln wird bei 20 °C der Brechungsindex bestimmt:
- Ethanol,
- Toluol,
- Wasser.

Die Sollwerte der Lösemittel sind Internetdatenbänken (z. B. www.chemie-datenbanken.de) zu entnehmen und mit den Istwerten zu vergleichen. Es sollte eine maximale relative Abweichung von $F = 0,5\,\%$ nach Gl. (8-10) nicht überschritten werden:

$$F = \frac{|\text{Istwert} - \text{Sollwert}|}{\text{Sollwert}} \cdot 100\,\% \tag{8-10}$$

Die Überprüfung der Konzentration der Zetesolgrundlösung w (Zetesol) = 15 % wird mit Hilfe des Brechungsindexes vorgenommen.

Prozess Haarshampoo: Die Konzentrationsüberprüfung

Mit Hilfe einer Analysenwaage sind aus der Zetesolausgangslösung mit w(Zetesol) = 47 % (siehe Seite 176) folgende sechs Zetesolverdünnungen herzustellen (jeweils 10 g)

Massenanteil w(Zetesol) = 10, 12, 14, 16, 18 und 20 %

Die Verdünnungen sind mit Hilfe der Mischungsgleichung zu berechnen.
Von den hergestellten Verdünnungen ist bei 20 °C und D-Licht der Brechungsindex zu bestimmen. Die Werte sind tabellarisch zu erfassen. Von der *Zetesolgrundlösung* für das Shampoo mit dem angestrebten Massenanteil w(Zetesol) = 15 % ist unter den gleichen Bedingungen der Brechungsindex zu bestimmen. Anschließend ist auf Millimeterpapier ein Diagramm der Abhängigkeit des Brechungsindexes n von dem Massenanteil w an Zetesol zu erstellen. Nach dem Verbinden der Messpunkte sollte eine Gerade entstehen, ggf. ist nachzumessen. Selbstverständlich kann die Erstellung des Diagramms mit Hilfe einer Tabellenkalkulation, wie z. B. EXCEL, vorgenommen werden.
Durch Eintragen des Brechungsindexes der Shampoogrundlösung in das Diagramm und durch Extrapolieren ist der Gehalt

> an Zetesol zu bestimmen. Beträgt der Zetesolgehalt der Shampoolösung weniger als 14,5 % oder mehr als 15,4 %, ist die Lösung zu korrigieren.

8.5.3
Dichtebestimmung von Flüssigkeiten

Den Quotienten aus der Masse m eines Körpers und seinem Volumen V bezeichnet man als *Dichte* (Gl. (8-11)):

$$\rho = \frac{m}{V} \tag{8-11}$$

Das Kurzzeichen für die Dichte ist der griechische Buchstabe ρ (rho), ihre Einheit ist kg/m³, oder die im Laboratorium gebräuchlicheren Einheiten g/cm³ oder kg/dm³.

Die Dichte ρ ist, wie die Ausgangsgröße Masse m, eine ortsunabhängige Größe. Da die Dichte eine auf das Volumen bezogene Größe ist, ist sie wie diese temperaturabhängig. Steigt die Temperatur, wird auch das Volumen der Flüssigkeit steigen (Achtung: außer bei Wasser!). Da die Masse konstant bleibt, wird die Dichte nach Gl. (8-11) kleiner werden.

Bei Dichteangaben muss daher stets auch die Temperatur angegeben werden, bei der die Dichte gemessen wurde. In der Regel beziehen sich Tabellenwerte auf 20 °C.

Da die Dichte bei einer definierten Temperatur eine Stoffkonstante ist, können die gemessenen Werte verwendet werden, um den mehr oder weniger reinen Stoff in seiner Qualität zu beurteilen.

Die Beziehung von Masse, Volumen und Dichte eines Körpers, wie sie durch Gl. (8-11) ausgedrückt wird, ermöglicht es, jede dieser Größen zu berechnen, wenn die beiden anderen bekannt sind. Dazu kann Gl. (8-11) umgestellt werden.

Die Bestimmung der Dichte kann über die Messung des Volumens und der Masse vorgenommen werden oder über das Prinzip des Auftriebes.

Der einfachste Weg zur Dichtebestimmung fester Stoffe ist die genaue Ermittlung von Masse m und Volumen V. Das Volumen regelmäßiger Körper, wie das eines Würfels oder Zylinders, ist rechnerisch einfach zu bestimmen. Bei unregelmäßigen Körpern erhält man das Volumen durch Verdrängung einer Flüssigkeit. Bei Flüssigkeiten kann das Volumen durch Abmessen mit geeigneten Volumenmessgeräten bestimmt werden. Aus den Größen m und V wird dann die Dichte nach Gl. (8-11) berechnet.

Die meisten der im Folgenden vorgestellten Methoden zur Dichtemessung machen sich das Gesetz des Auftriebes zunutze, welches auch als *Archimedisches Prinzip* bekannt ist. Taucht ein Körper in eine Flüssigkeit ein (Abbildung 8-5), dann übt die Flüssigkeit von allen Seiten einen hydrostatischen Druck auf ihn aus. Die seitlichen Drücke wirken jeweils im gleichen Abstand von der Flüssigkeitsoberfläche, sind daher gleich groß und heben sich gegenseitig auf. Der an der unteren Fläche nach oben gerichtete Druck ist größer als der an der oberen

Fläche nach unten gerichtete, weil die Eintauchtiefe der unteren Fläche größer als die der oberen Fläche ist.

Es bleibt also als Differenz eine nach oben gerichtete Kraft, der Auftrieb. Da der Auftrieb der Gewichtskraft des Körpers entgegenwirkt, vermindert er scheinbar die Gewichtskraft des Körpers in der Flüssigkeit. Der scheinbare Gewichtskraftverlust eines Körpers in einer Flüssigkeit ist gleich seinem Auftrieb.

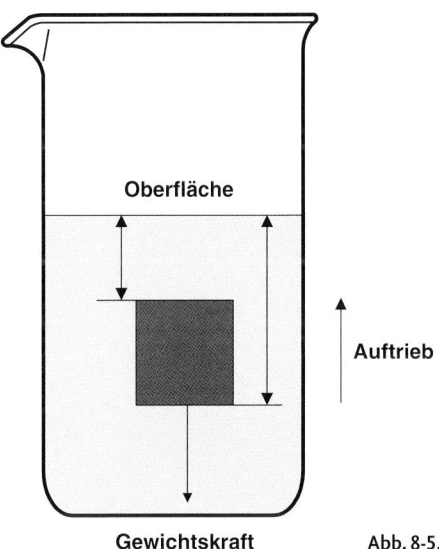

Abb. 8-5. Entstehung des Auftriebes.

Ein Körper verliert (scheinbar) so viel an Gewichtskraft, wie die von ihm verdrängte Flüssigkeitsmenge wiegt. Daraus ergibt sich Gl. (8-12)

$$F_A = V_{verdr} \cdot \rho_{Fl} \cdot g = (m_L - m_{Fl}) \cdot g \qquad (8\text{-}12)$$

In Gl. (8-12) bedeutet:

F_A Auftrieb [N = kg/m·s²]
V_{verdr} verdrängtes Flüssigkeitsvolumen = Körpervolumen bei vollständigem Eintauchen [cm³]
ρ_{Fl} Dichte der Flüssigkeit [g/cm³]
m_L Masse des Körpers in der Luft [g]
m_{Fl} Masse des Körpers, eingetaucht in die Flüssigkeit [g]
g Erdbeschleunigung [9,81 m/s²]

Die Gl. (8-12) kann nach dem „verdrängten Flüssigkeitsvolumen" V_{verdr} umgestellt werden. Aus dem verdrängten Flüssigkeitsvolumen (= Körpervolumen bei vollständigem Eintauchen) und der Masse des Körpers kann die Dichte des Körpers berechnet werden.

$$V_{\text{verdr}} = \frac{(m_L - m_{Fl}) \cdot g}{\rho_{Fl} \cdot g} = \frac{(m_L - m_{Fl})}{\rho_{Fl}} \tag{8-13}$$

$$\rho = \frac{m_L}{V_{\text{verdr}}} \tag{8-14}$$

Das beschriebene Prinzip wird bei der hydrostatischen Waage angewendet.

Die Gl. (8-13) kann aber auch auf die Dichte der Flüssigkeit umgestellt werden:

$$\rho_{Fl} = \frac{(m_L - m_{Fl})}{V_{\text{verdr}}} \tag{8-15}$$

Ist das Volumen des Körpers (= verdrängtes Volumen bei vollständigem Eintauchen) bekannt, kann die Dichte der Flüssigkeit bestimmt werden. Diese Vorgehensweise wird bei der Mohr-Westphalschen Waage angewendet.

Prozess Haarshampoo: Die Dichtebestimmung

Schätzen Sie anhand der Gefahrensymbole die Gefährlichkeit von Pirocton-Olamin ab.

> In die überprüfte Zetesolgrundlösung (siehe Seite 179) sollen nun 1 % Harnstoff und 1 % Pirocton Olamin (nicht unbedingt notwendig) eingerührt werden. Der Harnstoff wirkt gegen das Austrocknen der Haut und das Pirocton Olamin ist ein sehr wirksames Mittel gegen die übermäßige Schuppung der Kopfhaut. Außerdem wird das lästige Kopfjucken deutlich reduziert.
>
> Beide Stoffe werden getrennt abgewogen und vorsichtig in die Zetesolgrundlösung eingerührt. Es wird so lange gerührt, bis die beiden Stoffe vollständig aufgelöst sind. Es entsteht die sog. Tensidlösung. Von dieser Tensidlösung ist die Dichte mit dem Pyknometer, dem Aräometer (Spindel) und der Mohr-Westphalschen Waage zu bestimmen. Die ermittelten Werte sind zu vergleichen.

8.5.3.1 Dichtebestimmung mit dem Pyknometer

Ein Pyknometer ist eine kleine Glasflasche, durch deren eingeschliffenen Stopfen eine Kapillare führt (Abbildung 8-6). Siehe dazu Abschnitt 4.2.2, Geräte zur Volumenmessung.

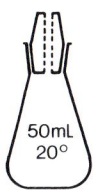

Abb. 8-6. Pyknometer.

Es ist zu beachten, dass der gekennzeichnete Stopfen des Pyknometers nicht mit anderen Stopfen verwechselt werden darf.

Das verwendete Pyknometer muss fettfrei sein, ggf. ist es mit RBS-Lösung zu reinigen. Das trockene Pyknometer wird auf einer Analysenwaage leer gewogen und anschließend mit auf 20 °C temperiertem Wasser aus einem 100-mL-Becherglas gefüllt. Das Pyknometer ist bis zum Rand mit Wasser zu füllen. Nun wird vorsichtig der durchbohrte Stopfen des Pyknometers aufgesetzt, dabei fließt das überschüssige Wasser langsam aus der Kapillare heraus. Die Kapillare muss völlig gefüllt sein. Die äußere Wandung des Pyknometers muss nach dem Füllen trockengerieben werden. Dann kann das gefüllte Pyknometer erneut gewogen werden. Die Masse der Flüssigkeit im Pyknometer ergibt sich als Differenz der Brutto- und Tarawägung. Das Volumen des Pyknometers wird durch die genaue Dichte des Wassers bei 20 °C und der Differenz der Massen nach Gl. (8-16) ermittelt:

$$V_{pyk} = \frac{m_{voll} - m_{leer}}{\rho_{Wasser}} \tag{8-16}$$

Das berechnete Volumen ist mit dem eingravierten Volumen des Pyknometers zu vergleichen. Das Wasser wird aus dem Pyknometer entfernt, das Gerät mit wenig Ethanol gespült und dann trockengesaugt. Dann ist nochmals die Leermasse zu bestimmen, das Pyknometer mit der zu bestimmenden Flüssigkeit zu füllen (Kapillare!) und dann nochmals zu wiegen. Die Dichte der Flüssigkeit wird mit Gl. (8-17) berechnet.

$$\rho = \frac{m_{voll} - m_{leer}}{V_{pyk}} \tag{8-17}$$

Die genaue Dichte bei 20 °C (vierstellig) ist aus Datenbänken (z. B. Internet) zu entnehmen.

Gerätequalifikation Pyknometer

Ermitteln Sie von Methanol und Ethylenglycol die Sicherheitsdaten.

Es ist die Dichte von Methanol und Ethylenglycol bei 20 °C zu bestimmen und diese mit den Daten aus Datenbänken (Internet) zu vergleichen. Ggf. sind die

Messungen zu wiederholen oder die Temperaturen der Flüssigkeiten zu überprüfen.

Dichtebestimmung von der Tensidlösung mit dem Pyknometer:
Unter gleichen Bedingungen wird die Dichte der Tensidlösung bei 20 °C bestimmt.

8.5.3.2 Dichtebestimmung mit der Mohr-Westphalschen Waage

Bei der Mohr-Westphalschen Waage (vgl. Abbildung 8-7) wird die Dichte der Flüssigkeit unmittelbar abgelesen. Nach Einstellen der Waage auf den Nullpunkt taucht man den Senkkörper in die Flüssigkeit. Dieser Senkkörper ist geeicht. Durch den Auftrieb wird die Waage aus dem Gleichgewicht gebracht. Durch Auflegen der Reiter wird die Waage wieder auf den Nullpunkt eingestellt. Die Massen der Reiter A, A', B, C und D verhalten sich wie 1:1:0,1:0,01:0,001. Sie werden auf einer Dezimalskala bis zur Herstellung des Gleichgewichts verschoben. Wurden z. B. folgende Reiter aufgesetzt:

Reiter A sitzt auf Punkt 10 der Skala,
Reiter A' wird nicht verwendet,
Reiter B sitzt auf Punkt 3 der Skala,
Reiter C sitzt auf Punkt 1 der Skala,
Reiter D sitzt auf Punkt 9 der Skala,
dann beträgt die Dichte der Flüssigkeit ρ = 1,0319 g/cm³.

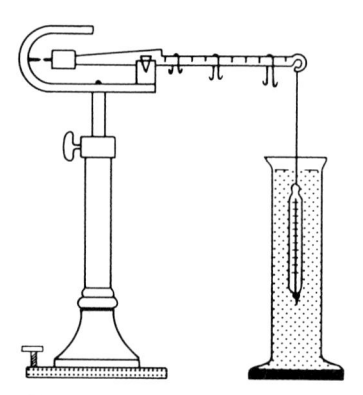

Abb. 8-7. Mohr-Westphalsche Waage.

Die Mohr-Westphalsche Waage wird aufgebaut und nach dem Aufhängen des Schwimmkörpers der Nullpunkt eingestellt. In die zu untersuchende Flüssigkeit von 20 °C taucht man den Senkkörper vollständig ein. Er darf Wand und Boden des Gefäßes nicht berühren. Der Auftrieb des Körpers wird durch das Auflegen der Reitergewichte auf den Wägebalken ausgeglichen und die Dichte der Flüssigkeit abgelesen.

Gerätequalifikation Mohr-Westphalsche Waage

⚠️ Ermitteln Sie von Methanol und Ethylenglycol die Sicherheitsdaten.

Es ist die Dichte von Methanol und Ethylenglycol bei 20 °C zu bestimmen und diese mit den Daten aus Datenbänken (Internet) zu vergleichen.

Dichtebestimmung der Tensidlösung mit der Mohr-Westphalschen Waage
Unter gleichen Bedingungen wird die Dichte der Tensidlösung bei 20 °C bestimmt.

8.5.3.3 Dichtebestimmung mit dem Aräometer (Spindel)
Die auf bestimmte Temperaturen (gewöhnlich 15 °C oder 20 °C) geeichten Aräometer tragen Skalen, auf denen aus der Eintauchtiefe in der Flüssigkeit direkt deren Dichte abgelesen werden kann. Für eine genaue Dichtebestimmung muss
- die Flüssigkeit auf die Eichtemperatur eingestellt sein,
- das Aräometer frei schweben und
- die Ablesemarke sich in Augenhöhe befinden.

Man liest an der Schnittfläche des Flüssigkeitsspiegels mit dem Aräometer ab (Abbildung 8-8).

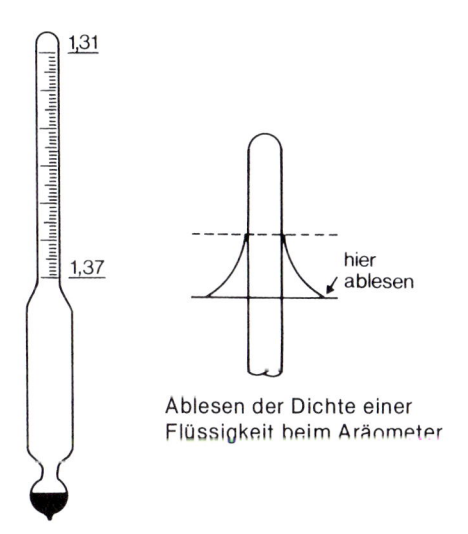

Abb. 8-8. Aräometer (Spindel) und seine Ablesung.

Die zu bestimmende Flüssigkeit wird in den Mess- oder Standzylinder eingefüllt. Mit der Suchspindel wird die ungefähre Dichte der Flüssigkeit ermittelt.

Aus dem Spindelsatz kann dann die entsprechende Spindel mit einem genaueren Messbereich ausgesucht werden. Beim Eintauchen der Spindel in die Flüssigkeit ist zu beachten, dass die Spindel nicht mit der Wandung des Gefäßes in Berührung kommen darf.

Gerätequalifikation Aräometer

⚠️ Ermitteln Sie von Methanol und Ethylenglycol die R- und S-Sätze sowie die MAK-Werte.

Es ist die Dichte von Methanol und Ethylenglycol bei 20 °C zu bestimmen und diese mit den Daten aus Datenbänken (Internet) zu vergleichen. Bei einer Abweichung von mehr als einer Ziffer in der 2. Stelle der Dichteangabe ist der Fehler zu suchen und der Versuch zu wiederholen.

Dichtebestimmung der Tensidlösung mit der Spindel
Unter gleichen Bedingungen wird die Dichte der Tensidlösung bei 20 °C bestimmt.

Die Ergebnisse aller drei Dichtebestimmungen der Tensidlösung sind nebeneinander zu stellen und zu diskutieren. Welche Methode würden Sie unter dem Gesichtspunkt der Genauigkeit und Wirtschaftlichkeit bevorzugen?

💡 *Rechenaufgabe*

Angenommen, es sollen Tensidlösungsflaschen mit je 1000 cm³ Inhalt abgefüllt werden. Die dazu benutzen Kunststoffflaschen haben ein Leergewicht von 126 g. Mit wie vielen Flaschen könnte ein LKW beladen werden, wenn seine maximale Zuladung 7,5 t beträgt?

8.5.4
pH-Wert-Messung

Der pH-Wert spielt in der anorganischen und organischen Chemie eine große Rolle. Viele Prozesse und oft deren Ausbeute sowie die Produktqualität sind vom pH-Wert abhängig. Der pH-Wert ist ein Maß für die Konzentration an Wasserstoffionen und macht damit eine Aussage, ob eine Lösung sauer, neutral oder alkalisch ist. Die Definition des pH-Wertes:

Der pH-Wert ist der negative, dekadische Logarithmus des Zahlenwertes der H⁺-Ionen-Stoffmengenkonzentration (mol/L) gemäß Gl. (8-18).

$$\mathrm{pH} = -\log c(\mathrm{H}^+) \tag{8-18}$$

Der pH-Wert-Bereich erstreckt sich bei 20 °C vom sauren Wert pH = 0 über den neutralen Wert pH = 7 bis zum alkalischen Wert pH = 14 (Abbildung 8-9).

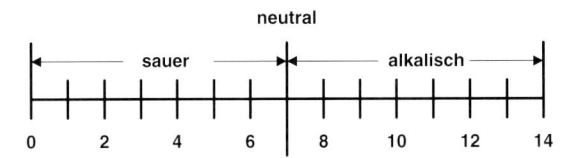

Abb. 8-9. pH-Wert-Bereich.

In diesem Abschnitt soll die Messung des pH-Wertes beschrieben werden.

Im 16. Jahrhundert bemerkte der Alchemist Leonhardt Therneysser, dass Veilchensaft eine Veränderung der Farbe erfährt, wenn er mit Schwefelsäure versetzt wird. Dieser erste natürliche Indikator wurde lange Zeit zur Identifizierung von Säuren benutzt. Heute gibt es kaum noch ein Labor, welches nicht regelmäßig pH-Wert-Messungen durchführt. Zur Anwendung kommen in den meisten Fällen pH-Papiere oder die pH-Elektrode (Einstabmesskette).

8.5.4.1 Umgang mit pH-Papier (Indikatorpapier)

Bei den im Laboratorium verwendeten pH-Papieren (Indikatorpapieren) handelt es sich um Papiere, die durch Vollimprägnierung des Papierstreifens mit einem pH-Indikatorfarbstoff oder einem Gemisch aus mehreren Farbstoffen hergestellt werden.

Das sog. Universal-Indikatorpapier erfasst die pH-Bereiche 1 bis 11 oder 1 bis 14; die Abstufungen betragen gewöhnlich 1,0 pH-Einheiten. Manche Hersteller bieten Spezial-Indikatorpapiere an, die einen pH-Bereich von etwa 2 bis 5 pH-Einheiten umfassen. Die Skalenabstufung beträgt dabei von 0,2 bis 0,5 pH-Einheiten.

Die pH-Papiere werden in die zu messende Flüssigkeit getaucht und nach einiger Zeit mit einer Farbskala verglichen, die der Hersteller der Papiere mitliefert. Besonders praktisch sind Papiere, die in einer Box geliefert werden. Die genaue Vorgehensweise beim Messen mit pH-Papier ist wie folgt:

- Spülen Sie ein 50-mL-Becherglas mindestens zweimal mit der Probenflüssigkeit.
- Füllen Sie das Becherglas ungefähr zur Hälfte mit der Flüssigkeit.
- Tauchen Sie einen Streifen Indikatorpapier für mindestens eine Minute in die Flüssigkeit. Beachten Sie, dass die ganze Nachweiszone des Papieres in die Probe eintaucht.
- Entfernen Sie das Papier aus der Probenflüssigkeit und vergleichen Sie den Streifen mit der Farbskala auf der Packung des Indikatorpapiers.
- Falls die Farben nicht eindeutig sind, kann es sein, dass das Papier mehr Zeit braucht um zu reagieren.

- In diesem Fall, tauchen Sie das Papier für eine weitere Minute in die Probe und überprüfen erneut das Ergebnis. Wiederholen Sie dies, bis ein genaues Ablesen möglich ist.

Oft soll nur überprüft werden, ob eine Probenflüssigkeit sauer, neutral oder alkalisch reagiert. Dann wird ein Glasstab in die zu messende Flüssigkeit eingetaucht und ein kleiner Streifen (ca. 1 cm lang) eines mit wenig entmineralisiertem Wasser angefeuchteten pH-Papieres damit benetzt. Nach ca. 1 Minute kann der ungefähre pH-Wert am Papier geschätzt werden. Bei Quantifizierungen wird nicht empfohlen, das Papier direkt in die Probenflüssigkeit zu halten, weil u. U. der Indikatorfarbstoff in die Flüssigkeit „ausbluten" kann und sie anfärbt. Wird eine Lösung überprüft, die danach noch einer Analyse unterworfen wird, sollte das pH-Papier vorsichtig in die Analysenflüssigkeit abgespült werden. Besser ist das Messen des pH-Wertes mit einer Elektrode, die auch problemlos abgespült werden kann.

8.5.4.2 Messen mit pH-Elektroden (Einstabmesskette)

Im Laboratorium werden pH-Messketten aus einer Glas- und einer Bezugselektrode eingesetzt (Abbildung 8-10).

In der Glaselektrode befindet sich eine Membran aus speziellem Glas. Die Membrangläser bestehen zu einem hohen Teil aus SiO_2 sowie aus Alkali- und Erdalkalioxiden. Als Zusätze sind drei- und vierwertige Metallionen enthalten.

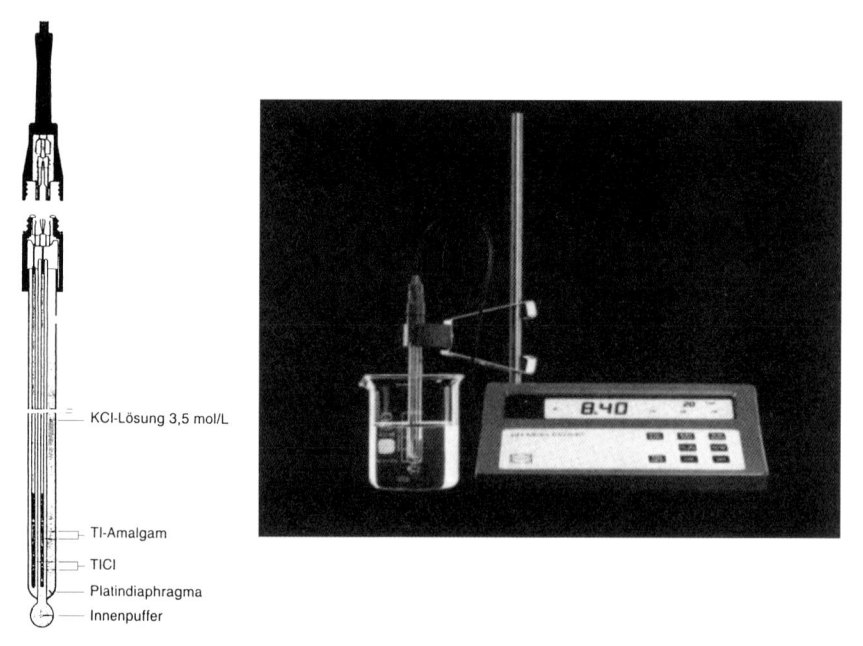

KCl-Lösung 3,5 mol/L
Tl-Amalgam
TlCl
Platindiaphragma
Innenpuffer

Abb. 8-10. Einstabmesskette mit pH-Meter.

Unter der Einwirkung von Wasser („quellen") lösen sich aus den Glasoberflächen Ionen heraus. Dadurch entsteht eine etwa 200 bis 500 nm dicke Quellschicht. Diese Quellschicht wirkt auf Wasserstoffionen wie ein Ionenaustauscher. Dadurch werden die Alkaliionen des Glases gegen Wasserstoffionen ausgetauscht. Werden zwei Lösungen (eine Pufferlösung im Inneren der Elektrode und die zu messende Lösung außen) mit unterschiedlichen Wasserstoffionenkonzentrationen durch diese Glasmembrane voneinander getrennt, bildet sich auf beiden Seiten der Glasmembrane ein elektrisches Potential aus.

Neben der Glaselektrode wird eine „Bezugselektrode" benötigt. Beide Elektroden werden zu einer „Einstabmesskette" kombiniert. In den voneinander getrennten Röhren taucht je eine Elektrode in die Bezugselektrolytlösung und in die Innenelektrolytlösung der Messelektrode. In den meisten Fällen ist die Glaselektrode mit einer Kaliumchloridlösung gefüllt, die eine Stoffmengenkonzentration von 3,5 mol/L hat. Der pH-Wert dieser Lösung wird auf pH 7 gepuffert. Das ergibt einen „Nullpunkt" von 0 Volt Spannung bei pH 7.

Die Bezugselektrolytlösung enthält eine silberchloridgesättigte Kaliumchloridlösung mit $c(KCl)$ = 3 bis 3,5 mol/L. Es sind auch Elektroden im Handel, die mit silberfreien Bezugselektrolytlösungen betrieben werden.

Als Ableitelektrode werden mit Silberchlorid bestrichene Silberdrähte verwendet. In die Elektrode ist ein Diaphragma eingelassen, welches den elektrolytischen Kontakt zwischen der Bezugselektrolytlösung und der Messlösung herstellt. Dabei muss das Diaphragma verhindern, dass die Messlösung in die Bezugselektrode eindringen kann. Die meisten Diaphragmen bestehen aus einem porösen Keramikstift von ca. 1 mm Durchmesser.

Das zwischen den beiden Elektroden, der Glas- und der Bezugselektrode, gebildete Potential wird über einen Spannungsmesser (pH-Meter) bestimmt und kann direkt in pH-Wert-Einheiten umgerechnet und vom Anwender abgelesen werden.

Manchmal wirken Störeinflüsse auf das Ableitesystem ein. Daher muss die Ableitung mit speziellen Schirmen versehen werden, die die Störungseinflüsse auf die „Erde" ableiten können.

Misst man mit einer Einstabmesskette sehr stark alkalische oder saure Lösungen, gibt es u. U. deutliche Abweichungen vom richtigen Wert. Meistens ist der „Säurefehler" vernachlässigbar, während durch den „Alkalifehler" bei sehr hohen pH-Werten der Messlösung ein zu niedriger pH-Wert vorgetäuscht wird. Dieser „Alkalifehler" macht sich besonders deutlich bei größeren Mengen an Natriumionen in der Messlösung bemerkbar. Ursache ist der Eintritt von Natriumionen in die Quellschicht der Glaselektrode.

8.5.4.3 Umgang mit der pH-Elektrode

Eine Glaselektrode kann nur dann einwandfrei funktionieren, wenn das spezielle Elektrodenglas gequollen ist. Daher sollte das Elektrodenglas nicht austrocknen. Sollte dies trotzdem einmal passiert sein, muss die Messkette 12 Stunden in einer 3 mol/L Kaliumchloridlösung gewässert werden. Zum Wässern ist destilliertes Wasser nicht gut geeignet.

Am besten wird die Elektrode ständig in einer Pufferlösung (0,1 mol/L KCl) aufbewahrt. Praktisch ist die Aufbewahrung in einer 250-mL-Kunststoffflasche mit einer 5 cm dicken Lage aus Seesand (Kippschutz) und einer Füllung aus Kaliumchloridlösung.

Vor der Messung mit einer Einstabmesskette ist die Nachfüllöffnung für die Bezugselektrode zu öffnen. Das ermöglicht den Druckausgleich mit der Umgebung, dadurch wird der Elektrolytenfluss nicht behindert.

Am pH-Meter muss die genaue Temperatur der Messlösung eingestellt werden.

Die Messkette wird so weit in die zu messende Lösung eingetaucht, bis die Glasmembran und das Diaphragma vollständig bedeckt sind. Die Höhe der Bezugselektrolytflüssigkeit muss mindestens 1 cm über der Oberfläche der zu messenden Flüssigkeit liegen. Ein Rühren während der Messung mit Hilfe eines gleichmäßig und ruhig laufenden Magnetrührers verbessert das Ansprechverhalten der Messkette und ist zu empfehlen (DIN 19268). Allerdings können bei der Messung durch ungünstige Strömungsverhältnisse in der Messflüssigkeit Fehlergebnisse erhalten werden. Als Kompromiss zwischen Rühren und Messen wird die Messkette in die Messlösung eingetaucht, die Flüssigkeit kurz angerührt, der Rührer abgestellt und das stabile Ergebnis am pH-Meter abgelesen.

Zwischendurch muss die Messkette immer wieder gespült werden. Die Spülung erfolgt bei der Kalibrierung mit destilliertem Wasser. Vor der Messung der Probenlösung ist die Messkette zweckmäßigerweise mit etwas Probenlösung zu spülen.

Wegen des Unterschiedes zwischen idealer und realer Kennlinie muss das pH-Messsystem kalibriert werden. Der elektrische Nullpunkt und der Verstärkungsfaktor des pH-Meters muss an den Nullpunkt und die „Steilheit" der Kette angepasst werden.

Diese Kalibrierung geschieht mit Pufferlösungen, die einen definierten pH-Wert besitzen. Am pH-Meter wird der jeweilige pH-Wert der Pufferlösung eingestellt.

Gewöhnlich werden drei Pufferlösungen verwendet (Dreipunktkalibrierung). Dabei soll eine der Pufferlösungen einen pH-Wert von annähernd 7 besitzen. Die anderen Pufferlösungen sollen einen pH-Wert aufweisen, der den gesamten gewünschten Messbereich einschließt.

Zum Abschluss der Kalibrierung soll nochmals der pH-Wert der neutralen Pufferlösung gemessen werden.

Folgende Pufferlösungen sind zu empfehlen und können selbst hergestellt werden:

1. Puffer pH 6,88 (20 °C)
   Kaliumdihydrogenphosphat $\beta(KH_2PO_4)$ = 3,38 g/L und
   Dinatriumhydrogenphosphat $\beta(Na_2HPO_4)$ = 3,53 g/L
2. Puffer sauer, pH 4,00 (20 °C)
   Kaliumhydrogenphthalat $\beta(KHP)$ = 10,12 g/L
3. Puffer alkalisch, pH 10,06 (20 °C)
   Natriumcarbonat $\beta(Na_2CO_3)$ = 2,640 g/L und
   Natriumhydrogencarbonat $\beta(NaHCO_3)$ = 2,092 g/L

Die Pufferlösungen halten sich nicht sehr lange und sind am besten immer frisch anzusetzen. Kritisch ist die alkalische Pufferlösung, sie verändert den pH-Wert relativ schnell durch CO_2-Aufnahme.

Zusammengefasst werden bei einer pH-Wert-Messung folgende Arbeitsschritte durchgeführt:
- Messkette wässern,
- Nachfüllöffnung der Bezugselektrode öffnen,
- alle drei Pufferlösungen auf die gleiche Temperatur bringen,
- Messkette an das pH-Meter anschließen, Temperatur der Pufferlösungen am pH-Meter einstellen,
- Messkette in die Pufferlösung pH 7 eintauchen, dabei Pufferlösung umrühren, die Glaskugel und das Diaphragma müssen dabei in die Flüssigkeit eintauchen, danach 30 Sekunden warten,
- am pH-Meter den pH-Wert der Pufferlösung (pH 7) mit dem Nullpunkteinstellknopf (ΔpH) einstellen,
- Messkette spülen,
- Messkette in die zweite Pufferlösung eintauchen, dabei Pufferlösung umrühren,
- am pH-Meter den pH-Wert der Pufferlösung mit dem Steilheitsknopf (ΔpH/pH) einstellen,
- Messkette spülen,
- Messkette in die dritte Pufferlösung eintauchen, dabei Pufferlösung umrühren,
- evtl. am pH-Meter den pH-Wert der Pufferlösung mit dem Steilheitsknopf (ΔpH/pH) nachstellen,
- Messkette spülen,
- nochmals den pH-Wert in der Pufferlösung pH = 7 überprüfen, Elektrode mit Wasser spülen,
- Messkette in die Messlösung tauchen, evtl. Temperatur verändern,
- stabilen Messwert abwarten,
- Messkette spülen,
- Bezugselektrode schließen und
- Messkette in KCl-Lösung aufbewahren.

Prozess Haarshampoo: Die Einstellung des pH-Wertes

Die Tensidlösung, die mit Harnstoff und ggf. mit Piroctin Olamin versetzt wurde (siehe Seite 156), wird mit 3 Tropfen Parfümöl versetzt. Das Gemisch muss auf einen genauen pH-Wert eingestellt werden. Wurde der Antischuppenstoff Piroctin Olamin zugesetzt, hat der Wirkstoff nur dann eine Wirkung, wenn die Tensidlösung auf einen pH-Wert von 7 eingestellt wird.

Wurde kein Pirocton Olamin zugesetzt, ist auf einen hautfreundlichen Wert von pH 5,5 einzustellen. Die Einstellung gelingt mit einer verdünnten Milchsäurelösung oder mit Zitronensäurelösung w(Zitronensäure) = 5 % (ersatzweise mit dem Saft einer Zitrone). Wurde der Ziel-pH-Wert versehentlich unterschritten, ist die zu viel zugegebene Säure mit wenigen Tropfen einer sehr verdünnten Ammoniaklösung zu neutralisieren.

Als Nächstes muss die Viskosität des Shampoos eingestellt werden. Handelsüblich sind zur Zeit etwas dickflüssigere Shampoos. Die Einstellung der Viskosität wird durch einen Zusatz von Kochsalzlösung vorgenommen, dabei tritt eine Verdickung ein.

Achtung: Die Verdickung mit Kochsalzlösung ist sehr vorsichtig vorzunehmen. Bei Beginn der Kochsalzzugabe tritt fast gar keine verdickende Wirkung auf. Ab einer gewissen Kochsalzkonzentration geht die Verdickung sehr schnell voran, bei zu großer Kochsalzmenge entsteht ein schnittfestes Shampoo (!).

8.5.5
Bestimmung der Viskosität

Eine wichtige Eigenschaft von Flüssigkeiten und Gasen ist ihre Viskosität oder Zähigkeit. Sie ist ein Maß für die zwischen den einzelnen Flüssigkeitsmolekülen herrschende Kohäsion.

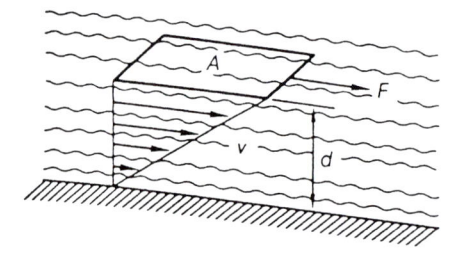

Abb. 8-11. Geschwindigkeitsabnahme bei der Mitnahme von Flüssigkeitsschichten.

Bewegt man einen Körper durch eine Flüssigkeit, so muss eine Kraft aufgewendet werden, die gleich der inneren Reibungskraft F_{Ri} der Flüssigkeit ist. Dem bewegten Körper haftet durch Adhäsion Flüssigkeit an, die man sich in dünne Schichten unterteilt vorstellen muss. Die dem Körper direkt anhaftende Schicht hat die Geschwindigkeit des bewegten Körpers; mit der Entfernung der Schichten vom Körper nimmt deren Geschwindigkeit ab (Abbildung 8-11).

Die zur Bewegung einer Fläche erforderliche Kraft $F = F_{Ri}$ ist proportional der Größe der bewegten Fläche A, der Geschwindigkeit v und umgekehrt proportional der Dicke d der mitbewegten Flüssigkeitsschichten. Der Proportionalitätsfaktor η ist die dynamische Viskosität. Diese Überlegung führt zu folgender Gleichung (Gl. (8-19)):

$$F_{\text{Ri}} = \eta \cdot A \cdot \frac{v}{d} \qquad (8\text{-}19)$$

Wird Gl. (8-19) nach der dynamischen Viskosität umgestellt, erhält man (Gl. (8-20)):

$$\eta = \frac{F_{\text{Ri}} \cdot d}{A \cdot v} \qquad (8\text{-}20)$$

Die Einheit der Viskosität ist Pa · s (Pascal · Sekunde).

Wird Gl. (8-20) als Doppelbruch dargestellt, so ergibt sich folgende Form (Gl. (8-21)):

$$\eta = \frac{\dfrac{F_{\text{Ri}}}{A}}{\dfrac{v}{d}} \qquad (8\text{-}21)$$

Der Quotient aus F_{Ri} und A wird als Schubspannung τ bezeichnet, wogegen der Quotient aus v und d als Geschwindigkeitsgefälle D bezeichnet wird. Ersetzt man die beiden Brüche aus Gl. (8-21) durch die Schubspannung und das Geschwindigkeitsgefälle, so erhält man (Gl. (8-22)):

$$\eta = \frac{\tau}{D} \qquad (8\text{-}22)$$

Flüssigkeiten, bei denen die Viskosität unabhängig von dem Geschwindigkeitsgefälle ist, werden als Newtonsche Flüssigkeiten bezeichnet. Es gibt allerdings auch Substanzen, bei denen der Quotient aus Schubspannung und Geschwindigkeitsgefälle nicht proportional ist. Solche Substanzen werden als *Nicht-Newtonsche Flüssigkeiten* bezeichnet. Im Gegensatz zu Newtonschen Flüssigkeiten treten folgende Fließanomalien auf:

- *Plastische* Stoffe werden Flüssigkeiten genannt, die sich im Ruhezustand und bei kleinen Schubspannungen wie elastische Festkörper verhalten. Erst bei größeren Schubspannungen beginnen sie zu fließen, z. B. Dispersionen, Tomatenketchup.
- *Strukturviskose* Flüssigkeiten enthalten Partikel, die sich mit steigendem Geschwindigkeitsgefälle in Fließrichtung ausrichten. Daher können die einzelnen Flüssigkeitsschichten leichter aneinander vorbeigleiten. Dies bedingt ein Absinken der Viskosität mit steigendem Geschwindigkeitsgefälle, z. B. hochpolymere Stoffe, Mayonnaise.
- *Diletante* Stoffe verhalten sich gerade umgekehrt wie strukturviskose Stoffe. Bei ihnen steigt die Viskosität mit steigendem Geschwindigkeitsgefälle. Diletante Stoffe kommen im Gegensatz zu den anderen Stoffgruppen bezüglich der Viskosität relativ selten vor, z. B. pigmenthaltige Suspensionen, nasser Sand.

- *Thixotrope* Substanzen verhalten sich in Abhängigkeit von der Zeit bei gleichem Geschwindigkeitsgefälle in Bezug auf die Viskosität nicht konstant. Die Viskosität nimmt während der Zeit, in welcher das Geschwindigkeitsgefälle konstant ist, ab. Lässt man die Flüssigkeit dann ruhen, steigt die Viskosität wieder auf ihren ursprünglichen Wert an, z. B. Kleister, Dispersionen.
- *Rheopexe* Flüssigkeiten verhalten sich umgekehrt wie thixotrope Flüssigkeiten. D. h. bei ihnen nimmt die Viskosität in Abhängigkeit von der Zeit trotz konstantem Geschwindigkeitsgefälle zu. Ruht die Flüssigkeit, so sinkt die Viskosität wieder auf ihren Anfangswert, z. B. bei Schmierstoffen.

Zur Darstellung des Fließverhaltens von Flüssigkeiten stellt man in einem Diagramm die Schubspannung in Abhängigkeit von dem Geschwindigkeitsgefälle dar. Diese Diagramme werden Fließkurven genannt (Abbildungen 8-12 und 8-13).

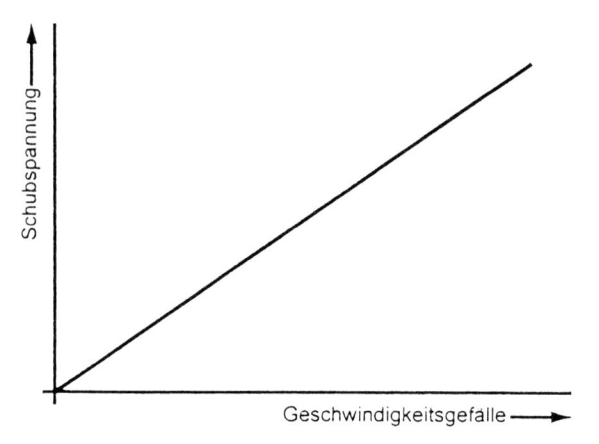

Abb. 8-12. Fließkurve einer Newtonschen Flüssigkeit.

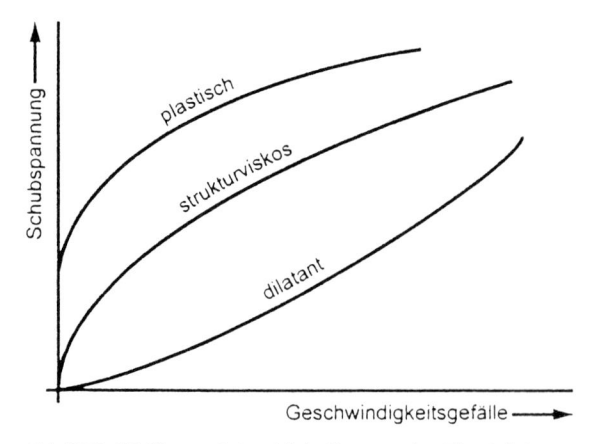

Abb. 8-13. Fließkurve einiger Nicht-Newtonscher Flüssigkeiten.

Mit vielen Viskosimetern wird nicht die dynamische Viskosität, sondern der Quotient aus der dynamischen Viskosität η und der Dichte ρ gemessen. Diese Größe heißt *kinematische Viskosität v* (Gl. (8-23)).

$$v = \frac{\eta}{\rho} \tag{8-23}$$

Die Einheit der kinematischen Viskosität ist m²/s.

8.5.5.1 Messung mit dem Höppler-Viskosimeter

Das Höppler-Viskosimeter dient zur direkten Bestimmung der dynamischen Viskosität (Abbildung 8-14).

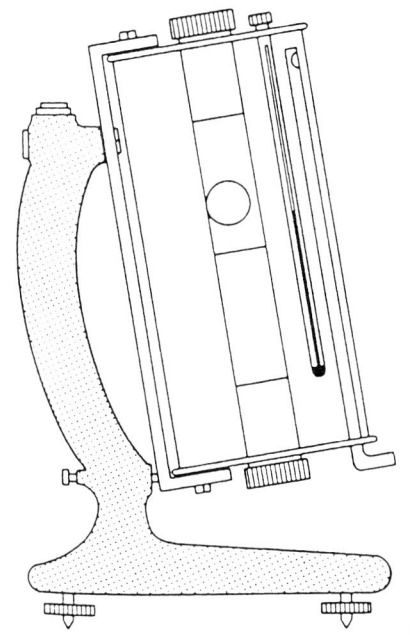

Abb. 8-14. Höppler-Viskosimeter.

Der wichtigste Teil des Gerätes ist ein leicht geneigtes Fallrohr, das temperiert werden kann.

Je nach Zähigkeit der zu bestimmenden Flüssigkeit lässt man Stahl- oder Glaskugeln verschiedener Durchmesser durch die im Fallrohr befindliche Flüssigkeit fallen. Für genaue Messungen darf nur in der Richtung gemessen werden, in der die Kugel bis zur oberen Marke die längere Anlaufstrecke hat. Die Blasenfalle hat die Aufgabe, das Eindringen von Luftblasen beim Umdrehen des Viskosimeters (Rücklauf der Kugel) in das Fallrohr zu verhindern. Es wird die Zeit gestoppt, die die Kugel von der oberen bis zur unteren Marke des Fallrohres benötigt. Die Kugel bewegt sich nach einer kurzen Beschleunigungsphase mit konstanter Geschwindigkeit durch die Fallröhre.

Die Berechnung der Viskosität durch Bestimmung mit dem Höppler-Viskosimeter kann mit Gl. (8-24) vorgenommen werden:

$$\eta = k \cdot t \cdot (\rho_K - \rho_{Fl}) \tag{8-24}$$

In Gl. (8-24) bedeutet:
- k Kugelkonstante [Pa·m³/kg]
- t Fallzeit der Kugel [s]
- ρ_K Dichte der Kugel [kg/m³]
- ρ_{Fl} Dichte der Flüssigkeit [kg/m³]
- η dynamische Viskosität [Pa·s]

Jede Kugel hat eine Kugelkonstante, die durch externe Kalibrierung ermittelt wurde. Die Dichte der Kugel wird einer zum Gerät gehörenden Tabelle entnommen. Ist die Kugelkonstante nicht bekannt, kann sie auch über die Bestimmung der Fallzeit der Kugel in einer Flüssigkeit bekannter Viskosität ermittelt werden (Gl. (8-25)):

$$k = \frac{\eta}{t \cdot (\rho_K - \rho_{Fl})} \tag{8-25}$$

Da die Fallzeit der Kugel im viskositätseingestellten, kalten Shampoo sehr lange dauert, wird die gesamte Messung bei 40 °C vorgenommen. Als Vergleichsflüssigkeit zur Ermittlung der Kugelkonstante dient reines Ethylenglycol. Die Dichte des Ethylenglycols bei 40 °C beträgt 1,103 g/cm³ und die Viskosität beträgt 9,13 mPa·s bei 40 °C.

Nachdem das Fallrohr des Höppler-Viskosimeters gesäubert wurde, wird es mit der zu messenden Flüssigkeit gefüllt und eine Kugel zugegeben. In das Fallrohr wird die Blasenfalle eingesetzt und das Rohr verschlossen. Die Messtemperatur (40 °C) ist am Thermostaten einzustellen und konstant zu halten. Die Fallzeit der Kugel soll nicht unter 25 Sekunden und nicht über 300 Sekunden liegen (ggf. ist die verwendete Kugel auszutauschen). Die Fallzeiten sind zehnmal zu messen und daraus der Mittelwert zu bilden. Die Dichte der Flüssigkeit wird bei 40 °C mit einem Aräometer bestimmt. Aus den gewonnenen Daten lässt sich die Viskosität nach Gl. (8-24) berechnen. Ist die Kugelkonstante nicht bekannt, muss die Messung erst mit Ethylenglycol durchgeführt werden.

Die dynamische Viskosität von Wasser in Abhängigkeit von der Temperatur ist dem Anhang zu entnehmen (Tabelle 18-1).

Gerätequalifikation des Höppler-Viskosimeters

⚠️ Ermitteln Sie die Sicherheitsdaten von Glycerin.

Es ist die Viskosität von reinem Glycerin bei 40 °C zu messen und mit dem Wert aus einer Datensammlung zu vergleichen.

Prozess Haarshampoo: Die Messung und Einstellung der Viskosität des Shampoos

> Die Viskosität des Shampoos soll auf 125 mPa·s eingestellt werden (bei 40 °C). Die Einstellung der Viskosität wird durch Zusatz von gesättigter Kochsalzlösung vorgenommen. In das noch dünnflüssige Shampoo wird tropfenweise gesättigte Kochsalzlösung eingerührt. Eine merkliche Verdickung tritt erst nach einer bestimmten Menge ein, dann sollte der Kochsalzzusatz nur noch sehr vorsichtig erfolgen. Nach einer Zugabe sollte eine Wartezeit von 3 Minuten eingehalten werden. Man orientiere sich an der Konsistenz eines käuflichen Shampoos oder Spülmittels. Es ist so lange Kochsalzlösung zuzugeben, bis die Messung der Viskosität einen Wert von 125 mPa·s ± 35 mPa·s ergibt. Ggf. ist noch gesättigte Kochsalzlösung oder mit Kochsalzlösung unbehandelte, dünnflüssige Shampoolösung zuzugeben.

8.5.5.2 Aufnahme der Fließkurve mit dem Rotationsviskosimeter

Das Messprinzip des Rotationsviskosimeters beruht auf zwei koaxialen Zylindern, zwischen denen sich in einem schmalen Spalt die zu messende Flüssigkeit befindet (Abbildung 8-15). Je nach Typ rotiert entweder der äußere oder der innere Zylinder. Gemessen wird das zur Einhaltung einer bestimmten Winkelgeschwindigkeit ω benötigte Drehmoment M. Das Drehmoment wird meist durch einen Elektromotor erzeugt.

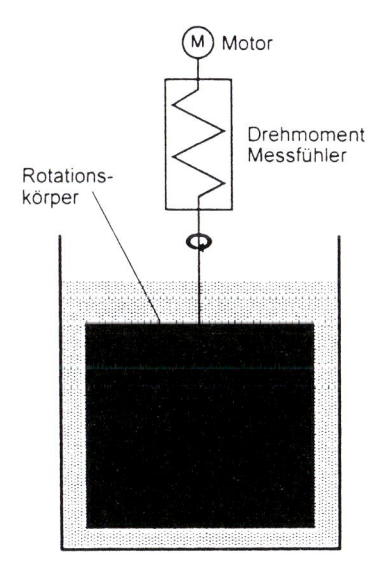

Abb. 8-15. Messprinzip Rotationsviskosimeter.

Die dynamische Viskosität η verhält sich proportional zu dem Drehmoment M und umgekehrt proportional zu der Winkelgeschwindigkeit ω (Gl. (8-26)).

$$\eta = k \cdot \frac{M}{\omega} \tag{8-26}$$

Der Proportionalitätsfaktor ist geräteabhängig und wird als Gerätekonstante k bezeichnet. Bei den meisten Rotationsviskosimetern wird nicht nur die Viskosität auf einem Display angezeigt, sondern auch noch andere Größen, wie z. B. Schubspannung, Geschwindigkeitsgefälle, Winkelgeschwindigkeit und Temperatur. Dies ermöglicht die komfortable Aufnahme von Fließkurven für Nicht-Newtonsche Flüssigkeiten. Hier liegt auch das Haupteinsatzgebiet von Rotationsviskosimetern: Beschreiben des Fließverhaltens von Nicht-Newtonschen Flüssigkeiten.

Das Fließverhalten ist in Bezug auf die Qualität vieler Produkte eine wichtige Größe.

Die koaxialen Zylinder des Rotationsviskosimeters werden sorgfältig gereinigt und mit dem viskosen Haarshampoo gefüllt. Das Messsystem wird nun vorsichtig in die Wanne des Thermostaten gehängt. Es ist darauf zu achten, dass die Temperierflüssigkeit nicht in das Messsystem eindringt. Die Messtemperatur ist am Thermostaten einzustellen und konstant zu halten. Nun wird das Geschwindigkeitsgefälle entsprechend den Möglichkeiten des Gerätes stufig verstellt und die dazugehörige Schubspannung notiert. Das Geschwindigkeitsgefälle wird in Abhängigkeit von der Schubspannung in ein Diagramm eingetragen. Die erhaltenen Fließkurven sind den entsprechenden Klassen der Nicht-Newtonschen Flüssigkeiten zuzuordnen.

8.5.6
Bestimmung der Oberflächenspannung

Zwischen den Molekülen einer Flüssigkeit sind stets Kohäsionskräfte wirksam. Diese sind bestrebt, jedem Molekül möglichst viele andere Moleküle so nahe wie möglich zu bringen. Für ein Molekül im Inneren der Flüssigkeit ist dies weitgehend erfüllt, nicht dagegen für ein Molekül an der Oberfläche. Durch die Anziehung der benachbarten Moleküle ergibt sich hier eine in das Innere der Flüssigkeit gerichtete Kraft F (Abbildung 8-16).

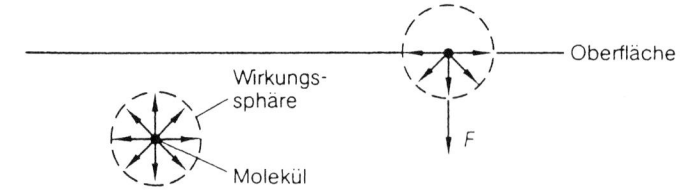

Abb. 8-16. Moleküle in einer Flüssigkeit.

Die Kohäsionskräfte sind infolgedessen bestrebt, die Oberfläche möglichst zu verringern.

Soll nun die Oberfläche einer Flüssigkeit vergrößert werden, so ist eine Arbeit zu verrichten. Diese Arbeit ist spezifisch für jede Flüssigkeit und kann zur Bestimmung der Oberflächenspannung benutzt werden. Die Oberflächenspannung σ berechnet sich als Quotient aus der Kraft, die die Oberfläche einer Flüssigkeit vergrößert und der dabei resultierenden Längenveränderung der entstehenden Flüssigkeitslamelle (Gl. (8-27)).

$$\sigma = \frac{F}{l} \tag{8-27}$$

Die Einheit dieser Größe ist dann N/m.

Tenside wirken u. a. dadurch, dass sie Oberflächenspannung des Wassers vermindern. Daher ist die Messung der Oberflächenspannung von Tensidlösung ein Maßstab, wie das Shampoo wirkt.

Meistens wird die Oberflächenspannung mit Hilfe der kapillaren Steighöhe bestimmt. Die Anziehungskräfte zwischen den Molekülen einer Flüssigkeit und denen eines festen Körpers nennt man *Adhäsionskräfte*. Sind die Adhäsionskräfte größer als die Kohäsionskräfte, versucht sich der feste Körper weitgehend mit einer dünnen Flüssigkeitsschicht zu bedecken (man bezeichnet diese Erscheinung als Benetzung). Daher zeigen Flüssigkeiten in engen Röhren, die sie benetzen, zunächst das Bestreben, entgegen der Schwerkraft aufzusteigen (Abbildung 8-17). Nun muss aber die Flüssigkeitsoberfläche die mit wachsender Höhe steigende Masse der Flüssigkeitssäule tragen. Der Flüssigkeitsmeniskus kann also soweit steigen, bis die am Umfang der Flüssigkeitsoberfläche durch die Oberflächenspannung wirksam werdende Oberflächenkraft der Gewichtskraft der Flüssigkeitssäule das Gleichgewicht hält.

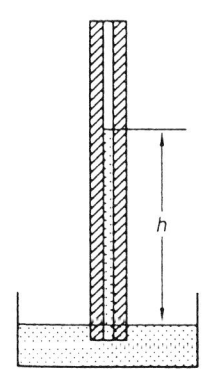

Abb. 8-17. Kapillare in einer benetzenden Flüssigkeit.

Um eine vollkommene Benetzung der Kapillare zu erreichen, wird sie sorgfältig gereinigt, dann mit der zu bestimmenden Flüssigkeit nachgespült und vertikal in die Messflüssigkeit eingesetzt. Die Flüssigkeit wird dann in der Kapillare mit Hilfe eines Schlauchstücks hochgesaugt. Jetzt ist so lange zu warten, bis sich die Flüssigkeitssäule von oben eingestellt hat. Gemessen wird der senkrechte Abstand zwischen der ebenen Flüssigkeitsoberfläche und dem tiefsten Punkt des

Meniskus. Diese Bestimmung ist zehnmal durchzuführen und der Mittelwert zur Berechnung zu verwenden.

Jetzt ist noch die Dichte der Prüfsubstanz mit dem Aräometer zu bestimmen. Der Radius der Kapillare wird als bekannt vorausgesetzt und mit den gemessenen Werten in die Berechnungsgleichung Gl. (8-28) eingesetzt. Die Berechnung der Oberflächenspannung erfolgt mit Gl. (8-28):

$$\sigma = \frac{1}{2} \cdot r \cdot h \cdot g \cdot \rho \qquad (8\text{-}28)$$

In Gl. (8-28) bedeutet:
- r Radius der Kapillare [m]
- h Steighöhe [m]
- g Erdbeschleunigung [m/s²]
- ρ Dichte der Flüssigkeit [kg/m³]
- σ Oberflächenspannung [N/m]

Gerätequalifikation einer Kapillare

Von Wasser ist mit Hilfe der kapillaren Steighöhe die Oberflächenspannung in Abhängigkeit von der Temperatur zu ermitteln und mit den Werten aus Tabelle 8-1 zu vergleichen.

Tab. 8-1. Oberflächenspannung von Wasser gegen feuchte Luft in Abhängigkeit von der Temperatur

ϑ [°C]	σ [mN/m]
17	73,05
18	72,89
19	72,73
20	72,58
21	72,43
22	72,27
23	72,11
24	71,96
25	71,81
26	71,65
27	71,50

Prozess Haarshampoo: Die Oberflächenspannungsmessung und Anwendung

In 100 mL Trinkwasser sind 1 g selbst hergestelltes Shampoo einzurühren und gründlich zu vermischen. Von dieser Lösung ist die Oberflächenspannung zu bestimmen und mit der von Wasser zu vergleichen. Um wie viel Prozent hat sich die Oberflächenspannung verringert?

Das fertige und gemessene Shampoo kann nun benutzt werden. Eine Benutzung ist nur dann statthaft, wenn sicher ausgeschlossen werden kann, dass das Shampoo durch Chemikalien kontaminiert ist. Man beachte, dass das Shampoo keiner Konservierung unterliegt, es ist daher innerhalb von 3 Wochen zu verbrauchen. Man beurteile beim Haarwaschen die Eigenschaften des selbst hergestellten Shampoos gegenüber einem Markenshampoo:
- das Anschäumverhalten,
- das Schaumverhalten,
- die Herauswaschbarkeit,
- die Entfettungswirkung,
- die Kämmbarkeit und elektrostatische Aufladung des Haares,
- der Griff ins trockene Haar.

Markenhampoos enthalten meistens Tensidgemische und kationenaktive Tenside, die die Kämmbarkeit des feuchten Haares verbessern.

Aufgabe

Betrachten Sie die auf einer Shampooflasche aufgedruckten Zutatenliste und versuchen Sie, die Stoffe hinsichtlich ihrer Eigenschaften zu interpretieren. Ggf. kann Hilfe aus dem Internet bezogen werden. Dazu eignet sich besonders die wissenschaftliche Suchmaschine www.scirus.com.

9
Volumetrische Analysen

9.1
Analytische Chemie

Im weitesten Sinne wird unter „Analytik" die Zerlegung eines Ganzen in seine Teile verstanden. In der angewandten Chemie schließt der Begriff nicht nur die Bestimmung von Art und Menge der Bestandteile eines Stoffes ein, sondern auch dessen Abtrennung aus Gemischen. Die Analytik ist nicht einfach nur die Umkehrung der aufbauenden Synthese, da ihr Ziel nicht die Gewinnung von Stoffen ist, sondern deren Aufklärung nach Art und Menge.

Aufteilen lässt sich die Analytik in drei große Arbeitsgebiete:
- Bestimmung der Art eines Stoffes (qualitative Analyse),
- Bestimmung der Menge der Bestandteile eines Stoffes (quantitative Analyse, Quantifizierung),
- Bestimmung der Struktur einer reinen Verbindung.

Dazu werden Analysenverfahren angewendet, die Probennahme, Probenvorbereitung, Stofftrennung und Quantifizierung beinhalten. Die Analyse kann mit chemischen, physikalischen oder biochemischen Methoden erfolgen. Je nach Probenmenge wird in Makro-, Halbmikro-, Ultramikro- sowie in Spurenanalyse unterteilt.

Die chemische Analyse wird pragmatisch in „nasschemische" Methoden und in „instrumentelle" Methoden unterschieden. Beispiele nasschemischer Methoden sind:
- Volumetrie (Maßanalyse)
- Gravimetrie (Gewichtsanalyse)

Beispiele für instrumentelle Methoden sind z. B.:
- chromatografische Methoden (z. B. HPLC, GC),
- spektroskopische Methoden (z. B. UV/VIS, IR-, NMR-, Massenspektroskopie).

Die Bedeutung der nasschemischen Methoden ist in der letzten Zeit ständig zurückgegangen. Trotzdem gehört die Beherrschung der wichtigsten nasschemischen Methoden zu den grundlegenden Fertigkeiten des qualifizierten Laborpersonals.

In diesem Kapitel soll die Volumetrie (Maßanalyse) erläutert werden, in Kapitel 11 wird die Gravimetrie erörtert.

9.2
Volumetrische Analysen

Das Prinzip volumetrischer Techniken beruht auf einem Vergleich zweier Lösungen, deren Inhaltsstoffe (Reagenzien) miteinander in genau definierten Mengen reagieren. Dabei ist die Konzentration des Reagenzes in der einen Lösung bekannt, während die Konzentration des Stoffes in der anderen Lösung bestimmt („quantifiziert") werden soll. Der Inhaltsstoff der Lösung, dessen Konzentration bestimmt werden soll, wird *Analyt* genannt, die Lösung Analytlösung. Die Lösung, deren Konzentration an Reagenz bekannt sein muss, nennt man *Maßlösung*. Als Messgröße zur Quantifizierung des Analyten in der Analytlösung wird das Volumen der zur chemischen Reaktion benötigten Maßlösung verwendet.

An geeigneten Reaktionen zwischen Analyt und Reagenz der Maßlösung sind zu nennen:
- Neutralisationsreaktion,
- Oxidations- und Reduktionsreaktionen (Redoxreaktionen),
- Fällungsreaktionen,
- Komplexreaktion.

Zunächst soll zur Einführung in die Maßanalyse exemplarisch die Neutralisationsreaktion erläutert werden.

9.2.1
Neutralisationsreaktion

Bei einer Neutralisationsreaktion reagieren die Wasserstoffionen einer Säure (H^+) mit den Hydroxylionen einer Base (OH^-) zu neutralem Wasser. Als Nebenprodukt der Reaktion entsteht ein Salz gemäß Gl. (9-1):

$$H^+ + OH^- \rightarrow H_2O \tag{9-1}$$

Typische Reaktionen dieser Art sind z. B.:

$$NaOH + HCl \rightarrow NaCl + H_2O \tag{9-2}$$

$$2\,KOH + H_2SO_4 \rightarrow K_2SO_4 + 2\,H_2O \tag{9-3}$$

Bei einer Neutralisationsreaktion geht die saure Eigenschaft der Säure und die alkalische Eigenschaft der Base völlig verloren, wenn beide Reaktionspartner im richtigem Verhältnis gemischt werden. Die Neutralisationsreaktion verläuft sehr schnell und vollständig, zudem entsteht eine messbare Temperaturerhöhung, die Neutralisationswärme genannt wird.

Nach dem Gesetz der konstanten Proportionen reagieren zwei Partner in konstanten Verhältnissen miteinander, die durch die Stoffmengen der Reaktionspartner repräsentiert werden.

Als Stoffmenge n ist nach Gl. (9-4) der Quotient aus der Masse m und der molaren Masse M des Reaktionspartners definiert:

$$n = \frac{m}{M} \tag{9-4}$$

Die molaren Massen werden als Summe aus den atomaren Massen der an der Verbindung beteiligten Atome des Periodensystems berechnet.

Werden 36,5 g reiner Chlorwasserstoff in die Reaktion eingesetzt, entspricht das der Stoffmenge von $n(HCl) = 1,0$ mol, da die molare Masse $M(HCl) = 36,5$ g/mol beträgt.

$$n = \frac{36,5 \text{ g}}{36,5 \text{ g/mol}} = \underline{1,0 \text{ mol}} \tag{9-5}$$

So reagieren 36,5 g reiner Chlorwasserstoff (HCl, Stoffmenge 1 mol) und 40,0 g reines Natriumhydroxid (NaOH, Stoffmenge 1,0 mol) vollständig und sehr schnell zu 18,0 g Wasser (H_2O, Stoffmenge 1,0 mol) und 58,5 g Natriumchlorid (NaCl, Stoffmenge 1,0 mol) gemäß der Gl. (9-5). Die Lösung reagiert neutral, also weder sauer noch alkalisch.

Wie erkennbar ist, geht bei der Reaktion keine Masse verloren: Aus 36,5 g + 40,0 g Edukt (Reagenzien vor der Reaktion) werden 18,0 g + 58,5 g Produkt. Das Reaktionsverhältnis 36,5 Massenteile HCl zu 40,0 Massenteilen NaOH ist „stöchiometrisch" vorgegeben, das gilt auch für das Vielfache der Reaktion oder für eine Teilreaktion.

Lässt man z. B. 36,5 Massenteile HCl und 42,0 Massenteile NaOH miteinander reagieren, so werden wiederum 40,0 Massenteile NaOH umgesetzt, aber 2,0 Massenteile NaOH liegen im Überschuss vor. Das Reaktionsgemisch reagiert nicht neutral, sondern alkalisch.

Befindet sich in einer Probe eine unbekannte Masse an Chlorwasserstoff (z. B. im Lötwasser), gibt man so lange NaOH zu, bis die Probe neutral reagiert. An der Menge von zugegebener NaOH ist berechenbar, wie viel Chlorwasserstoff in der Probe war. Die Reaktion verläuft auch hier im Verhältnis 36,5 Massenteile HCl zu 40,0 Massenteilen NaOH.

Die Prüfung, ob die Lösung neutral, sauer oder alkalisch ist, wird mit Indikatoren vorgenommen. Sie verändern dann ihre Farbe, wenn z. B. eine Lösung durch Basenzugabe vom sauren in den alkalischen Bereich wechselt. Die Indikatoren und ihre Auswahl wird im Abschnitt 9.2.1.5 genauer beschrieben.

Anwendungstechnisch ist es relativ schwierig, die Mengen von reiner Säure und reiner Base so genau zu dosieren, dass die gewünschte Neutralisation ohne

Überschusswirkung eintritt. Daher setzt man bevorzugt wässrige Lösungen von Säure und Basen zur Neutralisation ein.

Befinden sich die 36,5 g reines HCl sowie die 40,0 g reine NaOH jeweils in einem Liter Lösung, so wird auch dann eine vollständige Neutralisation erhalten, wenn beide Lösungen vereinigt werden. Solche Lösungen, deren Konzentration an Säure oder Base genau bekannt ist, sind Maßlösungen.

9.2.1.1 Berechnung von Maßlösungen

Für die Reaktion Natriumhydroxid und Schwefelsäure lautet nach Gl. (9-6) die Reaktionsgleichung:

$$2\,NaOH + H_2SO_4 \rightarrow Na_2SO_4 + 2\,H_2O \tag{9-6}$$

Wie man aus Gl. (9-6) erkennen kann, reagieren zwei Mole Natriumhydroxid mit einem Mol Schwefelsäure. Die molare Masse von Natriumhydroxid beträgt 40,0 g/mol, die von Schwefelsäure 98,0 g/mol. Es reagieren die Reaktionspartner NaOH und H_2SO_4 im Verhältnis 80,0 zu 98,0. Löst man jeweils in einem Liter Lösung 80,0 g Natriumhydroxid (Stoffmenge 2,0 mol) sowie 98,0 g reine Schwefelsäure (Stoffmenge 1,0 mol) und mischt beide Lösungen, tritt eine vollständige Neutralisation ein.

Die Reaktion würde zum gleichen Ergebnis führen, wenn 40,0 g Natriumhydroxid (Stoffmenge 1,0 mol) und 49,0 g Schwefelsäure (Stoffmenge 0,5 mol), jeweils gelöst in 1000 mL Lösung, miteinander reagieren. In der Maßanalyse benutzt man gewöhnlich die zuletzt beschriebene Möglichkeit. Solche Lösungen nennt man „Äquivalentlösungen".

Ein Liter einer Äquivalentlösung enthält eine äquivalente Stoffmenge des betreffenden Stoffes. Um solche Lösungen berechnen zu können, müssen zunächst einige Begriffe erläutert werden.

Die in Äquivalentlösungen enthaltene äquivalente Stoffmenge n_{eq} berechnet sich aus der Stoffmenge n und der Äquivalentzahl z nach Gl. (9-7):

$$n_{eq} = n \cdot z \tag{9-7}$$

Bei Einsatz von z. B. 80,0 g Natriumhydroxid handelt es sich gemäß Gl. (9-8) um die Stoffmenge von 2,0 mol, da die molare Masse M von Natriumhydroxid 40,0 g/mol beträgt.

$$n = \frac{80,0\,\text{g}}{40,0\,\text{g/mol}} = \underline{2,0\,\text{mol}} \tag{9-8}$$

Die Gl. (9-8) enthält die Äquivalentzahl z des betreffenden Stoffes. *Sie wird bei einer Neutralisationsreaktion durch die Anzahl der bei einer Protolyse freigesetzten H^+-Ionen (Säure) bzw. freigesetzten OH^--Ionen (Base) ermittelt.*

Beispiele

1 mol Schwefelsäure, H_2SO_4, protolysiert in 2 mol H^+-Ionen, die Äquivalentzahl von Schwefelsäure beträgt somit $z = 2$.

1 mol Natriumhydroxid, NaOH, protolysiert in 1 mol OH^--Ionen, die Äquivalentzahl beträgt somit $z = 1$.

Werden z. B. 9,8 g reine Schwefelsäure in einem Liter Lösung gelöst, entspricht das nach Gl. (9-9) einer Stoffmenge von:

$$n = \frac{9,8 \text{ g}}{98,0 \text{ g/mol}} = \underline{0,10 \text{ mol}} \tag{9-9}$$

Die äquivalente Stoffmenge n_{eq} beträgt nach Gl. (9-10) 0,20 mol, da die Äquivalentzahl der Schwefelsäure $z = 2$ beträgt.

$$n_{eq} = 0,10 \text{ mol} \cdot 2 = \underline{0,20 \text{ mol}} \tag{9-10}$$

Die Äquivalentkonzentration, bezogen auf $z = 2$, der Schwefelsäure beträgt 0,20 mol pro Liter (0,20 mol/L).

Die formelmäßige Beschreibung dieser Schwefelsäure ist:

$$c\left(\frac{1}{2}H_2SO_4\right) = 0{,}20 \text{ mol/L}$$

Man spricht: Die Äquivalentkonzentration der Schwefelsäurelösung beträgt, wenn ½H_2SO_4 zugrunde gelegt wird, 0,20 mol pro Liter Lösung.

Die allgemeine Form der Äquivalentlösung lautet nach Gl. (9-11):

$$c_{eq} = \frac{n_{eq}}{V} \tag{9-11}$$

In Gl. (9-11) bedeutet:

c_{eq} Äquivalentkonzentration [mol/L]
n_{eq} Stoffmenge [mol]
V Volumen [L]

Aufgabenbeispiel

Berechnen Sie jeweils die Masse m von NaOH und H_2SO_4, die sich in je einem Liter Lösung befinden, wenn beide Lösungen eine Äquivalentkonzentration von $c_{eq} = 0{,}10$ mol/L besitzen sollen.

Für NaOH gilt:

$M(\text{NaOH}) = 40{,}0$ g/mol $z = 1$ Ziel: $n_{eq} = 0{,}10$ mol

Aus Gl. (9-7) folgt, dass

$$n(\text{NaOH}) = \frac{n_{eq}}{z} = \frac{0,1 \text{ mol}}{1} = \underline{0,1 \text{ mol}} \tag{9-12}$$

beträgt. Die einzuwiegende Masse berechnet sich mit Gl. (9-13)

$$m = M \cdot n = 40{,}0 \text{ g/mol} \cdot 0{,}1 \text{ mol} = \underline{4{,}0 \text{ g}} \tag{9-13}$$

Sind 4,00 g reines Natriumhydroxid in einem Liter Lösung enthalten, handelt es sich um eine Natronlauge mit

$$c(\tfrac{1}{1}\text{NaOH}) = 0{,}10 \text{ mol/L}$$

Für H_2SO_4 gilt:
$\quad M(H_2SO_4) = 98{,}0$ g/mol $\quad z = 2 \quad$ Ziel: $n_{eq} = 0{,}10$ mol
Aus Gl. (9-7) folgt, dass

$$n(H_2SO_4) = \frac{n_{eq}}{z} = \frac{0{,}10 \text{ mol}}{2} = \underline{0{,}05 \text{ mol}} \tag{9-14}$$

beträgt. Die einzuwiegende Masse berechnet sich mit Gl. (9-15)

$$m = M \cdot n = 98{,}0 \text{ g/mol} \cdot 0{,}05 \text{ mol} = \underline{4{,}90 \text{ g}} \tag{9-15}$$

Sind 4,90 g reine Schwefelsäure in einem Liter Lösung enthalten, handelt es sich um eine Schwefelsäurelösung mit $c(½H_2SO_4) = 0{,}10$ mol/L.

Zur Berechnung der notwendigen Masse (Einwaage) an Säure oder Base für eine Äquivalentlösung kann die zusammenfassende Gl. (9-16) benutzt werden:

$$m_{\text{Einwaage}} = \frac{c_{eq} \cdot V \cdot M}{z} \tag{9-16}$$

In Gl. (9-16) bedeutet:
$\quad m_{\text{Einwaage}} \quad$ einzuwiegende Masse [g]
$\quad c_{eq} \quad$ angestrebte Äquivalentkonzentration [mol/L]
$\quad M \quad$ molare Masse [g/mol]
$\quad z \quad$ Äquivalentzahl
$\quad V \quad$ benötigtes Volumen [L]

Werden 1000 mL Natronlauge mit $c(1/1\text{NaOH}) = 0{,}10$ mol/L und 1000 mL Schwefelsäurelösung mit $c(½H_2SO_4) = 0{,}10$ mol/L zusammengegossen, wird eine vollständige Neutralisation erzielt, es reagieren aber ausschließlich die 4,00 g Natriumhydroxid mit 4,90 g Schwefelsäure im richtigen Massenverhältnis 40:49.

Daraus folgt: *Haben Säure und Base die gleiche Äquivalentkonzentration, werden zur vollständigen Neutralisation gleiche Volumina an Maßlösung benötigt.*

Beispiele
Um einen Liter Natronlauge mit der Äquivalentkonzentration $c(^1\!/_1\text{NaOH})$ = 0,10 mol/L zu neutralisieren, werden z. B. benötigt:
- 1 L Schwefelsäure mit $c(^1\!/_2\text{H}_2\text{SO}_4)$ = 0,10 mol/L (4,90 g/L)
- 1 L Salpetersäure mit $c(^1\!/_1\text{HNO}_3)$ = 0,10 mol/L (6,30 g/L)
- 0,1 L Schwefelsäure mit $c(^1\!/_2\text{H}_2\text{SO}_4)$ = 1,0 mol/L (49,0 g/L)
- 2 L Schwefelsäure mit $c(^1\!/_2\text{H}_2\text{SO}_4)$ = 0,05 mol/L (2,48 g/L)
- 2 L Salzsäure mit $c(^1\!/_1\text{HCl})$ = 0,05 mol/L (1,825 g/L)
- 10 L Schwefelsäure mit $c(^1\!/_2\text{H}_2\text{SO}_4)$ = 0,01 mol/L (0,49 g/L)

9.2.1.2 Herstellung von Maßlösungen

Prinzipiell können Maßlösungen nach drei Verfahren hergestellt werden:
- durch genaue Einwaage eines Reinstoffes,
- durch genaue Einwaage eines Stoffes, der nicht rein ist, und
- durch Herstellung aus käuflichen Konzentraten.

Meistens kann die erste Methode nicht realisiert werden. Entweder gibt es von der Verbindung keinen käuflichen Reinstoff oder der Reinstoff verändert sich beim Lagern bzw. beim Einwiegen.

Daher wird in der Praxis gewöhnlich das zweite Verfahren verwendet. Man wiegt dabei den Stoff, der nicht rein ist, so gut wie möglich ab, gibt ihn in einen 1000-mL-Messkolben, der dann bis zur Ringmarke aufgefüllt wird. Die entstehende Maßlösung wurde selbstverständlich mit dieser Methode nicht korrekt angesetzt. Die Ungenauigkeit der Maßlösung wird bestimmt und gleicht diese Ungenauigkeit durch einen Korrekturfaktor aus, den man Titer t nennt. Im folgenden Abschnitt wird diese Titerbestimmung beschrieben. Bei Maßlösungen, die nicht genau angesetzt wurden, wird das Konzentrationszeichen c durch eine „Tilde" ergänzt, z. B. $\tilde{c}(^1\!/_2\text{H}_2\text{SO}_4)$ = 0,1 mol/L. Die Bezeichnung solcher Lösungen ist „angestrebte Äquivalentkonzentration".

Die Chemikalienfirmen (z. B. Merck oder Fluka) haben vor einiger Zeit Ampullen oder Flaschen mit Konzentraten entwickelt, die eine genaue Stoffmenge eines Reagenzes enthalten. Der Inhalt der Ampulle wird vollständig in einen Messkolben übergespült, indem man die Ampulle über einen Messkolben hält und die Membrane mit einem Glasstab durchstößt oder die Ampulle durch eine Drehbewegung öffnet. Nach dem gründlichen Spülen der Ampulle mit entmineralisiertem Wasser (Überprüfen z. B. mit pH-Papier) wird der Messkolben mit entmineralisiertem Wasser bis zur Ringmarke aufgefüllt und intensiv geschüttelt. Die Äquivalentkonzentration der entstehenden Lösung ist von der Stoffmenge der Ampulle und dem Inhalt des verwendeten Kolbens abhängig.

Wird z. B. eine Natronlaugeampulle mit der Stoffmenge $n(\text{NaOH})$ = 0,5 mol (Inhalt 20 g NaOH) in einen 1-L-Messkolben überführt und dieser aufgefüllt, erhält man einen Liter einer Natronlaugelösung mit der Äquivalentkonzentration $c(^1\!/_1\text{NaOH})$ = 0,5 mol/L.

Spült man die Ampulle dagegen in einen 5-L-Kolben, erhält man fünf Liter einer Natronlauge mit der Äquivalentkonzentration $c\,(^1\!/_1\text{NaOH}) = 0{,}1$ mol/L.

Diese Methode ist einfach und bequem, aber auch relativ teuer. Es empfiehlt sich, auch bei der Herstellung von Maßlösungen nach dieser Methode den Titer t zu bestimmen, da bei fehlerhaftem Umgang mit den Ampullen die entstehenden Maßlösungen nicht korrekt sind.

Bei der folgenden Praktikumsaufgabe soll zunächst eine Natronlauge mit $c\,(^1\!/_1\text{NaOH}) = 0{,}1$ mol/L durch direkte Einwaage von Natriumhydroxid hergestellt werden. Dabei ist das verwendete Natriumhydroxid keine Reinsubstanz, da es hygroskopisch ist. Bereits beim Einwiegen wird es Wasser aus der Luft anziehen. Anschließend soll aus einer Konzentratampulle eine Schwefelsäure mit $c\,(^1\!/_2\text{H}_2\text{SO}_4) = 0{,}1$ mol/L hergestellt werden.

Praxisaufgaben: Herstellung von Maßlösungen

Informieren Sie sich über die Sicherheitsdaten von Natriumhydroxid und Schwefelsäure.

Aufgabe 1

Stellen Sie einen Liter Natronlauge mit der angestrebten Äquivalentkonzentration $\tilde{c}(^1\!/_1\text{NaOH}) = 0{,}1$ mol/L her, indem Sie die nach Gl. (9-16) berechnete Menge an NaOH für einen Liter Lösung abwiegen. In einem 1000-mL-Messkolben werden ca. 300 mL entmineralisiertes Wasser vorgelegt und dazu die abgewogene Menge an Natriumhydroxid vorsichtig zugegeben. Dabei erwärmt sich die Lösung.

Nach dem vollständigen Lösen der NaOH-Plätzchen muss der Inhalt des Kolbens auf 20 °C gekühlt werden, danach wird der Kolben mit entmineralisiertem Wasser bis zur Ringmarke aufgefüllt und intensiv geschüttelt.

Aufgabe 2

Stellen Sie mit Hilfe einer Ampulle (z. B. Fixanal) fünf Liter einer Schwefelsäure mit der Äquivalentkonzentration $c\,(^1\!/_2\text{H}_2\text{SO}_4) = 0{,}1$ mol/L her.

Von beiden Lösungen soll nun der Korrekturfaktor, der Titer t, bestimmt werden.

9.2.1.3 Titerbestimmung

Der Titer t ist definiert als der Quotient aus der tatsächlichen Äquivalentkonzentration und der angestrebten Äquivalentkonzentration (Gl. (9-17)):

$$t = \frac{c_{eq}}{\tilde{c}_{eq}} \tag{9-17}$$

Die tatsächliche Äquivalentkonzentration einer ungenauen Maßlösung ist nach Umstellen von Gl. (9-17) zu Gl. (9-18) berechenbar:

$$c_{eq} = t \cdot \tilde{c}_{eq} \tag{9-18}$$

Beträgt der Titer einer Maßlösung t = 1,000, dann war die angesetzte Maßlösung tatsächlich genau. Ist der Titer kleiner als 1,000, dann war die angesetzte Maßlösung zu schwach. Ist der Titer größer als 1,000, war die angesetzte Maßlösung zu stark. In der Praxis sollten Titer t zwischen 0,980 bis 1,020 angestrebt werden.

Die Titerbestimmung einer angestrebten Maßlösung wird mit Hilfe einer sog. „Urtitersubstanz" vorgenommen. Die zur Titerbestimmung verwendeten Urtitersubstanzen
- müssen rein sein,
- müssen gut abwiegbar sein,
- dürfen sich nicht zersetzen,
- müssen lagerfähig sein,
- dürfen nicht hygroskopisch sein und
- müssen vollständig und schnell mit dem Reagenz der Maßlösung reagieren.

Urtitersubstanzen sollten separat gelagert und besonders gekennzeichnet sein. Manchmal muss eine Urtitersubstanz vor dem Einsatz noch besonders behandelt werden (Tabelle 9-1).

Keinesfalls darf bei einer Entnahme aus den Vorratsflaschen direkt mit Spatel o. ä. hantiert werden. Für die Entnahme ist etwas loses Material in ein sauberes Becherglas zu schütten und von dort zu entnehmen. Das entnommene Material darf nicht mehr zurück in die Flasche gegeben werden, sondern muss sachgerecht entsorgt werden.

Beispiele solcher Urtitersubstanzen für verschiedene Maßlösungen sind aus Tabelle 9-1 zu entnehmen.

Tab. 9-1. Urtitersubstanzen

Urtitersubstanz	Geeignet für Maßlösung	Behandlung	Äquivalentzahl z
Natriumcarbonat	starke Säuren	trocknen bei 180 °C	2
Oxalsäuredihydrat	starke Basen	–	2
Natriumoxalat	Kaliumpermanganat	trocknen bei 110 °C	2
Kaliumiodat	Natriumthiosulfatlösung	trocknen bei 180 °C	6
Zinksulfat × 7 H$_2$O	EDTA-Lösung	–	1
Natriumchlorid	Silbernitratlösung	trocknen bei 200 °C	1

Die für die jeweilige Maßlösung ausgewählte und ggf. vorbehandelte Urtitersubstanz wird auf 0,0005 g genau abgewogen und mit der zu bestimmenden Maßlösung „titriert".

Bei einer *Titration* wird der Analyt (in diesem Fall die Urtitersubstanz) in einen Erlenmeyer-Kolben, gewöhnlich einen 300-mL-Kolben, eingewogen und mit 100 mL entmineralisiertem Wasser gelöst. Die zu überprüfende Maßlösung wird mit einem Bürettentrichter in eine Bürette gefüllt und auf den Wert „0" eingestellt. Der Bürettentrichter wird danach entfernt.

Die Analytlösung wird mit einer Indikatorlösung (siehe Abschnitt 9.2.1.5) versetzt und unter den Erlenmeyer-Kolben ein weißes Papier als Farbkontrast gelegt. Nun wird die Analytlösung im Erlenmeyer-Kolben in eine rotierende Bewegung versetzt. Das kann durch Schütteln mit der Hand oder mit einem Magnetrührer erfolgen. Man fügt nun so lange tropfenweise die Maßlösung aus der Bürette der rotierenden Analytlösung im Erlenmeyer-Kolben zu, bis der Indikator von einem zum anderen Tropfen seine Farbe wechselt. Kurz vor dem „Umschlagpunkt" des Indikators sollte besonders langsam die Maßlösung zugegeben werden. Das Volumen der benötigten Maßlösung wird an der Bürette abgelesen. Es ist empfehlenswert, noch ein paar Tropfen Maßlösung zuzusetzen, um zu beobachten, ob der Umschlagpunkt auch tatsächlich erreicht wurde. Ist das der Fall, ist die Titration beendet und der „Verbrauch" steht fest. Der Titer t wird mit folgender Gleichung (9-19) berechnet.

$$t = \frac{m \cdot z}{V \cdot \tilde{c}_{eq} \cdot M} \tag{9-19}$$

In der Gl. (9-19) bedeutet:
- t Titer der Maßlösung
- m Einwaage an Urtitersubstanz [g]
- z Äquivalentzahl der Urtitersubstanz
- V Verbrauch an Maßlösung [L]
- M molare Masse der Urtitersubstanz [g/mol]
- $\tilde{c}_{eq}$ angestrebte Äquivalentkonzentration [mol/L].

Der Titer t ist auf drei Stellen hinter dem Komma zu berechnen. Die Herkunft der Gl. (9-19) wird in Abschnitt 9.2.1.6 erläutert.

Praxisaufgaben: Titerbestimmungen

Aufgabe 1
Bestimmen Sie von Ihrer hergestellten Natronlauge mit $\tilde{c}(1/1\,\text{NaOH}) = 0{,}1$ mol/L den Titer. Wiegen Sie etwa 0,1 g, auf 0,0005 g genau, von der Urtitersubstanz Oxalsäuredihydrat in einen 300-mL-Erlenmeyer-Kolben ein und lösen Sie die Substanz in ca. 100 mL entmineralisiertem Wasser. Verwenden Sie beim *ersten Versuch* als Indikator fünf Tropfen einer 1-prozentigen

Lösung von Phenolphthalein in Ethanol. Der Umschlag erfolgt von Farblos nach Rosa, die Umschlagfarbe Rosa muss etwa für 10 s stabil sein, dann verblasst sie langsam wieder.

Beim *zweiten Versuch* verwenden Sie als Indikator 5 Tropfen einer Lösung von 100 mg Methylrot in einer Mischung von 60 mL Ethanol und 40 mL entmineralisiertem Wasser. Der Umschlag erfolgt von Rot nach Orangebraun.

Beim *dritten Versuch* verwenden Sie als Indikator 5 Tropfen einer Tashiro-Lösung. Diese wird hergestellt durch Lösen von 200 mg Methylrot und 100 mg Methylenblau in 100 mL Ethanol. Der Umschlag erfolgt von Violett nach Grün über einen stahlgrauen Farbton.

Bei der Neutralisation von Oxalsäuredihydrat $(COOH)_2 \times 2\,H_2O$ wirken zwei Wasserstoffionen an der Reaktion mit, die Äquivalentzahl ist daher $z = 2$. Bei der Berechnung der molaren Masse von Oxalsäuredihydrat ist das sog. Kristallwasser, $2\,mol\,H_2O$, mitzusummieren.

Berechnen Sie von jedem Versuch den Titer t der Natronlauge nach Gl. (9-19). Die Bestimmung des Titers ist so lange zu wiederholen, bis drei Werte gefunden werden, die sich nur noch um weniger als 0,5 % voneinander unterscheiden.

Aufgabe 2
Bestimmen Sie von Ihrer hergestellten Schwefelsäure mit $\tilde{c}(\frac{1}{2}H_2SO_4) = 0,1\,mol/L$ den Titer. Wiegen Sie etwa 0,1 g, auf 0,0005 g genau, von der Urtitersubstanz Natriumcarbonat ein und lösen die Substanz in ca. 100 mL entmineralisiertem Wasser.

Verwenden Sie beim *ersten Versuch* als Indikator fünf Tropfen einer Lösung von Phenolphthalein in Ethanol. Der Umschlag erfolgt von Rot über Rosa nach Farblos.

Beim *zweiten Versuch* verwenden Sie als Indikator 5 Tropfen einer Lösung von Methylrot. Der Umschlag erfolgt von Gelb über Orange nach Rot.

Beim *dritten Versuch* verwenden Sie als Indikator 5 Tropfen einer Tashiro-Lösung. Der Umschlag erfolgt von Grün nach Violett über einen stahlgrauen Farbton.

Versuchen Sie bei allen drei Versuchen auf die Umschlagsfarben zu titrieren.

Berechnen Sie von jedem Versuch den Titer t der Schwefelsäure nach Gl. (9-19). Die Bestimmung des Titers ist so lange zu wiederholen, bis drei Werte gefunden werden, die sich nur um weniger als 0,5 % voneinander unterscheiden.

Ein fehlerhaft bestimmter Titer t würde das Ergebnis der folgenden Analysen verfälschen.

9.2.1.4 Titrationskurven

Im Abschnitt 9.2.1.3 wurden für die Titerbestimmung drei verschiedene Indikatoren verwendet, die Ergebnisse der maßanalytischen Bestimmung unterscheiden sich dadurch nur unwesentlich. Dies ist allerdings nicht immer der Fall. In vielen Fällen ist die Auswahl des Indikators von entscheidender Bedeutung für die Richtigkeit des Ergebnisses. Ausschlaggebend für die Indikatorauswahl ist die Säuren- und Basenstärke der Reaktionspartner.

Säuren und Basen lassen sich hinsichtlich ihrer Protolysenstärke einteilen. Die Protolysenstärke ist die Fähigkeit, Ionen zu protolysieren (also Protonen abzugeben bzw. aufzunehmen). Das Maß für die Protolysenstärke ist der Protolysegrad a. Darunter versteht man den Quotienten aus der Konzentration an H^+- bzw. OH^--Ionen und der ursprünglichen Konzentration der Säure bzw. Base gemäß Gl. (9-20).

$$a = \frac{c(H^+)}{c(HX)} \quad \text{bzw.} \quad a = \frac{c(OH^-)}{c(BOH)} \tag{9-20}$$

In Gl. (9-20) bedeutet:
- $c(H^+)$ Konzentration der H^+-Ionen [mol/L]
- $c(HX)$ Konzentration der Säure [mol/L]
- $c(OH^-)$ Konzentration der OH^--Ionen [mol/L]
- $c(BOH)$ Konzentration der Base [mol/L].

Definitionsgemäß kann a Werte von 0 bis 1 einnehmen. Bei $a = 1$ wäre die Säure bzw. Base vollständig protolysiert. In der Tabelle 9-2 sind zur Beurteilung der Säure- bzw. Basenstärke einige Beispiele aufgeführt.

Tab. 9-2. Beurteilung der Säuren- und Basenstärke ($\vartheta = 20$ °C, $c = 0{,}1$ mol/L)

Säure/Base	Formel	a	Beurteilung der Stärke
Salpetersäure	HNO_3	0,930	sehr stark
Salzsäure	HCl	0,920	sehr stark
Schwefelsäure	H_2SO_4	0,590	stark
Phosphorsäure	H_3PO_4	0,120	mittelstark
Essigsäure	CH_3COOH	0,013	schwach
Kaliumhydroxid	KOH	0,790	sehr stark
Natriumhydroxid	$NaOH$	0,760	sehr stark
Ammoniak	NH_3	0,140	schwach

Wird die Abhängigkeit des pH-Wertes (siehe Abschnitt 8.5.4) der Analytlösung vom Verbrauch an Maßlösung in einem Diagramm aufgetragen, erhält man eine Titrationskurve. Mit dieser Kurve kann z. B. der Äquivalenzpunkt der Titration ermittelt und ein geeigneter Indikator ausgewählt werden.

Die einzelnen Titrationskurven unterscheiden sich je nach Reaktionspartner zum Teil erheblich voneinander. Gemeinsam haben sie allerdings das nur langsame Verändern des pH-Wertes am Anfang und Ende einer Titration und das sprunghafte Verändern in der Nähe des Äquivalenzpunktes. Dieser ist definiert als der Zustand, bei dem die Reaktionspartner vollständig miteinander reagiert haben. Der Verbrauch an Maßlösung, der beim Äquivalenzpunkt erzielt wurde, muss in die Berechnung nach Gl. (9-19) eingehen. Genau in diesem Punkt sollte ein idealer Indikator umschlagen. Der Äquivalenzpunkt ist auch aus einer Titrationskurve bestimmbar, es ist der „Wendepunkt" der Titrationskurve. Darunter versteht man den Übergang von einem konvexen zum konkaven Verlauf der Neutralisationskurve (Abbildung 9-1).

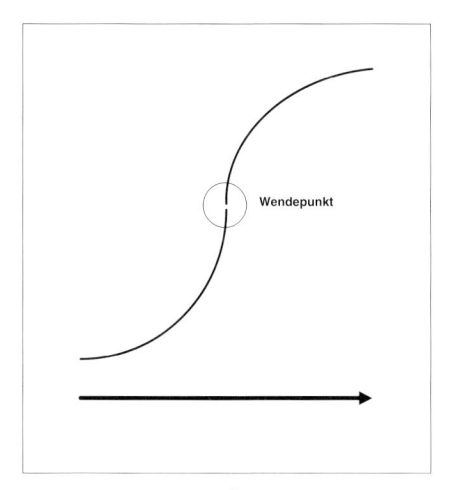

Abb. 9-1. Beispiel eines Äquivalenzpunktes in einer Titrationskurve.

Grundsätzlich lassen sich vier Typen unterscheiden. Sie sind abhängig von den jeweiligen Protolysenstärken der Reaktionspartner.

Abbildung 9-2 zeigt die Titrationskurve einer starken Säure mit einer starken Base. Es ist die sprunghafte Veränderung des pH-Wertes um den Äquivalenzpunkt und um den pH-Wert von 7 zu erkennen.

Stark protolysierte Säure gegen stark protolysierte Base

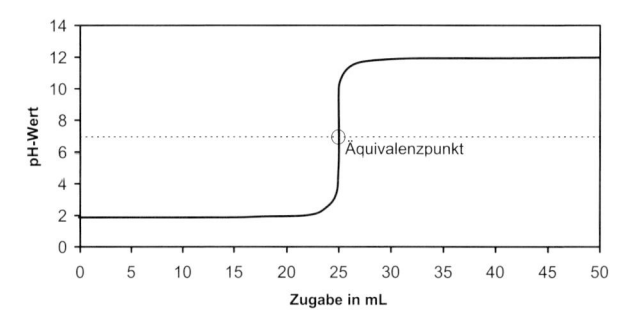

Abb. 9-2. Titrationskurve von $c\,(\frac{1}{1}HCl) = 0{,}1$ mol/L mit $c\,(\frac{1}{1}NaOH) = 0{,}1$ mol/L.

Demgegenüber ist in Abbildung 9-3 die Reaktion zweier schwacher Reaktionspartner abgebildet. Der Äquivalenzpunkt ist ebenfalls im neutralen Bereich. Der pH-Sprung ist allerdings kaum zu erkennen.

Schwach protolysierte Säure gegen schwach protolysierte Base

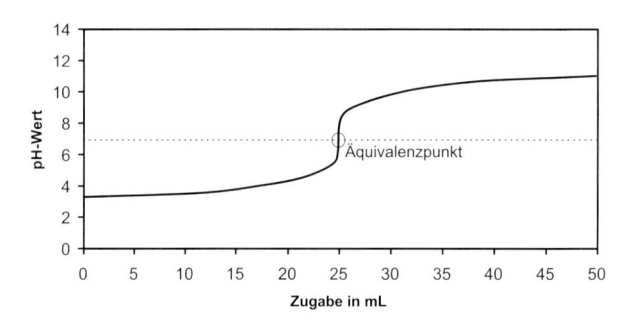

Abb. 9-3. Titrationskurve von $c\,(\frac{1}{1}CH_3COOH) = 0{,}1$ mol/L mit $c\,(\frac{1}{1}NH_4OH) = 0{,}1$ mol/L.

Bei der Titration einer schwache Säure mit einer starken Base verschiebt sich der Äquivalenzpunkt in den alkalischen Bereich (siehe Abbildung 9-4). Umgekehrt zeigt Abbildung 9-5, dass sich der Äquivalenzpunkt in den sauren Bereich verschiebt, wenn eine starke Säure gegen eine schwache Base titriert wird.

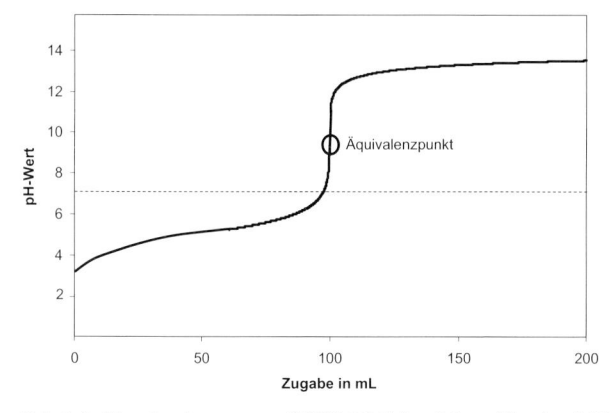

Abb. 9-4. Titrationskurve von c (⅟₁CH₃COOH) = 0,1 mol/L mit c (⅟₁NaOH) = 0,1 mol/L.

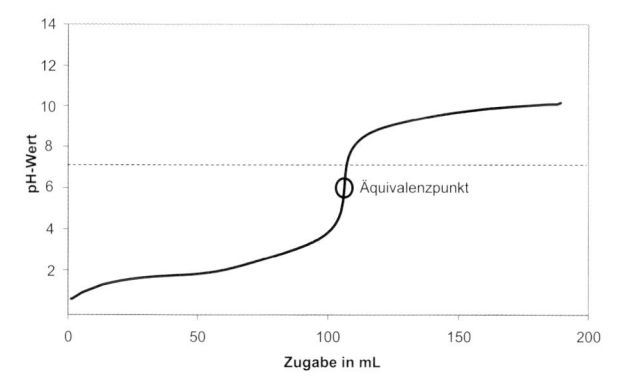

Abb. 9-5. Titrationskurve von c (⅟₁HCl) = 0,1 mol/L mit c (⅟₁NH₄OH) = 0,1 mol/L.

Zum Überblick ist die Lage des Äquivalenzpunktes in Abhängigkeit von der Protolysenstärke von Säuren-Basen-Paare in Tabelle 9-3 zusammengefasst.

Tab. 9-3. Lage des Äquivalenzpunktes

Säurenstärke	Basenstärke	Lage des Äquivalenzpunktes
stark	stark	im neutralen Bereich
stark	schwach	im sauren Bereich
schwach	stark	im alkalischen Bereich
schwach	schwach	im neutralen Bereich

9.2.1.5 Indikatorauswahl

Bei Säure-Base-Reaktionen werden Indikatoren verwendet, die in bestimmten pH-Bereichen ihre Farbe durch eine chemische Reaktion ändern. Die Indikatoren, meistens organische Farbstoffe, sind schwache Basen oder Säuren.

In Tabelle 9-4 wird die Herstellung der Indikatorlösungen beschrieben.

Tab. 9-4. Herstellung der Indikatorlösungen

Indikatorsubstanz	Herstellung der Indikatorlösung
Thymolblau	1 g + 21,5 mL $c(NaOH) = 0,1$ mol/L; mit Wasser auffüllen auf 1 L
Methylorange	0,5 g in 1 L Wasser
Methylrot	1 g in 1 L $w(C_2H_5OH) = 60\%$
Tashiro	2 g Methylrot + 1 g Methylenblau in 1 L $w(C_2H_5OH) = 96\%$
Phenolrot	1 g in 1 L $w(C_2H_5OH) = 20\%$
Phenolphthalein	10 g in 1 L $w(C_2H_5OH) = 90\%$
Thymolphthalein	2 g in 1 L $w(C_2H_5OH) = 90\%$

Der Farbumschlag eines Indikators ist nicht einem genauem pH-Wert zuzuordnen, er schlägt in einem stoffspezifischen pH-Intervall um. Tabelle 9-5 zeigt diese Intervalle der gebräuchlichsten Neutralisationsindikatoren.

Tab. 9-5. Säure-Base-Indikatoren

Indikatorlösung	Umschlagsintervall [pH]	Farbe im sauren Bereich	Farbe im Umschlagsbereich	Farbe im alkalischen Bereich
Methylorange	3,1 – 4,4	Rot	Orange	Gelb
Methylrot	4,4 – 6,2	Rot	Orange	Gelb
Lackmus	4,4 – 6,6	Rot	Hellviolett	Blau
Tashiro	5,6 – 7,0	Violett	Grau	Grün
Phenolphthalein	8,2 – 10,0	Farblos	Rosa	Rot
Thymolphthalein	9,3 – 10,5	Farblos	Hellblau	Blau

Die Auswahl eines Indikators richtet sich nach dem zu erwartenden Äquivalenzpunkt der Säure-Base-Reaktion. Dieser sollte idealerweise innerhalb des pH-Umschlagintervalles des Indikators liegen.

Abbildung 9-6 zeigt die Titrationskurve zweier starker Reaktionspartner. In das Diagramm wurden die Umschlagsbereiche der Indikatoren Phenolphthalein und Methylrot eingetragen. Man erkennt, dass beide Umschlagsbereiche *nicht* genau den Äquivalenzpunkt einschließen. Die Farbumschläge erfolgen dadurch etwas zu früh bzw. zu spät. Der Fehler ist allerdings sehr gering. Dafür ist der Farbumschlag von Phenolphthalein visuell sehr gut erkennbar.

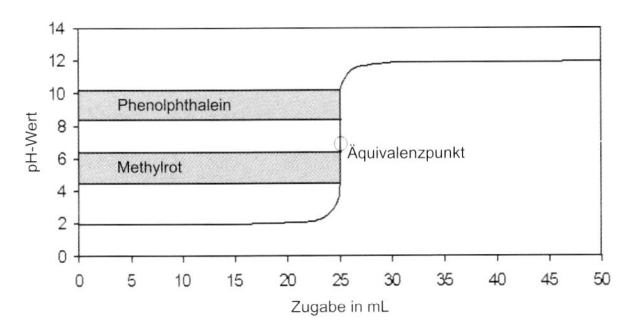

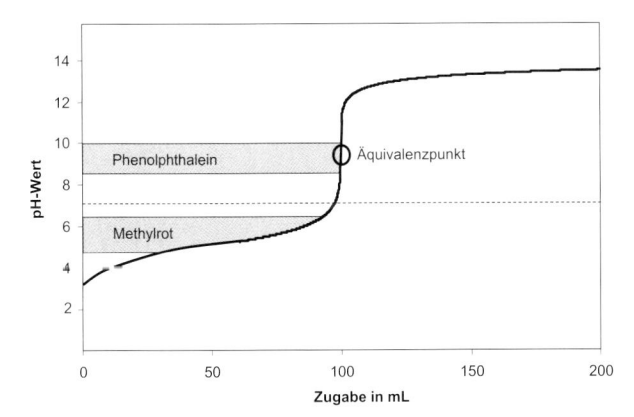

Abb. 9-6. Umschlagsbereiche von Phenolphthalein und Methylrot, eingetragen in die Titrationskurve von $c\,(1/1\,HCl) = 0{,}1$ mol/L mit $c\,(1/1\,NaOH) = 0{,}1$ mol/L.

Bei dem Indikator Tashiro hingegen würde der Äquivalenzpunkt genau im Umschlagsbereich liegen, der Indikatorfehler wäre also minimal klein. Leider lässt sich der Farbumschlag von Tashiro nicht genauso exakt beobachten wie beim Phenolphthalein, der Fehler wäre daher etwas größer. Für welchen Indikator sich der Analytiker folglich entscheidet, ist eher von seinem visuellen Empfinden abhängig als von der chemischen Notwendigkeit.

Abb. 9-7. Umschlagsbereiche von Phenolphthalein und Methylrot, eingetragen in die Titrationskurve von $c\,(1/1\,CH_3COOH) = 0{,}1$ mol/L mit $c\,(1/1\,NaOH) = 0{,}1$ mol/L.

Aus der Abbildung 9-7 ist erkennbar, welcher Fehler bei der falschen Wahl eines Indikators gemacht wird. In diesem Fall *muss* mit einem Indikator wie Phenolphthalein, der im alkalischen Bereich umschlägt, titriert werden. Ein im sauren Bereich umschlagender Indikator würde selbst bei genauem Farbumschlag einen erheblichen Analysenfehler produzieren.

9.2.1.6 Quantifizieren von Analyten in einer Probe

Nachdem die Titer t der beiden Maßlösungen bestimmt wurden, sollen mit ihnen zwei Analyten in realen Proben bestimmt werden.

Praxisaufgaben: Titrationsversuche

Aufgabe 1

Ermitteln Sie die Sicherheitsdaten von Essigsäure.

> Es soll der Massenanteil an Essigsäure in käuflichem Haushaltsessig bestimmt werden.
>
> Dazu werden ca. 2 g Haushaltsessig, auf 0,0005 g genau, mit Hilfe einer kleinen Pipette in einen 300-mL-Erlenmeyer-Kolben eingewogen. Die Titration wird mit der titerbekannten Natronlauge $\tilde{c}(1/1\,\text{NaOH}) = 0{,}1$ mol/L vorgenommen. Der Essig wird mit ca. 100 mL entmineralisiertem Wasser verdünnt.
>
> Essigsäure ist eine schwach protolysierte Säure, die Natronlaugemaßlösung ist stark protolysiert, der Äquivalenzpunkt wird daher im alkalischen Bereich liegen. Ein Indikator, dessen Umschlag in diesem Bereich erfolgt, ist notwendig. Nach Zugabe der Indikatorlösung wird mit der titerbekannten Natronlauge $\tilde{c}(1/1\,\text{NaOH}) = 0{,}1$ mol/L bis zum Farbumschlag titriert. Der Verbrauch ist zu notieren. Die Bestimmung ist zweimal zu wiederholen.

Beispielberechnung

Nachfolgend sollen an einem Beispiel der Massenanteil der Essigsäurelösung berechnet und daraus allgemein gültige Gleichungen für die Maßanalyse abgeleitet werden.

Es wurden 2,1833 g Haushaltsessig eingewogen und bei der Titration mit Natronlauge, $\tilde{c}(1/1\,\text{NaOH}) = 0{,}1$ mol/L, ein Verbrauch von 18,50 mL erzielt. Der Titer t der Natronlauge beträgt 0,997.

Wie bereits erläutert wurde, werden 1000 mL Essigsäurelösung mit $c(1/1\,\text{CH}_3\text{COOH}) = 0{,}1$ mol/L von 1000 mL Natronlauge, $c(1/1\,\text{NaOH}) = 0{,}1$ mol/L, vollständig neutralisiert. In den 1000 mL der Essigsäurelösung mit $c(1/1\,\text{CH}_3\text{COOH}) = 0{,}1$ mol/L sind mit $z = 1$ nach Gl. (9-21)

$$m(CH_3COOH) = \frac{M}{z} \cdot n = \frac{60,0 \text{ g}}{1 \text{ mol}} \cdot 0,1 \text{ mol} = \underline{6,0 \text{ g}} \qquad (9\text{-}21)$$

reine Essigsäure gelöst. Daher würden 1 L Natronlauge, $c(^1/_1\text{NaOH}) = 0{,}1$ mol/L, die berechneten 6,0 g reine Essigsäure neutralisieren.

Mit Hilfe des Verbrauches an Natronlauge ist die Menge an Essigsäure in dem Essig durch eine einfache Proportion (Dreisatz) zu berechnen:

1 L Natronlauge (=V_1(NaOH), $c_1(^1/_1\text{NaOH}) = 0{,}1$ mol/L) neutralisieren

$\dfrac{60,0 \text{ g}}{1 \text{ mol}} \cdot 0{,}1$ mol Essigsäure.

0,0185 L Natronlauge (=V_2(NaOH), $c_2(^1/_1\text{NaOH}) = 0{,}1$ mol/L) neutralisieren ? g Essigsäure?

Die Menge an Essigsäure wird dann mit folgendem Dreisatz berechnet durch Gl. (9-22):

$$m_2(CH_3COOH) = \frac{0,01850 \text{ L}}{1 \text{L}} \cdot 6{,}0 \text{ g}$$

in allgemeiner Form:

$$m_2(CH_3COOH) = \frac{V_2(\text{NaOH})}{V_1(\text{NaOH})} \cdot m_1(CH_3COOH) \qquad (9\text{-}22)$$

Ersetzt man V_1(NaOH) durch den Quotienten aus n_1(NaOH) und c_1(NaOH), sowie m_1(CH$_3$COOH) durch das Produkt von n_1(HAc) und M_1(HAc), so erhält man Gl. (9-23):

$$m_2(CH_3COOH) = \frac{V_2(\text{NaOH})}{\dfrac{n_1(\text{NaOH})}{c_1(\text{NaOH})}} \cdot n_1(CH_3COOH) \cdot M_1(CH_3COOH) \qquad (9\text{-}23)$$

bzw. umgestellt:

$$m_2(CH_3COOH) = \frac{V_2(\text{NaOH}) \cdot c_1(\text{NaOH}) \cdot n_1(CH_3COOH) \cdot M_1(CH_3COOH)}{n_1(\text{NaOH})} \qquad (9\text{-}24)$$

Im Ausgangsbeispiel gelten außerdem folgende Beziehungen:
- $c_1(\text{NaOH}) = c_2(\text{NaOH})$
- $M_1(CH_3COOH) = M_2(CH_3COOH)$
- $\dfrac{n_1(CH_3COOH)}{n_1(\text{NaOH})} = \dfrac{1}{z}$

Daraus folgt Gl. (9-25):

$$m_2(CH_3COOH) = \frac{V_2(\text{NaOH}) \cdot c_2(\text{NaOH}) \cdot M_2(CH_3COOH)}{z} \qquad (9\text{-}25)$$

Allerdings ist die verwendete Natronlauge nicht genau, sie hat einen Titer von $t = 0{,}997$. Nach Gl. (9-18) kann die exakte Äquivalentkonzentration durch Multiplikation des Titers mit der angestrebten Äquivalentkonzentration $\tilde{c}$ berechnet werden. Diese Multiplikation kann direkt in der Gl. (9-25) vorgenommen werden.

$$m_2(\text{CH}_3\text{COOH}) = \frac{0{,}01850 \text{ L} \cdot 0{,}1 \frac{\text{mol}}{\text{L}} \cdot 0{,}997 \cdot 60 \frac{\text{g}}{\text{mol}}}{1} = \underline{0{,}11 \text{ g CH}_3\text{COOH}} \quad (9\text{-}26)$$

Diese Menge an reiner Essigsäure sind in 2,1833 g Haushaltsessig enthalten. Daraus lässt sich nach Gl. (9-27) der Massenanteil der Essigsäure im Essig berechnen

$$w(\text{CH}_3\text{COOH}) = \frac{m(\text{CH}_3\text{COOH})}{m(\text{Essig})} \cdot 100\,\% = \frac{0{,}11 \text{ g}}{2{,}1833 \text{ g}} \cdot 100\,\% = \underline{5{,}07\,\%} \quad (9\text{-}27)$$

Der Haushaltsessig enthält 5,07 % Essigsäure.

Aus Gl. (9-26) kann die allgemein gültige Gleichung für die Maßanalyse abgeleitet werden:

0,0185 mL ist der Verbrauch V_b (L)
60,0 g/mol ist die molare Masse M (g/mol)
0,1 mol/L ist die Äquivalentkonzentration der Natronlauge, $\tilde{c}_{\text{eq}}$ (mol/L)
0,997 ist der Titer t
1 ist die Äquivalentzahl z der Essigsäure.

Die Zahlen in der Gl. (9-26) sind durch die Formelzeichen ersetzbar, man erhält die für die Maßanalyse allgemein gültige Gleichung (Gl. (9-28)) zur Bestimmung der Masse des Analyten in einer Probe:

$$m = \frac{V_b \cdot \tilde{c}_{\text{eq}} \cdot t \cdot M}{z} \quad (9\text{-}28)$$

Durch Einfügen des linken Teils der Gl. (9-27) in die Gl. (9-28), erhält man die allgemein gültige Gleichung zur Bestimmung des Massenanteils w in % (Gl. (9-29)):

$$w(\%) = \frac{V_b \cdot \tilde{c}_{\text{eq}} \cdot t \cdot M \cdot 100\,\%}{z \cdot m_{\text{Einwaage}}} \quad (9\text{-}29)$$

> **Aufgabe 2**
>
> Bestimmen Sie den Massenanteil an Natriumhydroxid in einem Haushaltsmittel, welches bei Verstopfungen des Wasserablaufes angewendet wird (z. B. „Rohrfrei").
>
> Natriumhydroxid ist eine stark protolysierte Base, die mit einer Schwefelsäuremaßlösung titriert wird. Es wird die Verwendung von Tashiro als Indikator empfohlen.
>
> Es sollen ca. 0,15 g Rohrreiniger, auf 0,0005 g genau eingewogen, mit der Schwefelsäure $\tilde{c}(\frac{1}{2}\text{H}_2\text{SO}_4) = 0{,}1$ mol/L titriert und

nach Gl. (9-29) der Massenanteil an Natriumhydroxid berechnet werden.

Rechenbeispiel

Einwaage $m_{\text{Einwaage}} = 0{,}1273$ g
Verbrauch 0,0285 L Schwefelsäure, $\tilde{c}(½H_2SO_4) = 0{,}1$ mol/L
$t = 1{,}005$
$z(NaOH) = 1$
$M(NaOH) = 40{,}0$ g/mol

Werden die Zahlen in Gl. (9-26) eingesetzt, erhält man Gl. (9-27):

$$w(NaOH) = \frac{0{,}02850 \text{ L} \cdot 0{,}1 \text{ mol/L} \cdot 1{,}005 \cdot 40{,}0 \text{ g/mol} \cdot 100\,\%}{0{,}1373 \text{ g}} = \underline{83{,}4\,\%} \quad (9\text{-}30)$$

Der Rohrreiniger enthält 83,4 % Natriumhydroxid.

Die Gl. (9-28) kann auch dazu dienen, für einen vorgegebenen Mindestverbrauch (z. B. zwischen 15 und 25 mL) die dafür notwendige Einwaage zu berechnen.

Aufgabe 3

Bestimmung der Stoffportion an Schwefelsäure in einer Probe.

Die vom Betreuer erhaltene Probe wird vollständig in einen 100-mL-Messkolben gespült, der mit entmineralisiertem Wasser bis zur Marke aufgefüllt und intensiv geschüttelt wird. 20,00 mL dieser Lösung werden in einen 300-mL-Erlenmeyer-Kolben pipettiert und mit 100 mL entmineralisiertem Wasser sowie 5 Tropfen Indikatorlösung versetzt. Es wird mit der titerbekannten Natronlauge bis zum Farbumschlag titriert.

Es ist die Stoffportion an Schwefelsäure in der Probe zu bestimmen und mit dem Sollwert zu vergleichen.

Wie viel Prozent weicht Ihr Istwert vom Sollwert ab? Weicht der Istwert um mehr als 0,5 % vom Sollwert ab, sollte eine individuelle Fehlersuche durchgeführt werden.

Für eine individuelle Fehlersuche können z. B. folgende Fragen dienen, die vom Anwender so gründlich wie möglich mit „ja" oder „nein" beantwortet werden.

1. Probenvorbereitung
- War die Probenlösung klar, ohne Schwebstoffe?
- Wurde die Probenlösung quantitativ in den Messkolben übergeführt?
- War der Messkolben sauber und fettfrei?
- War die Pipette sauber und fettfrei?
- Wurden Pipette und Messkolben richtig gefüllt bzw. entleert?

> *2. Titration*
> - Wurde zu viel oder zu wenig Indikatorlösung zugesetzt?
> - Wurde genügend lange mit der richtigen Intensivität geschüttelt?
> - War der Farbumschlag klar erkennbar?
> - Wurde übertitriert?
>
> *3. Berechnung*
> - Wurde mit der richtigen Gleichung gerechnet?
> - Wurde die richtige molare Masse vom gesuchten Analyten eingesetzt?
> - Wurde das richtige z in die Gleichung eingesetzt?
> - Wurde der richtige Verdünnungsfaktor benutzt?
>
> In manchen Fällen ist jedoch ein kausaler Fehler trotz gründlicher Fehlerbetrachtung nicht eindeutig nachzuweisen.
>
> **Aufgabe 4**
> Bestimmung des Massenanteils von Schwefelsäure.
>
> Ca. 200 mg der vom Betreuer erhaltenen Probe, auf 0,0005 g genau, werden in einen 300-mL-Erlenmeyer-Kolben eingewogen und mit 100 mL entmineralisiertem Wasser sowie 5 Tropfen Indikatorlösung versetzt. Es wird mit der titerbekannten Natronlauge bis zum Farbumschlag titriert. Sollte der Verbrauch kleiner als 10 mL oder größer als 30 mL sein, ist eine entsprechend andere Masse an Probe einzuwiegen.
>
> Es ist der Massenanteil an Schwefelsäure in der Probe zu bestimmen und mit dem Sollwert zu vergleichen.
>
> Wie viel Prozent weicht Ihr Istwert vom Sollwert ab? Weicht der Istwert um mehr als 0,7 % vom Sollwert ab, sollte eine individuelle Fehlersuche durchgeführt werden. Entwickeln Sie eine Sammelliste der in Frage kommenden Fehler und bewerten Sie ihr Ergebnis.

9.2.2 Redoxtitrationen

9.2.2.1 Redoxvorgänge

Bei Neutralisationsreaktionen sind Säuren und Basen die Reaktionspartner. Bei allen oxidimetrischen Reaktionen sind Reduktionsmittel und Oxidationsmittel die Reaktionspartner. Früher wurde eine Oxidation als „Aufnahme von Sauerstoff" und eine Reduktion als „Aufnahme von Wasserstoff" charakterisiert, heute erfahren beide Begriffe durch Elektronenübergänge eine Erweiterung.

> *Eine Oxidation findet unter Abgabe von Elektronen statt, das dazu eingesetzte Oxidationsmittel ist ein Elektronenakzeptor (Elektronenfänger), welcher Elektronen aufnimmt und selbst reduziert wird.*

Unter einer Reduktion ist die Aufnahme von Elektronen zu verstehen. Reduktionsmittel sind Elektronendonatoren (Elektronenspender), die Elektronen abgeben.

Oxidations- und Reduktionsvorgänge sind miteinander gekoppelt, da in jeder Reaktion der Elektronenfänger einen Elektronenspender benötigt.

Beispiel
Bei der Reaktion von Eisen mit Chlor wird das Eisen oxidiert (Abgabe von Elektronen) und das Chlor reduziert (Aufnahme von Elektronen). Das Chlor ist das Oxidationsmittel (wird selbst reduziert), das Eisen das Reduktionsmittel (wird selbst oxidiert).

$$Fe \rightarrow Fe^{2+} + 2\,e^- \tag{9-31}$$

$$Cl_2 + 2\,e^- \rightarrow 2\,Cl \tag{9-32}$$

Gesamtreaktion $\quad Fe + Cl_2 \rightarrow FeCl_2 \tag{9-33}$

Die Gesamtreaktion (Gl. (9-33)), bei der gleichzeitig oxidiert und reduziert wird, wird Redoxreaktion genannt.

Wirkt der zu bestimmende Analyt als Reduktionsmittel, muss als Maßlösung ein Oxidationsmittel Verwendung finden. Ist der Analyt ein Oxidationsmittel, muss ein Reduktionsmittel zur Titration eingesetzt werden. Die Redoxreaktionen sind deutlich langsamer als die Neutralisationsreaktionen, dies muss bei der Durchführung von Redoxtitrationen beachtet werden.

Grundsätzlich gelten bei Redoxanalysen die gleichen Überlegungen, wie sie in Abschnitt 9.2.1.1 für die Neutralisationsanalyse entwickelt wurden. Das gilt insbesondere für die Herstellung einer Maßlösung und für die allgemein gültige Berechnungsgleichung der Maßanalyse, die zur besseren Übersicht nochmals aufgeführt wird (Gl. (9-34) und (9-35)):

$$m_{\text{Einwaage}} = \frac{c_{\text{eq}} \cdot V \cdot M}{z} \tag{9-34}$$

$$m = \frac{V_b \cdot M \cdot c_{\text{eq}} \cdot t}{z} \tag{9-35}$$

In den Gleichungen (9-34) und (9-35) bedeutet:
- M molare Masse [g/mol]
- c_{eq} Äquivalentkonzentration der Maßlösung [mol/L]
- V_b Verbrauch, an der Bürette abgelesen [L]
- V Volumen des Messkolbens [L]
- t Titer der Maßlösung
- z Äquivalentzahl

Die Ermittlung von z ist in der Redox-Maßanalyse von besonderer Bedeutung, alle anderen Parameter der Gl. (9-34) und Gl. (9-35) sind mit denen der Neutralisationsanalyse identisch.

In der Redoxmaßanalyse wird die Äquivalentzahl z durch die Anzahl der bei der Redoxreaktion ausgetauschten Elektronen bestimmt.

Am einfachsten erhält man die Anzahl der ausgetauschten Elektronen durch einen Vergleich der Oxidationszahlen der an der Reaktion beteiligten Partner. Folgende Vorgehensweise zur Ermittlung der ausgetauschten Elektronen ist empfehlenswert:
- Aufstellung aller Edukte und Produkte der Reaktion,
- Aufstellung der Reaktionsgleichung,
- Ermittlung der Oxidationszahlen,
- Ermittlung der Reaktionskoeffizienten,
- Ermittlung der ausgetauschten Elektronen.

9.2.2.2 Ermittlung der Oxidationszahlen

Unter der Oxidationszahl eines Elementes ist die Ladung zu verstehen, die ein Atom des Elementes haben würde, wenn die Elektronen aller Bindungen an diesem Atom dem jeweils stärker elektronegativem Atom zugeordnet werden.

Die Oxidationszahl ist somit eine vorzeichenbehaftete Kenngröße zur Charakterisierung eines Elementes in einer Verbindung. Die Summe der Oxidationszahlen aller Atome in einem Molekül muss gleich der Ladung sein, im neutralen Molekül also gleich Null. Die Oxidationszahlen sollten mit römischen Zahlen bezeichnet werden, um sie von den Ladungen des Ions zu unterscheiden.

Bei der Erhöhung der Oxidationszahl eines Elementes erfährt dieses eine Oxidation, bei Erniedrigung eine Reduktion.

Bei der Ermittlung der Oxidationszahlen gibt es Regeln, die in der folgenden Reihenfolge berücksichtigt werden müssen (Tabelle 9-6).

Tab. 9-6. Regeln zur Bestimmung der Oxidationszahlen

Regel Nr.	Zustand	Oxidationszahl
1	Summe aller Oxidationszahlen im Molekül	0 (neutrales Molekül) oder Ladung des Ions
2	elementarer Zustand	immer 0
3	Metalle in Verbindungen	immer positiv
4	Fluor in Verbindungen	immer –I
5	Wasserstoff in Verbindungen	+I
6	Sauerstoff in Verbindungen	–II

Beispiele
1. Sauerstoff O
   Elementarer Sauerstoff hat die Oxidationszahl 0 (Regel 2).
2. Ammoniak NH_3
   Nach Regel 5 hat Wasserstoff die Oxidationszahl +I, in der Verbindung sind 3 Wasserstoffatome enthalten, die eine Gesamtoxidationszahl von +III haben. Da das Gesamtmolekül neutral ist (Regel 1), muss der Stickstoff eine Oxidationszahl von –III besitzen.
3. Chlor im Chloration ClO_3^-
   Die Gesamtoxidationszahl entspricht der Ladung des ClO_3^--Ions, also –I (Regel 1). Die Oxidationszahl des Sauerstoffs ist –II, die Gesamtladung aller Sauerstoffatome beträgt –VI. Damit ist die Oxidationszahl des Chlors +V.
4. Fluor in der Verbindung F_2O
   Fluor hat die Oxidationszahl –I (Regel 4), die Gesamtladung des Fluors beträgt –II. Sauerstoff muss diesmal die Oxidationszahl +II (Regel 4 ist höherwertig als Regel 6) einnehmen, da das Molekül neutral ist (Regel 1).

Nachdem die Oxidationszahlen der an der Reaktion beteiligten Verbindungen ermittelt wurden, erfolgt im zweiten Schritt die Aufstellung der Reaktionsgleichung.

9.2.2.3 Aufstellung der Reaktionsgleichung (Ionenschreibweise)

Die Reaktionsgleichung wird aus den Oxidationszahlen der Edukte und Produkte ermittelt. Folgende Vorgehensweise ist empfehlenswert:
- Wichtige Edukte und Produkte werden benannt (außer Wasser).
- Die Oxidationszahlen werden ermittelt.
- Die Zahl der ausgetauschten Elektronen werden für jede Teilreaktion ermittelt.
- Die Redoxänderung wird ausgeglichen.
- Fehlende Ladungen werden durch H^+ oder OH^- ausgeglichen.
- Die Wasserstoff- und Sauerstoffbilanz wird mit Wasser ausgeglichen.

Beispiel
Reaktion von Permanganationen mit Fe(II)-Ionen zu Fe(III)-Ionen im sauren Bereich.
1. Benennung der Edukte und Produkte der Reaktion:
   Edukte: Fe^{2+} und MnO_4^--Ionen
   Produkte: Fe^{3+} und Mn^{2+}

2. Ermittlung der Oxidationszahlen:
   Fe^{2+} Fe + II
   MnO_4^- Mn + VII
   Fe^{3+} Fe + III
   Mn^{2+} Mn + II

3. Zahl der ausgetauschten Elektronen werden für jede Teilreaktion ermittelt, siehe Gl. (9-36):

$$\overset{+II}{Fe^{2+}} + \overset{+VII}{MnO_4^-} \rightarrow \overset{+III}{Fe^{3+}} + \overset{+II}{Mn^{2+}} \quad (9\text{-}36)$$

-1 $+5$

4. Ausgleich der Redoxänderung:
   Bei der Eisenteilreaktion wird ein Elektron ausgetauscht, bei der Permanganatreaktion dagegen fünf Elektronen. Um einen Ausgleich zu erhalten, muss die Eisenteilreaktion verfünffacht werden (Gl. (9-37)):

$$5\,Fe^{2+} + MnO_4^- \rightarrow 5\,Fe^{3+} + 1\,Mn^{2+} \quad (9\text{-}37)$$

5. Ausgleich der Ladungen:
   Nun muss die Anzahl der Ionenladungen der Edukte und Produkte ausgeglichen werden. Auf der Eduktseite befinden sich als Gesamtwert 9 Ladungen (+10 – 1), auf der Produktseite befinden sich 17 Ladungen (+15 +2).

$$5\,Fe^{2+} + MnO_4^- \rightarrow 5\,Fe^{3+} + Mn^{2+} \quad (9\text{-}38)$$

$\underbrace{+10 \quad -1}_{+9}$ $\underbrace{+15 \quad +2}_{+17}$

Die fehlenden 8 Ladungen werden auf der Eduktseite mit 8 H^+-Ionen ausgeglichen, da dies von beiden Seiten die negativere ist.

$$5\,Fe^{2+} + MnO_4^- + 8\,H^+ \rightarrow 5\,Fe^{3+} + Mn^{2+} \quad (9\text{-}39)$$

6. H/O-Bilanz und Ausgleich mit H_2O:
   Zum Schluss erfolgt die Wasserstoff- und Sauerstoffbilanz. Auf der Eduktseite sind 4 Sauerstoff- und 8 Wasserstoffatome. Auf der Produktseite befindet sich kein Wasserstoff und kein Sauerstoff nach Gl. (9-40).

$$5\,Fe^{2+} + MnO_4^- + 8\,H^+ \rightarrow 5\,Fe^{3+} + Mn^{2+} \qquad (9\text{-}40)$$

Dies ergibt eine Differenz zwischen der Edukt- und der Produktseite von 8 Wasserstoffatomen und 4 Sauerstoffatomen (= 4 H$_2$O). Um die H/O-Bilanz herzustellen, sind daher auf der Produktseite 4 Moleküle Wasser notwendig. Die endgültige Redoxgleichung nach Gl. (9-41) in Ionenschreibweise lautet daher:

$$5\,Fe^{2+} + MnO_4^- + 8\,H^+ \rightarrow 5\,Fe^{3+} + Mn^{2+} + 4\,H_2O \qquad (9\text{-}41)$$

Aufgabe

Ergänzen Sie folgende unvollständigen Redoxgleichungen mit ihren Koeffizienten:

- $SO_4^{2-} + HI \rightarrow S^{2-} + I_2$
- $NO_2^- + MnO_4^- + H^+ \rightarrow NO_3^- + Mn^{2+} + H_2O$
- $Sb^{3+} + KBrO_3 + H^+ \rightarrow Sb^{5+} + KBr + H_2O$

Die beiden wichtigsten Titrationsarten, bei denen Redoxtitrationen zugrunde liegen, sind die Permanganometrie und die Iodometrie. Sie werden in den folgenden Abschnitten beschrieben.

9.2.2.4 Permanganometrie

Bei permanganometrischen Titrationen wird die Oxidationskraft von Kaliumpermanganat im sauren, neutralen oder alkalischen Medium ausgenutzt. Als Maßlösung verwendet man eine wässrige Kaliumpermanganatlösung. Die Reaktion des Permanganations ist erheblich vom pH-Wert abhängig.

Die Reaktion des Permanganations im stark sauren Medium nach Gl. (9-42):

$$MnO_4^- + 8\,H^+ + 5\,e^- \rightarrow Mn^{2+} + 4\,H_2O \qquad (9\text{-}42)$$

Mn^{VII+} → Mn^{II+}

Violett → Farblos

Die vollständige Reaktion lautet (Grundgleichung der Permanganometrie):

$$2\,KMnO_4 + 3\,H_2SO_4 \rightarrow 2\,MnSO_4 + K_2SO_4 + 3\,H_2O + 5\,O \qquad (9\text{-}43)$$

Der Sauerstoff auf der Produktseite wird sofort benutzt, um den Analyten zu oxidieren. Er wird also nicht aus der Lösung „ausgasen".

Die Reaktion erfolgt im neutralen Medium nach Gl. (9-44):

$$MnO_4^- + 4\,H^+ + 3\,e^- \rightarrow MnO_2 + 2\,H_2O \qquad (9\text{-}44)$$

Mn^{VII+} $\rightarrow$ Mn^{IV+}

Violett $\rightarrow$ Braunschwarz

Die Reaktion erfolgt im alkalischen Medium nach Gl. (9-45):

$$MnO_4^- + e^- \rightarrow MnO_4^{2-} \qquad (9\text{-}45)$$

Mn^{VII+} $\rightarrow$ Mn^{VI+}

Violett $\rightarrow$ Grün

Wie aus Gl. (9-42) bis Gl. (9-45) erkennbar ist, wird die Anzahl der ausgetauschten Elektronen vom pH-Wert abhängig sein. Die meisten permanganometrischen Titrationen finden im sauren Medium statt. Da fünf Elektronen bei der Reaktion von Kaliumpermanganat im sauren Bereich ausgetauscht werden, beträgt die äquivalente Masse von $KMnO_4$ nach Gl. (9-46):

$$M_{eq} = \frac{M(KMnO_4)}{5} \qquad (9\text{-}46)$$

Gewöhnlich wird Kaliumpermanganat in einer Äquivalentkonzentration von $c(\frac{1}{5}KMnO_4) = 0{,}1$ mol/L eingesetzt. Bei stärker konzentrierten Lösungen ist die Oxidationskraft zu groß. Die Ansäuerung der Analytlösung bei Kaliumpermanganattitrationen wird immer mit Schwefelsäure vorgenommen, da andere Säuren u. U. selbst oxidiert werden.

Bei der Herstellung der Maßlösung aus festem Kaliumpermanganat muss beachtet werden, dass selbst kleinste Verunreinigungen durch das Kaliumpermanganat oxidiert werden und so den Titer t der Maßlösung verändern. Um diese Oxidationsvorgänge zu beschleunigen, löst man die berechnete Menge Kaliumpermanganat (berechnet auf 1 Liter Endvolumen) im Erlenmeyer-Kolben in ca. 500 mL entmineralisiertem Wasser und erhitzt ca. 1 Stunde bei 90 °C. Bei dieser Temperatur werden alle Verunreinigungen unter Verbrauch an Maßlösung oxidiert und beseitigt. Anschließend wird nach dem Abkühlen auf 20 °C der bei der Oxidation entstandene Braunstein (MnO_2) über einen Glasfiltertiegel 1D4 abgesaugt, das Filtrat quantitativ in einen 1-L-Messkolben gespült und dieser bis zur Ringmarke aufgefüllt. Eine Titerbestimmung mit Natriumoxalat als Urtitersubstanz sollte sich anschließen.

Da das Kaliumpermanganat sehr intensiv violett gefärbt ist, wird der erste überschüssige Tropfen Maßlösung beim Titrieren die Analytlösung leicht violett färben. Ein Zusatz eines Fremdindikators unterbleibt bei der Permanganometrie, es handelt sich um eine sog. „Eigenindikation". Es ist aber darauf zu achten, dass sich die zu titrierende Lösung nicht zu stark violett färbt, sonst droht die Gefahr der Übertitration. Nach einiger Zeit (15 bis 30 s) verblasst die violette Farbe in der titrierten Lösung durch Einwirkung anderer Stoffe. Keinesfalls darf nun immer wieder Maßlösung zugegeben werden, sondern es ist der Verbrauch bis zur ersten Rosafärbung zu ermitteln.

Die Vorgehensweise bei permanganometrischen Titrationen im sauren Bereich ist:

Der Analyt wird in einen Erlenmeyer-Kolben eingewogen und mit entmineralisiertem Wasser verdünnt. Nach Zugabe von ca. 10 mL Schwefelsäure mit $w(H_2SO_4) = 10\%$ wird die Lösung auf ca. 40 °C erwärmt. Über eine Bürette wird die titerbekannte Kaliumpermanganatlösung langsam unter Schütteln des Erlenmeyer-Kolbens zugetropft. Die tiefviolette Farbe des Kaliumpermanganats verschwindet nach dem Zutropfen in die Analytlösung. Sollte die Reaktion nur sehr zögernd ablaufen, kann man ca. 100 mg Mangansulfat als Katalysator zugeben. Danach verläuft die Reaktion zügig. Gegen Ende der Reaktion, die violette Farbe verschwindet immer langsamer, ist die Titrationsgeschwindigkeit zu reduzieren. Beim Äquivalenzpunkt bleibt die Lösung für ca. 10–15 Sekunden violett, dann verschwindet langsam die violette Farbe.

Praxisaufgaben: Titrationsversuche

Informieren Sie sich über die Sicherheitsdaten von Kaliumpermanganat.

Herstellung der Maßlösung
Stellen Sie aus festem Kaliumpermanganat eine Maßlösung mit der angestrebten Äquivalentstoffmengenkonzentration $\tilde{c}(\frac{1}{5}KMnO_4) = 0{,}1$ mol/L her und bestimmen Sie deren Titer t.

Titerbestimmung
Für die Titerbestimmung wiegen Sie Natriumoxalat auf 0,0005 g genau ein und verfahren wie oben beschrieben. Wiegen Sie so viel ein, dass der Verbrauch zwischen 15 und 25 mL beträgt. Bestimmen Sie so lange den Titer, bis der relative Fehler zwischen den einzelnen Titerbestimmungen geringer als 0,5 % wird. Die vollständige Reaktionsgleichung lautet nach Gl. (9-47):

$$5\,(COONa)_2 + 2\,MnO_4^- + 6\,H^+ \rightarrow 10\,CO_2 + 3\,H_2O + 2\,Mn^{2+} + 10\,Na^+ \qquad (9\text{-}47)$$

Die Äquivalenzzahl für Natriumoxalat beträgt $z = 2$, da die beiden Kohlenstoffatome im Natriumoxalat die Oxidationszahl von +III auf +IV ändern.

Bestimmung einer Wasserstoffperoxidlösung

Ca. 10 g einer Wasserstoffperoxidlösung mit ca. $w(H_2O_2) = 3\%$, auf 0,0005 g genau, werden in einen 100-mL-Messkolben eingewogen, der bis zur Ringmarke aufgefüllt wird. 10,00 mL dieser Lösung werden in einen 300-mL-Erlenmeyer-Kolben pipettiert, mit 100 mL entmineralisiertem Wasser und 10 mL Schwefelsäure mit $w(H_2SO_4) = 25\%$ versetzt. Diese Analytlösung wird mit der titerbekannten Kaliumpermanganatlösung bis zum Farbumschlag titriert. Beträgt der Verbrauch an Kaliumpermanganatlösung unter 10 mL bzw. über 30 mL, sind andere Verdünnungsverhältnisse einzustellen.

Es ist der Massenanteil und die Konzentration in g/L an Wasserstoffperoxid in der Probe zu ermitteln (Dichte der Wasserstoffperoxidlösung $r = 1{,}000$ g/cm³).

Bestimmung des Massenanteils an Eisen in einer Probe

Ca. 200 mg einer eisenhaltigen Probe werden auf 0,0005 g genau in einen 300-mL-Erlenmeyer-Kolben eingewogen und mit 10 mL Schwefelsäure mit $w(H_2SO_4) = 50\%$ übergossen. Der Ansatz wird kurz angewärmt und bleibt am besten über Nacht im Abzug stehen (Wasserstoffentwicklung!). Danach wird mit 100 mL entmineralisiertem Wasser versetzt. Diese Analytlösung wird mit der titerbekannten Kaliumpermanganatlösung bis zum Farbumschlag titriert. Beträgt der Verbrauch an Kaliumpermanganatlösung unter 15 mL bzw. über 30 mL, sind andere Verdünnungsverhältnisse einzustellen.

Es ist der Massenanteil w an Eisen in der Probe zu ermitteln und mit dem Sollwert zu vergleichen ($z = 1$).

Wie viel Prozent weicht Ihr Istwert vom Sollwert ab? Weicht der Istwert um mehr als 0,7 % vom Sollwert ab, sollte eine individuelle Fehlersuche durchgeführt werden. Entwickeln Sie eine Sammelliste der in Frage kommenden Fehler und bewerten Sie ihr Ergebnis.

9.2.2.5 Iodometrische Bestimmungen

In der Iodometrie wird die Reversibilität der Reaktion zwischen Iod und Iodidionen ausgenutzt. Die Grundgleichung lautet:

$$I_2 + 2\,e^- \rightarrow 2\,I^- \tag{9-48}$$

In Gl. (9-45) ist das Iod, I_2, Oxidationsmittel und das Iodidion, I^-, Reduktionsmittel.

In der Iodometrie gibt es grundsätzlich zwei Bestimmungsmöglichkeiten:
- Bestimmung von Analyten, die Reduktionsmittel sind:
Reduktionsmittel können nach folgender Reaktionsgleichung direkt mit Iodlösung (Iod, gelöst in Kaliumiodidlösung) titriert werden, z. B. nach Gl. (9-49):

$$Sn^{2+} + I_2 \rightarrow 2\,I^- + Sn^{4+} \qquad (9\text{-}49)$$

- Bestimmung von Analyten, die Oxidationsmittel sind:
Bei dieser Methode wird die Analytlösung mit einem Überschuss an Kaliumiodid versetzt. Aus der Analytlösung wird quantitativ Iod freigesetzt, welches sich in der wässrigen Kaliumiodidlösung löst. Es entsteht nach Gl. (9-50) eine tiefbraune Lösung.

$$\text{Z. B.:} \quad H_2O_2 + 2\,I^- + 2\,H^+ \rightarrow I_2 + 2\,H_2O \qquad (9\text{-}50)$$

Das in Gl. (9-50) entstandene Iod wird mit einer titerbekannten Natriumthiosulfatmaßlösung titriert. Dabei läuft nach Gl. (9-51) folgende Reaktion ab:

$$2\,S_2O_3^{2-} + I_2 \rightarrow S_4O_6^{2-} + 2\,I^- \qquad (9\text{-}51)$$

Den Endpunkt der Reaktion erkennt man durch Verschwinden der braunen Farbe, die durch Iod (I_2) hervorgerufen wird. Dieser Effekt wird verstärkt durch Zugabe von Stärkelösung. Diese bildet schon mit geringen Mengen Iod eine schwarzblaue Komplexverbindung; wenn das gesamte Iod heraustitriert wurde, entfärbt sich die Lösung.

Die Stärkelösung wird noch nicht zu Beginn der Titration verwendet. Zunächst wird die braune Iodlösung bis zur schwachen Gelbfärbung titriert, erst dann setzt man ca. 1 mL einer Stärkelösung (w(Stärke) = 1%) zu und titriert bis zum Umschlag von Schwarzblau nach Farblos. Der Umschlag erfolgt am Äquivalenzpunkt sehr schnell.

Herstellung der Stärkelösung
3 g modifizierte Stärke werden mit wenig entmineralisiertem Wasser in einer Reibschale zu einem Brei mit gleichmäßiger Konsistenz verrieben. In den Brei wird 100 mL kochendes entmineralisiertes Wasser eingerührt, bis eine opalisierende Lösung entsteht, und es wird über einen Papierfilter abfiltriert.

Früher wurden dieser Lösung 10 mg Quecksilberiodid zur Erhöhung der Haltbarkeit und zur Vermeidung von Pilzbefall zugesetzt. Aus Umweltschutzgründen soll darauf verzichtet werden und die Lösung immer frisch angesetzt werden.

Praxisaufgaben: Titrationsversuche

Informieren Sie sich über die Sicherheitsdaten von Natriumthiosulfat, Kaliumiodat, Kaliumbromat und Iod.

Herstellung einer Natriumthiosulfatmaßlösung mit $\bar{c}(^1/_1 Na_2S_2O_3) = 0{,}1$ mol/L

Stellen Sie eine Maßlösung aus Natriumthiosulfat mit der angestrebten Äquivalentstoffmengenkonzentration von 0,1 mol/L her und bestimmen Sie deren Titer.

Die Äquivalentzahl des Natriumthiosulfates beträgt $z = 1$.

Titerbestimmung

Als Urtitersubstanz wird Kaliumiodat (KIO_3) verwendet. Es wird auf 0,0005 g genau in einen Erlenmeyer-Kolben eingewogen, mit 100 mL entmineralisiertem Wasser, 10 mL Salzsäure mit $w(HCl) = 10\,\%$ und ca. 1 g Kaliumiodid (p.a.) versetzt. Dabei entsteht eine braune Lösung. Mit der Natriumthiosulfatlösung wird bis zu einer apfelsaftgelben Farbe titriert. Nach Zugabe von 1 mL frisch hergestellter Stärkelösung wird weiter bis zur Farblosigkeit titriert. Es ist so viel Kaliumiodat einzuwiegen, wie für einen Verbrauch von mindestens 15 mL Maßlösung benötigt wird. Die Reaktion verläuft nach Gl. (9-52)

$$IO_3^- + 5\,I^- + 6\,H^+ \rightarrow 3\,I_2 + 3\,H_2O \qquad (9\text{-}52)$$

Die Äquivalentzahl von Kaliumiodat beträgt $z = 6$.

Bestimmung des Massenanteils von Kupfer in einem Kupferrohrstück

Achtung: Das Lösen des Kupfers in Salpetersäure darf nur im Abzug durchgeführt werden, da nitrose Gase (NO_x) entstehen.

Etwa 2 g eines Kupferrohres, auf 0,0005 g genau gewogen, welches klein geraspelt wurde, wird vollständig in 10 mL halbkonzentrierter Salpetersäure gelöst. Nach Zugabe von 10 mL konzentrierter Salzsäure wird die Lösung in einer Porzellanschale bis gerade zur Trockne eingedampft, dabei darf nichts herausspritzen. Durch diesen Vorgang wird das Oxidationsmittel Salpetersäure entfernt. Man lässt den Rückstand erkalten, löst in wenig entmineralisiertem Wasser auf und spült die Kupferchloridlösung in einen 100-mL-Messkolben. Nach dem Auffüllen mit entmineralisiertem Wasser bis zur Ringmarke und kräftigem Durchschütteln pipettiert man ein solches Volumen in einen

300-mL-Erlenmeyer-Kolben, dass bei der späteren Titration mindestens 15 mL Maßlösung verbraucht werden. Muss weniger als 10,00 mL pipettiert werden, ist die Lösung nochmals definiert zu verdünnen. Man gibt nun 100 mL entmineralisiertes Wasser, 10 mL Schwefelsäure mit $w(H_2SO_4) = 25\%$ und 2 g festes Kaliumiodid (p.a.) hinzu und titriert mit der titerbekannten Natriumthiosulfatlösung. Da bei dieser Reaktion in Wasser schwerlösliches Kupfer-(I)chlorid entsteht, wird die Flüssigkeit beim Titrieren trübe. Es ist der Massenanteil an Kupfer in dem Rohrmaterial zu bestimmen ($z = 1$).

Bestimmung einer Stoffportion Kaliumbromat

Die vom Betreuer erhaltene Probe wird in einen 100-mL-Messkolben gespült, der mit entmineralisiertem Wasser bis zur Ringmarke aufgefüllt wird. Nach kräftigem Durchschütteln werden 20,00 mL der Lösung in einen 300-mL-Erlenmeyer-Kolben pipettiert. Man gibt nun 100 mL entmineralisiertes Wasser, 10 mL Schwefelsäure mit $w(H_2SO_4) = 25\%$ und 2 g festes Kaliumiodid (p.a.) hinzu und titriert mit der titerbekannten Natriumthiosulfatlösung unter Zuhilfenahme von Stärkelösung bis zum farblosen Umschlag.

Es ist die Stoffportion an Kaliumbromat in der erhaltenen Probe zu bestimmen und mit dem Sollwert zu vergleichen ($z = 6$). Wie viel Prozent weicht Ihr Istwert vom Sollwert ab? Weicht der Istwert um mehr als 0,7 % vom Sollwert ab, sollte eine individuelle Fehlersuche durchgeführt werden. Entwickeln Sie eine Sammelliste der in Frage kommenden Fehler und bewerten Sie ihr Ergebnis.

9.2.3
Argentometrische Titrationen

Eine argentometrische Titration ist eine Titration, bei der Silbernitratlösung als Maßlösung eingesetzt wird. Diese dient zur Quantifizierung von Chlorid-, Bromid-, Iodid-, Cyanid- oder Thiocyanationen. Es handelt sich um eine sog. „Fällungstitration". Bei der Titration kommt es zu keinem deutlichen Farbumschlag, es bildet sich nach Gl. (9-53) statt dessen während der Titration ein schwerlöslicher Niederschlag (exemplarisch für Cl−).

$$AgNO_3 + NaCl \rightarrow AgCl \downarrow + NaNO_3 \qquad (9\text{-}53)$$

Als Maßlösung wird gewöhnlich eine Silbernitratlösung mit $\tilde{c}(^1/_1 AgNO_3) = 0{,}1$ mol/L verwendet. Ein Problem beim Arbeiten mit argentometrischen Methoden ist der Mangel an geeigneten Indikatoren für die visuelle Endpunktbestimmung. Im Wesentlichen gibt es drei bedeutende Indikationssysteme für Chloridionen; sie wurden nach ihren Entdeckern benannt.

Mohr

Indikator ist bei der Mohr-Methode Kaliumchromat mit $w(K_2CrO_4) = 1\,\%$. Überschüssige Silberionen reagieren nach Gl. (9-54) mit den Chromationen zu rotbraunem Silberchromat.

$$CrO_4^{2-} + 2\,Ag^+ \rightarrow Ag_2CrO_4 \downarrow \qquad (9\text{-}54)$$

Der Endpunkt der Titration ist erreicht, sobald der Niederschlag eine rotbraune Farbe annimmt. Der pH-Wert der zu titrierenden Lösung muss hierbei unbedingt auf pH = 5 bis 7 eingestellt werden (mit verdünnter Essigsäure oder Natriumcarbonatlösung). Durch Erwärmen der Probe erreicht man zudem eine starke Zusammenballung des AgCl-Niederschlages. Dadurch kann die Färbung der Analytlösung besser beobachtet werden.

Volhard

Bei der Volhard-Methode wird zu der Probenlösung ein Überschuss von der Silbernitratmaßlösung gegeben. Der nicht verbrauchte Teil der Silbernitrat-Maßlösung wird mit Ammoniumthiocyanatmaßlösung zurücktitriert. Als Indikator dient hierbei Ammoniumeisen(III)-sulfat mit $w(FeNH_4(SO_4)_2 \times 12\,H_2O) = 20\,\%$. Der Indikator reagiert mit unverbrauchtem Ammoniumthiocyanat nach Gl. (9-55) zu rotem, löslichem Eisenthiocyanat.

$$Fe^{3+} + 3\,SCN^- \rightarrow Fe(SCN)_3 \qquad (9\text{-}55)$$

Diese Bestimmung kann im sauren Medium durchgeführt werden. Die Bestimmung wird nur von Nitritionen gestört, da diese ebenfalls mit Ammoniumthiocyanat eine rote Färbung ergeben.

Fajans

Bei der Fajans-Methode dient als Indikator eine Fluoresceinlösung (2 g Fluorescein in 1 L $w(C_2H_5OH) = 96\,\%$). Am Äquivalenzpunkt ändert Fluorescein die Farbe von Grüngelb nach Rosa. Der pH-Wert muss hierbei unbedingt mit Essigsäure oder Natriumcarbonat auf pH = 7,0 eingestellt werden. Der Farbumschlag ist erst nach einiger Übung sicher zu erkennen.

Aufgabe

Versuchen Sie, aus dem Internet weitere Informationen über die Methoden nach Fajans und Volhard zu bekommen. Wir empfehlen dazu den Server und die Metasuchmaschine der Uni Karlsruhe oder die wissenschaftliche Suchmaschine www.scirus.com.

Praxisaufgaben: Titrationsversuche

Informieren Sie sich über die Sicherheitsdaten von Silbernitrat.

- Stellen Sie aus festem Silbernitrat eine Silbernitratlösung $\tilde{c}(1/1 AgNO_3) = 0,1\,mol/L$ her und bestimmen Sie den Titer mit der Urtitersubstanz Natriumchlorid (p.a.) nach der Mohr-Methode. Es ist so viel Natriumchlorid, auf 0,0005 g genau, einzuwiegen, dass ein Verbrauch von mindestens 10 mL Maßlösung benötigt wird. Bestimmen Sie so lange den Titer, bis der relative Fehler zwischen den einzelnen Titerbestimmungen geringer als 0,5 % wird.
- Quantifizieren Sie den Massenanteil an Kochsalz z. B. in einer „Schweden-Tablette" (Vertrieb: Gerhard Riemerschmid, München, kann bezogen werden in jeder Apotheke, ca. 3 Euro pro 100 Tabletten), indem Sie eine Tablette im Mörser verreiben und homogenisieren. Die Hälfte der homogenisierten Tablette wird eingewogen, in 100 mL entmineralisiertem Wasser gelöst (die Flüssigkeit bleibt etwas trübe, da in der Tablette etwas unlösliches Füllmaterial enthalten ist) und mit wenig festem Natriumcarbonat bis zu pH = 6 versetzt. Nach Zugabe von 5 mL Kaliumchromatlösung $w(KCrO4) = 10\,\%$ wird mit der titerbekannten Silbernitrat-Lösung $\tilde{c}(1/1 AgNO_3) = 0,1\,mol/L$ bis zum Umschlag titriert. Berechnen Sie den NaCl-Massenanteil in %. Sollten Sie die Bestimmung mit mehreren Mitarbeitern parallel in einer Gruppe durchführen, vergleichen Sie Ihre Ergebnisse hinsichtlich der Tablettenmasse und dem Massenanteil an Kochsalz.
- Wie könnten Sie nachweisen, dass ihr Ergebnis richtig ist?

9.2.4
Komplexometrische Titrationen

Komplexometrische Titrationen werden zur Quantifizierung von Metallionen als Analyten eingesetzt. Dazu wird das Metallion mit einem Komplexbildner als wasserlöslicher Kationenkomplex in eine undissoziierte Form gebunden.

Unter einem Kationenkomplex ist ganz allgemein eine Verbindung zu verstehen, in der ein Metallatom oder ein Metallion als sog. Zentralatom von mehreren anderen Atomen, Ionen oder Molekülen, den Liganden, in regelmäßiger Anordnung umgeben ist. Das Zentralatom verliert dabei die typischen Eigenschaften, die es sonst auszeichnet. In Abbildung 9-8 ist der Kupfertetramminkomplex als Beispiel für einen Kationenkomplex gezeigt.

[Cu(NH$_3$)$_4$](OH)$_2$ **Abb. 9-8.** Kupferion im Kupfertetramminkomplex.

Ein Beispiel soll die Wirkungsweise der Komplexbildner demonstrieren. Metallionen, z. B. Ca^{2+} und Mg^{2+} im Trinkwasser, ergeben mit Toilettenseifen unlösliche „Kalkseifen", die sich nach Gl. (9-56) auf der Wäsche ablagern würden.

$$2\ C_{12}H_{25}COONa + CaSO_4 \rightarrow (C_{12}H_{25}COO)Ca \downarrow + Na_2SO_4 \tag{9-56}$$

Um dies zu verhindern kann z. B. ein Komplexbildner zugesetzt werden, der die Metallionen komplex bindet. Diese Ca/Mg-Komplexe ergeben mit der Seife keine Niederschläge.

Dazu wurden früher Polyphosphate eingesetzt, die jedoch die Gewässer eutrophiert haben (Suchen Sie den Begriff Eutrophierung im Internet mit einer Suchmaschine wie z. B. www.google.de). Welche Stoffe werden heute in modernen Waschmitteln eingesetzt?

Der in der Komplexometrie am häufigsten verwendete Komplexbildner ist eine wässrige Lösung von Ethylendiamintetraessigsäure-Dinatriumsalz (sog. EDTA, Titriplex II, Idranal III oder Komplexon III) in Form des Dihydrates (vgl. Abbildung 9-9):

$C_{10}H_{14}N_2Na_2O_8 \cdot 2\ H_2O$ **Abb. 9-9.** EDTA.

Diese stabile Lösung wird als Maßlösung eingesetzt. Als Kurzbezeichnung hat sich hierbei „EDTA", „H$_2$Na$_2$Y" oder auch „H$_2$Y^{2-}" durchgesetzt. EDTA reagiert mit jedem Metallion, unabhängig von dessen Ionenladung, immer im stöchiometrischen Verhältnis von 1:1. Die Äquivalentzahl z wäre beim Einsatz von Äquivalentkonzentrationen immer 1.

$$\text{z. B.:}\quad M^{2+} + H_2Y^{2-} \rightarrow MY^{2-} + 2\ H^+ \tag{9-57}$$

$$M^{3+} + H_2Y^{2-} \rightarrow MY^- + 2\ H^+ \tag{9-58}$$

Aus diesem Grund werden in der Komplexometrie die Maßlösungen mit Stoffmengenkonzentration beschrieben, z. B. $c(\text{EDTA}) = 0{,}1$ mol/L, $c(\text{EDTA}) = 0{,}05$ mol/L, oder $c(\text{EDTA}) = 0{,}01$ mol/L.

Eine EDTA-Lösung sollte auf keinen Fall über einen längeren Zeitraum in Glasbehältern aufbewahrt werden, da sie sogar in der Lage ist, Magnesium- und Calciumionen aus dem Glas zu lösen. Hierbei wird nicht nur das Glas angegriffen, sondern auch noch die EDTA-Konzentration verändert und damit eine Veränderung des Titers bewirkt. Nach der Herstellung der EDTA-Maßlösung sollte diese noch vor der Titerbestimmung in eine Kunststoffflasche umgefüllt werden.

In der Komplexometrie verwendet man als Indikatoren eine Verreibung von schwachen, farbigen Komplexbildnern mit Natriumchlorid. Diese bilden mit dem Analyt einen schwachen Komplex einer bestimmten Farbe. Durch Zugabe von EDTA, einem stärkeren Komplexbildner, wird der Analyt aus dem farbigen Indikatorkomplex herausgelöst und in den andersfarbigen, stabileren EDTA-Komplex eingebunden. Die sich dadurch ergebende Farbveränderung zeigt den Äquivalenzpunkt an. Es handelt sich nach Gl. (9-56) und Gl. (9-57) bei der Komplexometrie um eine klassische Verdrängungsreaktion.

$$\text{Indikator} + Cu^{2+} \xrightarrow{pH9} \text{Indikator} - Cu \qquad (9\text{-}59)$$

$$\text{Indikator} - Cu + EDTA \xrightarrow{pH9} EDTA - Cu + \text{Indikator} \qquad (9\text{-}60)$$

Tabelle 9-7 zeigt Beispiele von Indikatoren, ihre Herstellung, die mit den Indikatoren bestimmbaren Metallionen und ihren Farbumschlag.

Tab. 9-7. Beispiele von Indikatoren in der Komplexometrie

Indikator	Anreibung	Bestimmbare Metallionen	Farbe des Me$^+$-Indikatorkomplexes	Farbe des Indikators
Eriochromschwarz T	1:100 mit NaCl	Mg, Zn, Mn, Cd, Pb	Rot	Blau
Murexid	1:200 mit NaCl	Ni, Co, Cu	Gelb	Blauviolett
Xylenolorange	1:100 mit KNO$_3$	Bi, Hg, Cd, Pb, Zn, Al	Gelb	Rot

Einige Firmen verkaufen einen fertigen Mischindikator, der überwiegend Eriochromschwarz T, einen zweiten Indikator und Ammoniumchlorid als Puffersubstanz enthält. Dieser in Tablettenform gepresste Indikator wird als „Indikatorpuffertablette" verkauft. Die Umschlagfarbe des Indikators verläuft von Rot nach Grün.

Aufgabe

Versuchen Sie zu erfahren, welcher zweite Indikator sich noch in der Puffertablette befindet.

Suchen Sie die Eigenschaft des Indikators „Calcon".

Wenn folgende Hinweise beachtet werden, ist der Farbumschlag bei der komplexometrischen Titration gut zu beobachten.

- Die Stabilität der meisten Metallionkomplexe ist vom pH-Wert abhängig. Deshalb ist die Analytlösung während der Titration mit Pufferlösungen auf den optimalen pH-Wert einzustellen.
- Die Komplexindikatoren sind sehr farbintensiv und in wässrigen Lösungen nicht stabil. Sie werden daher in fester Form mit den in Tabelle 9-7 angegebenen Salzen vermischt (man spricht hierbei von einer „Anreibung").
- Die Analytkonzentration sollte für die Titration nicht mehr als 200 mg/100 mL betragen.
- Die Temperatur der Analytlösung sollte unter 50 °C sein.
- Die Titration sollte, besonders am Endpunkt, langsam verlaufen.

Praxisaufgaben: Titrationsversuche

Informieren Sie sich über die Sicherheitsdaten von EDTA und Zinksulfat.

Herstellung der EDTA-Lösung, $\tilde{c}(EDTA)=0{,}05\,mol/L$

Stellen Sie durch Auffüllen einer berechneten und abgewogenen Menge an EDTA in einem 1-L-Messkolben eine EDTA-Maßlösung mit $\tilde{c}(EDTA) = 0{,}05\,mol/L$ her und füllen Sie die Lösung nach intensivem Durchschütteln sofort in eine Kunststoffflasche.

Titerbestimmung

Bestimmen Sie den Titer der EDTA-Lösung durch Einwaage von so viel Zinksulfat-Heptahydrat ($ZnSO_4 \times 7\,H_2O$), auf 0,0005 g genau, dass später ein Verbrauch von mindestens 10 mL EDTA-Lösung erfolgt. Die abgewogene Menge an Zinksulfat-Heptahydrat wird in einen 300-mL-Erlenmeyer-Kolben gegeben. Nach der Zugabe von 100 mL entmineralisiertem Wasser wird mit ca. 1 g Ammoniumchlorid und 1,0 mL Ammoniak mit $w(NH_3) = 25\,\%$ (Pipette!) versetzt. Der pH-Wert sollte 10 betragen. Fällt bei der Ammoniakzugabe weißes Zinkhydroxid aus, ist noch etwas Ammoniumchlorid zuzugeben. Die klare Lösung wird mit einer

Indikatorpuffertablette oder mit etwas Eriochromschwarz-T-Anreibung (Tabelle 9-7) versetzt. Es wird mit der EDTA-Lösung, $\tilde{c}$(EDTA) = 0,05 mol/L bis zum Farbumschlag nach Grün (Tablette) bzw. Blau (Eriochromschwarz T) titriert. Bestimmen Sie so lange den Titer, bis der relative Fehler zwischen den einzelnen Titerbestimmungen geringer als 0,5 % wird.

Bestimmung der Wasserhärte im Trinkwasser
100,00 mL des örtlichen Trinkwassers werden in einen 300-mL-Erlenmeyer-Kolben pipettiert, mit einer Indikatorpuffertablette, etwas Ammoniumchlorid und 1,0 mL $w(NH_3)$ = 25 % versetzt und mit der titerbekannten EDTA-Lösung bis zum Umschlag nach Grün titriert. Berechnen Sie mit Gl. (9-28) die Masse an Calciumoxid (CaO) in 100 mL Wasser (z = 1).

Die Masse an CaO in 1 L Wasser beträgt das Zehnfache des berechneten Wertes. Berechnen Sie mit Gl. (9-61) auf Stoffmenge n(CaO) pro 1 L Wasser um.

$$n(\text{CaO}) = \frac{m(\text{CaO})}{M(\text{CaO})} \tag{9-61}$$

Aufgabe

Informieren Sie sich über das örtliche Wasserwerk oder über das Internet (z. B mit der Suchmaschine www.google.de, wie das örtliche Trinkwasser mit der Stoffmengenkonzentration c(CaO) (üblicherweise wird der Wert in mmol/L angegeben) einzuordnen ist.

Bestimmung der Stoffportion Calcium in einer Probe
Die vom Betreuer erhaltene calciumhaltige Probe wird vollständig in einen 100-mL-Messkolben gespült, der mit entmineralisiertem Wasser bis zur Ringmarke aufgefüllt wird. Nach intensivem Durchschütteln werden 20,00 mL der Lösung in einen 500-mL-Erlenmeyer-Kolben pipettiert und mit 200 mL entmineralisiertem Wasser sowie 10 mL Natronlauge mit w(NaOH) = 10 % versetzt. Der pH-Wert sollte mindestens 10 sein. Ist weißes Calciumhydroxid ausgefallen, muss entweder noch Wasser zugefügt werden oder die Verdünnungsverhältnisse sind zu verändern. Die Lösung sollte klar sein.

Nach Zugabe einer kleinen Menge von Calcon-Anreibung wird mit der titerbekannten EDTA-Lösung von einer violetten Farbe zu einer reinen blauen Farbe titriert. Kurz vor dem Umschlagpunkt ist nur sehr langsam zu titrieren.

Es ist die Stoffportion an Calcium in der Probe zu ermitteln und mit dem Sollwert zu vergleichen. Wie viel Prozent weicht Ihr Istwert vom Sollwert ab? Weicht der Istwert um mehr als 0,7 % vom Sollwert ab, sollte eine individuelle Fehlersuche durchgeführt werden. Entwickeln Sie eine Sammelliste der in Frage kommenden Fehler und bewerten Sie ihr Ergebnis.

9.3 Projektarbeit

9.3.1 Projektbeschreibung

Vergleich zweier Analytikmethoden zur Quantifizierung von Magnesiumionen.

Projekt: Die vergleichende Analytik

Setzen Sie aus reinem Magnesiumchlorid oder noch besser aus Fixanal-Konzentrat eine möglichst genaue Referenzlösung an, die mit den folgenden Arbeitsvorschriften einen Verbrauch an Natronlaugemaßlösung und EDTA-Maßlösung zwischen 20 und 30 mL ergibt. Die Masse an Magnesium in dieser Referenzlösung wird daher als bekannt vorausgesetzt.

Acidimetrische Titration (Rücktitration)
50,00 mL der magnesiumhaltigen Referenzlösung wird in einen 250-mL-Messkolben pipettiert und mit 50,00 mL titerbekannter Natronlaugemaßlösung mit $\tilde{c}(1/1\ NaOH) = 0,2$ mol/L versetzt. Dabei fällt ein weißer Niederschlag von Magnesiumhydroxid, $Mg(OH)_2$, aus. Der Messkolben wird bis zur Ringmarke mit entmineralisiertem Wasser aufgefüllt. Über einen trockenen Faltenfilter wird die trübe Lösung abfiltriert. Der Niederschlag im Filter wird nicht mit Wasser gewaschen. Die ersten 50 mL des Filtrats werden verworfen und der Rest in einem sauberen Becherglas aufgefangen. Von diesem aufgefangenen Filtrat werden 100,00 mL in einen Erlenmeyer-Kolben pipettiert. Der Natronlaugeüberschuss wird mit einer titerbekannten Salzsäuremaßlösung mit $\tilde{c}(1/1\ HCl) = 0,2$ mol/L titriert. Welcher Indikator ist zu verwenden?

Entwickeln Sie eine Gleichung zur Berechnung von Analytmassen aus dieser sog. „Rücktitration".

Berechnen Sie die Masse an Magnesium in der Probenlösung. Bestimmen Sie diese Masse an Magnesium mindestens sechsmal.

Komplexometrische Titration
Es werden 25,00 mL der magnesiumhaltigen Referenzlösung in einen 300-mL-Erlenmeyer-Kolben pipettiert, mit 100 mL entmineralisiertem Wasser und einer Indikatorpuffertablette versetzt. Nach Zugabe von 1,0 mL Ammoniaklösung mit $w(NH_3)$ = 25 % und ggf. etwas Ammoniumchlorid titriert man mit der titerbekannten EDTA-Lösung mit $\tilde{c}(EDTA)$ = 0,05 mol/L bis zum Umschlag nach Grün.

Berechnen Sie die Masse an Magnesium in der Probenlösung. Bestimmen Sie diese Masse an Magnesium mindestens sechsmal.

9.3.2
Auswertung des Projektes

Aufgabe

- Welcher Parameter könnte eine Aussage über die bessere Richtigkeit einer Methode machen?
- Welcher Parameter könnte eine Aussage über die bessere Präzision einer Methode machen?
- Beurteilen Sie die Präzision und Richtigkeit beider Methoden.
- Beurteilen Sie die Kosten jeder Methode.
- Welcher Methode würden Sie den Vorzug geben?

10
Herstellen und Trennen von Feststoffmischungen, Fixpunktmessung (Prozess)

10.1
Prozessbeschreibung

In diesem Kapitel soll die Herstellung und die Trennung von Feststoffmischungen erläutert werden. Die Bestimmung verschiedener Fixpunkte von Feststoffen wie z. B. Schmelzpunkt und Dichte runden das Kapitel ab.

In einem Projekt werden nach der Schmelzpunkt- und Dichtemessung von Zucker und Benzoesäure diese gemischt, die Mischung homogenisiert und wieder mit Hilfe von Extraktion und Sieben getrennt. Eine Quantifizierung der Benzoesäure durch eine Neutralisationsanalyse schließt sich an.

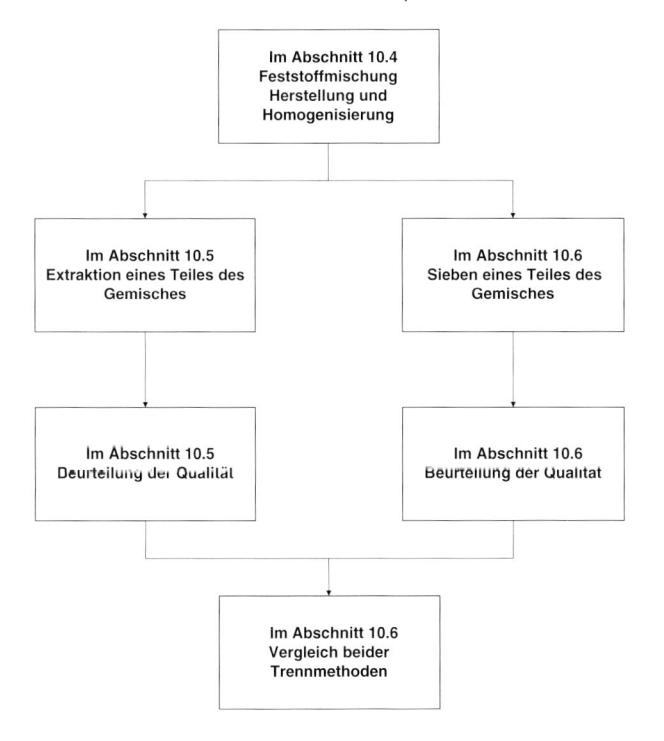

```
                  ┌─────────────────────┐
                  │  Im Abschnitt 10.4  │
                  │  Feststoffmischung  │
                  │    Herstellung und  │
                  │   Homogenisierung   │
                  └──────────┬──────────┘
              ┌──────────────┴──────────────┐
   ┌──────────┴──────────┐       ┌──────────┴──────────┐
   │  Im Abschnitt 10.5  │       │  Im Abschnitt 10.6  │
   │ Extraktion eines    │       │  Sieben eines       │
   │ Teiles des          │       │  Teiles des         │
   │ Gemisches           │       │  Gemisches          │
   └──────────┬──────────┘       └──────────┬──────────┘
   ┌──────────┴──────────┐       ┌──────────┴──────────┐
   │  Im Abschnitt 10.5  │       │  Im Abschnitt 10.6  │
   │  Beurteilung der    │       │  Beurteilung der    │
   │  Qualität           │       │  Qualität           │
   └──────────┬──────────┘       └──────────┬──────────┘
              └──────────────┬──────────────┘
                  ┌──────────┴──────────┐
                  │  Im Abschnitt 10.6  │
                  │  Vergleich beider   │
                  │  Trennmethoden      │
                  └─────────────────────┘
```

1 × 1 der Laborpraxis: Prozessorientierte Labortechnik für Studium und Berufsausbildung. 2. Auflage.
Stefan Eckhardt, Wolfgang Gottwald, Bianca Stieglitz
Copyright © 2007 WILEY-VCH Verlag GmbH & Co. KGaA, Weinheim
ISBN: 978-3-527-31657-1

10.2
Der Schmelzpunkt

Wird ein fester, kristalliner Stoff kontinuierlich erwärmt, geht er am Schmelzpunkt vom festen in den flüssigen Aggregatzustand über. Beim weiteren Heizen geht er vom flüssigen Aggregatzustand am Siedepunkt in den gasigen (gasförmigen) Zustand über. Einige feste Substanzen haben die Eigenschaft, direkt vom festen in den gasigen Aggregatzustand überzugehen, ohne dass sie vorher flüssig werden. Dieser besondere Übergang wird Sublimation genannt, die Umkehrung Resublimation. Beispiel für sublimationsfähige Chemikalien sind z. B. Iod, Naphthalin, Benzoesäure und Trockeneis (festes Kohlenstoffdioxid).

In Abbildung 10-1 sind alle Aggregatzustandsübergänge charakterisiert.

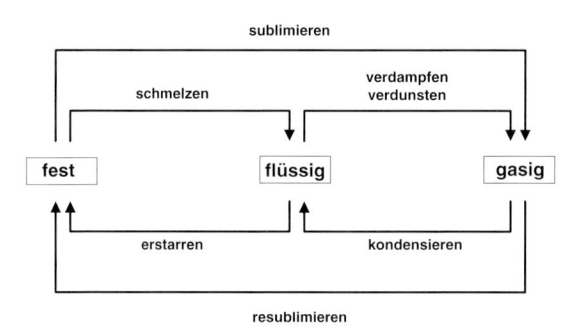

Abb. 10-1. Aggregatzustandsübergänge.

Schmelzpunkt, Siedepunkt und Erstarrungspunkt sind charakteristische Temperaturen („Fixpunkte") für die betreffende Substanz und werden zur Identifizierung und Charakterisierung der Stoffe benutzt.

Am Schmelz- oder Flüssigkeitspunkt (Kurzzeichen: Fp) geht ein Stoff vom festen in den flüssigen Zustand über. Der Schmelzpunkt ist im Gegensatz zum Siedepunkt nur sehr wenig luftdruckabhängig, deshalb wird meist auf die Angabe des Luftdruckes verzichtet.

Beim Erhitzen eines festen Stoffes bleibt seine Temperatur am Schmelzpunkt längere Zeit konstant, da die zugeführte Wärme benötigt wird, um die Atome oder Moleküle aus dem Kristallgitter zu lösen. Bis dieser Vorgang abgeschlossen ist, steht keine Wärmeenergie für eine Temperaturerhöhung zur Verfügung, die Temperatur bleibt konstant. Beim Abkühlen wird am Erstarrungspunkt die beim Schmelzen zugeführte Wärme wieder frei, wenn sich die Atome oder Moleküle zum Kristallgitter ordnen. Daher bleibt auch in diesem Fall die Temperatur längere Zeit konstant (sog. latente Wärme).

Dieses Phänomen ist auch in der Natur zu beobachten, wenn es z. B. schneit, dann steigt die Lufttemperatur gewöhnlich an, weil Erstarrungswärme frei wird.

Als charakteristische Größe ist besonders die Bestimmung des Schmelzpunktes eine Hilfe bei der Identifizierung eines Stoffes. Er ist darüber hinaus ein Maß für die Reinheit des Stoffes, denn Verunreinigungen erniedrigen den definierten

Schmelzpunkt des reinen Stoffes („Schmelzpunktdepression"). Ein exakt gemessener, aber niedrigerer Schmelzpunkt als die Literaturangabe weist immer auf einen verunreinigten Stoff hin.

10.2.1
Der Mischschmelzpunkt

Die Identifizierung eines Stoffes gelingt mit Hilfe eines Mischschmelzpunktes, sofern eine Referenzsubstanz zur Verfügung steht. Eine Schmelzpunktdepression tritt beim Mischen chemisch gleicher Substanzen *nicht* auf (kein Verunreinigungseffekt) und erlaubt deshalb die Identität einer im Laboratorium synthetisierten Substanz durch Mischen mit vorgegebenen Reinsubstanzen zu klären.

Beispiel

Es werden zwei Stoffe X und Y synthetisiert. Es wird vermutet, dass der Stoff X identisch ist mit Stoff A und der Stoff Y identisch mit Stoff B. Es werden folgende Proben bereitgestellt und davon der Schmelzpunkt bestimmt:

Für den Stoff X:		*Ergebnis*
Probe 1:	reines X	224 °C
Probe 2:	reines A	223 °C
Probe 3:	eine 50 %/50 %-Mischung von X und A	223 °C

Für den Stoff Y:		*Ergebnis*
Probe 4:	reines Y	156 °C
Probe 5:	reines B	157 °C
Probe 6:	eine 50 %/50 %-Mischung von Y und B	134 °C

Es ist erkennbar, dass die Stoffe X und A identisch sind, nicht aber Y mit B, da B in Y eine Schmelzpunktdepression ausgelöst hat.

10.2.2
Die Bestimmung des Schmelzpunktes

Der zu bestimmende Feststoff wird in ein *Schmelzpunktröhrchen*, eine 7,5 cm lange, unten zugeschmolzene Glaskapillare mit einem Durchmesser von 1 mm, eingefüllt. Der zerkleinerte Feststoff wird ca. 3 bis 5 mm hoch in die offene Seite des Röhrchens aufgenommen. Dies geschieht durch vorsichtiges Hineindrücken des Röhrchens in die körnige Substanz, bis die notwendige Substanzhöhe erreicht ist. Danach wird das Röhrchen umgedreht und mit der rauhen Seite einer Ampullenfeile leicht an der Außenseite des Röhrchens entlangge-

Abb. 10-2. Feststoff in einem Schmelzpunktröhrchen.

strichen. Dadurch kommt es leicht in Schwingung und der Feststoff wird bis zum Boden gerüttelt (Abbildung 10-2).

Zur Bestimmung des Schmelzpunktes wird das Schmelzpunktröhrchen in einem Schmelzpunktgerät in unmittelbarer Nähe der Flüssigkeitskugel eines Einschlussthermometers mit 1 °C-Einteilung gebracht.

Zur Messung von Schmelzpunkten gibt es verschiedene Schmelzpunktapparate, von denen die wichtigsten in den Abbildungen 10-3 bis 10-5 dargestellt sind. Sie sind entsprechend dem gewünschten Genauigkeitsgrad der Messung und dem notwendigen Temperaturbereich konstruiert.

Die *Kofler-Heizbank* (vgl. Abbildung 10-3) eignet sich gut für eine grobe Bestimmung des Schmelzpunktes einer Substanz. Auf ein kleines Deckgläschen (Mikroskopie) wird eine ca. 1 cm lange und 2 mm breite Linie der Substanz zusammengestrichen und auf die linke Seite der Heizbank gelegt. Das Deckgläschen wird so lange ganz langsam von links nach rechts über die Heizbank geschoben, bis ein Teil der Substanzlinie geschmolzen ist und ein anderer Teil noch fest ist. Auf die Trennlinie zwischen fest und flüssig wird der Zeiger herabgesenkt und auf der Skala die Temperatur abgelesen. Die genaue Bestimmung des Schmelzpunktes erfolgt dann mit einem der anderen Geräte.

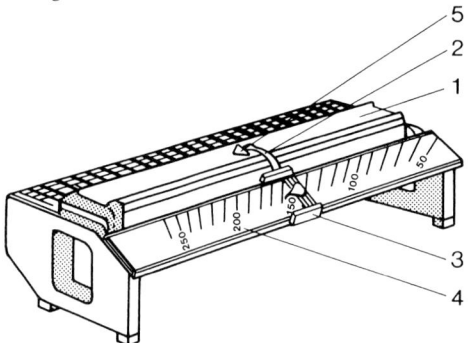

Abb. 10-3. Kofler-Heizbank. (1 Heizfläche, 2 Zeiger, 3 Läufer, 4 Skala, 5 Substanz.)

Der *Kupferblock* (vgl. Abbildung 10-4) wird mit einem kleinen Brenner geheizt. Das Schmelzpunktröhrchen und das Thermometer werden durch dafür vorgesehene Öffnungen des Kupferblockes eingesteckt. Durch eine kleine Lupe kann der durch eine kleine Leuchtbirne erhellte Innenraum des Kupferblockes beobachtet werden.

Durch die Brennerflamme ist leider die Gefahr groß, dass die Zuleitungskabel durchschmoren. Zusätzlich ist von Nachteil, dass die Blöcke meistens sehr stark verrußt sind. Daher sind die Kupferblöcke heute nicht mehr erste Wahl.

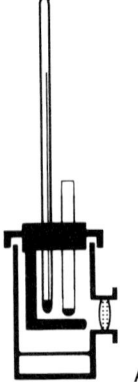

Abb. 10-4. Kupferblock.

Das *Gallenkamp-Schmelzpunktgerät* funktioniert nach dem gleichen Prinzip wie ein Kupferblock, wird aber elektrisch aufgeheizt. Durch Drehen eines Reglers kann der Heizstrom verstärkt oder abgeschwächt werden.

Am exaktesten kann der Schmelzpunkt in einem mit Heizflüssigkeit gefüllten Schmelzpunktgerät gemessen werden. Das Heizbad wird elektrisch aufgeheizt und kann bei Geräten wie z. B. nach *Tottoli* (Abbildung 10-5) stufenlos mit einer vom Anwender definierten Heizgeschwindigkeit (in °C pro Minute) aufgeheizt werden. Ein kleines Rührwerk mit Propellerrührer verteilt die zugeführte Energie im Heizbad. Als Badflüssigkeit wird meistens Siliconöl verwendet. Sollen Temperaturen über 250 °C gemessen werden, ist der Kupferblock zu verwenden, da sich bei dieser Temperatur die Badflüssigkeiten zersetzen.

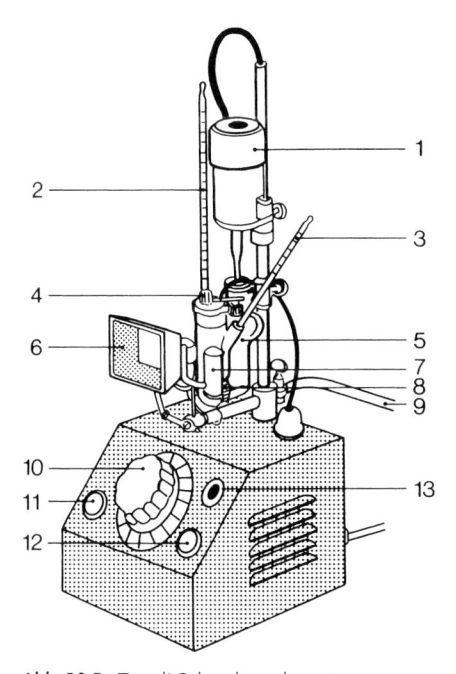

Abb. 10-5. Tottoli-Schmelzpunktgerät.
(1 Rührwerk mit Propellerrührer, 2 Thermometer, 3 Kontrollthermometer (Anschütz),
4 Schmelzpunktröhrchen, 5 Badflüssigkeit (Siliconöl), 6 Lupe, 7 Beleuchtung,
8 Heizung, 9 Kühlschlauch, 10 Heizungsregler, 11 Netzschalter, 12 Heizungsschalter,
13 Kontrolllampe.)

Bei der Schmelzpunktbestimmung wird nach folgender Reihenfolge vorgegangen:
- Ein Schmelzpunktröhrchen mit der zu bestimmenden Substanz (ca. 3 bis 5 mm hoch) wird in die Öffnung des kalten Schmelzpunktgerätes gesteckt. Die Flüssigkeitskugel des Thermometers befindet sich in unmittelbarer Nähe des Röhrchens.
- Das Gerät wird relativ schnell aufgeheizt (20 bis 30 °C pro Minute), bis der ungefähre Schmelzpunkt beobachtet werden

kann (Vorbestimmung). Diese Vorbestimmung kann auch auf der Kofler-Heizbank vorgenommen werden.
- Das Schmelzpunktröhrchen wird entfernt und man lässt das Gerät auf ca. 30 °C unter die eben beobachtete Temperatur abkühlen.
- Es wird ein neues Schmelzpunktröhrchen mit Substanz gefüllt und in die Öffnung des Schmelzpunktgerätes gesteckt. Nun wird ganz langsam aufgeheizt. Es ist eine geringe Heizgeschwindigkeit von *maximal 2 °C pro Minute (!)* einzuhalten. Eine höhere Heizgeschwindigkeit ergibt eine Fehlmessung, es werden gewöhnlich zu niedrige Schmelztemperaturen gefunden. Aus diesem Grund sind die mit definierter Geschwindigkeit aufzuheizende Geräte, wie z. B. das nach Tottoli, von großem Nutzen.
- Der Schmelzpunkt ist dann erreicht, wenn eine meniskusbildende Flüssigkeit im Röhrchen entstanden ist, in der noch Substanzkristalle schwimmen. Viele Substanzen sintern unmittelbar bevor sie schmelzen. Darunter versteht man ein Zusammenrücken der Substanz im Schmelzpunktröhrchen, oft entsteht dabei ein „Türmchen" (Abbildung 10-6).
- Das Gerät ist wieder um 30 °C abzukühlen und der gesamte Vorgang zu wiederholen. Der zuvor erhaltene Wert sollte sich bestätigen. Ist das nicht der Fall, muss sich eine dritte Bestimmung anschließen.

Abb. 10-6. Sintern einer Substanz kurz vor dem Schmelzpunkt.

Es empfiehlt sich, vor der Bestimmung des Schmelzpunktes einer Substanz eine Gerätequalifikation durchzuführen. Dazu benutzt man eine reine Referenzsubstanz, deren Schmelzpunkt bekannt ist und überprüft das System (Gerät und Thermometer) durch Übereinstimmung mit dem Sollwert.

10.2.3
Aufgaben zur Schmelzpunktbestimmung

Praxisaufgaben: Schmelzpunktbestimmung

Informieren Sie sich über die Sicherheitsdaten der bei der Qualifizierung eingesetzten Substanzen.

Aufgabe 1
Führen Sie eine Gerätequalifizierung mit drei Referenzsubstanzen durch, z. B.:

- D(–)-Weinsäurebenzylester (Fp = 66 °C)
- Acetanilid (Fp = 114 °C)
- Saccharose (Fp = 185 °C)

Die maximal zulässige Toleranz ist 1 °C. Kann diese Toleranz nicht eingehalten werden, ist der Fehler zu suchen. Meistens ist ein ungenau anzeigendes Thermometer die Ursache oder die Heizgeschwindigkeit von maximal 2 °C/Minuten wird überschritten.

Informieren Sie sich über die Sicherheitsdaten von Phenacetin und Acetylsalicylsäure.

Aufgabe 2
Bestimmen Sie die Schmelzpunkte von Phenacetin und Acetylsalicylsäure, stellen Sie eine 50 %/50 %-Mischung aus beiden Stoffen her und ermitteln Sie den Schmelzpunkt dieser Mischung.

Aufgabe 3
Ermitteln Sie den Schmelzpunkt von drei Substanzen, die Ihnen Ihr Betreuer gegeben hat. Beachten Sie, dass die Substanzen u. U. toxisch sein können.

Informieren Sie sich über die Sicherheitsdaten von Benzoesäure.

Aufgabe 4
Bestimmen Sie von reiner Benzoesäure und von körnigem Haushaltszucker (kein Puderzucker!) jeweils den Schmelzpunkt.

Stellen Sie jeweils 1 g folgender Mischungen aus Benzoesäure und Haushaltszucker her:

90 % Zucker, 10 % Benzoesäure
75 % Zucker, 25 % Benzoesäure
50 % Zucker, 50 % Benzoesäure
25 % Zucker, 75 % Benzoesäure
10 % Zucker, 90 % Benzoesäure

Wiegen Sie die Komponenten einer Mischung auf einer Analysenwaage ein und geben Sie sie zusammen in einen Porzellanmörser. Verreiben Sie die beiden Komponenten innig und homogenisieren Sie die Mischung. Man benötigt dazu etwa 15 Minuten Mischzeit. Bestimmen Sie von jeder so hergestellten Mischung den Schmelzpunkt. Stellen Sie die Abhängigkeit des Schmelzpunktes von dem Massenanteil an Zucker grafisch dar.

10.3
Bestimmung der Dichte von Feststoffen

10.3.1
Bestimmung der Dichte von Feststoffen mit der hydrostatischen Waage

Wie bereits in Abschnitt 8.5.3 erläutert wurde, lässt sich die Dichte fester Stoffe mit Hilfe der hydrostatischen Waage ermitteln. Dazu wird ein Körper in der Luft gewogen (m_L) und dann vollständig eingetaucht in einer Flüssigkeit (m_{Fl}), die eine Dichte von ρ_{Fl} besitzt. Zum Wiegen von Körpern in einer Flüssigkeit gibt es spezielle Aufsätze, die auf den Teller einer Waagschale aufmontiert werden können.

Mit Hilfe der Gl. (10-1) kann die Dichte des Körpers ρ_K berechnet werden

$$\rho_K = \frac{m_L}{m_L - m_{Fl}} \cdot \rho_{Fl} \tag{10-1}$$

Praxisaufgabe: Dichtebestimmung von Feststoffen

> Wiegen Sie einen Kunststoffkörper auf der Analysenwaage, anschließend vollständig eingetaucht in Ethanol. Bestimmen Sie mit Hilfe der Spindel (Abschnitt 8.5.3.3) die Dichte des Ethanols. Berechnen Sie mit Gl. (10-1) die Dichte des Kunststoffkörpers.
>
> Diese Methode ist aber nur dann zu verwenden, wenn der Körper, der vollständig in eine Flüssigkeit eingetaucht sein muss, auch wägbar ist. Von pulvrigen Substanzen ist daher mit dieser Methode die Dichte nicht zu bestimmen. Von pulvrigen Substanzen kann die Dichte im Pyknometer ermittelt werden.

10.3.2
Bestimmung der Dichte von Feststoffen mit dem Pyknometer

Zur Dichtebestimmung von Feststoffen mit dem Pyknometer muss zunächst eine Flüssigkeit gefunden werden, in der der zu bestimmende Feststoff nicht löslich ist (Auffüllflüssigkeit).

Danach werden mehrere Arbeitsschritte durchgeführt:
- Ermittlung der Masse des leeren Pyknometers mit Stopfen,
- Ermittlung der Masse des vollständig mit der Auffüllflüssigkeit gefüllten Pyknometers,
- Ausleeren der Flüssigkeit, Trocknen des Pyknometers,
- Einfüllen des zu messenden Feststoffes in das leere Pyknometer,
- Ermittlung der Masse des Pyknometers mit dem zu messenden Feststoff,
- Auffüllen des Pyknometers mit der Auffüllflüssigkeit,

- Auswiegen des mit Feststoff und Auffüllflüssigkeit gefüllten Pyknometers.

Die Berechnung soll anhand eines Beispiels erläutert werden.

Es soll die Dichte von Saccharose (Haushaltszucker) ermittelt werden. Durch Vorversuche wurde festgestellt, dass die Saccharose nicht in n-Hexan löslich ist.

Folgende Werte wurden ermittelt:
- Masse Pyknometer: 31,4155 g
- Masse Pyknometer und n-Hexan: 64,3699 g
- Masse Pyknometer und Saccharose: 46,3302 g
- Masse Pyknometer, Saccharose und n-Hexan: 73,0263 g

Die Dichte des n-Hexans mit der Mohr-Westphalschen Waage ergab den Wert ρ = 0,662 g/cm³.

1. Berechnung des Volumens des Pyknometers

Masse Pyknometer und n-Hexan	64,3699 g
− Masse des Pyknometers	31,4155 g
= Masse n-Hexan	32,9544 g

    Mit Hilfe der Dichte des n-Hexans kann das Volumen des Pyknometers berechnet werden:

    $$V = \frac{m}{\rho} = \frac{32,9544 \text{ g cm}^3}{0,662 \text{ g}} = 49,78 \text{ cm}^3$$

2. Berechnung der Masse an Saccharose

Masse Saccharose und Pyknometer	46,3302 g
− Masse Pyknometer	31,4155 g
= Masse Saccharose	14,9147 g

3. Berechnung der Masse an n-Hexan und Saccharose im Pyknometer

Masse Saccharose, n-Hexan und Pyknometer:	73,0263 g
− Masse Pyknometer	31,4155 g
= Masse Saccharose und n-Hexan	41,6108 g

4. Berechnung der Masse an n-Hexan im Pyknometer

Masse Saccharose und n-Hexan	41,6108 g
− Masse Saccharose	14,9147 g
= Masse n-Hexan	26,6961 g

5. Berechnung des Volumens an n-Hexan

    Mit Hilfe der Dichte von n-Hexan (0,662 g/cm³) kann das Volumen an n-Hexan im Pyknometer berechnet werden:

    $$V = \frac{m}{\rho} = \frac{26,6961 \text{ g cm}^3}{0,662 \text{ g}} = 40,33 \text{ cm}^3$$

6. Berechnung des Volumens an Saccharose im Pyknometer
   Das Volumen des Pyknometers minus des Volumens des *n*-Hexans muss das Volumen der Saccharose sein:

	Volumen Pyknometer	49,78 cm³
−	Volumen *n*-Hexan	40,33 cm³
=	Volumen Saccharose	9,45 cm³

7. Berechnung der Dichte von Saccharose

   $$\rho = \frac{m}{V} = \frac{14{,}9147 \text{ g}}{9{,}45 \text{ cm}^3} = \underline{1{,}58 \text{ g cm}^3}$$

   Der Literaturwert für Saccharose bei 20 °C ist $\rho = 1{,}5737$ g/cm³.

10.3.3
Aufgaben zur Dichtebestimmung

Praxisaufgaben: Dichtebestimmung

Aufgabe 1
Stellen Sie anhand des Rechenvorganges eine allgemein gültige Gleichung auf, mit der die Dichte von festen Stoffen im Pyknometer berechnet werden kann.

Informieren Sie sich über die Sicherheitsdaten von *n*-Hexan.

Aufgabe 2
Bestimmen Sie die Dichte von Benzoesäure im Pyknometer, benutzen Sie als Auffüllflüssigkeit *n*-Hexan. Vergleichen Sie den ermittelten Wert mit dem Literaturwert. Ergeben sich Abweichungen, versuchen Sie zu begründen, woraus diese Abweichungen resultieren.

10.4
Homogenisieren

In dem nächsten Projekt soll eine Mischung aus zwei festen Stoffe hergestellt werden und die Mischung soll so gut wie möglich homogenisiert werden. Im Idealfall soll jede Teilmenge eines Mischgutes die gleiche Zusammensetzung aufweisen. Das ist oft nur sehr schwer zu realisieren, da beim Mischen gleichzeitig der Vorgang der Entmischung stattfindet. Das Ausmaß der Entmischung hängt ab von
- den Mischwerkzeugen,
- den Korngrößen der Partikel,

- den Dichten,
- einer statischen Aufladung und
- der spezifischen Oberflächenbeschaffenheit der Partikel (Rauhheit, Klebrigkeit).

Daher sind für jede Mischung die Mischbedingungen individuell zu ermitteln. Im Laboratorium werden Mischungen mit der Hand im Mörser erzeugt oder in speziellen Mischwerkzeugen, wie z. B. im Fall- oder Schaufelmischer.

Die Vermischung geringer Substanzmengen wird durch intensives Verreiben der Substanzen mit dem Pistill im Mörser erreicht, dabei ist der Mörser immer nur mit wenig Substanz zu füllen. Bei der Vermischung im Mörser tritt jedoch meistens eine Verkleinerung der Feststoffpartikelgröße auf, die nicht immer gewünscht ist. Soll keine Verkleinerung der Partikelgröße eintreten, muss die Mischung in einer ausreichend großen Schale durch intensive Schaufelbewegungen homogenisiert werden.

Fallmischer (siehe Abbildung 10-7) sind rotierende Mischtrommeln. Das Mischgut wird angehoben und fallengelassen. Einbauten wie Spiralen und Leisten begünstigen den Mischvorgang.

Der Schaufelmischer besteht aus einer umlaufenden Trommel, in der sich seine Welle mit feststehenden Schaufeln befindet, die gegenläufig schnell rotieren (Abbildung 10-7).

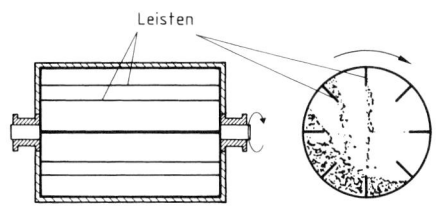

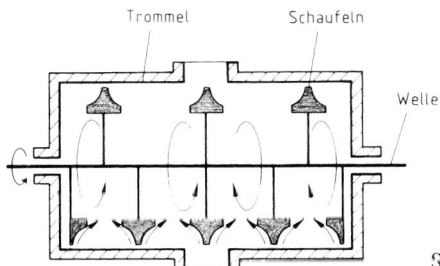

Abb. 10-7. Fallmischer und Schaufelmischer.

> **Prozess Feststoffmischung: Die Herstellung und Homogenisierung**
>
> Stellen Sie 500 g einer Mischung aus körnigem Haushaltszucker und Benzoesäure her, der Massenanteil des Zuckers in der Mischung soll zwischen w(Zucker) = 40 bis 60 % betragen. Die Mischung muss gründlich homogenisiert werden. Dazu kann entweder die Mischung in einer größeren Metallschale durch Schaufelbewegungen homogenisiert werden oder zur Homogenisierung ein Fallmischer verwendet werden. Die Feststoffpartikel sollten sowenig wie möglich zerkleinert werden.
>
> Von mindestens sechs verschiedenen Stellen der Mischung ist eine Probe von ca. 0,3 g zu nehmen und auf 0,0005 g genau auf einer Analysenwaage in einen 300-mL-Erlenmeyer-Kolben einzuwiegen. Nach Lösen in ca. 100 mL Wasser von ca. 40 °C und Zugabe von 5 Tropfen Phenolphthaleinlösung ist mit titerbekannter Natronlauge, $\tilde{c}(1/1\mathrm{NaOH})$ = 0,1 mol/L, der Verbrauch bis zum Farbumschlag zu messen.
>
> Es ist der Massenanteil w an Benzoesäure in den sechs Proben zu berechnen. Unterscheiden sich die Massenanteile mit mehr als relativ 1 %, ist gründlicher zu homogenisieren.
>
> Von dem Gemisch ist die Dichte mit Hilfe des Pyknometers in n-Hexan zu bestimmen und mit den Einzelwerten zu vergleichen.
>
> Anschließend wird das Gemisch zwei verschiedenen Trennverfahren unterworfen und die Ergebnisse werden verglichen. Die beiden Trennmethoden sind:
> - Feststoffextraktion und
> - Sieben.

10.5
Die Feststoffextraktion

Die Feststoffextraktion ist ein Trennverfahren zur Abtrennung eines Stoffes aus einem Feststoffgemisch mit einem flüssigen Lösemittel (*Extraktionsmittel*). Sie beruht darauf, dass der aus einem Gemisch zu extrahierende Stoff im Extraktionsmittel löslich ist, die restlichen Bestandteile dagegen nur sehr schlecht. Das Gemisch aus Extraktionsmittel und extrahiertem Stoff ist der *Extrakt*, der verbleibende Rückstand, dem der extrahierte Stoff entzogen wurde, ist das *Raffinat*. Aus dem Extrakt kann durch Abdampfen des Lösemittels der extrahierte Stoff gewonnen werden.

Extrahiert man beispielsweise gemahlene Kaffeebohnen mit kochendem Wasser als Extraktionsmittel, dann ist der trinkbare Kaffee der Extrakt und der Kaffeesatz das Raffinat. Beim schonenden Abdampfen des Wassers aus dem Kaffee würde lösliches Extraktkaffeepulver entstehen.

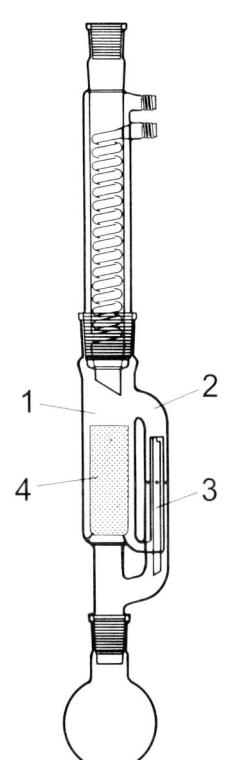

Abb. 10-8. Extraktionsapparat nach Soxhlet.
(1 Extraktor, 2 Dampfleitungsrohr, 3 Heberrohr,
4 Extraktionshülse aus Filterpapier.)

Die einfachste Methode der Feststoffextraktion besteht darin, das Feststoffgemisch in einem Becherglas mit dem Lösemittel zu übergießen, genügend lange umzurühren, die Suspension absetzen zu lassen und dann zu dekantieren, zu filtrieren oder zu zentrifugieren. Der Vorgang wird so lange wiederholt, bis der zu extrahierende Stoff aus dem Raffinat vollständig entfernt ist.

Diese Methode wird auch *Digeration* genannt.

Effektiver ist die Extraktion mit dem Extraktionsapparat nach Soxhlet (Abbildung 10-8).

In dem Rundkolben wird das Extraktionsmittel vorgelegt und in eine Extraktionshülse aus Pappe wird das zu extrahierende Feststoffgemisch eingefüllt. Nach dem Zusammenbau der Apparatur wird das Extraktionsmittel zum Siedepunkt erhitzt. Der Dampf steigt durch das seitliche Rohr der Apparatur, kondensiert im Rückflusskühler und das reine Extraktionsmittel tropft in die Extraktionshülse. Nach dem Durchtritt durch den Pappfilter steigt der entstandene Extrakt an dessen Außenwand bis zur Höhe des Heberohrs, durch das er in den Kolben abfließt. Das wieder erneut verdampfende Lösemittel steht für einen neuen Extraktionskreislauf zur Verfügung. Dadurch, dass das Heberöhrchen in das Dampfrohr eingebaut wurde und durch den Dampf erhitzt wird, kann es zu keiner Ausfällung des Extraktes kommen. Eine vollständige Extraktion ist zeitaufwendig und kann u. U. mehrere Stunden dauern.

Prozess Feststoffmischung: Die Extraktion

Aus einem kleineren Teil des Zucker/Benzoesäure-Gemisches (siehe Seite 256) soll der Zucker mit Hilfe einer Soxhlet-Extraktion abgetrennt werden. Dazu werden 30 g Gemisch, auf 0,1 g genau, in die Extraktionshülse eingewogen und der Kolben wird mit 300 mL entmineralisiertem Wasser (und 3 Siedesteinen) gefüllt. Es werden mindestens 7 Extraktionsläufe durchgeführt, danach ist der Extrakt abzukühlen. Das Raffinat (Benzoesäure) ist der Hülse zu entnehmen, im Trockenschrank bei 100 °C zu trocknen und auszuwiegen.

Ca. 0,3 g des Raffinats, auf 0,0005 g genau gewogen, werden in einen 300-mL-Erlenmeyer-Kolben eingewogen. Nach Lösen in ca. 100 mL Wasser von ca. 40 °C und Zugabe von 5 Tropfen Phenolphthaleinlösung ist mit titerbekannter Natronlauge, $\tilde{c}(1/1\,NaOH) = 0,1$ mol/L, der Verbrauch bis zum Farbumschlag zu bestimmen. Es ist der Massenanteil an Benzoesäure in dem Raffinat zu berechnen.

Wie effektiv beurteilen Sie die Trennung aufgrund der gewonnenen Daten?

10.6
Mechanisches Trennen von Feststoffgemischen

Die mechanische Zerlegung eines Feststoffgemisches in Teilchen mit gleichen physikalischen Eigenschaften heißt *Sortieren*, die Trennung in Teilchen gleicher Korngrößenbereiche heißt *Klassieren* (Abbildung 10-9).

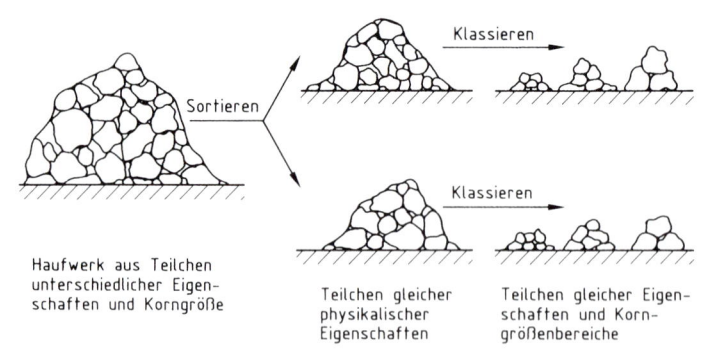

Abb. 10-9. Sortieren und Klassieren.

10.6.1
Klassieren durch Sieben

In einem Feststoffgemisch liegen meist viele unterschiedliche Korngrößen vor, die als Korngrößenbereich oder Kornspektrum bezeichnet werden. Um die Korngrößenverteilung zu kennen, wird das Gemisch in Fraktionen unterschiedlicher Korngröße getrennt. Dies geschieht mit Hilfe von Sieben aufgrund unterschiedlicher Teilchendurchmesser.

Beim Sieben erfolgt die Zerlegung des Gemisches in mindestens zwei Kornklassen mit Hilfe von schwingenden oder vibrierenden Trennflächen. Das Siebmittel besteht aus gelochten Blechen, Kunststoffgeweben oder Textilien.

Die Trenngrenze ist durch die Maschenweite des Siebes festgelegt. Die Sieböffnungen können rund, quadratisch, spaltförmig oder oval sein.

Teilchen mit geringerem Durchmesser und einer passenden Lage zur Sieböffnung passieren die Maschen und werden als *Siebdurchgang*, Siebunterlauf oder Unterkorn bezeichnet (Abbildung 10-10). Der auf dem Sieb verbleibende Teil heißt *Siebrückstand*, Siebüberlauf oder Überkorn.

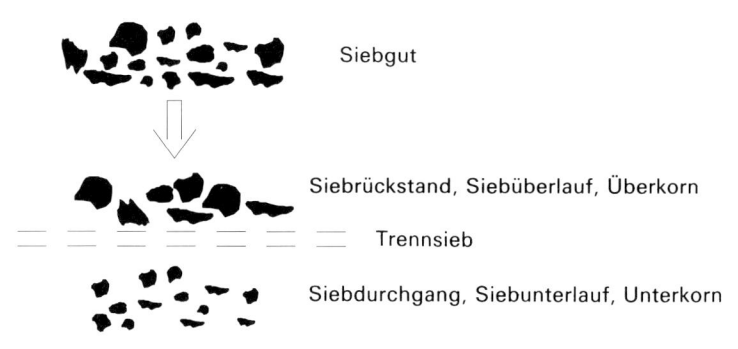

Abb. 10-10. Siebvorgang.

Soll das Feststoffgemisch in mehrere Kornklassen unterteilt werden, wird die entsprechende Anzahl Siebe unterschiedlicher Maschenweite hintereinander angeordnet. Je mehr Siebe zur Trennung benutzt werden, desto genauer ist die berechnete Korngrößenverteilung.

Der Siebvorgang wird u. a. beeinflusst von der Gesamtfläche der freien Sieböffnungen, dem Zustand der Siebfläche, der Beladung des Siebes, der Kornform des Siebgutes und der Feuchte des Siebgutes.

Siebhilfsmittel (Kugeln, Würfel, Bürsten) und die Bewegung des Siebgutes bzw. Siebes verbessern die Siebleistung. Durch die Verwendung von Siebhilfsmitteln kann das Hängenbleiben von Teilchen in der Sieböffnung oder das Agglomerieren von Siebkorn vermieden werden.

Bei allen Siebvorgängen tritt jedoch gleichzeitig ein meist unerwünschter Mahleffekt ein.

Allgemein wird unterschieden zwischen technischem Sieben, das zum Gewinn bestimmter Korngrößenfraktionen dient, und der Siebanalyse, die zum Bestimmen der Korngrößenverteilung in einem Gemisch herangezogen wird.

10.6.2
Die Siebanalyse

Die zur Siebanalyse eingesetzte, in Abbildung 10-11 dargestellte Laborsiebmaschine besteht aus einem genormten Prüfsiebsatz und fünf bis acht Sieben. Der Prüfsatz wird in ein Gestell montiert und durch einen Antrieb in Vibration oder Schüttelbewegung versetzt. Die Siebe werden von unten nach oben mit steigender Maschenweite aufgebaut und der Feinstkornanteil in einem Bodenblech aufgefangen.

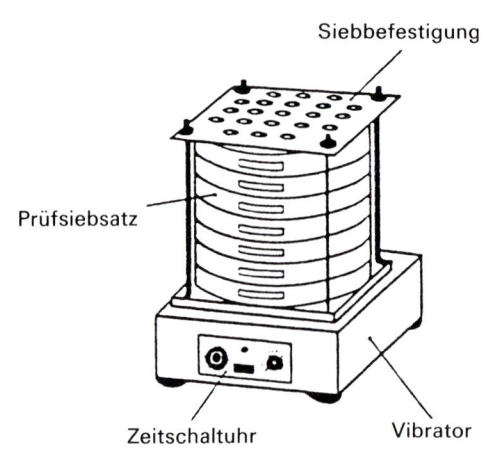

Abb. 10-11. Laborsiebmaschine.

Die Zusammensetzung der zur Siebanalyse verwendeten Probe soll der des Gesamtgemisches entsprechen. Die Probenahme kann nach dem Kegelverfahren erfolgen. Dazu wird das gesamte Feststoffgemisch zu einem Kegel aufgeschüttet und in vier gleich große Teile aufgeteilt. Die gegenüberliegenden Kegelviertel werden vereinigt und wiederum geviertelt. Dies wird wiederholt, bis die gewünschte Probenmasse für die Siebanalyse erreicht ist.

> *Prozess Feststoffmischung: Das Sieben und die Siebanalyse*
>
> Aus dem noch vorhandenen Zucker/Benzoesäure-Gemisch (siehe Seite 256) wird nach dem Kegelverfahren eine Probe zur Siebanalyse gezogen, die eine Masse von 300 g, auf 0,5 g genau, besitzt.

> Führen Sie anschließend eine Siebanalyse mit mindestens fünf Sieben zwischen 80 und 500 µm durch.
>
> Zur Auswertung der Siebanalyse werden die Massen des Siebrückstandes R auf jedem Sieb gewogen und der Massenanteil des Siebrückstandes bezogen auf die Masse Aufgabegut in Prozent berechnet ($R\%$). Dieser prozentuale Siebrückstand $R\%$ lässt eine Aussage über die Häufigkeit der jeweiligen Kornklasse im Gesamtgemisch zu. Die Kornklasse entspricht hierbei der Siebmaschenweite.

Die grafische Darstellung der Korngrößenverteilung ist das in Abbildung 10-12 dargestellte Verteilungsdichtediagramm.

$R\% = 17\%$ bedeutet: 17 % des Gesamtgemisches haben eine Korngröße zwischen 100 und 200 µm.

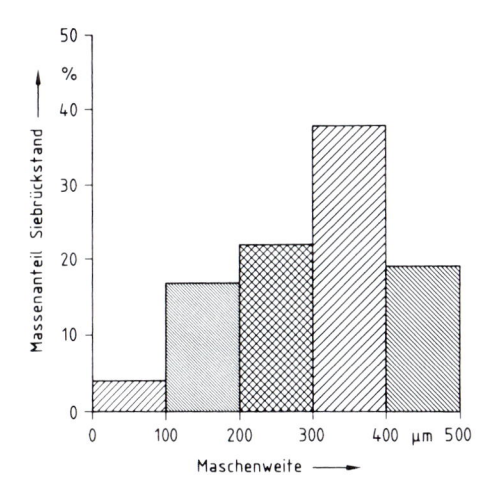

Abb. 10-12. Verteilungsdichtediagramm.

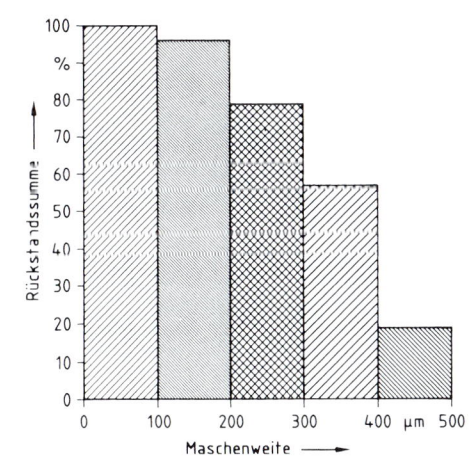

Abb. 10-13. Rückstandssummendiagramm.

Der prozentuale Siebrückstand $R\,\%$ kann ausgehend vom Sieb mit der größten Maschenweite zur Rückstandssumme $\Sigma\,R\,\%$ aufsummiert werden. Die grafische Darstellung ist das in Abbildung 10-13 gezeigte Rückstandssummendiagramm.

$\Sigma\,R\,\% = 57\,\%$ bedeutet: 57 % des Gesamtgemisches haben eine Korngröße von mehr als 300 µm.

In Tabelle 10-1 sind beispielhaft die Ergebnisse eines Siebversuches mit Puderzucker/Benzoesäure aufgeführt. Es ist der Tabelle zu entnehmen, dass die Kornklasse von 100–160 µm zu 17,1 % im Gesamtgemisch enthalten ist. Die Rückstandssumme von 98,0 % bedeutet, dass 98,0 % der Gesamtmasse eine Korngröße von mehr als 100 µm aufweisen. Die Durchgangssumme von 2,0 % bedeutet, dass 2,0 % der Gesamtmasse eine Korngröße von weniger als 100 µm aufweisen.

Tab. 10-1. Protokoll einer Siebanalyse

Siebanalyse

Prüfsubstanz: Probenmasse:	Zucker/Benzoesäure 302,8 g		Mühle: Mahldauer:	Schwingmühle 10 min	
Maschenweite [µm]	Kornklassenbreite Δd [µm]	Rückstand [g]	Rückstand [%]	Rückstandssumme [%]	Durchgangssumme [%]
500	> 500	81,2	26,8	26,8	73,2
400	400 – 500	29,9	9,9	36,7	63,3
300	300 – 400	20,8	6,9	43,6	56,4
200	200 – 300	55,7	18,4	62,0	38,0
160	160 – 200	57,2	18,9	80,8	19,2
100	100 – 160	51,8	17,1	98,0	2,0
80	80 – 160	6,0	2,0	99,9	0,1
Boden	< 80	0,2	0,1	100,0	0,0
Σ		302,8	100,0		

Dabei gilt nach Gl. (10-2):

$$\sum R\,\% + \sum D\,\% = 100\,\% \tag{10-2}$$

Die Darstellung dieser Summenverteilung geschieht näherungsweise durch mathematische Funktionen. Eine solche Verteilungsfunktion ist die RRSB-Verteilung, die nach den Autoren Rosin, Rammler, Sperrling und Bennet benannt ist.

10.6 Mechanisches Trennen von Feststoffgemischen

In einem speziellen Diagramm, dem RRSB-Netz oder Körnungsnetz, wird die Durchgangssumme oder die Rückstandssumme in Abhängigkeit von der Korngröße aufgetragen.

In dem in Abbildung 10-14 dargestellten Diagramm ist die Einteilung der Ordinate zweifach logarithmiert, die der Abszisse einfach logarithmiert. Die Verbindung der Meßpunkte im Körnungsnetz ergibt annähernd eine Gerade. Aus dem Schnittpunkt der Geraden mit der Durchgangssumme, $\Sigma\,D\,\% = 63{,}2\,\%$, kann die mittlere Korngröße d' der Probe ermittelt werden. Wird die Rückstandssumme $\Sigma\,R\,\%$ aufgetragen, liegt dieser Schnittpunkt bei $\Sigma\,R\,\% = 36{,}8\,\%$.

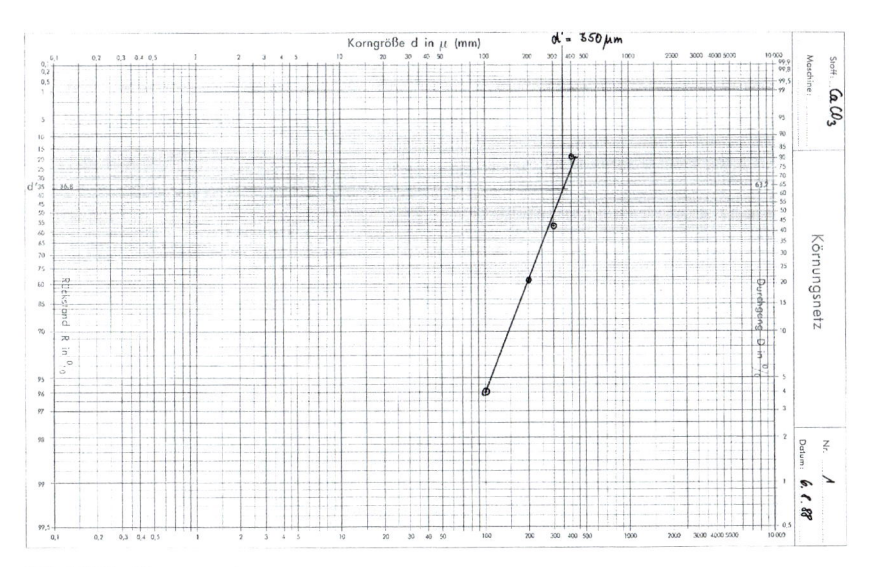

Abb. 10-14. Körnungsnetz.

Prozess Feststoffmischung: Die Beurteilung der Siebanalyse

1. Erstellen Sie aus den Werten Ihrer durchgeführten Siebanalyse zuerst ein Protokoll und anschließend jeweils ein Verteilungsdichte- und ein Rückstandssummendiagramm. Aus den entsprechenden Werten des Protokolls sollten Sie nun noch die Auswertung auf einem Körnungsnetz durchführen. Ermitteln Sie die mittlere Korngröße des Gemisches.
   Was lässt sich über die Korngrößenverteilung des Gemisches aussagen?

2. Überprüfen Sie nach der Siebanalyse die einzelnen Fraktionen auf Ihren Gehalt an Benzoesäure, indem Sie jeweils eine Probe jeder Fraktion gegen Natronlaugemaßlösung titrieren.
   Welche Aussagen können Sie nun aus der Titration und der Siebanalyse treffen?

3. Lassen sich der Zucker und die Benzoesäure über das Verfahren der Siebanalyse quantitativ voneinander trennen?
4. Welches Trennverfahren (Extraktion oder Siebanalyse) erweist sich Ihrer Meinung nach in diesem Prozess als das Bessere? Begründen Sie Ihre Erkenntnisse!

Nach einer erfolgreichen Trennung durch das Sieben können die beiden abgetrennten Fraktionen für weitere Versuche verwendet werden.

11
Präparative und analytische Filtrationen (Prozess)

11.1
Prozessbeschreibung

In diesem Kapitel wird der folgende Prozess behandelt:

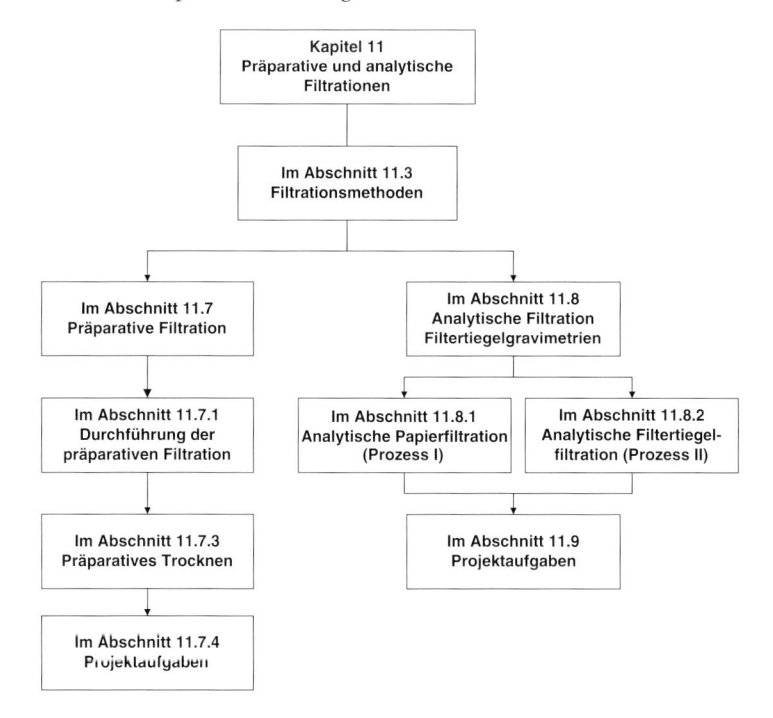

```
┌─────────────────────────┐
│      Kapitel 11         │
│ Präparative und analytische │
│      Filtrationen       │
└─────────────────────────┘
            │
┌─────────────────────────┐
│   Im Abschnitt 11.3     │
│   Filtrationsmethoden   │
└─────────────────────────┘
       │            │
┌──────────────┐  ┌──────────────────────┐
│Im Abschnitt  │  │  Im Abschnitt 11.8   │
│    11.7      │  │ Analytische Filtration│
│ Präparative  │  │ Filtertiegelgravimetrien│
│  Filtration  │  │                      │
└──────────────┘  └──────────────────────┘
       │              │           │
┌──────────────┐ ┌─────────────┐ ┌──────────────┐
│Im Abschnitt  │ │Im Abschnitt │ │Im Abschnitt  │
│   11.7.1     │ │   11.8.1    │ │   11.8.2     │
│Durchführung  │ │Analytische  │ │Analytische   │
│der präparativen│ │Papierfiltration│ │Filtertiegel-│
│ Filtration   │ │ (Prozess I) │ │filtration    │
│              │ │             │ │ (Prozess II) │
└──────────────┘ └─────────────┘ └──────────────┘
       │              │
┌──────────────┐ ┌─────────────┐
│Im Abschnitt  │ │Im Abschnitt │
│   11.7.3     │ │    11.9     │
│ Präparatives │ │Projektaufgaben│
│   Trocknen   │ │             │
└──────────────┘ └─────────────┘
       │
┌──────────────┐
│Im Abschnitt  │
│   11.7.4     │
│Projektaufgaben│
└──────────────┘
```

1 × 1 der Laborpraxis: Prozessorientierte Labortechnik für Studium und Berufsausbildung. 2. Auflage.
Stefan Eckhardt, Wolfgang Gottwald, Bianca Stieglitz
Copyright © 2007 WILEY-VCH Verlag GmbH & Co. KGaA, Weinheim
ISBN: 978-3-527-31657-1

Bei der Filtration wird grundsätzlich unterschieden zwischen einer präparativen Filtration und einer analytischen Filtration. Während es sich bei einer präparativen Filtration lediglich um eine Trennung bzw. eine Aufarbeitung eines heterogenen Stoffgemisches handelt, werden in der analytischen Filtration bewusst Fällungen durch chemische Reaktion hergestellt, die wiederum zu stöchiometrisch nachvollziehbaren Niederschlägen führen. Diese gilt es dann vollständig zu isolieren, entsprechend aufzuarbeiten und die Masse zu bestimmen.

11.2
Allgemeine Einführung

Durch Filtrieren werden Suspensionen in Feststoff und Flüssigkeit getrennt. Filtrationen werden daher unter zwei Gesichtspunkten durchgeführt; entweder zur Gewinnung des Feststoffes, d. h. „Kuchenfiltration" oder zur Gewinnung des Filtrates (durchfiltrierte Flüssigkeit), d. h. „Klärfiltration". Zum Filtrieren werden meistens Papierfilter verwendet.

Da dieses Filtermaterial am Anfang einer Filtration unerwünschterweise noch kleine Teilchen durchlässt, wird das Papier zunächst mit dem verwendeten Lösemittel benetzt. Das Filterpapier quellt infolge dessen auf und die Filterporen werden kleiner.

Allgemein lässt sich sagen, dass man Filter niemals bis zum obersten Rand mit der zu filtrierenden Suspension füllen sollte. Am besten gießt man die Suspension entlang eines Glasstabes langsam und ohne zu spritzen in die Mitte der Filtrierfläche. Zusätzlich wird bei Klärfiltrationen das erste durchlaufende Filtrat aufgefangen und nochmals filtriert (eine sog. fraktionierte Filtration), da der Rückstand auf dem Papier als Filterhilfsmittel wirkt.

11.3
Filtrationsmethoden

Eine Filtration kann bei Normaldruck, Unterdruck oder Überdruck durchgeführt werden. Die Auswahl der Filtrationsmethode richtet sich vorwiegend nach der Beschaffenheit des zu filtrierenden Niederschlages. Es gilt prinzipiell, dass grobe Niederschläge bei Normaldruck und feinkristalline Niederschläge besser mit Unterdruck filtriert werden. Wenn große Mengen möglichst schnell filtriert werden sollen, bietet sich eine Überdruckfiltration an.

11.3.1
Filtration bei Normaldruck

Die Filtration bei Normaldruck wird mit Hilfe eines Filtriergestells und geeigneten Trichtern sowie Papierfiltern (vgl. Abbildung 11.1) durchgeführt.

Kegelfilter   Faltenfilter

Filtriergestell

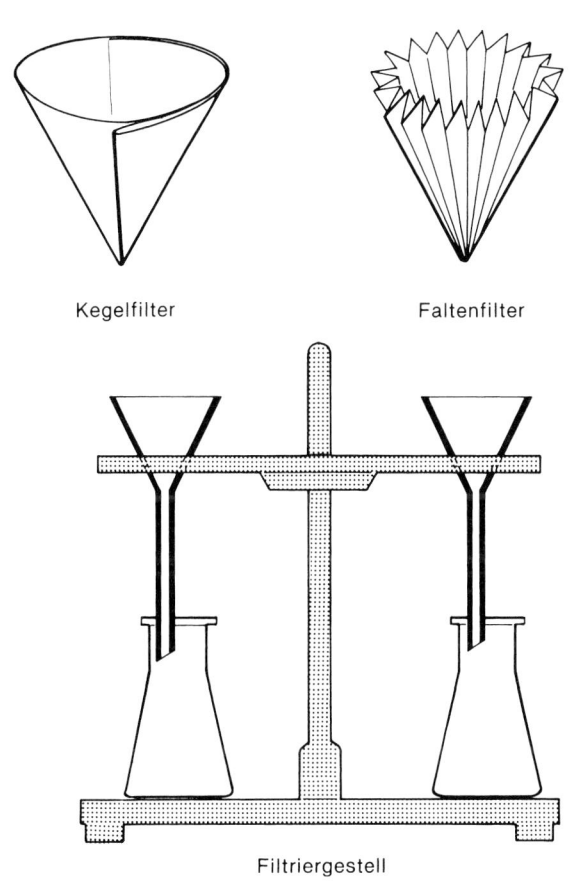

Abb. 11-1. Normaldruckfiltration.

Für die Filtration kann man nach erfolgtem Sedimentieren der Feststoffteilchen die überstehende Flüssigkeit zunächst abdekantieren. Hierbei gießt man den größten Teil der überstehenden Flüssigkeit vorsichtig entlang eines Glasstabes auf den Filter. Anschließend rührt man den Niederschlag auf und gießt diesen ebenfalls auf den Filter. Der noch im Becherglas befindliche Rest wird dann mit dem Filtrat, d.h. mit der bereits filtrierten Flüssigkeit, aufgenommen und über den Filter gegeben. Besonders fest am Becherglas sitzende Feststoffteilchen lassen sich jetzt mit einem Gummiwischer lösen. Während des Filtrationsvorganges muss der Filterkuchen, d.h. der im Filter befindliche Niederschlag, stets mit Flüssigkeit bedeckt sein, da es sonst zu unerwünschten Rissbildungen im Filterkuchen kommt.

11.3.2
Filtration bei Unterdruck

Zum Abfiltrieren einer Suspension mit Unterdruck (umgangssprachlich für die technisch korrektere Bezeichnung „negativer Überdruck") verwendet man Porzellannutschen, Glasfilternutschen, Glasfiltertiegel und Porzellanfiltertiegel. Diese werden auf eine Saugflasche mit Gummiring als Abdichtung aufgesetzt (vgl. Abbildung 11-2). Die Saugflasche wird dann an die Vakuumleitung oder an eine Vakuumpumpe angeschlossen. Der erzeugte Druckunterschied beschleunigt die Filtration. Der Vorgang wird im Laboralltag häufig auch als „Absaugen" bezeichnet.

Aus Sicherheitsgründen muss die unter Vakuum stehende Saugflasche gegen Umfallen durch eine Klammer gesichert werden.

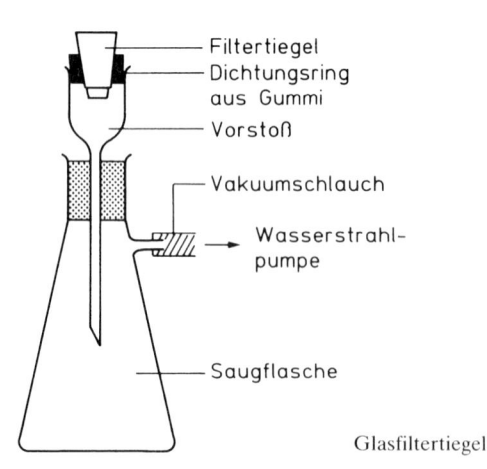

Abb. 11-2. Unterdruckfiltrationen: oben mit Porzellannutsche, unten mit Glasfiltertiegel.

11.3.3
Filtration bei Überdruck

Bei Überdruckfiltrationen ermöglicht der entstehende Druckunterschied die Filtration. Überdruckfiltrationen finden hauptsächlich im Betriebseinsatz mit Drucknutschen und Filterpressen Verwendung. Im Laboratorium haben sie nur untergeordnete Bedeutung. Verwendet wird diese Technik im Laboratorium z. B. bei Membranfiltrationen, bei denen Flüssigkeiten durch sehr feine Kunststoffmembranen „durchgepresst" werden.

11.4
Waschen von Niederschlägen

Da die Filterkuchen gewöhnlich chemisch rein sein sollen, müssen die noch im Filterkuchen vorhandenen Fremdionen und die Fällungsmittelreste ausgewaschen werden. Hierbei darf die Waschflüssigkeit den gewünschten Niederschlag nicht wieder auflösen. Häufig werden daher entsprechende Zusätze (z. B. verdünntes Fällungsmittel) in die Waschflüssigkeit gegeben, um dann erst ganz am Schluss mit wenig entmineralisiertem Wasser die allerletzten Reste an Fremdsubstanzen herauszuspülen.

Man erzielt die effektivsten Waschergebnisse, wenn der Filterkuchen mit kleinen Portionen der Waschflüssigkeit mehrmals gewaschen wird. Besonders wichtig ist die Vermeidung der Rissbildung im Filterkuchen, da sonst die Waschflüssigkeit nicht alle Stellen des Filterkuchens durchläuft.

11.5
Einfache Ionennachweise des Filtrates

Auch wenn in vielen Arbeitsanweisungen genaue Mengenangaben der zu verwendenden Waschflüssigkeit zum Spülen des Filterkuchens angegeben sind, entbindet dies nicht von einer individuellen Überprüfung des Wascherfolges. Überprüft werden die jeweils letzten Tropfen des Filtrates, die aus dem Trichter bzw. der Nutsche kommen. Hierfür stehen eine Reihe von qualitativen Ionennachweisen zur Verfügung. Für die Auswahl des richtigen Nachweises ist die Art des Fällungsmittels ausschlaggebend. Nachfolgend seien die genannt, die in der gewichtsanalytischen Bestimmung die größte Bedeutung haben.

Praxisaufgaben: Ionennachweise

Ermitteln Sie die Sicherheitskenndaten der bei den Ionennachweisen eingesetzten Chemikalien.

Sulfationen

Für die Bestimmung von Sulfationen wird im Reagenzglas das Filtrat mit Salzsäure $w(HCl) = 10\%$ angesäuert und $BaCl_2$-Lösung mit $w(BaCl_2) = 5\%$ zugegeben. Dies ergibt, sofern Sulfationen vorhanden sind, eine weiße Fällung bzw. Trübung von $BaSO_4$. Wenn dieser Niederschlag sich auch bei weiterer Zugabe von entmineralisiertem Wasser nicht auflöst, sind im Filtrat Sulfationen vorhanden und es muss weiter gewaschen werden.

$$Ba^{2+} + SO_4^{2-} \rightarrow BaSO_4 \downarrow \qquad (11\text{-}1)$$

Chloridionen

Im Reagenzglas wird das Filtrat mit Salpetersäure $w(HNO_3) = 10\%$ angesäuert und mit Silbernitrat $w(AgNO_3) = 1\%$ versetzt. Führt dies zu einem käsigen, weißen Niederschlag oder zu einer Trübung von Silberchlorid, welches wiederum in Ammoniak $w(NH_4OH) = 10\%$ löslich ist, so sind noch Chloridionen vorhanden und es muss weiter gewaschen werden.

$$Ag^+ + Cl^- \rightarrow AgCl \downarrow \qquad (11\text{-}2)$$

Phosphationen

Im Reagenzglas wird das Filtrat mit Salpetersäure $w(HNO_3) = 10\%$ angesäuert, Ammoniummolybdatlösung (w(Ammoniummolybdat) $= 15\%$) zugegeben und leicht erwärmt. Wenn nach ca. fünfzehnminütigem Stehenlassen des Reagenzglases entsteht ein kanariengelber Niederschlag von Ammoniumphosphormolybdat (($NH_4)_3[P(Mo_3O_{10})_4]$) entsteht, ist der Waschvorgang noch nicht beendet.

$$PO_4^{3-} + 12\,MoO_2^{2+} + 3\,NH_4^+ + 12\,H_2O \rightarrow$$
$$(NH_4)_3\left[P(Mo_3O_{10})_4\right] \downarrow + 24\,H^+ \qquad (11\text{-}3)$$

Nitrationen

Bei diesem Nachweis muss unbedingt im Abzug gearbeitet werden. Das aktuelle Filtrat wird mit Schwefelsäure $w(H_2SO_4) = 10\%$ angesäuert und mit frischer, gesättigter Eisen(II)-sulfatlösung (Fe(II)-SO_4) vermischt. Anschließend unterschichtet man

> diese Lösung vorsichtig mit konzentrierter Schwefelsäure $w(H_2SO_4) = 96\,\%$, indem die konzentrierte Schwefelsäure langsam am möglichst schräg gehaltenen Reagenzglas hinablaufen gelassen wird. Wenn an der so gebildeten Grenzschicht zwischen diesen beiden Lösungen ein amethystfarbener bis brauner Ring von Eisennitrosulfat ([Fe(NO)]SO$_4$) entsteht, ist der Waschvorgang fortzusetzen.
>
> $$2\,NO_3^- + 8\,Fe^{2+} + 8\,H^+ \rightarrow 2\,[Fe(NO)]^{2-} + 6\,Fe^{3+} + 4\,H_2O \tag{11-4}$$

11.6
Trocknen des abfiltrierten Rückstandes (Filterkuchen)

Die Filterkuchen müssen frei von Feuchtigkeit sein, um z. B. die Ausbeute eines hergestellten Produktes bestimmen zu können.

Getrocknet wird immer bis zur Massenkonstanz. Bei der Überprüfung der Massenkonstanz wird nach einer ausreichenden Trocknungszeit der abgekühlte Filterkuchen gewogen und erneut mindestens 30 Minuten im Trockenschrank getrocknet. Nach dem nachfolgenden Auswiegen des abgekühlten Filterkuchens werden die Massen verglichen. Massenkonstanz ist dann zu akzeptieren, wenn die Massenunterschiede kleiner als 0,1 % sind. Ist das nicht der Fall, muss weiter getrocknet werden.

Nach präparativen Filtrationen wird häufig der Filterkuchen an der Luft und im Trockenschrank getrocknet. Die Trocknung an der Luft dauert hierbei natürlich viel länger als die Trocknung in einem Trockenschrank. Dieser Zeitaufwand kann aber nicht vermieden werden, wenn die zu trocknenden Substanzen in der Wärme sublimieren. Sublimation ist der unmittelbare Phasenübergang eines festen Stoffes in die Gasphase, ohne vorher flüssig zu werden.

Nach analytischen Filtrationen werden die Stoffe im Trockenschrank oder durch Ausglühen getrocknet.

11.7
Präparative Filtration

11.7.1
Präparative Filtration bei Normaldruck

Sofern nur Suspensionen getrennt werden sollen und Ausbeuteverluste in geringem Maße vernachlässigbar sind, finden sog. Faltenfilter Verwendung. Diese bereits vorgefertigten Papierfilter haben durch ihre Form eine große Filterfläche, wodurch sich die Filtrationsgeschwindigkeit erhöht.

11.7.2
Präparative Filtration bei Unterdruck

Beim präparativen Arbeiten werden Porzellannutschen verwendet, in die ein Filterpapier und eventuell auch Filterhilfsmittel (z. B. Kieselgur, Quarz, Glaswolle oder Graphit) eingelegt werden. Filterhilfsmittel unterstützen durch Bildung von Kapillaren die Entstehung eines lockeren Filterkuchens. Der Papierfilter kann passgenau ohne Falten in die Porzellannutsche gelegt werden. Mit Hilfe eines gebogenen Porzellanspatels wird während der Filtration der Filterkuchen ständig glatt gestrichen, um eine Rissbildung zu vermeiden.

11.7.3
Präparatives Trocknen

Lässt man einen feuchten Feststoff längere Zeit offen an der Luft stehen, dann verdunstet langsam das an ihm haftende Lösemittel. Dieser Vorgang wird beschleunigt, indem man den Feststoff zwischen Filterpapiere oder auf Tonteller abpresst und dadurch einen Teil des Lösemittels entzieht.

Das einfachste Trocknungsverfahren ist das offene Trocknen im Trockenschrank. Hier wird das Produkt in einem hitzebeständigen Behältnis durch die Wärme der Luft im Trockenschrank getrocknet. Dazu empfiehlt sich die Verwendung eines Tontellers, einer Porzellanschale oder eines offenen Wägegläschens. Der entstehende Lösemitteldampf kann über eine Öffnung im Trockenschrank entweichen. Diese Öffnung ist an die Laborabluftleitung anzuschließen. Bei hitzeempfindlichen Produkten wird ein Vakuumtrockenschrank benutzt, den man mit einer Vakuumpumpe oder über das Hausvakuum evakuieren kann. Dadurch kann bei geringerer Temperatur getrocknet werden.

11.7.4
Projektaufgaben „Präparative Filtration" und „Ionennachweise"

11.7.4.1 Ionennachweise

> Führen Sie die im Abschnitt 11.5 beschriebenen Ionennachweise mit reinen Referenzsubstanzen durch. Gehen Sie dabei ganz bewusst so vor, dass Sie sowohl negative als auch positive Nachweise erhalten, um die Unterschiede deutlicher zu sehen.

11.7.4.2 Präparative Trennung

Prozess: Die Isolierung von Zitronensäure aus Zitronen

Als Projektaufgabe soll Zitronensäure aus dem Saft von zwei Zitronen isoliert werden.

Ermitteln Sie die Sicherheitskenndaten der bei der Synthese eingesetzten Chemikalien.

Vorgehensweise
Zwei reife Zitronen werden ausgepresst und der Saft ohne Kerne ausgewogen. Dann wird so lange Ammoniaklösung mit $w(NH_3)$ = 25 % zugegeben, bis ein pH-Wert von ca. 9 erreicht wird. Die störenden Fruchtfäden und andere Verunreinigungen werden über einen Faltenfilter im Trichter entfernt und das Filtrat in einem 400-mL-Becherglas aufgefangen. In das Filtrat gibt man eine Lösung aus 20 g $CaCl_2$ und 40 mL entmineralisiertem Wasser und erhitzt bis zum Siedepunkt. Nach 1 bis 2 Minuten fällt ein weißer Niederschlag von Calciumcitrat aus. Der Niederschlag wird über eine Nutsche abgesaugt und mit 20 mL heißem entmineralisiertem Wasser gewaschen und vollständig mit 20 mL entmineralisiertem Wasser in ein 400-mL-Becherglas überspült. Nun gibt man 30 mL Schwefelsäure mit $w(H_2SO_4)$ = 15 % hinzu, kocht dieses Gemisch kurz auf und saugt erneut den Niederschlag heiß über eine Porzellannutsche ab. Das Filtrat enthält die gewünschte Zitronensäure, die unter Kristallbildung ausfällt; eventuell muss noch einmal kurz aufgekocht werden. Nun lässt man die Lösung langsam abkühlen. Bei Raumtemperatur wird der Niederschlag abgesaugt. Der Filterkuchen wird mit entmineralisiertem Wasser sulfationenfrei gewaschen und an der Luft getrocknet.

Die hergestellte Zitronensäure kann im Shampoo-Projekt des Abschnittes 8.5.4.3 verwendet werden.

11.8 Analytische Filtration für eine gravimetrische Quantifizierung

Bei einer gravimetrischen Analyse wird der zu quantifizierende Analyt (Ion oder Molekül) in eine schwerlösliche Verbindung überführt. Diese wird abfiltriert, gewaschen und dann getrocknet oder geglüht. Aus der Masse der isolierten Verbindung kann auf die Stoffportion des Analyten geschlossen werden. Diese Art der quantitativen Analyse nennt man auch Gravimetrie.

Die analytische Filtration für eine Gravimetrie kann prinzipiell mit Hilfe eines Papierfilters bei Normaldruck oder unter Unterdruck mit Hilfe eines Glasfiltertiegels bzw. Porzellanfiltertiegels vorgenommen werden. Man unterscheidet daher „Papierfiltergravimetrie" von „Tiegelgravimetrie". Immer dann, wenn die zu isolierende Verbindung geglüht werden soll, muss ein Papierfilter oder ein Porzellanfiltertiegel verwendet werden. Braucht die isolierte Verbindung nur getrocknet werden, sind Glasfiltertiegel zu verwenden. Im Prozess I wird aus dem Analyten Eisen durch eine direkte Methode eine Fällung erzeugt, die mit Hilfe eines Papierfilters abfiltriert wird und im Porzellantiegel geglüht wird (Abschnitt 11.8.1)

Im Prozess II wird aus dem Analyten Nickel durch eine indirekte Methode eine Fällung erzeugt, die in einem Glasfiltertiegel abfiltriert und im Trockenschrank getrocknet wird (Abschnitt 11.8.2).

Bevor das Prinzip der Gravimetrie gezeigt wird, sind zunächst zwei Begriffserklärungen im Zusammenhang mit schwerlöslichen Verbindungen notwendig:

Löslichkeit
Die Löslichkeit L eines Stoffes ist die Masse eines Stoffes in g, die in 100 g eines Lösemittels bei einer bestimmten Temperatur maximal gelöst werden kann.

Gesättigte Lösung
Kann bei einer bestimmten Temperatur nichts mehr von einem bestimmten Stoff gelöst werden, spricht man von einer gesättigten Lösung. Eine ungesättigte Lösung kann noch weitere Stoffportionen desselben Stoffes aufnehmen.

11.8.1
Analytische Papierfilterfiltration (Prozess I)

11.8.1.1   Durchführung einer direkten Fällung
Die Chemikalie, die mit dem Analyten durch chemische Reaktion eine schwerlösliche Verbindung erzeugt, wird Fällungsmittel genannt. Die Wahl des richtigen Fällungsmittels ist für das Analysenergebnis von entscheidender Bedeutung. Der zu bildende Niederschlag soll schwerlöslich sein und bei der Weiterbehandlung ein stabiles Verhalten zeigen. Das Fällungsmittel muss vollständig bzw. zumindest stöchiometrisch eindeutig (d.h. in einem bekannten, immer gleichen Verhältnis) mit dem zu bestimmenden Probenanteil einen schwerlöslichen Niederschlag bilden. Fällungsmittel müssen bestimmte Anforderungen erfüllen. Sie sollten
- eindeutig und schnell reagieren, um eine angemessene Analysenzeit zu gewährleisten,
- eine möglichst hohe molare Masse besitzen, da dann auch der Niederschlag eine hohe molare Masse hat und sich dieser dann mit einem geringeren Wägefehler auswiegen lässt,
- chemisch rein sein, um störende Nebenreaktionen durch die Verunreinigungen auszuschließen.

Tabelle 11-1 zeigt eine Übersicht über oft verwendbare Fällungsmittel:

Tab. 11-1. Übersicht von verschiedenen Fällungsmitteln

Fällungsmittel (wässrige Lösungen)	Zu quantifizierende Ionen
Schwefelsäure	Pb^{2+}, Ba^{2+}
Ammoniumhydroxid	Al^{3+}, Fe^{3+}, Cr^{3+}
Schwefelwasserstoff	Sb^{3+}, Pb^{2+}, Hg^{2+}
Natriumanthranilat	Cu^{2+}, Zn^{2+}, Co^{2+}
Diacetyldioxim	Ni^{2+}
8-Hydroxychinolin	Mg^{2+}, Al^{3+}
Natriumoxalat	Ca^{2+}
Salzsäure	Ag^+
Bariumchlorid	SO_4^{2-}
Silbernitrat	Cl^-
Ammoniumthiocyanat	Cu^+
Aldoxim	Cu^+
Diammoniumhydrogenphosphat	Al^{3+}, Mg^{2+}

In der Gravimetrie wird die Bildung eines grobkristallinen Niederschlages angestrebt. Dieser setzt sich leichter ab und kann besser filtriert werden, gleichzeitig sollen allerdings keine Substanzen in den Niederschlag aufgenommen (absorbiert) werden.

Bei der direkten Fällung erreicht man das durch langsames, tropfenweises Zudosieren des Fällungsmittels zu der Probenlösung und gutem stetigem Rühren. Besonders zu Beginn muss man auf langsames Zutropfen achten.

Apparativ beschränkt sich die Durchführung einer direkten Fällung auf ein Becherglas, in dem sich die Analytlösung befindet, und einen Brenner, mit dem die Analytlösung erhitzt wird. Darüber wird ein Tropftrichter angebracht. Es wird mit Hilfe eines Glasstabes im Becherglas gerührt. Im Tropftrichter befindet sich das Fällungsmittel. Wenige Tropfen des Fällungsmittels werden bei der direkten Fällung unter Rühren zu der erhitzten Probenlösung zugetropft bis eine Trübung entsteht. Damit bereits gebildete Feinkristalle wachsen können, wird nach der ersten Trübung die Fällungsmittelzugabe kurzzeitig unterbrochen. Bei einer weiteren Fällungsmittelzugabe sollen die schon entstandenen Kristalle weiter wachsen (Reifung der Kristalle). Die Kristalle werden größer, wenn die Fällung in verdünnten Lösungen und bei höheren Temperaturen stattfindet.

Der gebildete Niederschlag bleibt noch einige Zeit im Kontakt mit dem Fällungsreagenz. Bei diesem als „Altern" bezeichneten Prozess wachsen die Kristalle weiter und durch stattfindende Rekristallisationsvorgänge wird der Niederschlag reiner.

Nach dem Absetzen und dem Alterungsprozess des Niederschlages erfolgt die Kontrolle auf Vollständigkeit der Fällung durch Zugabe von einigen Tropfen des Fällungsmittels in die klare überstehende Flüssigkeit. In der Praxis lässt sich dies häufig am besten beobachten, wenn man einige Tropfen des Fällungsreagenzes die Becherglaswandung hinablaufen lässt. Beim Eintritt an der Oberfläche der Probenlösung erkennt man, ob es zu weiteren Ausfällungen kommt. Sobald es sicher ist, dass die Fällung vollständig abgelaufen ist, bricht man die Fällungsmittelzugabe ab. Es sei darauf hingewiesen, dass ein zu hoher Zuschuss von dem Fällungsmittel u. U. die Fällungsausbeute negativ beeinflussen kann. Daher sollte nur ein mäßiger Überschuss des Fällungsmittels zugesetzt werden.

Prozess I: Die Quantifizierung von Eisen

Bei dieser gravimetrischen Analyse werden Eisen(III)-ionen durch direkte Fällung mit Ammoniumhydroxidlösung zu schwerlöslichem, rotbraunem Eisen(III)-hydroxid nach Gl. (11-5) gefällt. Der abfiltrierte Niederschlag wird durch Glühen bei 600 °C in Eisen (III)-oxid überführt.

$$FeCl_3 + 3\ NH_4OH \rightarrow Fe(OH)_3 \downarrow + 3\ NH_4Cl \qquad (11\text{-}5)$$

Ermitteln Sie die Sicherheitskenndaten der bei der Gravimetrie eingesetzten Chemikalien.

Durchführung

Eine vorgegebene Probe einer eisenionenhaltigen Lösung wird quantitativ in einen 100-mL-Messkolben überspült und mit entmineralisiertem Wasser bis zur Ringmarke aufgefüllt. 20,0 mL dieser Probe werden in ein kratzerfreies Becherglas pipettiert und mit entmineralisiertem Wasser auf ein Gesamtvolumen von ca. 150 mL verdünnt (es sollte eine Doppelbestimmung vorgenommen werden).

Nach dem Ansäuern mit 2 bis 3 mL Salzsäure mit $w(HCl) = 10\%$ werden einige Tropfen konzentrierter Salpetersäure zugesetzt und die Lösung unter Rühren auf 70 °C erhitzt. Bei dieser Temperatur setzt man zur Fällung unter Rühren Ammoniaklösung mit $w(NH_3) = 10\%$ zu, bis die Lösung basisch reagiert.

Nachdem der Niederschlag quantitativ gefällt wurde, lässt man ihn sedimentieren. Dazu wird das Becherglas schräg auf eine Unterlage (z. B. einen Nutschring) gestellt. Nun können sich die Kristalle am unteren Rand des Becherglases sammeln.

> Man lässt die entstandene Ausfällung langsam auf Raumtemperatur abkühlen. Der Niederschlag muss nun durch Filtration mit einem Papierfilter isoliert werden.

11.8.1.2 Filtration mit Hilfe von Papierfiltern

Für die gewichtsanalytische Bestimmung benötigt man Spezialpapiere, die beim späteren Veraschen keine wägbaren Rückstände hinterlassen (sog. quantitative oder aschefreie Filter). Filterpapiere werden anhand ihrer Porenweite in Klassen eingeteilt. Bei den aschefreien Filtern gibt es:
- Filter für grobe Niederschläge (z. B. Schwarzbandfilter),
- Filter für feine Niederschläge (z. B. Weißbandfilter),
- Filter für feinste Niederschläge (z. B. Blaubandfilter).

Bei analytischen Filtrationen mit Hilfe von Papierfiltern verwendet man Analysentrichter, deren Abflussrohr als Kapillare ausgebildet ist. Die Füllung der Kapillare („Wassersäule") durch das Filtrat wird die Saugwirkung auf die über dem Filter stehende Flüssigkeit erhöhen und die Filtration stark beschleunigen. Es werden sog. Kegelfilter aus Papier verwendet. Diese müssen aus runden Filterpapieren erst angefertigt werden. Dazu knickt man sie zweimal leicht versetzt, so dass man einen verschobenen Viertelkreissektor erhält, in dem das Filterpapier vierfach liegt. Die Papierschichten werden zu einem Kegel gespreizt, dessen eine Hälfte aus drei Schichten besteht, die andere aus einer. Die äußere Stoßkante der Seite mit den drei Schichten, muss nun noch durch zweimaliges versetztes Einreißen ein wenig nivelliert werden, um ein dichtes Abschließen mit dem Trichter zu gewährleisten (vgl. Abbildung 11-3). Eine Wassersäule wird aufgebaut, indem der Analysentrichter inklusive dem fertig gefalteten Kegelfilter mit Wasser geflutet wird. Während des Ablaufens des Wassers durch die Kapillare des Analysentrichters wird das obere Drittel des Kegelfilters vorsichtig luftdicht gegen die Glaswandung des Analysentrichters angepresst.

Beim Aufbau einer Wassersäule in der Trichterkapillare wird gleichzeitig der Filter ausreichend angefeuchtet.

Beim Abfiltrieren wird die Suspension entlang eines Glasstabes in den Trichter überführt. Damit nichts beim Ausgießen neben das Becherglas läuft, empfiehlt es sich, unter den Ausguss des Becherglases von außen eine *sehr geringe* Menge Exsikkatorfett zu schmieren.

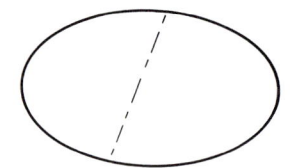

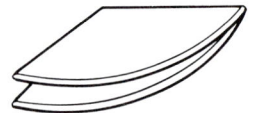

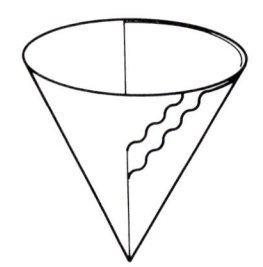

Abb. 11-3. Falten eines Kegelfilters.

Praxisaufgabe: Aufbau einer Wassersäule in einem Analysentrichter

Zunächst wird vorschriftsmäßig ein aschefreier Rundfilter gefaltet (siehe Abbildung 11-3) und mit Wasser eine Wassersäule in der Trichterkapillare aufgebaut. Wie lange kann eine Wassersäule erhalten werden?

Prozess I: Die Quantifizierung von Eisen

Der quantitativ ausgefallene Niederschlag an Fe(OH)$_3$ wird vollständig über einen aschefreien Filter für grobe Niederschläge (z. B. Schwarzbandfilter) filtriert. Der Filter ist maximal zu Zweidritteln mit der Suspension zu füllen. Dabei ist darauf zu achten, dass vom rotbraunen Niederschlag nichts im Becherglas zurückbleibt. Mit einem Gummiwischer ist das Becherglas auszureiben, um Niederschlagsreste in den Filter überzuführen. Mit heißem, entmineralisiertem Wasser wird der Niederschlag gewaschen, bis im Filtrat keine Chloridionen mehr nachzuweisen sind.

11.8.1.3 Überführung des Niederschlages in eine wägbare Form durch Glühen

Bei der Durchführung einer gewichtsanalytischen Bestimmung ist es wichtig, dass die Niederschläge in einer stabilen und eindeutig definierten Form vorliegen. Diese Form nennt man „Wägeform". Bei vielen Niederschlägen wird dies schon durch einfaches Trocknen im Trockenschrank erreicht. Bei instabilen Niederschlägen wird eine stabile, wägbare Form erst durch Glühen der Substanz erreicht. Hier wird durch das Glühen Energie zu einer chemischen Umsetzung des Niederschlages zur Verfügung gestellt. Das Glühen erfolgt in einem Porzellantiegel, der vorher ausgeglüht und gewogen wurde.

Tabelle 11-2 zeigt eine Übersicht über die wichtigsten Fällungs- und Wägeformen von gravimetrischen Fällungen.

Tab. 11-2. Übersicht über die wichtigsten Fällungs- und Wägeformen

Analyt	Fällungsform	Wägeform
SO_4^{2-}	$BaSO_4$	$BaSO_4$
Pb^{2+}	$PbSO_4$	$PbSO_4$
Ni^{2+}	$Ni(C_4H_7N_2O_2)_2$	$Ni(C_4H_7N_2O_2)_2$
Fe^{3+}	$Fe(OH)_3$	Fe_2O_3
Cl^-	$AgCl$	$AgCl$
Cu^{2+}	$CuSCN$	$CuSCN$
Cr^{3+}	$Cr(OH)_3$	Cr_2O_3
Al^{3+}	$AlPO_4$	$AlPO_4$
Al^{3+}	$Al(C_9H_6NO)_3$	$Al(C_9H_6NO)_3$
Zn^{2+}	$Zn(C_7H_6O_2N)_2$	$Zn(C_7H_6O_2N)_2$
Mg^{2+}	$Mg(C_9H_6NO)_2$	$Mg(C_9H_6NO)_2$
Mg^{2+}	$Mg(NH_4)PO_4$	$Mg_2P_2O_7$

Bei Niederschlägen, die mit aschefreien Papierfiltern abgetrennt werden, wird zunächst der Papierfilter verascht, bevor dann der Niederschlag geglüht werden kann. Hierzu wird der Papierfilter vorsichtig, ohne von dem Filterkuchen etwas zu verlieren, mit dem Filterkegel nach oben in einen Porzellantiegel gegeben. Dann wird der in den Tiegel gebrachte Filter im Trockenschrank bei 100 °C vorgetrocknet, um die Restfeuchtigkeit zu entfernen. Anschließend stellt man den Tiegel in ein Quarzdreieck, welches auf einem Vierfuß liegt, und erwärmt ihn vorsichtig mit schwacher, nicht reduzierender Brennerflamme. Der Filter darf auf keinen Fall zu brennen beginnen, da zum einen die reduzierende Wirkung der Verbrennungsprodukte den Niederschlag verändern kann und zum anderen Substanzpartikel durch die Rauchgase mitgerissen werden können. Vielmehr gilt es, den Filter ganz langsam zu veraschen. Der Erfolg der Analyse hängt sehr stark davon ab, ob mit ausreichender Geduld verascht wird. Sobald der Papierfilter vollständig verascht ist, wird der Rückstand entweder bei voller Brennerflamme bis zur Massenkonstanz geglüht oder besser bei definierter Temperatur in einen Glühofen verbracht. Den ausgeglühten Tiegel lässt man im Exsikkator abkühlen, wobei der Tiegel nicht im glühenden Zustand in den Exsikkator gestellt werden darf.

Praxisaufgabe: Rückstandsuntersuchung

Glühen Sie einen Porzellantiegel ca. 15 Minuten bei voller Brennerleistung aus, lassen Sie ihn im Exsikkator abkühlen und wiegen Sie ihn. Veraschen Sie vorsichtig einen angefeuchteten aschefreien Filter in dem Porzellantiegel und glühen Sie den Tiegel 15 Minuten. Nach dem Abkühlen des Tiegels im Exsikkator kann dieser gewogen werden. Ist der Ascherückstand tatsächlich nicht messbar? Wie ist der Massenunterschied bei nicht aschefreien Filtern?

Prozess I: Die Quantifizierung von Eisen

Durch Glühen des $Fe(OH)_3$-Niederschlags entsteht nach Gl. (11-6) die wägbare Form Fe_2O_3.

$$2\ Fe(OH)_3 \rightarrow Fe_2O_3 + 3\ H_2O \qquad (11\text{-}6)$$

Glühen Sie einen Porzellantiegel ca. 15 Minuten bei voller Brennerleistung aus, lassen Sie ihn im Exsikkator abkühlen und wiegen Sie ihn.

Der Papierfilter mit dem Niederschlag wird vorsichtig, ohne von dem Filterkuchen etwas zu verlieren, mit dem Filterkegel nach oben in den gewogenen Porzellantiegel gegeben. Dann wird der in den Tiegel gebrachte Filter im Trockenschrank bei 100 °C vorgetrocknet. Anschließend wird der Papierfilter vorsichtig verascht, ohne dass er brennt. Der Rückstand wird etwa 20 Minuten lang bei voller Brennerleistung geglüht. Den heißen Tiegel mit Rückstand lässt man im Exsikkator abkühlen. Der Exsikkator darf zur Entnahme des Tiegels nur ganz langsam belüftet werden, da u. U. beim schnellen Belüften die eintretende Luft den Glührückstand im Exsikkator verwirbelt. Der abgekühlte Tiegel mit Inhalt wird auf der Analysenwaage gewogen.

11.8.1.4 Berechnung von gravimetrischen Analysenergebnissen

Bei den Berechnungen von gravimetrischen Analysenergebnissen ist die Stoffmengen die zugrunde liegende Größe. Von dem getrockneten und ausgewogenen Endprodukt wird über die Stoffmengenverhältnisse auf die Menge des zu bestimmenden Ions geschlossen.

Die grundlegenden Betrachtungen sollen am Beispiel der Bestimmung einer Stoffportion an $m(Fe)$ in einer Probe erläutert werden.

Eisen wird nach Tabelle 11-1 mit Ammoniumhydroxid gefällt, man erhält als Fällungsform Eisen(III)-hydroxid nach Gl. (11-5). Diese Fällungsform wird nach Gl. (11-6) durch Glühen in die Wägeform zum Eisen(III)-oxid überführt. Zur besseren Übersicht sind beide Gleichungen nochmals aufgeführt.

$$FeCl_3 + 3\, NH_4OH \rightarrow Fe(OH)_3 \downarrow + 3\, NH_4OH \tag{11-5}$$

$$2\, Fe(OH)_3 \rightarrow Fe_2O_3 + 3\, H_2O \tag{11-6}$$

Da in einem Mol Fe_2O_3 jeweils zwei Mol Eisen gebunden sind, ergibt sich für die Berechnung der Stoffmenge an Eisen folgende Formel:

$$\frac{n(Fe_2O_3)}{n(Fe)} = \frac{1}{2} \tag{11-7}$$

Aus Gl. (11-7) folgt Gl. (11-8):

$$\frac{1}{2} n(Fe) = n(Fe_2O_3) \tag{11-8}$$

Die Stoffmenge n kann in der Gl. (11-8) durch den Quotienten m/M ersetzt werden und man erhält Gl. (11-9):

$$\frac{m(Fe)}{2 \cdot M(Fe)} = \frac{m(Fe_2O_3)}{M(Fe_2O_3)} \tag{11-9}$$

Wird Gl. (11-9) umgestellt nach $m(Fe)$ erhält man Gl. (11-10) zur Berechnung von $m(Fe)$:

$$m(Fe) = m(Fe_2O_3) \cdot \frac{2 \cdot M(Fe)}{M(Fe_2O_3)} \tag{11-10}$$

Der Bruch der molaren Massen in Gl. (11-10) wird auch als stöchiometrischer Faktor $F(Fe)$ bezeichnet. Setzt man die molaren Massen in Gl. (11-10) ein, so erhält man Gl. (11-11):

$$F(Fe) = \frac{2 \cdot M(Fe)}{M(Fe_2O_3)} = \frac{2 \cdot 55{,}857\ \text{g/mol}}{159{,}692\ \text{g/mol}} = 0{,}6996 \tag{11-11}$$

Dadurch vereinfacht sich die Gleichung (11-10) zu Gl. (11-12):

$$m(Fe) = m(Fe_2O_3) \cdot 0{,}6996 \tag{11-12}$$

Bei einer gewichtsanalytischen Quantifizierung wird gewöhnlich nicht die gesamte Menge an Probenlösung zur Bestimmung verwendet, sondern nur ein aliquoter Teil. Daher muss noch mit dem Verdünnungsfaktor F_V multipliziert werden. Man erhält Gl. (11-13):

$$m(\text{Fe}) = m(\text{Fe}_2\text{O}_3) \cdot 0{,}6996 \cdot F_V \tag{11-13}$$

Wie aus Gl. (11-11) zu erkennen ist, wird der stöchiometrische Faktor F_X aus der molaren Masse M_X des gesuchten Stoffes und der molaren Masse M_Y der *Wägeform* berechnet.

$$F_X = \frac{M_X}{z \cdot M_Y} \tag{11-14}$$

In Gl. (11-14) bedeutet:
- F_X stöchiometrischer Faktor der Reaktion
- M_X molare Masse des gesuchten Stoffes [g/mol]
- M_Y molare Masse der Wägeform [g/mol]
- z Äquivalentzahl

Die stöchiometrischen Faktoren können für die meisten gravimetrischen Untersuchungen auch in Tabellenbüchern nachgeschlagen werden (siehe Abschnitt 19.2).

Aus den allgemeinen Betrachtungen folgt die Berechnungsformel für eine gravimetrische Bestimmung der Masse eines gesuchten Stoffes (Gl. (11-15)):

$$m_X = m_Y \cdot F_X \cdot F_V \tag{11-15}$$

In Gl. (11-15) bedeutet:
- m_X Masse des gesuchten Stoffes [g]
- m_Y Masse der Auswaage (Wägeform) [g]
- F_X stöchiometrischer Faktor der Reaktion
- F_V Verdünnungsfaktor.

Beispielaufgabe

Eine eisenionenhaltige Probe wurde quantitativ in einen 100-mL-Messkolben überspült. 20,0 mL dieser Lösung wurden in einen Erlenmeyer-Kolben pipettiert und nach der Aufarbeitung mit Ammoniumhydroxid gefällt. Das ausgefallene Eisen(III)-hydroxid wurde durch Glühen in Eisen(III)-oxid überführt. Es ergab sich eine Auswaage an Eisen(III)-oxid von 0,1961 g. Wie viel Gramm Eisen war in der Probe ursprünglich enthalten?

geg.: m_Y Masse der Auswaage (Wägeform): 0,1961 g
F_X stöchiometrischer Faktor der Reaktion
siehe Gl. (11-11): 0,6996
F_V Verdünnungsfaktor
der Quotient von 100,0 mL zu 20,0 mL: 5,0
ges.: m_X Masse des gesuchten Stoffes: ? g
Lsg.: Die gegebenen Größen werden eingesetzt in Gl. (11-15):

$$m_X = m_Y \cdot F_X \cdot F_V = 0{,}1961\ g \cdot 0{,}6996 \cdot 5{,}0 = \underline{0{,}685\ g} \quad (11\text{-}16)$$

In der Probe waren 685 mg Eisen enthalten.

Auch der Massenanteil eines Analyten kann mit Hilfe der Gravimetrie bestimmt werden. Aus Gl. (11-15) folgt die Berechnung des Massenanteils einer gravimetrischen Bestimmung des gesuchten Stoffes (Gl.(11-17)):

$$w_X = \frac{m_X \cdot m_Y \cdot F_X \cdot F_V}{m_E} \quad (11\text{-}17)$$

In Gl. (11-16) bedeutet:
w_X Massenanteil des gesuchten Stoffes
m_X Masse des gesuchten Stoffes
m_Y Masse der Auswaage (Wägeform)
F_X stöchiometrischer Faktor der Reaktion
F_V Verdünnungsfaktor
m_E Masse der Einwaage der Probenlösung

Prozess I: Quantifizierung von Eisen

Nach dem Abkühlen im Exsikkator wird die Masse des entstandenen Eisen(III)-oxids auf der Analysenwaage ermittelt und die Stoffportion Eisen in der Probe mit Hilfe der Gl. (11-15) berechnet. Wie viel Prozent weicht Ihr Istwert vom Sollwert ab? Weicht der Istwert um mehr als 1,0 % vom Sollwert ab, sollte eine individuelle Fehlersuche durchgeführt werden.

11.8.1.5 Fehlersuche Fe (Trouble shooting)
Für eine individuelle Fehlersuche dienen z. B. folgende Fragen, die vom Anwender so gründlich wie möglich mit „ja" oder „nein" beantwortet werden.
1. *Probenvorbereitung*
War die Probenlösung klar, ohne Schwebstoffe?
Wurde die Probenlösung quantitativ in den Messkolben übergeführt?
War der Messkolben sauber und fettfrei?

War die Pipette sauber und fettfrei?
Wurden Pipette und Messkolben richtig gefüllt bzw. entleert?
2. Fällung
War das verwendete Becherglas ohne Kratzer?
Wurde Salzsäure und Salpetersäure zugesetzt?
Wurde die Temperatur eingehalten?
Wurde richtig gefällt?
Wurde eine Überprüfung auf Fällungsüberschuss (alkalische Reaktion) vorgenommen?
Wurde die Alterungszeit eingehalten?
Ist Niederschlag verloren gegangen?
3. Filtration
War das Filtrat klar und farblos?
Wurde eine Wassersäule aufgebaut?
Wurde das Becherglas mit einem Gummiwischer ausgewischt?
Wurde der Filter nicht zu mehr als Zweidritteln gefüllt?
Ist Niederschlag verloren gegangen?
4. Glühen
Wurde der Tiegel genügend ausgeglüht und im Exsikkator abkühlen gelassen?
Ist beim Überführen des Filters in den Tiegel Niederschlag verloren gegangen?
Hat der Filter gebrannt?
Wurde lange genug geglüht?
Wurde mit ausreichender Temperatur geglüht?
Wurde der geglühte Tiegel im Exsikkator abkühlen gelassen?
Ist beim Öffnen des Exsikkators Niederschlag verloren gegangen?
Wurde richtig gewogen?
5. Berechnung
Wurde mit der richtigen Gleichung gerechnet?
Wurde der richtige gewichtsanalytische Faktor benutzt?
Wurde der richtige Verdünnungsfaktor benutzt?

In manchen Fällen ist jedoch ein kausaler Fehler trotz gründlicher Fehlerbetrachtung nicht eindeutig nachzuweisen.

11.8.2
Analytische Filtertiegelfiltration (Prozess II)

Bei diesem Prozess wird der Analyt Nickel mit dem Fällungsmittel Diacetyldioxim (früher Dimethylglyoxim) zu einem schwerlöslichen Niederschlag umgesetzt. Nickelionen bilden mit Diacetyldioxim in schwach ammoniakalischer Lösung einen roten, voluminösen und schwerlöslichen Niederschlag, welcher nach dem Trocknen direkt gewogen werden kann. Die Fällung erfolgt nach dem indirekten Verfahren.

$$NiCl_2 \;+\; 2\;C_4H_8N_2O_2 \;\rightarrow\; Ni(C_4H_7N_2O_2)_2 \downarrow \;+\; 2\;HCl \qquad (11\text{-}18)$$

11.8.2.1 Durchführung von indirekten Fällungen

Bei der indirekten Fällung wird das Fällungsmittel im Überschuss zu der Analytlösung gegeben, ohne dass es jedoch sofort zu einer Fällung kommt. Die Fällung wird dann z. B. mit langsamem Verschieben des pH-Wertes der Analytlösung erreicht. Dazu wird über einen Tropftrichter eine in der Arbeitsvorschrift genannte Säure bzw. Lauge zugesetzt. Die Endpunktbestimmung erfolgt durch Messung des pH-Wertes der Lösung. Ansonsten gelten für die Fällung die gleichen Bedingungen wie für die direkte Fällung. Die Niederschläge der indirekten Fällung zeichnen sich im Allgemeinen durch eine größere Reinheit und stärkere Korngröße aus.

Ermitteln Sie die Sicherheitskenndaten der bei der Gravimetrie eingesetzten Chemikalien.

Prozess II: Quantifizierung von Nickel

Eine nickelionenhaltige Probe wird quantitativ in einen 100-mL-Messkolben überspült und mit entmineralisiertem Wasser bis zur Ringmarke aufgefüllt. Nach intensivem Schütteln bei aufgesetztem Stopfen werden 20,00 mL dieser verdünnten Probe in ein 400-mL-Becherglas pipettiert und mit entmineralisiertem Wasser auf ein Volumen von ca. 200 mL verdünnt. Nach dem Ansäuern mit 2 bis 3 mL Salzsäure mit $w(HCl) = 10\,\%$ wird bis zum Sieden erhitzt. Bei abgestelltem Brenner gibt man 60 mL ethanolische Diacetyldioximlösung mit $w(C_4H_8N_2O_2) = 1\,\%$ vorsichtig unter Rühren zu, so dass die Lösung nicht aufschäumt. Dann tropft man unter Rühren eine Ammoniaklösung mit $w(NH_3) = 10\,\%$ zu, wobei ein himbeerroter Niederschlag von Nickeldiacetyldioxim ausfällt. Die Fällung ist dann beendet, wenn die Suspension im Becherglas basisch reagiert. Der rote Niederschlag wird nach dem Alterungsprozess von ca. 1 bis 2 Stunden über eine analytische Unterdruckfiltration abgetrennt.

11.8.2.2 Analytische Unterdruckfiltration

Bei einer analytischen Unterdruckfiltration werden Glasfiltertiegel und Porzellanfiltertiegel benutzt. Sie enthalten eine eingesinterte Glas- bzw. Porzellanfilterplatte. Die Filtertiegel werden in einen speziellen Vorstoß („Tulpe") gesteckt, der mit einem Gummiring die Glaswandungen schützt. Der den Filtertiegel enthaltene Vorstoß wird über passende Nutschringe (empfohlen werden zwei Ringe, die übereinander gelegt werden) mit der Saugflasche verbunden.

Glasfiltertiegel werden mit einem Buchstaben kennzeichnet:
- G für Jenaer Geräteglas 20,
- D für Duran 50 (Schott),
- B für Quarz (Bergkristall).

Die Porenweiten sind ebenfalls genormt. In Tabelle 11-3 ist eine Übersicht mit den wichtigsten Kenndaten zusammengestellt. Glasfiltertiegel werden in Laboratorien umgangssprachlich als „Glasfritten" bezeichnet.

Tab. 11-3. Übersicht über verschiedene Glasfritten

Porosität	Porenweite [nm]	Anwendung
0	150 – 200	gröbste Niederschläge
1	90 – 150	Grobfiltration
2	40 – 90	kristalline Niederschläge
3	15 – 40	mittelfeine Niederschläge
4	9 – 15	sehr feine Niederschläge
5	1,0 – 1,7	Bakterienfiltration, Sterilfiltration

Glasfiltertiegel dürfen nur im Trockenschrank und nicht über offener Flamme oder im Glühofen erhitzt werden. Die Tiegeloberfläche ist sehr kratzempfindlich und darf nicht zusammen mit alkalischen Substanzen erhitzt werden. Zur Reinigung empfehlen sich die in Tabelle 11-4 angegebenen Chemikalien. Anschließend wird gründlich mit viel entmineralisiertem Wasser durchgespült. Glasfiltertiegel werden wie folgt gekennzeichnet: Angabe des Durchmessers, der Glassorte und der Porosität (z. B. 1D4: kleinste Größe, Duran-Glas, Porosität 4 (siehe Tabelle 11-3)).

Porzellanfiltertiegel werden unterteilt:
- A_1 sehr kleine Poren für Feinstniederschläge,
- A_2 kleine Poren für feine Niederschläge,
- A_3 grobe Poren für mittlere Niederschläge,
- A_4 sehr grobe Poren für grobe Niederschläge.

Die Tiegel sind vor ihrer Verwendung gründlich zu reinigen und anschließend bis zur Massenkonstanz im Trockenschrank zu trocknen. Aufbewahrt werden die Tiegel dann im Exsikkator.

Beim Abfiltrieren mit Filtertiegeln ist eine Rissbildung des Filterkuchens zu vermeiden. Dies wird durch Steuerung des Unterdrucks an der Saugflasche gewährleistet.

Tab. 11-4. Reinigungsmittel für Glasfritten

Verunreinigung	Reinigungsmittel
die meisten anorg. Verbindungen	konzentrierte Salzsäure
Bariumsulfat	heiße konzentrierte Schwefelsäure
Kupferoxid	heiße Salpetersäure mit Zusatz von Kaliumchlorat
Quecksilber	heiße Salpetersäure
Silberchlorid	Zinkgranulat mit konzentrierter Salzsäure
Fett	Tetrachlormethan
Eiweiß	Salzsäure
andere organische Stoffe	heiße Schwefelsäure mit Zusatz von Kaliumnitrat

Nach dem Filtrieren wird der Niederschlag einem Wärmeprozess unterworfen. Er dient zum Trocknen des Niederschlages oder der chemischen Umwandlung zu einer Wägeform.

Wärmebehandlung in Glasfiltertiegeln

Die im Glasfiltertiegel abgesaugten Niederschläge werden im Trockenschrank bis zur Massenkonstanz getrocknet. Hierbei reichen Temperaturen von 110 bis 140 °C zur Entfernung der Restfeuchte. Sobald gebundenes Kristallwasser entfernt werden muss, werden Temperaturen von 140 bis 220 °C benötigt. Abgekühlt wird der Glasfiltertiegel immer im Exsikkator.

Wärmebehandlung in Porzellanfiltertiegeln

Porzellanfiltertiegel können bei wesentlich höheren Temperaturen eingesetzt werden. Um ihn vor punktueller Hitzestrahlung zu schützen, wird der Porzellanfiltertiegel in einen Porzellantiegel als Schutztiegel hineingestellt. Auch hier wird die Restfeuchte erst einmal bei ca. 100 °C verdampft. Zum Glühen können dann Temperaturen bis 1200 °C verwendet werden. Zur Abkühlung wird der nicht mehr glühende Tiegel in einen Exsikkator gestellt.

Der Vorteil des teureren Porzellanfiltertiegels ist, dass es bei seiner Verwendung nicht zu einer Reduktion durch den Kohlenstoff kommt, der beim Veraschen eines Papierfilters entsteht.

Prozess II: Die Quantifizierung von Nickel

Der entstandene rote Niederschlag wird nach 1 bis 2 Stunden in einem bei 120 °C getrockneten und dann ausgewogenen Glasfiltertiegel 1D4 gesammelt. Der Tiegel ist maximal zu Zweidritteln mit der Suspension zu füllen. Dabei ist darauf zu achten, dass vom roten Niederschlag nichts im Becherglas zurückbleibt. Mit einem Gummiwischer ist das Becherglas auszureiben und der Niederschlag in den Tiegel überzuführen. Nach der Überführung in den Filtertiegel wird der Niederschlag so lange mit lauwarmen Wasser gewaschen, bis im durchlaufendem Filtrat keine Chloridionen mehr vorhanden sind.

Nach dem Absaugen trocknet man im Trockenschrank bei 110 °C bis 120 °C bis zur Massenkonstanz.

Nach dem Abkühlen des Filtertiegels im Exsikkator wird die Masse des entstandenen Nickeldiacetyldioxims auf der Analysenwaage ermittelt und die Stoffportion Nickel in der Probe mit Hilfe der Gl. (11-15) berechnet.

Wie viel Prozent weicht Ihr Istwert vom Sollwert ab? Weicht der Istwert um mehr als 0,7 % vom Sollwert ab, sollte eine individuelle Fehlersuche durchgeführt werden.

11.8.2.3 Fehlersuche Ni (Trouble shooting)

Für eine individuelle Fehlersuche dienen z. B. folgende Fragen, die von Anwender so gründlich wie möglich mit „ja" oder „nein" beantwortet werden.

1. *Probenvorbereitung*

War die Probenlösung klar, ohne Schwebstoffe?
Wurde die Probenlösung quantitativ in den Messkolben übergeführt?
War der Messkolben sauber und fettfrei?
War die Pipette sauber und fettfrei?
Wurden Pipette und Messkolben richtig gefüllt bzw. entleert?

2. *Fällung*

War das verwendete Becherglas ohne Kratzer?
Wurde Salzsäure zugesetzt?
Wurde die Temperatur eingehalten?
Hatte die Diacetyldioximlösung den richtigen Massentanteil?
Wurde genügend Diacetyldioximlösung zufügt?
Wurde richtig gefällt?
Wurde eine Überprüfung auf Fällungsüberschuss (alkalische Reaktion) vorgenommen?
Wurde die Alterungszeit eingehalten?
Ist Niederschlag verloren gegangen?

3. *Filtration*

War das Filtrat klar und farblos?
Wurde das Becherglas mit einem Gummiwischer ausgewischt?
Wurde der Filtertiegel nicht zu mehr als Zweidritteln gefüllt?
Ist Niederschlag verloren gegangen?
War der Niederschlag in dem Filtertiegel rissfrei?
Wurde chloridionenfrei gewaschen?

4. Trocknen
Wurde lange genug getrocknet?
Wurde mit ausreichender Temperatur getrocknet?
Wurde auf Massenkonstanz geprüft?
Wurde der Filtertiegel im Exsikkator abkühlen gelassen?
Ist beim Öffnen des Exsikkators Niederschlag verloren gegangen?
Wurde richtig gewogen?
5. Berechnung
Wurde mit der richtigen Gleichung gerechnet?
Wurde der richtige gewichtsanalytische Faktor benutzt?
Wurde der richtige Verdünnungsfaktor benutzt?

In manchen Fällen ist jedoch ein kausaler Fehler trotz gründlicher Fehlerbetrachtung nicht eindeutig nachzuweisen.

Aufgaben

Berechnen Sie folgende Aufgaben
- Berechnen Sie den stöchiometrischen Faktor bei der Bestimmung von Nickel mit Diacetyldioxim (Summenformel siehe Tabelle 11-2).
- Bei einer gravimetrischen Chloridbestimmung wurden 346 mg einer chloridhaltigen Verbindung eingewogen. Die Auswaage an Silberchlorid ergab 0,584 g. Wie groß war der Massenanteil $w(Cl^-)$ in % der eingesetzten Verbindung?
- 15 mL einer Nickelsalzlösung wurden quantitativ in einen 250-mL-Messkolben übergespült und bis zur Ringmarke aufgefüllt. 25,00 mL dieser Verdünnung wurden als Nickeldiacetyldioxim gefällt. Es ergab sich eine Auswaage von 0,2271 g. Wie groß war die Stoffportion an Nickel in der Probe?
- Bei einer gravimetrischen Bestimmung wurden 1,096 g Pyrit (FeS_2-haltiges Erz) in 0,641 g Fe_2O_3 umgewandelt. Welchen Massenanteil an FeS_2 enthielt das Erz?

11.9
Projektaufgaben „Analytische Filtration"

Aufgabe 1: Die Untersuchung von Niederschlägen

Wählen Sie drei verschiedene Fällungsmittel aus Tabelle 11-1 aus und führen Sie die Fällungen durch. Wie sehen die entstandenen Niederschläge aus, worin unterscheiden sie sich? Entscheiden

Sie sich für eine Trennmethode und beobachten Sie, wie vollständig der Niederschlag zu trennen war.

Aufgabe 2: Der Vergleich einer Filtergravimetrie mit einer Filtertiegelgravimetrie am Beispiel der Aluminiumbestimmung

Ermitteln Sie die Sicherheitskenndaten der bei der Gravimetrie eingesetzten Chemikalien.

Quantifizierung von Aluminium mit Hilfe einer Filtergravimetrie

Aluminiumionen werden in essigsaurer Lösung mit Diammoniumhydrogenphosphat nach Gl. (11-19) als schwerlösliches Aluminiumphosphat gefällt.

$$AlCl_3 + (NH_4)_2HPO_4 \rightarrow AlPO_4 \downarrow + HCl + 2\ NH_4Cl \qquad (11\text{-}19)$$

Eine vorgegebene Probe einer aluminiumionenhaltigen Lösung wird in einen 100-mL-Messkolben quantitativ überspült und mit entmineralisiertem Wasser bis zur Ringmarke aufgefüllt. 20,00 mL dieser Verdünnung werden in ein 400-mL-Becherglas pipettiert und mit 10 mL Essigsäure, $w(CH_3COOH) = 100\%$, angesäuert. Mit entmineralisiertem Wasser wird auf ein Gesamtvolumen von ca. 300 mL verdünnt und die Lösung zum Sieden erhitzt.

In die heiße Lösung wird bis zur quantitativen Fällung Diammoniumhydrogenphosphatlösung, $w[(NH_4)_2HPO_4] = 10\%$, zugetropft. Die Suspension wird 5 Minuten gekocht und dann 1 Stunde warm stehen gelassen. Das dabei ausgefällte Aluminiumphosphat wird bei 50 °C über einen Weißbandfilter abfiltriert und mit viel heißem, entmineralisiertem Wasser phosphationenfrei gewaschen. In einem geglühten und gewogenen Porzellantiegel werden Filter und Rückstand im Trockenschrank getrocknet, anschließend über schwacher Gasflamme verascht und mit zwei Teclu-Brennern ca. 30 Minuten bei 1200 °C bis zur Massenkonstanz geglüht. Im Exsikkator kühlt der Porzellantiegel ab und wird anschließend auf der Analysenwaage ausgewogen.

Quantifizierung von Aluminium mit Hilfe einer Filtertiegelgravimetrie

Aluminiumionen bilden in essigsaurer Lösung mit 8-Hydroxychinolin nach Gl. (11-20) einen schwerlöslichen Niederschlag von Aluminiumoxinat.

$$AlCl_3 + 3\ C_9H_7NO \rightarrow Al(C_9H_6NO)_3\downarrow + 3\ HCl \qquad (11\text{-}20)$$

Als Fällungsmittel werden 25,0 g 8-Hydroxychinolin in 75 mL Eisessig warm gelöst und mit entmineralisiertem Wasser auf 1 L aufgefüllt.

Eine vorgegebene Probe einer aluminiumionenhaltigen Lösung wird in einen 100-mL-Messkolben quantitativ überspült und mit entmineralisiertem Wasser bis zur Ringmarke aufgefüllt. 20,00 mL dieser Verdünnung werden in ein 400-mL-Becherglas pipettiert, mit 3 mL einer Salzsäure mit $w(HCl) = 10\,\%$ angesäuert und mit entmineralisiertem Wasser auf ca. 200 mL verdünnt.

Die Lösung wird auf 80 °C erhitzt und unter Rühren 35 mL 8-Hydroxychinolinlösung ($w = 2,5\,\%$) zugegeben. Bei gleicher Temperatur werden anschließend aus einem Tropftrichter unter ständigem Rühren langsam 35 mL Ammoniumacetatlösung, $w(CH_3COONH_4) = 35\,\%$, zugetropft. Die entstandene Suspension muss nun einen pH-Wert von 4 bis 5 haben. Die Temperatur von 80 °C soll 30 Minuten bei wiederholtem Umrühren gehalten werden.

Die Suspension wird nun auf ca. 50 °C abgekühlt, über einen vorbereiteten Glasfiltertiegel 1D4 abgesaugt und mit 70 mL 80 °C warmem entmineralisiertem Wasser nachgewaschen. Der Glasfiltertiegel wird im Trockenschrank bei 135 °C bis zur Massenkonstanz getrocknet und nach dem Abkühlen im Exsikkator auf der Analysenwaage ausgewogen.

Auswertung

Überprüfen Sie die beiden Bestimmungsmethoden auf ihre Präzision. Bei welcher erzielten Sie das bessere Ergebnis? Welche ist die schnellere Methode, bei welcher hat man den günstigeren Chemikalienaufwand, bei welcher den geringeren Arbeitsaufwand?

Aufgabe 3: Der Vergleich einer gravimetrischen Quantifizierung mit einer volumetrischen Quantifizierung am Beispiel des Analyten Kupfer

Ermitteln Sie die Sicherheitskenndaten der bei der Gravimetrie und Volumetrie eingesetzten Chemikalien.

Gravimetrische Quantifizierung von Kupfer

Kupfer(II)-Ionen werden in schwach saurem Bereich mit dem leicht löslichen Natriumsalz der Anthranilsäure (2-Aminobenzoesäure) zu schwerlöslichem Kupferanthranilat gefällt.

Als Fällungsmittel werden 3 g Anthranilsäure in 70 mL entmineralisiertem Wasser suspendiert und so lange tropfenweise mit Natronlauge, $w(NaOH) = 10\%$, versetzt, bis eine klare, leicht gelb gefärbte Lösung mit einem pH Wert von 5 bis 6 entstanden ist. Wenn zu viel Natronlauge hinzugegeben wurde, wird dieser Laugenüberschuss durch portionsweises hinzugeben von Anthranilsäure ausgeglichen.

Eine vorgegebene kupferionenhaltige Probe wird in einen 100-mL-Messkolben quantitativ überspült, der mit entmineralisiertem Wasser bis zur Ringmarke aufgefüllt wird. 20,00 mL dieser Lösung werden in ein 400-mL-Becherglas pipettiert und mit entmineralisiertem Wasser auf 150 mL Gesamtvolumen verdünnt. Der pH-Wert sollte zwischen 5 und 6 liegen und wird eventuell mit Natriumcarbonatlösung oder Essigsäurelösung korrigiert.

Die Lösung wird zum Sieden erhitzt und unter Rühren bis zur quantitativen Fällung langsam Natriumanthranilatlösung zugetropft. Die Suspension altert 30 Minuten und wird dann über einen vorbereiteten Glasfiltertiegel 1D4 abgesaugt. Der Niederschlag wird zuerst mit ca. 100 mL Waschflüssigkeit (5 mL des Fällungsreagenzes auf 100 mL entmineralisiertem Wasser) und anschließend mit 10 mL Ethanol gewaschen. Die Trocknung erfolgt bei 110 °C im Trockenschrank bis zur Massenkonstanz. Nach dem Abkühlen im Exsikkator wird der Glasfiltertiegel auf der Analysenwaage ausgewogen.

Volumetrische Quantifizierung von Kupfer

Kupfer(II)-ionen werden mit Kaliumiodid zu Kupfer(I)-ionen reduziert. Das Kaliumiodid wird dabei zu Iod oxidiert und mit Natriumthiosulfat titriert.

Eine vorgegebene kupferionenhaltige Probe wird in einen 100-mL-Messkolben quantitativ überspült, der mit entmineralisiertem Wasser bis zur Ringmarke aufgefüllt wird. 20,00 mL dieser Lösung werden in einen 300-mL-Erlenmeyer-Kolben pipettiert und mit 10 mL Schwefelsäure, $w(H_2SO_4) = 25\%$, angesäuert. Die Lösung wird dann mit 2 g festem Kaliumiodid versetzt und mit einer Natriumthiosulfatmaßlösung, $\tilde{c}(1/1 Na_2S_2O_3) = 0,1$ mol/L, bis zur gelbbraunen Färbung (die Braunfärbung verblasst beim Titrieren) titriert. Nach Zugabe von 2 mL Stärkelösung wird weiter bis zum Farbumschlag von Blau nach Farblos titriert. Es entsteht eine Suspension ($z = 1$).

Auswertung

Überprüfen Sie die beiden Bestimmungsmethoden auf ihre Präzision und Richtigkeit. Bei welcher erzielten Sie das bessere Ergebnis? Welche ist die schnellere Methode, bei welcher hat man den günstigeren Chemikalienaufwand, bei welcher den geringeren Arbeitsaufwand?

12
Produktsynthese Veresterung (Prozess)

12.1
Prozessbeschreibung

In diesem Kapitel wird der folgende Prozess behandelt:

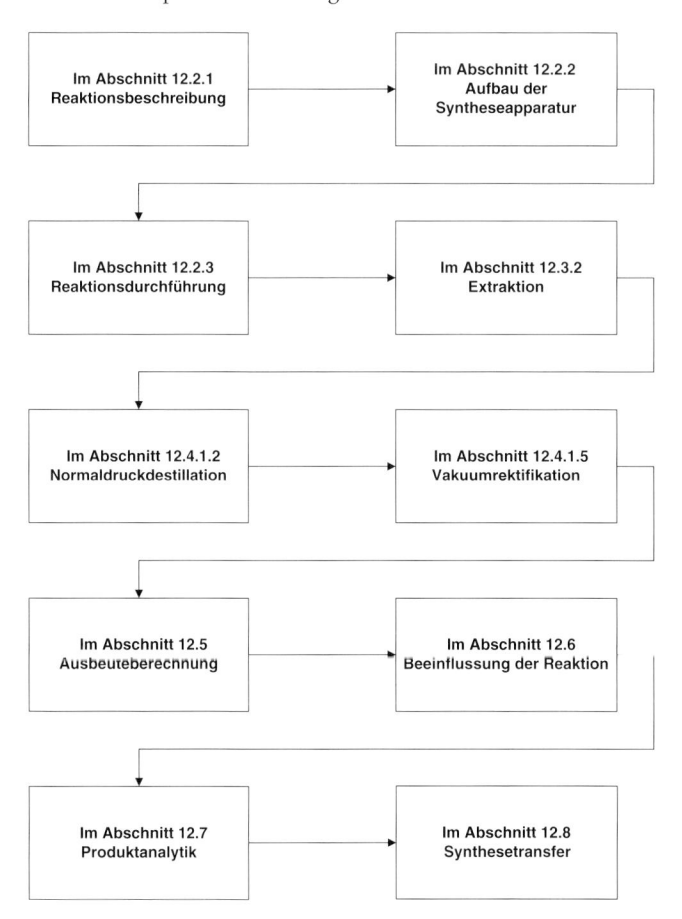

```
Im Abschnitt 12.2.1          →   Im Abschnitt 12.2.2
Reaktionsbeschreibung            Aufbau der Syntheseapparatur
                                         ↓
Im Abschnitt 12.2.3          →   Im Abschnitt 12.3.2
Reaktionsdurchführung            Extraktion
                                         ↓
Im Abschnitt 12.4.1.2        →   Im Abschnitt 12.4.1.5
Normaldruckdestillation          Vakuumrektifikation
                                         ↓
Im Abschnitt 12.5            →   Im Abschnitt 12.6
Ausbeuteberechnung               Beeinflussung der Reaktion
                                         ↓
Im Abschnitt 12.7            →   Im Abschnitt 12.8
Produktanalytik                  Synthesetransfer
```

12.2
Synthese

12.2.1
Reaktionsbeschreibung

Bei einer Veresterung handelt es sich um eine Gleichgewichtsreaktion einer organischen Säure (Salicylsäure) mit einem Alkohol zu einem Ester.

Gleichgewichtsreaktionen sind umkehrbare chemische Reaktionen, wie in Gl. (12-1) dargestellt, bei denen die Geschwindigkeit der Hinreaktion gleich der der Rückreaktion ist.

$$A + B \xrightleftharpoons[\text{Rückreaktion}]{\text{Hinreaktion}} C + D \qquad (12\text{-}1)$$

Dies bedeutet, dass sich nach einer gewissen Reaktionszeit ein dynamisches Gleichgewicht einstellt, bei dem konstante Mengen Produkte zu Edukten zurückreagieren und gleichzeitig konstante Mengen Edukte zu Produkten reagieren. Äußerlich scheint die Reaktion abgeschlossen, sobald sich dieses Gleichgewicht eingestellt hat. Die Einstellung dieses Gleichgewichtes kann allerdings nur erfolgen, wenn kein Partner aus der Reaktion entzogen wird oder durch Gasbildung ausscheidet. Für so eine Gleichgewichtsreaktion wurde das fundamentale Gesetz der Kinetik homogener chemischer Reaktionen, das Massenwirkungsgesetz (MWG) definiert. Das in Gl. (12-2) formulierte Gesetz besagt, dass für ein im Gleichgewicht befindliches homogenes Reaktionssystem der Quotient aus dem Produkt der Anfangskonzentrationen und dem Produkt der Endkonzentrationen bei bestimmter Temperatur und bestimmtem Druck konstant ist.

$$\frac{[C] \cdot [D]}{[A] \cdot [B]} = K \qquad (12\text{-}2)$$

Die in der Gleichung auftretende Konstante K wird als Gleichgewichtskonstante bezeichnet. Sie ist für eine Reaktion spezifisch. Die Lage des Gleichgewichtes ist abhängig von der Konzentration der Ausgangsstoffe, der Reaktionstemperatur und bei Gasreaktionen auch vom Druck.

Als Veresterung wird eine Reaktion bezeichnet, wie sie in Gl. (12-3) dargestellt ist, bei der durch Umsetzung eines Alkohols mit einer Säure unter Wasserabspaltung Ester entstehen.

$$\text{Säure} + \text{Alkohol} \rightleftharpoons \text{Ester} + \text{Wasser} \qquad (12\text{-}3)$$

In der Synthesechemie wird gewöhnlich das Ziel verfolgt, möglichst hohe Ausbeuten an Produkt bei guter Qualität zu erzielen. Bei einer Veresterung lässt sich die Produktausbeute über verschiedene Parameter beeinflussen. Nach dem Le-Chatelier-Prinzip kann über den Parameter Konzentration Einfluss auf die Lage des Gleichgewichtes ausgeübt werden. Durch die Veränderung der Konzentration eines Eduktes wird ein Zwang auf das im Gleichgewicht befindliche System ausgeübt. Die Gleichgewichtskonstante jedoch ändert sich nicht, also muss entsprechend mehr Produkt gebildet werden. So weicht das Gleichgewicht diesem Zwang aus. Bei den klassischen Veresterungen wird grundsätzlich mit einem deutlichen Überschuss an Alkohol gearbeitet, welches sich auf den Parameter Eduktkonzentration auswirkt. Zusätzlich gibt es die Möglichkeit, das bei einer Veresterung entstehende Reaktionswasser zu entziehen, indem z. B. mit konzentrierter Schwefelsäure das Wasser gebunden wird oder es über eine Destillation abgeführt wird. Durch die Erhöhung der Eduktkonzentration und gleichzeitige Reduzierung der Nebenproduktkonzentration, erhält man eine optimale Ausbeute an Ester.

Die Salicylsäure dient als Edukt z. B. zur Herstellung des Schmerzmittels Acetylsalicylsäure (Handelsname: Aspirin oder ASS) und zur Synthese von Geruchsstoffen. Salicylsäuremethylester (Abbildung 12-1) ist eine farblose, charakteristisch riechende Flüssigkeit, die in Wasser wenig, in Alkohol, Eisessig und Ethern sowie in Fetten und ätherischen Ölen hingegen gut löslich ist. In der Natur kommt der Ester im Wintergrünöl vor. Salicylsäuremethylester dient aufgrund seines gefäßerweiternden Effektes zur äußerlichen Anwendung bei Muskelrheumatismus. Der Ester findet auch als mildes Antiseptikum in Mundpflegemitteln, als Aufhellungsmittel in der Mikroskopie, als Textilschutzmittel und in der Parfümerie als blumige Duftnote Anwendung. In der Chemie wird Salicylsäuremethylester als Stabilisator für Butadien eingesetzt.

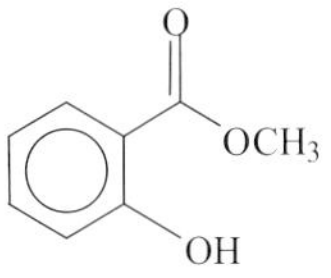

Abb. 12-1. Strukturformel von Salicylsäuremethylester.

Die Veresterung wird unter katalytischem Einfluss von konzentrierter Schwefelsäure wie in Gl. (12-4) dargestellt durchgeführt.

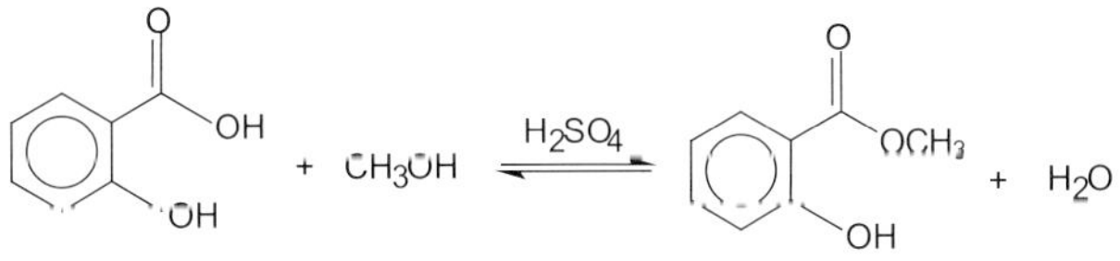

(12-4)

12.2.2
Syntheseapparatur

Prozess Veresterung: Der Aufbau von Apparaturen

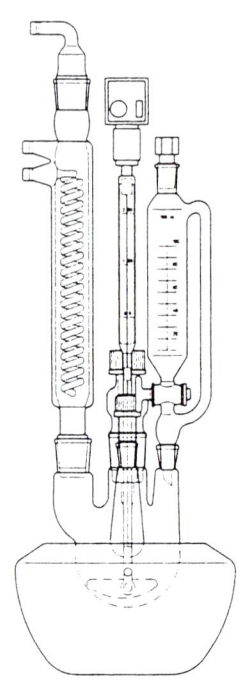

Abb. 12-2. Standard-Syntheseapparatur. (Geräte: Heizkorb (elektrisch), 500-mL-Vierhalskolben, Intensivkühler, Thermometer, Tropftrichter, Gasableitung, Rührwerk (elektrisch).)

> Für die durchzuführende Synthese wurde die in Abbildung 12-2 dargestellte Versuchsapparatur ausgewählt. Diese Rührapparatur bietet gute Voraussetzungen für unterschiedlichste Reaktionsabläufe. Durch die Verwendung eines Vierhalsrundkolbens kann die Apparatur unter Rückfluss gehalten werden und bei gleichzeitiger Temperaturkontrolle können noch weitere Reagenzien hinzugetropft werden. Durch die Anordnung der verschieden großen Schliffe, ist es einfach, während des Reaktionsverlaufes Proben zu ziehen und Inprozesskontrollen durchzuführen. Ebenso kann bei diesem Apparaturaufbau schnell und einfach zwischen Kühlung und Heizung gewechselt werden, so dass sich diese Apparatur bei verschiedensten Synthesen einsetzen lässt.

Hinweise zum Aufbau der Apparatur:
- Der Aufbau sollte immer von unten nach oben erfolgen.
- Die Apparatur muss von allen Seiten gerade ausgerichtet sein, damit es nicht zu Spannungen, Undichtigkeiten oder einer Unwucht des Rührers führt.
- Auf einen ausreichenden Abstand des Reaktionskolbens zur Tischplatte ist zu achten, damit schnell zwischen Kühl- und Heizbad gewechselt werden kann.
- Sämtliche Schliffe sind im oberen Bereich sauber zu fetten, um die Dichtigkeit der Apparatur zu gewährleisten, damit keine Verunreinigungen ins Produkt gelangen.
- Die Kabel und Schläuche sind hinter der Apparatur abzuführen, wobei sie nicht mit heißen Gegenständen in Berührung kommen dürfen.
- Die Energieanschlüsse sollten gut erreichbar bleiben, um im Notfall ein schnelles und einfaches Eingreifen gewährleisten zu können.

Praxisaufgabe: Heizversuche

Um nach dem ersten Aufbau einer Rührapparatur erst einmal ein Gefühl für den Umgang mit Rührapparaturen zu bekommen und die Möglichkeiten des Heizens und Kühlens zu testen, können Sie an dieser Stelle zunächst ein Temperaturprogramm mit Wasser in der Rührapparatur probieren.

Dazu geben Sie in die bereits vollständig aufgebaute Rührapparatur über einen Flüssigkeitstrichter, den Sie auf den Schliff des Kolbens anstatt des Tropftrichters setzen, bei entferntem Heizkorb, 300 mL entmineralisiertes Wasser, nehmen den Trichter wieder herunter, setzen einen Stopfen auf und schalten den Rührer auf mittlere Drehzahl ein.

Mit den verschiedenen Schalterstellungen des Heizkorbes und dem dazwischengeschalteten Relais versuchen Sie folgendes Temperaturprogramm einzuhalten:

Innerhalb von 10 Minuten auf 50 °C hochheizen, diese Temperatur 5 Minuten halten. An dieser Stelle das Kühlwasser mit geringem Volumenstrom einschalten. Anschließend mit 2 °C pro Minute weiterheizen auf 80 °C. Bei dieser Temperatur 10 Minuten nachrühren und danach zum Sieden erhitzen. Eventuell müssen Sie den Volumenstrom des Kühlwassers etwas erhöhen. Dies können Sie an der Temperatur des Kühlmantels fühlen. Er sollte sich in der oberen Hälfte kühl anfühlen.

Die Lösung nun 10 Minuten am Rückfluss kochen lassen. Anschließend an der Luft weiterrühren lassen und dabei auf 60 °C herunterkühlen (ca. 10 Minuten).

Wie lange dauert dieser Abkühlvorgang genau? Nach Erreichen der 60 °C, mit einem Wasserbad weiter auf 20 °C kühlen (ca. 20 Minuten) und ebenfalls die genaue Zeit bis zum Erreichen dieser Temperatur notieren.

Sollte das Kühlwasser eine höhere Temperatur als 20 °C haben, können Sie gegen Ende des Kühlvorganges wenige Würfel Eis in das Wasserbad geben.

Erstellen Sie ein Diagramm auf Millimeterpapier, indem Sie das Temperaturprogramm einmal als Ziel- und einmal als Istkurve darstellen.

12.2.3
Reaktionsdurchführung

Prozess Veresterung: Die Synthese

Informieren Sie sich über die Sicherheitsdaten von Salicylsäure, Salicylsäuremethylester, Methanol, Schwefelsäure und Natriumcarbonat.

In der 500-mL-Rührapparatur, wie im vorherigen Abschnitt beschrieben, werden 69 g Salicylsäure in 200 mL Methanol gelöst. Damit beim Lösen einer Substanz in einem Lösemittel nicht unnötig Klumpen entstehen, die das Rühren erschweren können, wird zunächst die Hälfte des Lösemittels über einen Flüssigkeitstrichter in die Apparatur vorgelegt und anschließend, bei geringer Rührerleistung, der Feststoff über einen Pulvertrichter eingetragen. Mit der anderen Hälfte des Lösemittels werden nun das Gefäß, in dem sich der Feststoff befand und der Pulvertrichter nachgespült, so dass sichergestellt ist, dass die gesamte Einwaage des Eduktes in die Reaktionsapparatur überführt wurde.

Unter Rühren werden 5 mL Schwefelsäure, $w(H_2SO_4) = 96\,\%$, innerhalb von 5 Minuten zugetropft. Anschließend wird die Mischung zur Einstellung des Gleichgewichtes vier Stunden am Rückfluss gekocht. Nach Abkühlen der Mischung auf unter 30 °C wird sie auf 300 mL entmineralisiertes Wasser gegossen und unter Rühren mit Natriumcarbonat (Na_2CO_3) bis zu einem pH-Wert von 5 (nicht alkalischer!) neutralisiert. Die erhaltenen zwei Phasen der entstandenen Ester/Wasser-Emulsion werden durch eine flüssig-flüssig-Extraktion aufgearbeitet, um entstandene Nebenprodukte und die eingesetzte Schwefelsäure abzutrennen.

12.3
Extraktion von Flüssigkeiten

Bei der flüssig-flüssig-Extraktion sind die Eigenschaften der verwendeten Lösemittel von großer Bedeutung. Das Extraktionsmittel muss gegenüber dem zu extrahierenden Stoff eine gute Löslichkeit aufweisen, darf sich aber gleichzeitig nicht mit dem flüssigen Extraktionsgut vermischen. Nur wenn sich bei der Extraktion zwei Phasen bilden, kann das Extrakt abgetrennt werden.

Die flüssig-flüssig-Extraktion beruht auf dem Nernstschen Verteilungssatz:

$$C = \frac{c_2}{c_1} \tag{12-5}$$

In Gl. (12-5) bedeutet:
- c_1 Konzentration des zu extrahierenden Stoffes im Extraktionsgut (Phase 1) [mol/L]
- c_2 Konzentration des zu extrahierenden Stoffes im Extraktionsmittel (Phase 2) [mol/L]
- C Nernstscher Verteilungskoeffizient.

Der Verteilungskoeffizient ist für ein gegebenes Phasensystem konstant. Der Nernstsche Verteilungssatz, wie in Gl. (12-5) dargestellt, gilt in der angegebenen Form nur für sehr stark verdünnte Lösungen (ideale Extraktionssysteme). Bei Anwendung von konzentrierteren Lösungen treten Abweichungen von dieser Gleichgewichtsverteilung auf. Der Verteilungskoeffizient ist hier nicht mehr konstant, sondern mehr eine Funktion der Lösemittelkonzentration.

Aus dem Nernstschen Verteilungssatz ergeben sich für die Durchführung einer flüssig-flüssig-Extraktion folgende Hinweise:
- Durch einfache Extraktion lässt sich das Extraktionsgut nicht vom zu extrahierenden Stoff befreien (c_1 würde 0).
- Das Extraktionsmittel sollte ein besseres Lösungsvermögen gegenüber dem zu extrahierenden Stoff aufweisen als das Extraktionsgut (c größer als 1).
- Die Konzentration des zu extrahierenden Stoffes im Extraktionsmittel darf nicht zu groß werden.
- Eine mehrfache Extraktion mit geringeren Mengen Extraktionsmittel ist effektiver als eine einmalige Extraktion mit einer großen Menge Extraktionsmittel, da sich das Nernstsche Verteilungsgleichgewicht mit jeder Extraktion wieder auf den gleichen Verteilungskoeffizient einstellt.

Die flüssig-flüssig-Extraktion besteht immer aus vier Arbeitsschritten:
1. intensive Vermischung des Extraktionsgutes mit dem Extraktionsmittel,
2. Trennung der beiden Phasen,
3. Entfernung des Extraktes aus der Raffinatschicht,

4. Aufarbeitung des Extraktes zur Gewinnung des zu extrahierenden Stoffes.

12.3.1
Methoden der flüssig-flüssig-Extraktion

Extraktion im Scheidetrichter

Eine *diskontinuierliche* Extraktion kann mit geringem gerätetechnischen Aufwand in einem Scheidetrichter (Abbildung 12-3) durchgeführt werden. Extraktionsgut und Extraktionsmittel werden nacheinander in den Scheidetrichter eingefüllt und anschließend intensiv vermischt. Dieser Arbeitsgang wird Ausschütteln genannt. Durch die intensive Vermischung der Lösemittel kann bei leicht flüchtigen Substanzen ein erhöhter Druck im Scheidetrichter entstehen, der zu Beginn des Ausschüttelns daher durch *mehrfaches Belüften über den Hahn des Scheidetrichters bei nach oben gerichtetem Auslauf ausgeglichen werden sollte*. Aus demselben Grund ist beim Ausschüttelvorgang immer der Stopfen des Scheidetrichters festzuhalten. Nach Beendigung des Ausschüttelns bleibt der Scheidetrichter im Stativ bis zur vollständigen Phasentrennung in Ruhe. Anschließend können die beiden Phasen getrennt voneinander aufgefangen werden. Vor Beginn der Extraktion sollte noch geprüft werden, welche der beiden Phasen das Extraktionsmittel ist, da dieses als Extrakt nach dem Ausschütteln weiterverwendet wird. Diese Prüfung ist mit den entsprechenden Phasen schnell in einem Reagenzglas durchzuführen, indem eine bestimmte Menge der Phase 1 mit der doppelten Menge an Phase 2 übereinandergegeben werden und anschließend kurz geschüttelt wird. Anhand der Phasengröße ist nun zu erkennen, ob sich Phase 1 oder Phase 2 unten befindet. Beide Phasen werden nun in den Scheidetrichter überführt, in dem die anschließende Extraktion durchgeführt wird.

Ist der Extrakt die untere Phase, kann diese abgetrennt werden und unmittelbar neues Extraktionsmittel wieder oben in den Scheidetrichter zum Extraktionsgut gefüllt werden, um mehrfach mit geringeren Mengen Extraktionsmittel extrahieren zu können. Ist das Extrakt jedoch die obere Phase müssen immer beide Pha-

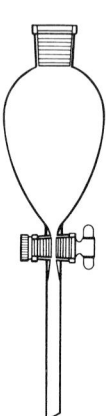

Abb. 12-3. Scheidetrichter.

sen getrennt voneinander auslaufen und anschließend die untere Phase (Extraktionsgut) wieder mit neuem Extraktionsmittel eingefüllt werden. Die Extrakte der einzelnen Extraktionsschritte werden üblicherweise zur weiteren Aufarbeitung vereinigt.

Praxisaufgabe: Extraktionsversuch

Informieren Sie sich über die Sicherheitsdaten von Schwefelsäure und Essigsäureethylester.

Setzen Sie sich folgende Lösungen an:
- 50,0 mg Methylrot werden in einem 1000-mL-Messkolben mit 250 mL Schwefelsäure, $w(H_2SO_4) = 10\%$, versetzt und die Mischung mit entmineralisiertem Wasser bis zur Ringmarke aufgefüllt (Stammlösung).
- Kalibrierlösungen:
1. 1,0 mL Stammlösung ad 100 mL (= 0,05 mg Methylrot/100 mL)
2. 2,0 mL Stammlösung ad 100 mL (= 0,10 mg Methylrot/100 mL)
3. 5,0 mL Stammlösung ad 100 mL (= 0,25 mg Methylrot/100 mL)
4. 10,0 mL Stammlösung ad 100 mL (= 0,50 mg Methylrot/100 mL)
5. 20,0 mL Stammlösung ad 100 mL (= 1,00 mg Methylrot/100 mL)
6. 25,0 mL Stammlösung ad 100 mL (= 1,25 mg Methylrot/100 mL)
7. 50,0 mL Stammlösung ad 100 mL (= 2,50 mg Methylrot/100 mL)

Versuch A

In einen Scheidetrichter werden 200 mL der angesetzten Stammlösung gegeben und mit 300 mL Essigsäureethylester versetzt. Nach Verschließen des Scheidetrichters werden die Phasen 5 Minuten lang durch intensives Schütteln vermischt, wobei zu Beginn des Schüttelns der Scheidetrichter mehrmals vorsichtig zu belüften ist. Bei weiterem Schütteln können die Belüftungszeiträume vergrößert werden. Nach 5 Minuten lässt man die zwei Phasen absetzen und trennt die wässrige Phase ab. (Hierzu ist vor Beginn des Versuches zu testen, welche Phase die wässrige und welche die Esterphase ist.)

Die Färbung der wässrigen Phase wird nun mit den angesetzten Kalibrierlösungen verglichen und so halbquantitativ ermittelt, wie viel Methylrot sich noch in der wässrigen Phase befindet.

Versuch B

200 mL der Stammlösung werden in einen Scheidetrichter gegeben und mit 100 mL Essigsäureethylester versetzt. Nach intensivem Schütteln läßt man die Phasen absetzen und trennt die

wässrige Phase ab. Ermitteln Sie anhand der Färbung im Vergleich zu den Kalibrierlösungen halbquantitativ den Gehalt an Methylrot.

Der Ester wird aus dem Scheidetrichter abgelassen und die benutzte wässrige Phase erneut mit 50 mL frischem Essigsäureethylester ausgeschüttelt. Anschließend wird wieder der Gehalt an Methylrot in der wässrigen Phase bestimmt.

Dieser Vorgang ist so oft zu wiederholen, bis die wässrige Phase ebenfalls wie in Versuch A mit einer Gesamtmenge von 300 mL Essigsäureethylester ausgeschüttelt wurde.

Die Esterphasen können jeweils vereinigt werden und im Sinne von Responsible Care durch eine Rektifikation (siehe Abschnitt 12.4.1) aufgearbeitet und für weitere Versuche wiederverwendet werden.

Versuchsauswertung
1. Was passiert, wenn nicht ausreichend intensiv geschüttelt wurde?
2. Wie viel mg Methylrot waren jeweils in der wässrigen Phase nach Versuch A bzw. B?
3. Ist es nach diesem Versuchsergebnis effektiver, einmal mit einer großen Menge Extraktionsmittel auszuschütteln oder besser mehrmals mit kleinen Mengen?
4. In welcher der beiden Phasen ist Methylrot besser löslich?

Hinweis
Der hier als halbquantitativ vorgestellte Versuch, kann auch quantitativ mit Hilfe der Fotometrie bei $\lambda = 470$ nm durchgeführt werden. Dazu ist in einem entsprechenden Diagramm die Extinktion in Abhängigkeit von der Konzentration an Methylrot einzutragen. Ggf. ist mit den Messwerten der Kalibrierlösungen eine lineare Regression durchzuführen.

Extraktion im Perforator

Eine Methode zur Durchführung einer *kontinuierlichen* flüssig-flüssig-Extraktion bieten sog. Perforatoren. Sie arbeiten meist mit Lösemitteln, deren Dichte geringer ist als die des zu extrahierenden Gemisches. Als Beispiel ist hier der häufig verwendete Kutscher-Steudel-Perforator (Abbildung 12-4) aufgeführt. In dieser Apparatur wird das Extraktionsmittel aus dem Siedegefäß verdampft. Es kondensiert am Kühler, tropft in das Einleitungsrohr und tritt am Boden des Extraktors in Form kleiner Flüssigkeitsperlen wieder aus. Wegen der geringeren Dichte steigen die Flüssigkeitsperlen nach oben und durchdringen dabei das zu extrahierende Gemisch. Beim Durchgang durch das Gemisch nehmen die Flüssigkeitsperlen den herauszulösenden Stoff auf. Der Extrakt sammelt sich an der

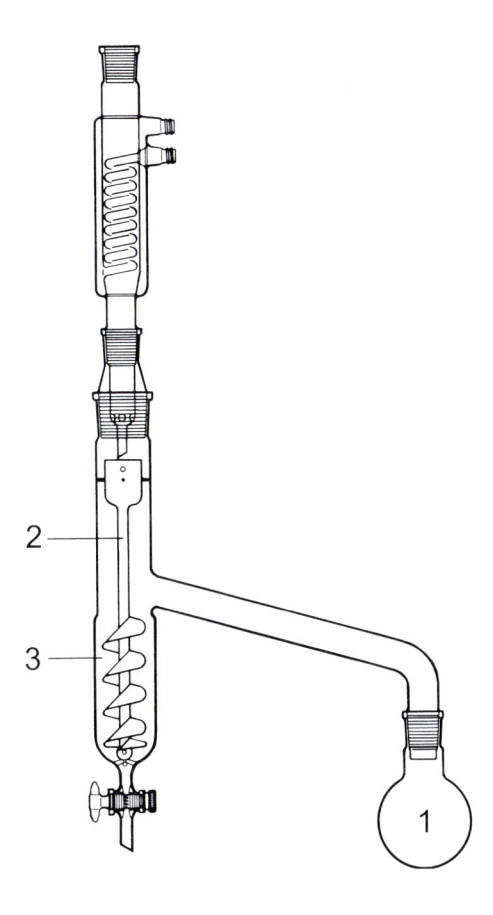

Abb. 12-4. Perforator nach Kutscher-Steudel. (1 Siedegefäß, 2 Einleitungsrohr, 3 Extraktor.)

Oberfläche des Extraktionsgutes und läuft zurück ins Siedegefäß. Nun steht das Extraktionsmittel für eine erneute Extraktion zur Verfügung.

12.3.2
Extraktion des synthetisierten Esters

Prozess Veresterung: Die Extraktion

Informieren Sie sich über die Sicherheitsdaten von Calciumchlorid und Dichlormethan.

Die bei der Synthese in Abschnitt 12.2.3 entstandenen Phasen, Ester und Wasser, werden im Scheidetrichter voneinander getrennt. Die Wasserphase wird für spätere Analysen aufbewahrt. Die Esterphase wird 10 Minuten lang unter Rühren mit 5 g wasserfreiem Calciumchlorid getrocknet (Trocknung von Flüssigkeiten, siehe Kapitel 3). Das entstandene Produkt wird Rohester genannt. Von dem Rohester wird eine Probe von 3 mL zur späteren Analyse aufbewahrt.

Anschließend wird der Rohester mit 300 mL entmineralisiertem Wasser und 40 mL Dichlormethan versetzt und erneut im Scheidetrichter ausgeschüttelt.

> **Besonderer Hinweis zum Umgang mit Dichlormethan:**
>
> Dichlormethan gehört in die Stoffklasse der halogenierten Kohlenwasserstoffe und ist als gesundheitsschädlich eingestuft. Bei Kontakt mit Dichlormethan über die Haut oder die Atemwege kann es zu irreversiblen Schäden kommen. Daher beim Umgang mit Dichlormethan unbedingt im Abzug arbeiten und entsprechende Schutzhandschuhe tragen!
>
> Dichlormethanabfälle werden der Sonderentsorgung für halogenhaltige Lösemittel zugeführt.
>
> Verschiedenen Datenbanken im Internet können Sie weitere Informationen zum Umgang mit Dichlormethan entnehmen.

Die Wasserphase wird nochmals mit 40 mL frischem Dichlormethan ausgeschüttelt. Die Wasserphase wird zur späteren Analyse beiseite gestellt. Die beiden erhaltenen Dichlormethanphasen werden vereinigt und zweimal mit je 30 mL entmineralisiertem Wasser ausgeschüttelt.

Über eine anschließende Destillation bzw. Rektifikation wird nun das Dichlormethan vom Ester abgetrennt. Dieses Verfahren wird im nächsten Abschnitt erläutert.

12.4
Destillation

Die Destillation ist ein Trenn- und Reinigungsverfahren für Flüssigkeiten. Der zu destillierende Stoff wird durch Erhitzen in die Gasphase überführt und durch anschließendes Abkühlen verflüssigt (Kondensat). Der Übergang in die Gasphase erfolgt bei Flüssigkeiten am Siedepunkt. *Der Siedepunkt ist definiert als die Temperatur, bei der der Dampfdruck einer Flüssigkeit gleich dem auf die Flüssigkeitsoberfläche wirkenden Außendruck ist.* Als Dampfdruck bezeichnet man das Bestreben der Flüssigkeitsteilchen in den gasigen Zustand überzutreten.

Der Gesamtdampfdruck (p_{ges}) einer Flüssigkeitsmischung ist nach den Gesetz von Dalton gleich der Summe der Partialdampfdrücke (p_T) der einzelnen Komponenten wie in der folgenden Gl. (12-6) beschrieben:

$$p_{ges} = p_{T, A} + p_{T, B} + p_{T, C} + \ldots \tag{12-6}$$

Nach dem Gesetz von Raoult ist der Partialdampfdruck (p_T) einer Komponente eines Gemisches gleich dem Produkt aus dem Dampfdruck der reinen Komponente (p_0) und dem Stoffmengenanteil dieser Verbindung an dem Gemisch (Gl. (12-7)).

$$p_T = x(i) \cdot p_0 \qquad (12\text{-}7)$$

Durch den Partialdampfdruck ist der Stoffmengenanteil einer Verbindung im Gemisch $x(i)$ mit ihrem Stoffmengenanteil in der Gasphase $y(i)$ verknüpft. Gl. (12-8) formuliert diesen Zusammenhang:

$$y(i) = x(i) \cdot \frac{p_0}{p_{ges}} \qquad (12\text{-}8)$$

Aus Gl. (12-8) ist zu entnehmen, dass bei der Destillation der Stoffmengenanteil einer Komponente in der Gasphase sowohl von ihrem Stoffmengenanteil im Gemisch als auch vom Dampfdruck der reinen Komponente abhängt. Sind zwei Stoffe in gleichen Stoffmengenanteilen in einem Gemisch vorhanden, dann reichert sich die leichter flüchtige Komponente wegen ihres höheren Dampfdruckes in der Gasphase an. Das kondensierende Gemisch hat einen höheren Stoffmengenanteil an der leichtflüchtigen Komponente als das Ausgangsgemisch. In Abbildung 12-5 werden diese Zusammenhänge grafisch dargestellt. In dem Diagramm sind die Dampfdruckverhältnisse für ein Zweistoffgemisch gezeigt. Die unteren beiden Diagonalen stellen den Dampfdruck der reinen Komponenten dar. Die obere Diagonale zeigt den Dampfdruck des Flüssigkeitsgemisches (nach dem Gesetz von Dalton) dessen Zusammensetzung jeweils auf der Abzisse des Diagrammes abzulesen ist. Die Addition der Partialdampfdrücke zum Gesamtdampfdruck ist in dem Diagramm exemplarisch für ein 50%:50%-Gemisch eingezeichnet.

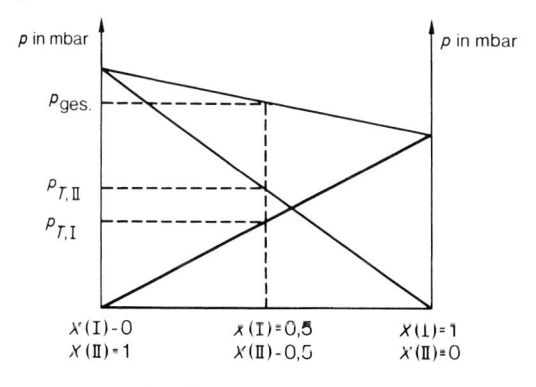

p Dampfdruck
$p_{ges.}$ Gesamtdruck über dem Flüssigkeitsgemisch mit gleichen Stoffmengenanteilen der Komponenten I und II
$p_{T,I}$ Partialdruck der Komponente I über dem Gemisch
$p_{T,II}$ Partialdruck der Komponente II über dem Gemisch
$x(I)$ Stoffmengenanteil der Komponente I am Gemisch
$x(II)$ Stoffmengenanteil der Komponente II am Gemisch

Abb. 12-5. Zusammensetzung des Dampfes.

12 Produktsynthese Veresterung (Prozess)

Für ein Flüssigkeitsgemisch aus *nicht mischbaren* Flüssigkeiten stellen sich die Zusammenhänge etwas anders dar. Dies wird im Abschnitt 14.3.1 genauer erläutert.

Die Beurteilung der Trennbarkeit eines Flüssigkeitsgemisches kann anhand eines Gleichgewichtsdiagrammes (Abbildung 12-6) vorgenommen werden. In dem Diagramm wird für jede Zusammensetzung in der Flüssigkeitsphase die jeweilige Zusammensetzung in der Gasphase eingetragen. Daraus ergibt sich eine Gleichgewichtskurve. Die 45°-Linie stellt einen besonderen Zustand dar, wobei die Zusammensetzung der flüssigen und der gasigen Phase identisch ist. Dadurch kann keine Trennung des Gemisches erzielt werden. Gemische dieser Art bezeichnet man als Azeotrope.

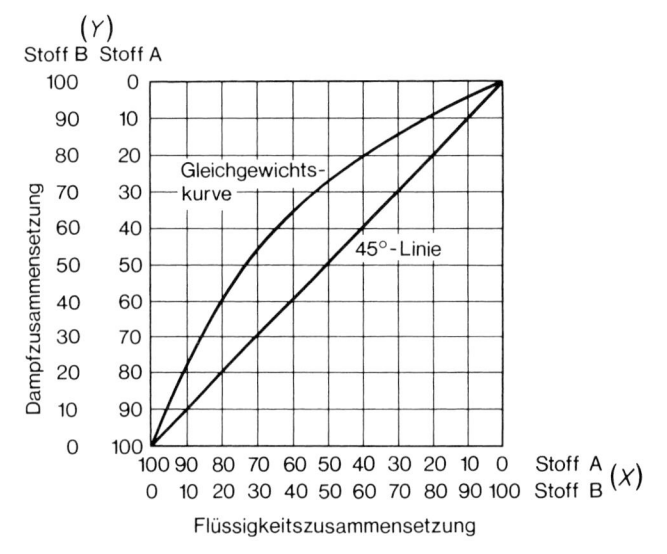

Abb. 12-6. Gleichgewichtsdiagramm eines flüssigen Zweistoffgemisches.

Einige Beispiele für den Verlauf von Gleichgewichtskurven zeigt Abbildung 12-7. Die Legende erläutert die Trennbarkeit der jeweiligen Gemische.

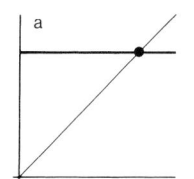

a) Die Zusammensetzung des Dampfes bleibt konstant, obwohl sich die der Mischung ändert: eine Trennung ist nicht möglich (Beispiele: Wasser-Benzol-Gemisch, Wasser-Nitrobenzol-Gemisch).

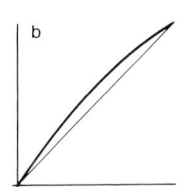

b) Die Gleichgewichtskurve verläuft nahe der 45°-Linie: die Trennung ist sehr schwierig (Beispiel: Wasser-Essigsäure-Gemisch).

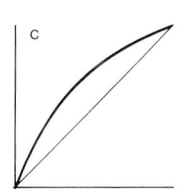

c) Die Gleichgewichtskurve nähert sich an den Endpunkten der 45°-Linie: die Trennung ist im mittleren Bereich gut (Beispiel: Wasser-Methanol-Gemisch).

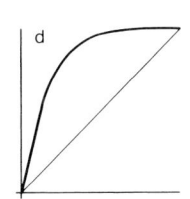

d) Die Gleichgewichtskurve liegt weit entfernt von der 45°-Linie: die Trennung ist auch dann noch gut, wenn die Stoffmengenunterschiede in der Gemischzusammensetzung sehr groß sind (Beispiel: Wasser-Ammoniak-Gemisch).

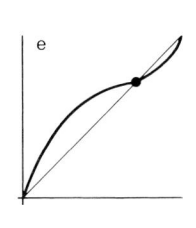

e) Die Gleichgewichtskurve schneidet die 45°-Linie: eine Trennung ist bei den vorliegenden Bedingungen nicht möglich, da im Schnittpunkt die Zusammensetzung von Gemisch und Dampf gleich sind (azeotroper Punkt). Solche Mischungen nennt man Azeotrope (Beispiele: Wasser-Ethanol-Gemisch; Wasser-Salpetersäure-Gemisch).

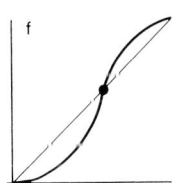

f)

Abb. 12-7. Typische Gleichgewichtskurven.

12.4.1
Destillationsverfahren

12.4.1.1 Gleichstromdestillation

Für die Destillation einfach zu trennender Gemische reicht eine einfache Gleichstrom-Destillationsapparatur wie in Abbildung 12-8 dargestellt. Gleichstromdestillation bedeutet, dass der aufsteigende Dampf aus der Blase und das abfließende Kondensat in die gleiche Richtung fließen und daher kein zusätzlicher Stoff-Wärme-Austausch zwischen Dampf und Kondensat stattfinden kann. Sie besteht aus einem Rundkolben als Verdampfungsgefäß (Blase), der Claisen-Brücke (Destillationsbrücke), einem Thermometer zur Beobachtung der Kopftemperatur und einem Vorlagegefäß. Das Vorlagegefäß dient zum Auffangen des Kondensats.

Eine Gleichstromdestillation wird durchgeführt, um ein Lösemittel aus einer Lösung abzudestillieren oder wenn Flüssigkeiten mit sehr weit auseinander liegenden Siedepunkten zu trennen sind.

Die Apparatur darf nicht vollständig abgedichtet sein, da durch die Verdampfung der Flüssigkeiten ein Überdruck entsteht, der die Geräte sprengen könnte. Daher wird die Vorlage stets belüftet.

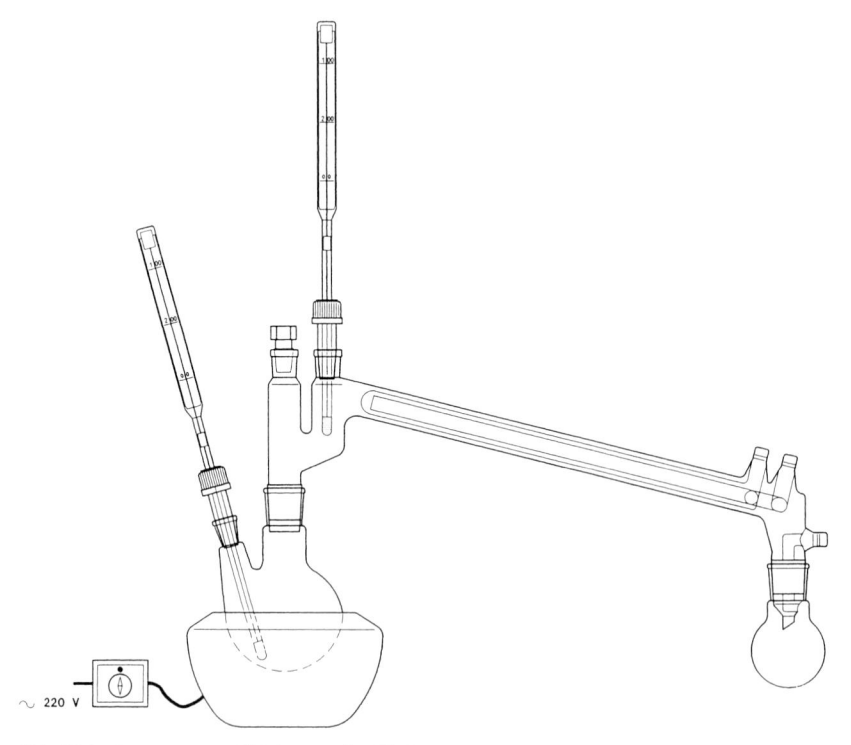

Abb. 12-8. Apparatur zur Gleichstromdestillation.

Praxisaufgabe: Destillation

Informieren Sie sich über die Sicherheitsdaten von Propan-2-ol.

Die in Abbildung 12-8 dargestellte Destillationsapparatur wird mit 150 mL entmineralisiertem Wasser und 150 mL Propan-2-ol gefüllt und nach Zugabe von 3 bis 5 Siedesteinen zum Sieden erhitzt. Informieren Sie sich vor Versuchsbeginn über den Siedepunkt von Propan-2-ol im Internet oder in anderen Datenbanken.

In regelmäßigen Abständen von einer Minute werden jeweils Kopf- und Sumpftemperatur notiert. Dabei ist festzustellen, dass die Kopftemperatur im Bereich des Siedepunktes von Propan-2-ol längere Zeit konstant bleibt. Durch genaues Beobachten der Kopftemperatur ist bei einem Anstieg der Temperatur ein Vorlagegefäßwechsel vorzunehmen. Das Vorlagegefäß sollte erneut gewechselt werden, sobald die Kopftemperatur wieder konstant bleibt. Die Destillation ist abgeschlossen, wenn weniger als 50 mL Lösemittel im Sumpf (Rückstand in der Blase) zurückbleiben.

Vorsicht: Die Destillationsblase darf niemals trockendestilliert werden.

Auswertung

Stellen Sie den Verlauf der Kopf- und Sumpftemperatur in einem Temperatur-Zeit-Diagramm dar.

Von den Fraktionen ist jeweils über eine geeignete Methode die Dichte zu messen (siehe Kapitel 8). Über die gleiche Methode ist die Dichte der reinen Komponenten Wasser und Propan-2-ol zu ermitteln und mittels einer Zweipunktkalibrierung in einem Diagramm die Abhängigkeit der Dichte von dem Massenanteil an Propan-2-ol darzustellen. Durch Einzeichnen der einzelnen Fraktionen ist anschließend deren Reinheit zu bestimmen.

Fragestellungen

1. Welche Reinheiten ergeben sich für die einzelnen Fraktionen?
2. Ist eine gute Trennung der beiden Lösemittel über diese Destillationsmethode möglich?
3. Welcher Zeitaufwand ist für diese Destillation einzukalkulieren?

12.4.1.2 Destillation des synthetisierten Esters

Prozess Veresterung: Die Lösemittelentfernung durch Destillation

Da die Siedepunkte der beiden aus der Extraktion verbliebenen Komponenten Dichlormethan und Salicylsäuremethylester mit 40,7 °C für Dichlormethan und 223,3 °C für Salicylsäuremethylester sehr weit auseinander liegen, genügt zum Abdestillieren des Dichlormethans eine einfache Gleichstrom-Destillationsapparatur (siehe Abschnitt 12.4.1.1). Das Gemisch sollte so lange erhitzt werden, bis das gesamte Dichlormethan abdestilliert ist. Typischerweise steigt dann die Kopftemperatur über 40,7 °C und trotz weiteren Erhitzens geht kein Destillat mehr über.

Der in der Blase verbleibende Ester wird noch reindestilliert. Wegen des hohen Siedepunktes würde sich ein enormer Energieaufwand für dessen Destillation ergeben. Außerdem könnte es aufgrund der hohen thermischen Belastung zur Zersetzung des Esters kommen. Daher wird die Reindestillation des Esters unter Vakuum durchgeführt.

Das abdestillierte Dichlormethan steht als recyceltes Lösemittel für weitere Synthesen zur Verfügung oder muss der entsprechenden Sonderentsorgung für halogenhaltige Lösemittel zugeführt werden.

12.4.1.3 Gegenstromdestillation (Rektifikation)

Zur Trennung von Flüssigkeitsmischungen, deren Komponenten nahe beieinander liegende Siedepunkte haben, wird die Gegenstromdestillation (Rektifikation) eingesetzt. Apparativ unterscheidet sie sich von der Gleichstromdestillation durch eine Kolonne, die zwischen Verdampfungsgefäß und Kühler eingebaut wird. Hierdurch wird eine Anreicherung der leichtflüchtigen Komponente in der Gasphase herbeigeführt. Der mit leichtsiedender Flüssigkeit angereicherte Dampf wird am Kolonnenkopf kondensiert und fließt in der Kolonne zurück (Rücklauf). Gleichzeitig wird er von aufsteigendem Dampf durchströmt und erwärmt. Durch diesen Wärme- und Stoffaustausch geht aus dem zurücklaufenden Gemisch der leichtflüchtige Teil in den Dampf und aus dem aufsteigenden Dampf kondensiert der schwerflüchtige Anteil. Das Resultat ist ein Dampf, der an leichtflüchtiger Komponente stärker angereichert ist, als der zuerst aufgestiegene Dampf. Um den Stoff- und Wärmeaustausch möglichst effektiv zu gestalten, werden in die Kolonne Füllkörper (z. B. Raschig-Ringe) gegeben oder Einbauten angebracht (Abbildung 12-9), die für eine große Oberfläche des zurücklaufenden Gemisches und dadurch für eine gute Durchdringung mit dem aufsteigenden Dampf sorgen. Um einen größeren Wärmeverlust über die gesamte Länge der Kolonne zu vermeiden, werden häufig silberverspiegelte Kolonnen verwendet.

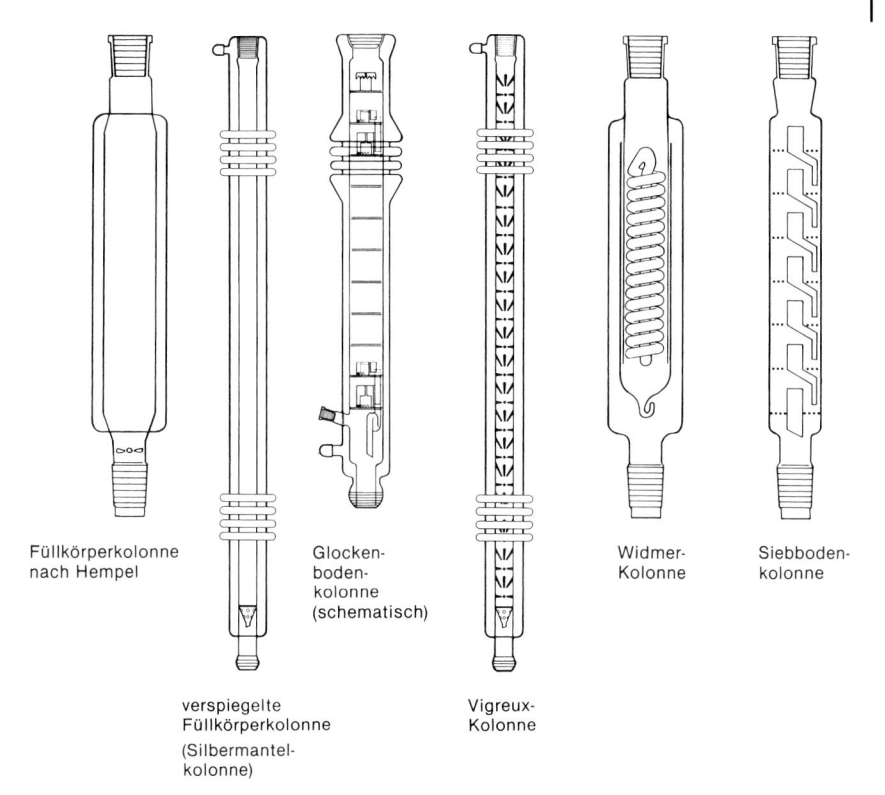

Abb. 12-9. Destillationskolonnen.

Der Kolonnenkopf enthält eine Vorrichtung, die den kondensierten Dampf in den Rücklauf und das Destillat teilt. Das Destillat wird abgenommen; es enthält die reine, leichtflüchtige Komponente des Ausgangsgemisches. Da der Wärme- und Stoffaustausch innerhalb der Kolonne ein Gleichgewichtsprozess ist, der längere Zeit für die Einstellung benötigt, wird zu Beginn der Trennung kein Destillat abgenommen. Hat sich das Gleichgewicht in der Kolonne eingestellt, was an einer konstanten Kopftemperatur zu erkennen ist, wird die Trennung in Rücklauf (R) und Destillat (D) vorgenommen. Das Verhältnis beider Stoffmengen n ist das Rücklaufverhältnis v (Gl. (12-9))

$$v = \frac{n(R)}{n(D)} \tag{12-9}$$

Da Destillat und Rücklauf aus denselben Komponenten bestehen, allerdings in unterschiedlicher Konzentration, ist es in diesem Fall auch möglich, statt der Stoffmengen direkt die Volumina zur Berechnung des Rücklaufverhältnisses einzusetzen (Gl. (12-10)):

$$v = \frac{V(R)}{V(D)} \tag{12-10}$$

Die Trennung wird umso besser, je größer das Rücklaufverhältnis eingestellt wurde. Die Herausforderung bei jeder Rektifikation ist es, durch Einstellung des Rücklaufverhältnisses ein Optimum zwischen einerseits Reinheit der Komponenten und andererseits Zeit- und Energieaufwand für die Rektifikation zu finden.

Wird der Verlauf der Kopftemperatur während der Rektifikation grafisch in Abhängigkeit von der Zeit dargestellt, ergibt sich idealisiert folgendes Bild (Abbildung 12-10):

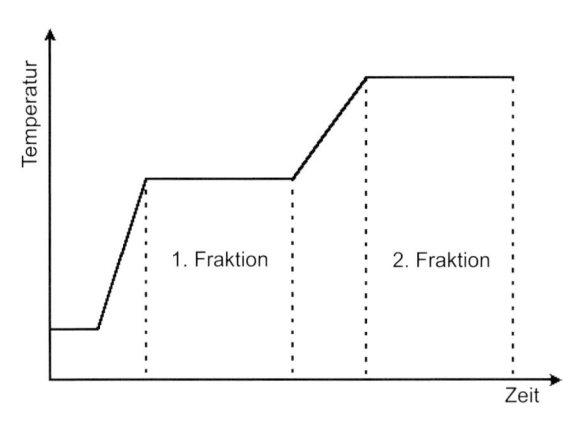

Abb. 12-10. Kopftemperatur-Zeit-Diagramm der Rektifikation eines Zweistoffgemisches.

In der praktischen Durchführung der Rektifikation werden die einzelnen Stufen, wie im Diagramm zu sehen, in Fraktionen unterteilt. Mit jeder neuen Fraktion findet ein Wechsel des Vorlagengefäßes statt, so dass sich die Rektifikation eines Zweistoffgemisches in vier Fraktionen teilen läßt. Die erste Fraktion, der Vorlauf, sollte möglichst gering gehalten werden, da das erste Destillat erst nach Einstellung des Gleichgewichtes entnommen wird. Stellt sich ein konstanter Zustand am Kolonnenkopf ein, wird das Vorlagengefäß gewechselt und die nahezu reine leichtflüchtige Komponente abgenommen (1. Hauptfraktion). Ist diese Komponente vollständig abdestilliert, kann ein Ansteigen der Kopftemperatur beobachtet werden. Die Kolonne sollte nun auf totalen Rückfluss eingestellt werden, bis sich ein neues Gleichgewicht eingestellt hat. Nach Wechsel des Vorlagengefäßes werden erneut einige Tropfen Destillat abgenommen (Zwischenlauf). Ist die Kopftemperatur wieder konstant, kann nun nach erneutem Vorlagenwechsel die schwerflüchtige Komponente des Gemisches (2. Hauptfraktion) abgenommen werden. Diese Art der Destillation wird als fraktionierte Destillation bezeichnet. In der Blase verbleibt ein Rest der schwerflüchtigen Komponente, da nie ganz trockendestilliert werden darf.

Die Abbildung 12-11 zeigt eine vollständige Apparatur zur fraktionierten Destillation, bei der das Rücklaufverhältnis variabel gesteuert werden kann.

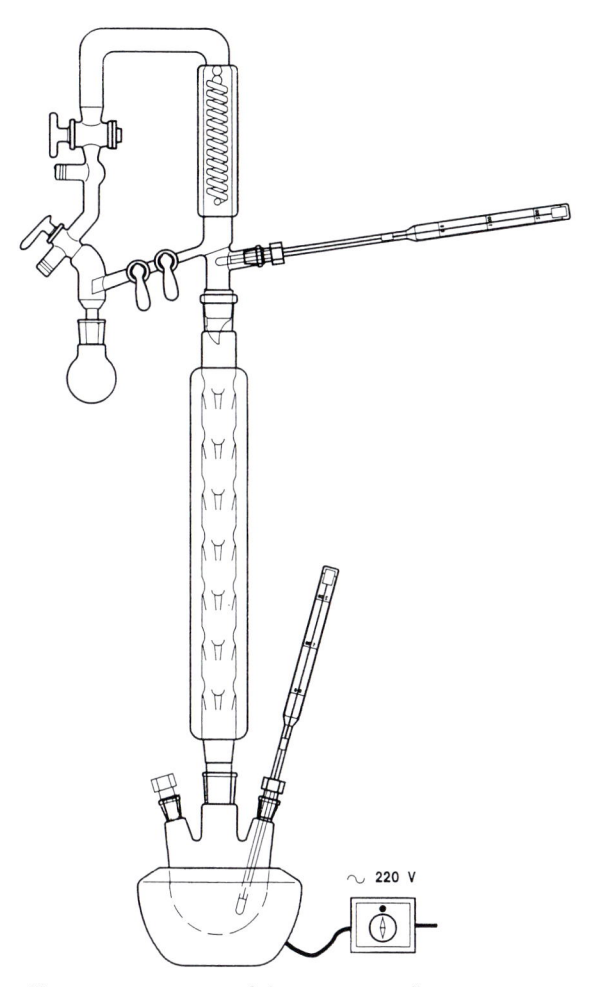

Abb. 12-11. Apparatur zur fraktionierten Destillation.

Praxisaufgabe: Rektifikation mit Rücklaufverhältnis 10:1

Wiederholen Sie exakt den Versuch der Gleichstromdestillation mit 150 mL entmineralisiertem Wasser und 150 mL Propan-2-ol in der Apparatur aus Abbildung 12-11. Stellen Sie für diesen Versuch ein Rücklaufverhältnis von 10:1 ein.

Auswertung
Erstellen Sie ein Temperatur-Zeit-Diagramm aus Kopf- und Sumpftemperatur.
Bestimmen Sie die Dichte der einzelnen Fraktionen.

> **Fragestellungen**
> Vergleichen Sie die Ergebnisse der Gegenstromdestillation mit denen der Gleichstromdestillation unter folgenden Aspekten:
> - Reinheit der Fraktionen,
> - Trennbarkeit des Lösemittelgemisches,
> - Zeitaufwand.
>
> Wie unterscheiden sich die Temperatur-Zeit-Diagramme?
> Warum kommt es dort zu Unterschieden?
> Welche der beiden Destillationsmethoden würden Sie für dieses Lösemittelgemisch bevorzugen? Begründen Sie Ihre Entscheidung!

12.4.1.4 Vakuumdestillation

Wird der auf eine Flüssigkeitsoberfläche wirkende Außendruck vermindert, so sinkt der Siedepunkt der Flüssigkeit, da für die Flüssigkeitsteilchen der Widerstand in den gasigen Zustand überzugehen, geringer wird. Die Vakuumdestillation wird z. B. genutzt, wenn Gemische zu destillieren sind, deren Zersetzungspunkt unterhalb des Siedepunktes liegt. So kann eine schonende Destillation durchgeführt werden. Auch wird eine Vakuumdestillation bei Gemischen mit sehr hohen Siedepunkten eingesetzt, die im Laboratorium nicht erreicht werden können oder um einen hohen Energieaufwand zu reduzieren.

Das Vakuum wird durch Wasserstrahlpumpen (bis etwa 20 mbar), Drehschieberpumpen (bis 10^{-2} mbar) oder Quecksilberdampfstrahlpumpen in Verbindung mit Drehschieberpumpen (bis 10^{-4} mbar) erzeugt (siehe auch Abschnitt 4.9).

Hinweise zur Arbeitssicherheit:
- Die Apparatur zur Vakuumdestillation muss wegen bestehender Implosionsgefahr durch eine Schutzscheibe gesichert sein.
- Die in der Apparatur verwendeten Geräte müssen evakuierbar sein. Erlenmeyer-Kolben eignen sich aufgrund der ungleichmäßigen Belastung durch den Außendruck daher nicht.
- Alle unter Vakuum stehenden Geräte müssen gegen Umfallen durch Klammern gesichert werden.
- Es ist besonders darauf zu achten, dass die Glasgeräte keine Risse haben.
- Um einen Siedeverzug in der Apparatur zu vermeiden, wird meistens eine Siedekapillare verwendet. Sie gewährleistet einen sehr schwachen Luftstrom unter die Flüssigkeitsoberfläche und verhindert so einen Siedeverzug des Gemisches.
- Die Vakuumapparatur wird vor Einbringen des Destillationsgemisches auf Dichtigkeit überprüft.
- Die Vakuumpumpe darf nur bei vollständig belüfteter Apparatur angeschaltet werden.

- Erst jetzt wird die Belüftung langsam geschlossen.
- Erst wenn das gewünschte Vakuum erreicht ist, darf mit dem Heizvorgang begonnen werden.
- Bei Beendigung der Destillation muss der umgekehrte Weg beschritten werden.

Bei einer fraktionierten Vakuumdestillation muss ein Vorlagenwechsel gewährleistet sein, der das Vakuum in der Apparatur nicht verändert. Dies ist mit einer „Spinne" (Eutervorlage) oder einem „Vakuumviereck" (siehe Abbildung 12-12) möglich.

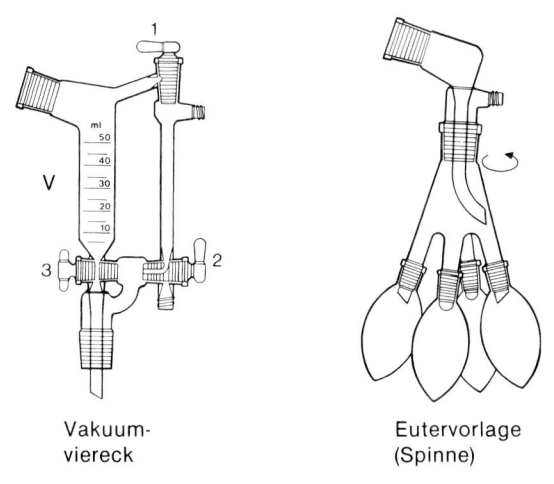

Abb. 12-12. Vakuumvorstöße für fraktionierte Destillationen.

Während bei der Spinne das Destillat durch einfaches Drehen des Spinnenkörpers in eine andere Vorlage geleitet wird, ist der Vorlagenwechsel bei einem Vakuumviereck aufwendiger. Hier müssen drei Hähne in der richtigen Reihenfolge bedient werden. Zuerst wird Hahn 3 geschlossen, um die Kolonne auf totalen Rücklauf zu stellen. Nun wird über Hahn 2 die Vorlage langsam belüftet. Das Vakuum in der Apparatur bleibt dadurch erhalten. Nach dem Vorlagenwechsel wird erst Hahn 1 geschlossen und über das Schließen von Hahn 2 die Vorlage erneut evakuiert. Danach wird Hahn 1 wieder langsam geöffnet, wobei es kurzzeitig zu geringfügigen Druckschwankungen kommen kann. Über die Öffnung von Hahn 3 kann nun wieder das Rücklaufverhältnis eingestellt werden.

In Verbindung mit Kolonnenköpfen für die fraktionierte Destillation sind Geräte konstruiert worden, die einen Vorlagenwechsel unter Aufrechterhaltung des Vakuums und des eingestellten Rücklaufverhältnisses ermöglichen. Wie Abbildung 12-13 zeigt, haben die Kolonnenköpfe im unteren Teil des Viereckes zwei Ventile, eines zum Einstellen des Rücklaufverhältnisses und das andere zum Öffnen und Schließen beim Vorlagenwechsel.

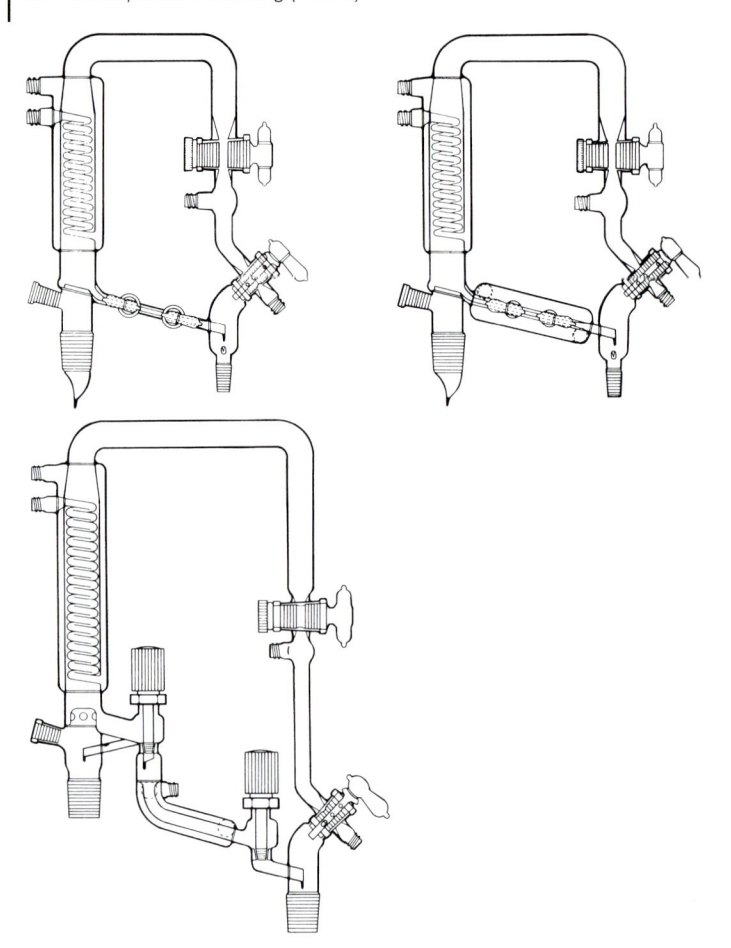

Abb. 12-13. Handgeregelte Kolonnenköpfe.

Praxisaufgabe: Vakuumrektifikation

Informieren Sie sich über die Sicherheitsdaten von Butylglycol und Ethylenglycol. Achten Sie darauf, dass Sie eine intakte Apparatur verwenden.

**Trennung Butylglycol/Ethylenglycol,
Reinheitskontrolle Brechungsindex**
Stellen Sie eine vollständige Apparatur zur Vakuumrektifikation zusammen. Geben Sie in den Rundkolben ein Gemisch aus 125 mL Butylglycol und 125 mL Ethylenglycol.

Informieren Sie sich im Internet oder anderen Datenbanken über die Siedepunkte der beiden Lösemittel bei unterschiedlichen Drücken.

Führen Sie eine fraktionierte Destillation im Vakuum und unter Verwendung einer Siedekapillare durch. Arbeiten Sie mit einem Rücklaufverhältnis von 10:1.

Notieren Sie jede Minute die Kopftemperatur und den Druck in der Anlage.

Auswertung

Erstellen Sie ein Diagramm über den Verlauf der Kopftemperatur und des Druckes in Abhängigkeit von der Zeit.

Ermitteln Sie die Volumina der einzelnen Fraktionen und die sich daraus ergebende Ausbeute bezogen auf das eingesetzte Gemisch.

Bestimmen Sie den Brechungsindex der einzelnen Fraktionen (siehe Abschnitt 8.5.2) und messen Sie zum Vergleich die beiden reinen Lösemittel. Stellen Sie in einem Diagramm über eine Zweipunktkalibrierung (Brechungsindizes der reinen Lösemittel) die Abhängigkeit des Brechungsindexes vom Massenanteil an Butylglycol dar.

Fragestellungen

- Wie deutlich ist eine Trennung bereits anhand des Kopftemperatur-Zeit-Diagrammes zu erkennen?
- Wie hoch ist die Ausbeute der einzelnen Fraktionen?
- Welche Reinheit haben die einzelnen Fraktionen?
- Ist eine Trennung dieses Gemisches über diese Destillationsmethode sinnvoll?
- Wie beurteilen Sie den Zeitaufwand für diesen Versuch?
- Wann würden Sie sich für diese Trennmethode entscheiden?

12.4.1.5 Vakuumdestillation des synthetisierten Esters

Prozess Veresterung: Die Vakuumrektifikation

Der aus der Gleichstromdestillation erhaltene Ester (siehe Seite 312) wird nun mit einer Vakuumrektifikation reindestilliert. Bei einem Vakuum von ca. 3 mbar liegt die Übergangstemperatur des Esters bei ca. 74 °C (Kopftemperatur). Es ist ein möglichst kleiner Vorlauf zu entnehmen. Die Rektifikation sollte durch Einstellung des Rücklaufverhältnisses reinheitsoptimiert durchgeführt werden, d. h. bei guter Ausbeute soll ein möglichst reines Produkt erhalten werden.

Es ist die Ausbeute nach der Rektifikation in g und %, bezogen auf eingesetzte Salicylsäure, zu bestimmen (siehe Abschnitt 12.5) und von dem Ester eine Produktanalytik (Abschnitt 12.7) durchzuführen.

12.4.1.6 Schleppmitteldestillation (Wasserdampfdestillation)
Eine weitere Destillationsmethode ist die Schleppmitteldestillation, die im Kapitel 14 detailliert erläutert wird.

12.5 Ausbeuteberechnungen

Prozess Veresterung: Die Ausbeuteberechnung

Die Ausbeuteberechnung eines Produktes erfolgt immer bezogen auf eines der eingesetzten Edukte. Im Prozessbeispiel wird nun die Ausbeute an Salicysäuremethylester bezogen auf die eingesetzte Salicylsäure berechnet. Da der Alkohol in einer Veresterungsreaktion im Überschuss eingesetzt wird und somit die Salicylsäure die limitierende Komponente ist, wäre es nicht sinnvoll, die Ausbeute bezogen auf das eingesetzte Edukt Methanol zu berechnen.

Zur Synthese wurden 69 g Salicylsäure eingesetzt. Aus der in Gleichung 12-4 dargestellten Strukturformel kann die Summenformel für Salicylsäure ermittelt werden. Es ergibt sich eine Summenformel von $C_7H_6O_3$. Durch Addition der jeweiligen atomaren Massen der Elemente erhält man für Salicylsäure eine molare Masse $M(C_7H_6O_3) = 138{,}1$ g/mol. Bei der Berechnung der molaren Masse für Salicylsäuremethylester erhält man $M(C_8H_8O_3) = 152{,}1$ g/mol.

Die Berechnung der Stoffmenge nach Gl. (12-11)

$$n = \frac{m}{M} \tag{12-11}$$

ergibt in unserem konkreten Beispiel:

$$n = \frac{69 \text{ g}}{138{,}12 \text{ g/mol}} = 0{,}50 \text{ mol}$$

Wie sich aus Gl. (12-4) ersehen lässt, entsteht aus 1 mol Salicylsäure theoretisch auch 1 mol Ester. Daher ist die theoretische Ausbeute an Ester 0,50 mol, da 0,50 mol Säure eingesetzt wurde.

Nach der Gleichung (12-11) berechnet sich eine theoretische Ausbeute in Gramm:

m(Salicylsäuremethylester) = $n \cdot M$(Salicylsäuremethylester) = 0,50 mol · 152,1 g/mol = 76,1 g

Diese 76,1 g Ester müssten theoretisch bei vollständiger, 100-prozentiger Umsetzung und ohne Verluste als Ausbeute entstehen. Da eine 100-prozentige Umsetzung ohne Verluste in der Praxis nicht möglich ist und bei Veresterungen auch noch Gleichgewichtsreaktionen vorliegen, die nie zu 100 % ablaufen, wird nun noch eine prozentuale Ausbeute ermittelt. Die prozentuale Ausbeute ergibt sich, wie in Gl. (12-12) dargestellt, aus dem Verhältnis der tatsächlichen Ausbeute zur theoretischen Ausbeute. Gehen wir beispielsweise davon aus, dass bei der durchgeführten Synthese 54,6 g Salicylsäuremethylester entstanden sind, dann beträgt die Ausbeute μ nach Gl. (12-12):

$$\mu = \frac{\text{tatsächliche Ausbeute}}{\text{theoretische Ausbeute}} = \frac{54,6 \text{ g}}{76,1 \text{ g}} \cdot 100\,\% = 71,8\,\% \quad (12\text{-}12)$$

Es ergibt sich eine prozentuale Ausbeute von 71,8 %, bezogen auf die eingesetzte Salicylsäure.

Aufgabe

1. Bei der Umsetzung von Ethanol mit 115 g Benzoesäure entstehen 123 g Benzoesäureethylester. Wie groß ist die Ausbeute an Ester in Prozent?
2. Wie viel Gramm Acetaldehyd entstehen bei der Oxidation von 150 g Ethen, wenn die Reaktion mit einer Ausbeute von 74,0 % abläuft?

$$2\ H_2C=CH_2 + O_2 \longrightarrow 2\ H_2C-C\underset{H}{\overset{O}{\diagup}}$$

3. Durch Oxidation von Naphthalin sollen 250 g Phthalsäureanhydrid hergestellt werden. Wie viel Gramm Naphthalin müssen eingesetzt werden, wenn 10 % des eingesetzten Naphthalins nicht oxidiert werden?

$$2\ \text{[Naphthalin]} + 9\ O_2 \longrightarrow 2\ \text{[Phthalsäureanhydrid]} + 4\ CO_2 + 4\ H_2O$$

12.6
Möglichkeiten der Beeinflussung von Kosten, Ausbeute und Produktqualität

Prozess Veresterung: Die Reaktionsbeeinflussbarkeit

Gleichgewichtsreaktionen, wie z. B. eine Veresterung, ermöglichen immer eine besondere Beeinflussbarkeit des Reaktionsverlaufes. Nach dem Prinzip von Le Chatelier, wie in Abschnitt 12.2.1 erläutert, kann durch Veränderung der Konzentrationsverhältnisse das Reaktionsgleichgewicht verschoben werden. Bei Estergleichgewichtsreaktionen wird dies bevorzugt durch Einsatz eines (günstigen) Alkohols im Überschuss und durch Entzug des Reaktionswassers ausgenutzt.

Dies ist natürlich alles vor dem Hintergrund eines Kosten-Nutzen-Verhältnisses zu betrachten. So auch die Reinheitsoptimierungen der Synthese. Natürlich kann z. B. durch ein sehr hohes Rücklaufverhältnis bei der Rektifikation ein hochreines Produkt erzielt werden. Jedoch rechtfertigt dies in den meisten Fällen nicht den Zeit-Energie-Aufwand und die sich daraus ergebenden Kosten. Dies ist nur ein Beispiel für die Beeinflussbarkeit der Reaktion. Durch Veränderung sehr vieler Reaktionsparameter kann Einfluss auf Reinheit und Ausbeute eines Produktes genommen werden. Je nach durchgeführter Reaktion ist die Temperaturführung ein sehr wichtiger Reaktionsparameter. Beim einer pH-Wert-abhängigen Reaktion, hat dieser einen erheblichen Einfluss auf die Reinheit und Qualität des entstehenden Produktes. Bei der Optimierung der Reaktionsparameter zur Erhöhung der Ausbeute oder Produktqualität ist es allerdings wichtig, pro Reaktionsdurchführung nur einen Parameter zu verändern, da sonst keine Reproduzierbarkeit der Reaktion möglich wäre.

Dieses Optimum aus hoher Produktreinheit, maximaler Ausbeute und akzeptablen Kosten zu finden, ist der Anspruch an jede Syntheseoptimierung.

Ermitteln Sie die Kosten für 1 kg synthetisierten Salicylsäuremethylester analog dem Schema aus Abschnitt 6.4.

12.7 Produktanalytik

Prozess Veresterung: Die Produktanalytik

Es bieten sich verschiedene Analysenmöglichkeiten an, die jedoch von den apparativen Möglichkeiten des Laboratoriums abhängig sind. Bei der Durchführung einer Produktanalytik sollte zuerst eine Reinheitsuntersuchung erfolgen und erst anschließend das Produkt auf Identität getestet werden, um eventuelle Mischergebnisse aus Produkt und Edukt ausschließen zu können.

Die Methoden zur Reinheitskontrolle eines Esters erweisen sich als nicht ganz so einfach. Eine Möglichkeit, die Produktreinheit festzustellen, ist die Aufnahme und anschließende Auswertung einer HPLC-Analyse mit entsprechenden Standards. Über die Durchführung einer solchen Analyse informieren entsprechende Medien der instrumentellen Analytik. Es würde an dieser Stelle zu weit führen, diese Analysenmethode genauer zu beschreiben.

Eine einfache qualitative Analyse kann mit Hilfe einer Referenzsubstanz über Ermittlung des Brechungsindexes, wie in Kapitel 8 beschrieben, erfolgen.

Sollen genauere Identitätsanalysen durchgeführt werden, bietet sich die Aufnahme eines IR-Spektrums sowie der anschließende Vergleich mit einem Referenzspektrum an.

Exakte Aussagen, ob das richtige Produkt entstanden ist, kann dann durch eine Auswertung von Massen- und NMR-Spektrum erfolgen.

Als mögliche Inprozesskontrolle, um den Verlauf der Reaktion zu beobachten, bietet sich ebenfalls eine HPLC-Analyse an. Hiermit kann während des Reaktionsverlaufes durch Analyse mehrerer Proben die Abnahme an Salicylsäure und gleichzeitige Zunahme an Ester beobachtet werden. Bleibt der Gehalt an Salicylsäure und Ester konstant, ist die Reaktion beendet, das Gleichgewicht hat sich eingestellt. Es kann nun mit der Aufarbeitung der Reaktionslösung begonnen werden.

Die Reinheit des Reaktionsproduktes kann nach den einzelnen Aufarbeitungsschritten über die gleiche Methode geprüft werden.

12.8
Synthesetransfer

Projekt Veresterung: Synthesetransfer

Mit den Kenntnissen aus diesem Kapitel sollen Sie nun ein weiteres Produkt herstellen, Benzoesäureethylester. Die Synthese ist ähnlich durchzuführen wie die von Salicylsäuremethylester.

Informieren Sie sich mittels verschiedener Medien über den Ablauf der Synthese von Benzoesäureethylester durch eine Veresterung aus dem entsprechenden Alkohol und der organischen Säure. Planen Sie die Einsatzmengen unter Berücksichtigung der zu erwartenden Ausbeute und führen Sie nach der Synthese mit entsprechender Aufarbeitung eine Identitätskontrolle der Substanz durch. Das Produkt soll mit einer Reinheit von mindestens 98 % hergestellt werden. Überprüfen Sie, ob Ihr Produkt diese Spezifikation erfüllt. Überlegen Sie sich ansonsten Methoden, die Reinheit des Benzoesäureethylesters zu erhöhen.

13
Produktsynthese Verseifung (Prozess)

13.1
Prozessbeschreibung

In diesem Kapitel wird der folgende Prozess behandelt:

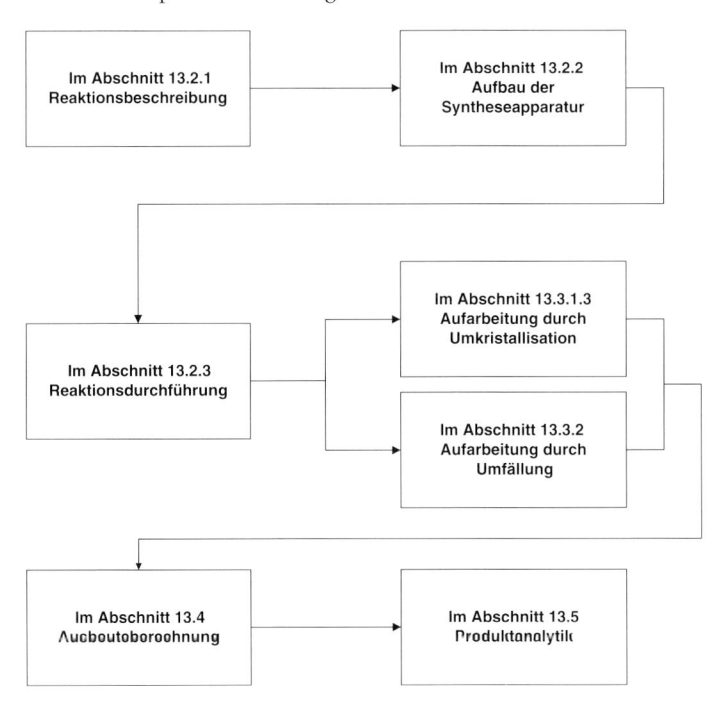

```
┌─────────────────────┐     ┌─────────────────────┐
│ Im Abschnitt 13.2.1 │ ──> │ Im Abschnitt 13.2.2 │
│ Reaktions-          │     │ Aufbau der          │
│ beschreibung        │     │ Syntheseapparatur   │
└─────────────────────┘     └─────────────────────┘
                                      │
                                      ▼
                            ┌─────────────────────┐
                            │ Im Abschnitt 13.3.1.3│
                       ┌──> │ Aufarbeitung durch  │
                       │    │ Umkristallisation   │
┌─────────────────────┐│    └─────────────────────┘
│ Im Abschnitt 13.2.3 ││
│ Reaktionsdurchführung├┤    ┌─────────────────────┐
└─────────────────────┘│    │ Im Abschnitt 13.3.2 │
                       └──> │ Aufarbeitung durch  │
                            │ Umfällung           │
                            └─────────────────────┘
                                      │
                                      ▼
┌─────────────────────┐     ┌─────────────────────┐
│ Im Abschnitt 13.4   │ ──> │ Im Abschnitt 13.5   │
│ Ausbeuteberechnung  │     │ Produktanalytik     │
└─────────────────────┘     └─────────────────────┘
```

In diesem Kapitel wird der synthetisierte Ester aus Kapitel 12 als Edukt eingesetzt und zur Salicylsäure verseift. Diese zwei Prozesse können im Kreislauf gefahren werden, welches im Sinne von Responsible Care zu erheblich geringeren Chemikalienabfällen und Entsorgungskosten führt.

13.2 Synthese

13.2.1 Reaktionsbeschreibung

Prozess Verseifung: Reaktionsbeschreibung

Bei der Verseifung eines Esters handelt es sich zwar um die Rückreaktion der Veresterung, da aber mit einem alkalischen Verseifungsmittel gearbeitet wird, nicht mehr um eine Gleichgewichtsreaktion. Im Prozess des Kapitels 12 (Veresterung) verlief die Synthese in einem sauren pH-Medium und das entstehende Wasser wurde durch hygroskopische, konzentrierte Schwefelsäure gebunden. Um die Rückreaktion zu bevorzugen, wird ein alkalisches Reaktionsmedium gewählt.

Unter der Verseifung versteht man die Reaktion eines Esters mit Wasser bzw. einer Base zur entsprechenden Säure und dem aus dem Ester entstehenden Alkohol. Wird eine Base statt des Wassers zur Verseifung genutzt, verschiebt sich das Gleichgewicht nahezu vollständig zugunsten der Säure und des Alkohols. Der Salicylsäuremethylester, der in Wasser schlecht löslich ist, wird mit Hilfe von wässriger Natronlauge verseift. Da die Reaktion ausschließlich an der Grenzschicht des Esters mit der wässrigen Base stattfinden kann, ergeben sich trotz hoher Reaktionsgeschwindigkeiten recht lange Reaktionszeiten von ca. 60 bis 90 Minuten. Durch die Verwendung von Natronlauge entsteht im Laufe der Reaktion zunächst das Natriumsalz der Salicylsäure (Gl. (13-1)), welches später durch die Umsetzung mit Salzsäure zur Salicylsäure umgewandelt werden kann (Gl. (13-2)).

$$\text{Salicylsäuremethylester} + NaOH \rightleftharpoons \text{Natriumsalicylat} + CH_3OH \quad (13\text{-}1)$$

$$\text{Natriumsalicylat} + HCl \rightarrow \text{Salicylsäure} + NaCl \quad (13\text{-}2)$$

Die in Abbildung 13-1 dargestellte Salicylsäure dient z. B. als Edukt zur Herstellung des Schmerzmittels Acetylsalicylsäure (Handelsname: Aspirin, ASS) und zur Herstellung von Geruchsstoffen. In der Medizin wird ASS zur Schmerzlinderung, Fiebersenkung und Blutverdünnung eingesetzt.

Abb. 13-1. Strukturformel von Salicylsäure.

13.2.2
Syntheseapparatur

Prozess Verseifung: Der Aufbau einer Apparatur

Für die durchzuführende Synthese kann die im Kapitel 12 beschriebene und in Abbildung 12-2 dargestellte Apparatur verwendet werden. Die Rundkolbengröße sollte der entsprechenden Ansatzgröße angepasst werden.

13.2.3
Reaktionsdurchführung

Prozess Verseifung: Synthese

Informieren Sie sich über die Sicherheitsdaten von Salicylsäure und Natronlauge.

Es ist die gesamte Menge an Salicylsäuremethylester aus dem Prozess in Kapitel 12 einzusetzen. Die Mengen der anderen Reaktionspartner sind entsprechend der Reaktionsbeschreibung anzupassen.

In einer der Menge angepassten Rührapparatur wird die gesamte Menge Salicylsäuremethylester zusammen mit der dreifachen Stoffmenge Natriumhydroxid, in Form einer Natronlauge $w(NaOH) = 10\%$, vorgelegt.

Unter Rühren wird dieses Gemisch 90 Minuten am Rückfluss gekocht. Nach erfolgreicher Reaktion entsteht eine klare Lösung, die keinesfalls zwei Phasen enthalten darf. Sollte noch eine zweite Phase sichtbar sein, ist dies ein Zeichen für noch nicht umgesetzten Ester. Ursache hierfür könnten eine zu kurze Reaktionszeit oder eine zu geringe Menge an Natronlauge gewesen sein.

Die klare Lösung wird mit der 20-fachen Stoffmenge Wasser, bezogen auf den eingesetzten Ester, verdünnt und auf 20 °C abgekühlt. Bei dieser Temperatur ist so lange Salzsäure, w(HCl) = 10 %, zuzutropfen, bis die entstehende Suspension einen pH-Wert von 2–3 hat. Entsteht bei der pH-Wert-Verschiebung kein Niederschlag, ist ggf. etwas Wasser abzudampfen.

Die entstandene Salicylsäure wird abgesaugt und das Filtrat durch erneute tropfenweise Zugabe von Salzsäure auf vollständige Fällung überprüft.

Der Filterkuchen ist so lange portionsweise mit je 1 mol eiskaltem Wasser zu waschen, bis das ablaufende Filtrat chloridionenfrei ist. Wird beim Waschen zu viel Wasser verwendet oder ist das Waschwasser zu warm, kann unter Umständen die gesamte Ausbeute verloren gehen.

Zur anschließenden Reinigung der entstandenen Salicylsäure stehen zwei unterschiedliche Methoden zur Verfügung.

13.3
Umkristallisation

Die Umkristallisation ist eine Reinigungsmethode für Feststoffe. Dazu wird der Feststoff in einem geeigneten Lösemittel oder Lösemittelgemisch gelöst, meist mit einem Adsorptionsmittel zur Anlagerung der Verunreinigungen versetzt und anschließend filtriert. Aus dem klaren, gereinigten Filtrat kristallisiert der Stoff wieder aus. Dabei wird entweder die Temperaturabhängigkeit der Löslichkeit oder die unterschiedliche Löslichkeit in verschiedenen Lösemitteln ausgenutzt. Wird die Umkristallisation ohne Verwendung eines Adsorptionsmittels durchgeführt, spricht man in der Regel nur von einem „Umlösen" der Substanz.

13.3.1
Umkristallisation aus heiß gesättigter Lösung

Voraussetzung zur Reinigung eines Feststoffes mit Hilfe der Umkristallisation ist dessen gute Löslichkeit in einem heißen Lösemittel und gleichzeitig schlechte Löslichkeit im gleichen kalten Lösemittel.

Die Löslichkeit L eines Stoffes ist die Masse in g, die in 100 g eines Lösemittels bei einer bestimmten Temperatur maximal gelöst werden kann. Eine Lösung, die von einer bestimmten Stoffportion in 100 g Lösemittel bei gegebener Temperatur nichts mehr aufnehmen kann und in der häufig ein Bodensatz vorhanden ist, wird als *gesättigte Lösung* bezeichnet. Eine *ungesättigte Lösung* kann weitere Stoffportionen desselben Stoffes bei gegebener Temperatur lösen. Kühlt man eine heiß gesättigte Lösung so vorsichtig ab, dass der gelöste Stoff in der Kälte nicht wieder auskristallisiert, dann liegt eine *übersättigte Lösung* vor. Die Löslichkeit fester und flüssiger Stoffe nimmt in der Regel mit steigender Temperatur zu, die der Gase hingegen ab. Die Löslichkeit eines Stoffes in einem Lösemittel kann bei einer bestimmten Temperatur ermittelt werden, indem man bei dieser Temperatur eine gesättigte Lösung herstellt und den Bodensatz abfiltriert. Über eine Trockengehaltsbestimmung kann nun die Masse des tatsächlich gelösten Stoffes bestimmt werden. Dazu werden ca. 2 g der Lösung auf der Analysenwaage in ein Wägegläschen genau eingewogen und anschließend im Trockenschrank bei 120 °C bis zur Massenkonstanz getrocknet. Von dem Wägegläschen sollte vorher das Leergewicht bestimmt werden. Nach dem Trocknen kann nun anhand der Masse angetrocknetem Salz und der eingewogenen Masse Lösung, der exakte Massenanteil berechnet werden. Wird die Löslichkeit bei verschiedenen Temperaturen in einem Löslichkeits-Temperatur-Diagramm eingetragen, erhält man die *Löslichkeitskurve* der Substanz. Abbildung 13-2 zeigt drei Beispiele von Salzlösungen:

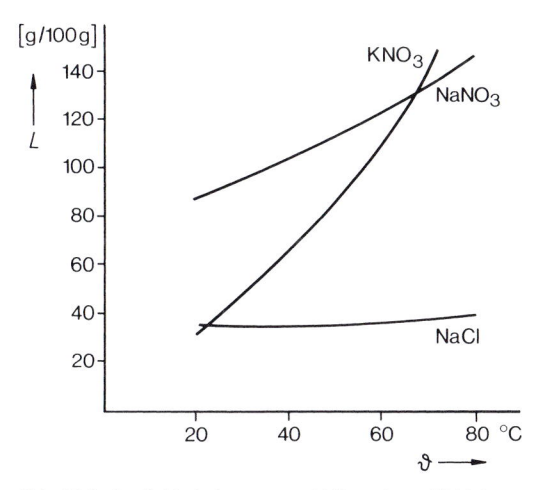

Abb. 13-2. Löslichkeitskurven von Kaliumnitrat (KNO_3), Natriumnitrat ($NaNO_3$) und Natriumchlorid (NaCl).

Praxisaufgabe: Erstellung von Löslichkeitskurven

Erstellen Sie eine Löslichkeitskurve für Salicylsäure, indem Sie die Löslichkeit von Salicylsäure in
1. entmineralisiertem Wasser,
2. einem Wasser/Ethanol-Gemisch im Volumenverhältnis 1:2
bei 20, 40, 60, 80 und 100 °C bestimmen.
Stellen Sie die Ergebnisse in einem Diagramm grafisch dar.

Bei der Umkristallisation wird aus dem zu reinigenden Feststoff und einem Lösemittel, welches nicht mit dem Stoff reagiert, eine heiß gesättigte Lösung hergestellt. Die in dem Feststoff befindlichen festen, nicht löslichen Verunreinigungen werden abfiltriert und die Lösung abgekühlt. Durch die geringe Löslichkeit der meisten Verbindungen bei niedrigen Temperaturen kristallisieren sie jetzt gereinigt wieder aus. Die Wahl des geeigneten Lösemittels wird daher sehr von der Temperaturabhängigkeit der Löslichkeit beeinflusst. In der Kälte sollte der zu reinigende Stoff sehr schlecht und in der Siedehitze sehr gut löslich sein. Von der Löslichkeit bei Raumtemperatur hängt es natürlich auch ab, wie viel des gelösten Stoffes maximal zurückgewonnen werden kann. Dies ist allerdings auch von der eingesetzten Lösemittelmenge abhängig. Um die Lösemittelmengen möglichst gering zu halten, bieten sich außer einer Löslichkeitskurve zwei weitere Möglichkeiten zur Löslichkeitsbestimmung an:

1. 1 g der zu reinigenden Substanz wird in ein Reagenzglas eingewogen und so lange portionsweise mit Lösemittel versetzt, bis es in der Siedehitze vollständig in Lösung gegangen ist. Da während dieses Lösungsversuches ein Teil des Lösemittels wieder verdampft, empfiehlt es sich, die Lösemittelmenge anschließend über die Waage zu bestimmen. Die notwendige Lösemittelmenge wird auf die Gesamtstoffportion umgerechnet.

2. Bei thermisch stabilen Substanzen kann etwas vom Lösemittel mit der gesamten Menge an zu reinigender Substanz in einem mit Rückflusskühler versehenen Rundkolben vorgelegt werden. Unter Rühren wird zum Sieden erhitzt und bei Siedetemperatur über den Rückflusskühler so lange portionsweise Lösemittel zugegeben, bis die Substanz vollständig gelöst ist.

Die Verunreinigungen gelöster Stoffe, können durch Zusatz von Adsorptionsmitteln (z. B. Aktivkohle, Tonsil, Kieselgur) besser abgetrennt werden. Unter *Adsorption* (von lat. „ad" für „zu" und lat. „sorbere" für „in sich ziehen") versteht man das Anlagern von Teilchen an der Oberfläche eines Adsorptionsmittels. Die *Absorption* (von lat. „absorbere" für „verschlucken") hingegen ist die Aufnahme von Stoffen in einem Absorptionsmittel.

Da Adsorptionsmittel sehr große Oberflächen in Form von Poren haben, die im trockenen Zustand mit Luft gefüllt sind, ist die Gefahr eines Siedeverzuges bei Zugabe des Adsorptionsmittels besonders groß. Vor der Zugabe sollte daher die Lösung unterhalb der Siedetemperatur abgekühlt werden. Da Adsorptionsmittel auch einen Teil des zu reinigenden Stoffes adsorbieren, werden sie nur in geringen Mengen zugesetzt, um den Verlust so klein wie möglich zu halten.

Zur Filtration der heißen Lösung werden Trichter mit weitem, möglichst kurzem Auslaufrohr verwendet, um ein Auskristallisieren der Substanz und damit Verstopfen des Trichters beim Abkühlen zu vermeiden. Bei besonders kritischen Umkristallisationen ist es ratsam, sich eines vorgewärmten oder heizbaren Trichters zu bedienen. Bei allen Umkristallisationen sollte eine gewisse Abkühlung und Verdunstung während des Filtrierens durch eine geringe Zusatzmenge an Lösemittel von Anfang an berücksichtigt werden.

Durch die Abkühlgeschwindigkeit der filtrierten Lösung kann die Größe der entstehenden Kristalle beeinflusst werden. Kühlt die Lösung schnell ab, bleiben die Kristalle klein und lassen sich später nur schlecht filtrieren. Ein langsames Abkühlen hingegen führt zu größeren Kristallen. Ein Filtrieren der heißen Lösung durch Abnutschen im Vakuum ist daher nicht so ratsam, da der Abkühlvorgang durch das Verdunsten im Vakuum extrem beschleunigt würde.

Wenn die Substanz aus der Lösung auch nach längerem Stehen im Eisbad nicht auskristallisiert, gibt es prinzipiell zwei Ursachen:

- Es wurde mit einer zu großen Menge an Lösemittel umkristallisiert, so dass es sich nicht um eine heiß gesättigte Lösung handelte.
  Hier ist es möglich, die Ausbeute an Substanz durch Eindampfen des Lösemittels noch zu retten, vorausgesetzt die Substanz ist thermisch stabil.
- Es ist eine übersättigte Lösung entstanden, bei der zum Auskristallisieren folgende Hilfsmittel eingesetzt werden können:
   1. Mit einem Glasstab an den Wänden des Gefäßes kratzen, um Kristallkeime zu bilden.
   2. Einen kleinen Kristall der zu reinigenden Substanz als Impfkristall der Lösung zusetzen.
   3. Ein zweites, mit dem ersten mischbares Lösemittel hinzufügen, in dem sich die Substanz schlechter löst. Setzt man z. B. einer alkoholischen Lösung Wasser hinzu, kristallisiert der in Wasser unlösliche Stoff aus.
   4. Der wässrigen Lösung Salz hinzufügen (Aussalzen), damit die gelöste Substanz verdrängt wird. Das Salz muss dabei eine bessere Löslichkeit im Lösemittel aufweisen als die Substanz. Dieses Verfahren wird häufig bei der Herstellung von Farbstoffen genutzt.

Die gereinigten Kristalle werden vom Lösemittel nach dem Abkühlen durch Abnutschen abgetrennt und getrocknet. Über unterschiedliche analytische Methoden kann nun der Reinheitsgrad der Kristalle ermittelt werden. Die Umkristallisation ist so häufig zu wiederholen, bis der gewünschte Reinheitsgrad erreicht wird.

Aus dem Filtrat kann jeweils durch Eindampfen des Lösemittels weitere Substanz gewonnen werden. Sie weist jedoch in der Regel eine geringere Reinheit als die erste Fraktion auf und sollte daher nicht mit dieser vereinigt werden.

13.3.1.1 Umkristallisation in wässrigem Lösemittel

Eine Umkristallisation aus heiß gesättigter Lösung mit Wasser als Lösemittel kann, wie in Abbildung 13-3 dargestellt, über einer offenen Brennerflamme im Erlenmeyer-Kolben durchgeführt werden. Dabei sollte zur Vermeidung von Siedeverzügen mit Siedesteinen oder einer ständigen Rührung gearbeitet werden. Es ist zu beachten, dass während des Siedevorganges, vor allem wenn noch längere Zeit mit einem Adsorptionsmittel aufgekocht wird, ein nicht unerheblicher Teil des Lösemittels verdampft. Dies ist von vornherein durch eine zusätzliche Lösemittelmenge von bis zu 20 % der Gesamtmenge zu berücksichtigen. Diese Zusatzmenge von 20 % berücksichtigt auch bereits das Verdunsten während des Abkühlvorgangs beim anschließenden Filtrieren. Wird mit entsprechend apparativen Möglichkeiten, wie einem heizbaren Trichter gearbeitet, sollte diese Zusatzmenge reduziert werden.

Die Verwendung eines Becherglases statt des Erlenmeyer-Kolbens ist nicht ratsam, da die Öffnung des Becherglases größer ist und damit der Anteil des verdampfenden Lösemittels entsprechend steigt.

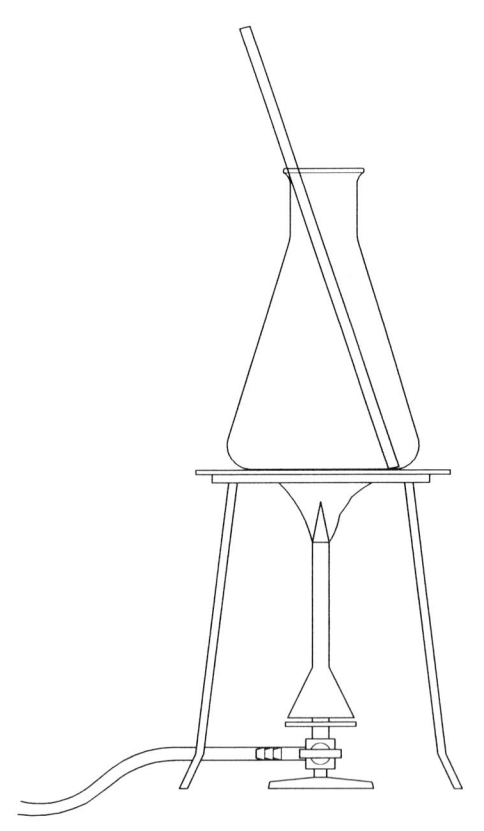

Abb. 13-3. Apparatur zur Umkristallisation in wässrigem Lösemittel.

13.3.1.2 Umkristallisation in organischen Lösemitteln bzw. Lösemittelgemischen

Wird bei der Umkristallisation nicht ausschließlich mit Wasser gearbeitet, sondern ein organisches Lösemittel bzw. ein Lösemittelgemisch verwendet, ist bei der Durchführung die Brennbarkeit und Toxizität der Lösemittel zu berücksichtigen. Deshalb ist die Verwendung der in Abbildung 13-3 dargestellten Apparatur verboten. Bei solchen Umkristallisationen bieten sich einfache Rückflussapparaturen, wie in Abbildung 13-4 dargestellt, an. Da das verdampfende Lösemittel im Rückflusskühler wieder kondensiert und zurücktropft, muss bei dieser Methode der Umkristallisation auch nicht mit einer so großen Zusatzmenge an Lösemittel gearbeitet werden. Hier genügt in der Regel eine Zugabe von 5–10 % an Lösemittel. Bei Verwendung von heizbaren Trichtern sogar noch weniger.

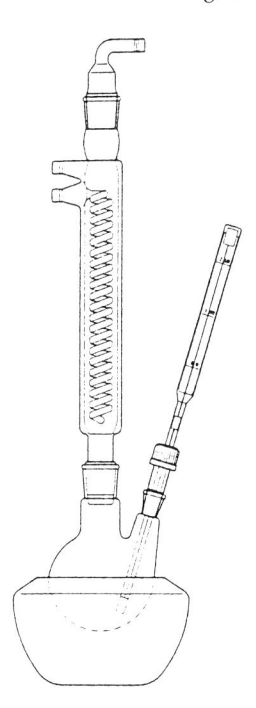

Abb. 13-4. Rückflussapparatur. (Geräte: Heizkorb (elektrisch), Spannungsteiler, 500-mL-Zweihalskolben, Intensivkühler, Schliffthermometer.)

13.3.1.3 Umkristallisation der synthetisierten Salicylsäure

Prozess Verseifung: Die Umkristallisation

Informieren Sie sich über die Sicherheitsdaten von Ethanol.

Die Hälfte der synthetisierten Salicylsäure (siehe Seite 328) wird aus einem Gemisch Wasser/Ethanol im Volumenverhältnis 1:2 umkristallisiert. Hierzu wird die Verwendung einer Rückflussapparatur empfohlen. Je nach Aussehen der zu reinigenden Salicylsäure sollte Aktivkohle als Adsorptionsmittel verwendet werden. Die Einsatzmenge an Aktivkohle richtet sich nach der Menge der umzukristallisierenden Substanz. Als ungefähre Richtlinie, werden pro 20 g Feuchtausbeute (scharf abgesaugt) 1 g Adsorptionsmittel eingesetzt. Ist die umzukristallisierende Substanz trocken, setzt man bei weniger als 10 g Trockensubstanz 0,5 g Aktivkohle ein, darüber dann 1 g Aktivkohle. Dies ist nur eine grobe Richtlinie und muss bei Kleinstansätzen natürlich mengenmäßig angepasst werden.

Die Löslichkeit der Salicylsäure sollte über eine Löslichkeitsbestimmung mit einem Gramm der Substanz vorab bestimmt werden. Dann wird die gesamte Menge der Salicylsäure mit der ermittelten Menge an Lösemittelgemisch in der Rückflussapparatur vorgelegt und zum Sieden erhitzt, bis sich die Salicylsäure gelöst hat. Nach dem Abkühlen um ca. 10 °C unterhalb der Siedetemperatur kann das Adsorptionsmittel zugegeben werden. Mit dem Adsorptionsmittel sollte nun noch einmal ca. 5 Minuten gekocht und direkt im Anschluss über einen vorgeheizten Trichter filtriert werden.

Das Filtrat läßt man abkühlen. Wenn es ungefähr Raumtemperatur erreicht hat, kann das Filtrat noch zusätzlich in einem Eisbad weiter abgekühlt werden, um noch mehr Kristalle auszukristallisieren. Anschließend wird die kristallisierte Salicylsäure über eine Nutsche abgesaugt und bei 80 °C im Trockenschrank, besser im Vakuumtrockenschrank, getrocknet.

13.3.2
Umfällung

Im Unterschied zur physikalischen Methode des Umkristallisierens aus heiß gesättigter Lösung ist das Umfällen ein chemischer Vorgang. Er beruht auf der unterschiedlichen Dissoziation von Verbindungen in Säuren und Laugen.

Prozess Verseifung: Die Umfällung

In einer Becherglasrührapparatur (Abbildung 13-5) wird der andere Teil der Salicylsäure (siehe Seite 328), die in kaltem Wasser schwerlöslich ist, portionsweise mit Natronlauge, $w(NaOH)$ = 10 %, versetzt.

Das entstehende Natriumsalicylat (siehe Gl. (13-3)) ist in Wasser löslich und nicht lösliche Verunreinigungen bleiben nach der Filtration im Filter zurück. Der Reinigungsprozess kann durch die Verwendung eines Adsorptionsmittels, z. B. Tonsil, noch verstärkt werden. Zur gereinigten Lösung des Salzes wird anschließend Salzsäure gegeben, wodurch sich die schwerlösliche Salicylsäure zurückbildet (Gl. (13-4)) und auskristallisiert. Sie wird abfiltriert und anschließend getrocknet.

$$\text{Salicylsäure} + NaOH \longrightarrow \text{Natriumsalicylat} + H_2O \quad (13\text{-}3)$$

$$\text{Natriumsalicylat} + HCl \longrightarrow \text{Salicylsäure} + NaCl \quad (13\text{-}4)$$

Auswertung:
- Wie deutlich ist die Temperaturabhängigkeit der Löslichkeit von Salicylsäure in den beiden Lösemitteln zu erkennen?
- Welche der beiden Reinigungsmethoden ist für die Aufarbeitung von Salicylsäure besser?
- Wie beurteilen Sie den zeitlichen und apparativen Aufwand der beiden Methoden?

13.4 Ausbeuteberechnungen

Prozess Verseifung: Die Ausbeuteberechnung

Da in diesem Kapitel die Rückreaktion des Prozesses aus dem vorherigen Kapitel beschrieben wurde, ist auch die Ausbeuteberechnung analog durchzuführen (siehe Abschnitt 12.5). Nun soll die Ausbeute allerdings bezogen auf den eingesetzten Salicylsäuremethylester berechnet werden.

Was ist dazu an der Berechnung zu verändern?

Die Ausbeute sollte bei dieser Reaktion prozentual höher liegen als bei der Veresterung, da sich bei der Verseifung durch die Verwendung einer starken Base eine deutliche Verlagerung des Gleichgewichtes zugunsten der Salicylsäure bzw. des Salzes der Salicylsäure ergibt.

Ermitteln Sie die Kosten für 1 kg synthetisierte Salicylsäure analog dem Schema aus Abschnitt 6.4.

Die Salicylsäure kann wieder zur Herstellung des Salicylsäuremethylesters (Kapitel 12) eingesetzt werden.

13.5 Produktanalytik

Prozess Verseifung: Die Produktanalytik

Als relativ unkomplizierte Art der Produktanalytik bietet sich bei einem Feststoff die Bestimmung des Schmelzpunktes zur Identitätskontrolle und – da es sich bei diesem Produkt um eine Säure handelt – die alkalimetrische Titration zur Reinheitsbestimmung an.

Die Schmelzpunktbestimmung kann, wie in Kapitel 10 erläutert, durchgeführt werden. Informieren Sie sich in entsprechenden Datenbanken über den Schmelzpunkt von Salicylsäure. Sollte eine Referenzsubstanz zur Verfügung stehen, ist es empfehlenswert, zur besseren Kontrolle einen Mischschmelzpunkt zu bestimmen. Es ist allerdings bei der Schmelzpunktbestimmung besonders wichtig, dass die Substanz absolut trocken ist, da Feuchtigkeit wie Verunreinigung wirkt und den Schmelzpunkt deutlich herabsetzen würde.

Zur genaueren Quantitätsbestimmung der Salicylsäure bietet sich eine alkalimetrische Titration gegen Natronlaugemaßlösung an. In Kapitel 9 wurde bereits das Ansetzen der Maßlösung und die nachfolgende Titerbestimmung erläutert. Es ist nun für die Produktkontrolle nur noch die entsprechende Einwaage zu berechnen, damit die Titration einen auf der Bürette günstig abzulesenden Verbrauch (im mittleren Volumenbereich der Bürette) aufweist.

Sollten anspruchsvollere Produktanalysen erforderlich sein, kann natürlich auch von der Salicylsäure ein IR- bzw. NMR-Spektrum aufgenommen werden.

Die Auswahl der passenden Produktanalysen richtet sich immer nach dem Qualitätsanspruch an das Produkt und natürlich auch nach den analytischen Möglichkeiten im Laboratorium und den anfallenden Kosten.

Aufgabe

Informieren Sie sich im Internet über die Herstellung von „Seifen". Welcher Zusammenhang besteht zwischen Seifen und dem in diesem Kapitel behandelten Prozess einer Verseifung?

14
Produktsynthese Oxidation (Prozess)

14.1
Prozessbeschreibung

In diesem Prozess sollen verschiedene Trennmethoden eingeübt und verglichen werden. Dabei stehen die Wasserdampfdestillation und die Säulenchromatografie im Vordergrund des Prozesses. Biochemische Reaktionen runden den Prozess ab.

Eine vorher durchgeführte Synthese ist reinheitsoptimiert durchzuführen, d. h. es sollte eine möglichst gute Reinheit des Produktes bei akzeptabler Ausbeute erzielt werden. Gemäß des Grundgedankens des Responsible Care in der Ausbildung, also der Erhöhung der Leistungen für den Umweltschutz, die Sicherheit und die Gesundheit, ist die Synthese hinsichtlich Energieverbrauch, Sicherheit und Geräteschonung zu untersuchen und ggf. zu optimieren.

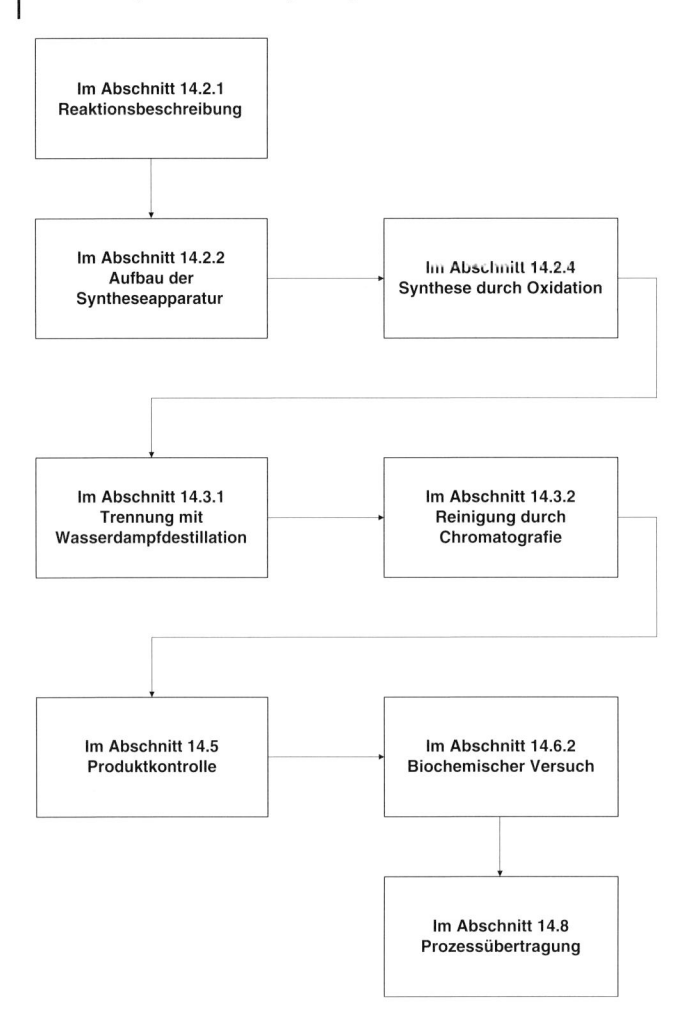

```
┌─────────────────────────┐
│ Im Abschnitt 14.2.1     │
│ Reaktionsbeschreibung   │
└───────────┬─────────────┘
            ↓
┌─────────────────────────┐      ┌─────────────────────────┐
│ Im Abschnitt 14.2.2     │      │ Im Abschnitt 14.2.4     │
│ Aufbau der              │─────→│ Synthese durch Oxidation│
│ Syntheseapparatur       │      │                         │
└─────────────────────────┘      └─────────────┬───────────┘
            ↓
┌─────────────────────────┐      ┌─────────────────────────┐
│ Im Abschnitt 14.3.1     │      │ Im Abschnitt 14.3.2     │
│ Trennung mit            │─────→│ Reinigung durch         │
│ Wasserdampfdestillation │      │ Chromatografie          │
└─────────────────────────┘      └─────────────┬───────────┘
            ↓
┌─────────────────────────┐      ┌─────────────────────────┐
│ Im Abschnitt 14.5       │─────→│ Im Abschnitt 14.6.2     │
│ Produktkontrolle        │      │ Biochemischer Versuch   │
└─────────────────────────┘      └─────────────┬───────────┘
                                               ↓
                                 ┌─────────────────────────┐
                                 │ Im Abschnitt 14.8       │
                                 │ Prozessübertragung      │
                                 └─────────────────────────┘
```

14.2
Synthese

14.2.1
Reaktionsbeschreibung

Bei der folgenden Reaktion wird Benzaldehyd mit Hilfe des Luftsauerstoffes zu Benzoesäure oxidiert. Benzaldehyd ist eine Verbindung mit der charakteristischen funktionellen Gruppe R-CHO und einem Benzolring. Es ist als künstliches Bittermandelöl bekannt, weil es einen charakteristischen Geruch nach Mandeln („Marzipan") hat. Weitere Informationen erhält man unter dem Begriff „Benzaldehyd"

z. B. in der Suchmaschine www.google.de oder www.scirus.com. Auf der Internetseite www.omikron-online.de/cyberchem/aroinfo/0090-aro.htm ist die Strukturformel von Benzaldehyd in 3D-Form gezeigt. Zum Vergleich die Strukturformel (Abbildung 14-1), die in der Kurzschreibweise gehalten ist.

Abb. 14-1. Strukturformel von Benzaldehyd in der Kurzschreibweise.

Werden Aldehyde oxidiert, entstehen Carbonsäuren. Das eingesetzte Edukt (Ausgangsprodukt) Benzaldehyd wird mit Luftsauerstoff zu dem Produkt Benzoesäure oxidiert, das gelingt relativ gut unter Einwirkung von Eisen(II)-ionen. Die Reaktion wird in Gl. (14-1) beschrieben.

$$2 \; C_6H_5CHO + O_2 \xrightarrow{Fe} 2 \; C_6H_5COOH \tag{14-1}$$

Die Reaktion verläuft nicht vollständig, so dass neben dem Produkt Benzoesäure das Edukt Benzaldehyd in dem Reaktionsgemisch vorliegt.

Die Trennung des Produktes Benzoesäure von dem Edukt Benzaldehyd wird im ersten Versuch mit Hilfe einer Wasserdampfdestillation vorgenommen und im zweiten Versuch mit einer Säulenchromatografie.

Das jeweils isolierte Produkt Benzoesäure wird titrimetrisch auf seine Reinheit überprüft.

Benzoesäure wird als Konservierungsstoff für Lebensmittel (z. B. Fischkonserven, Fette, Fruchtsäfte), in Lacken und als Ausgangsprodukt für chemische Synthesen verwendet. Da Benzoesäure sehr häufig Allergien auslöst, ist es als Konservierungsmittel umstritten. Heute wird stattdessen häufiger Sorbinsäure eingesetzt.

Um die konservierende Wirkungsweise von Benzoesäure zu überprüfen, wird im Anschluss an die Trennung mit dem Produkt eine biochemische Reaktion durchgeführt.

14.2.2
Syntheseapparatur

Prozess Oxidation: Der Aufbau der Syntheseapparatur

Die Apparatur wird so zusammengestellt, dass bei der Synthese ein konstanter Strom getrockneter Luft durch das erhitzte Benzaldehyd durchgesaugt werden kann.

Dazu wird ein 100-mL-Zweihalskolben in eine Kristallisierschale (Heizbad) gehängt, die mit Wasser gefüllt ist. Die gesamte Anordnung wird auf einen heizbaren Magnetrührer gestellt. In den größeren Schliff des Kolbens wird über eine dichtschließende Quickfit-Verbindung ein unten verjüngtes Glasrohr bis zum Boden eingesetzt. Über einen Vakuumschlauch wird das Glasrohr mit einem Blasenzähler verbunden und der Ausgang des Blasenzählers mit einem Trockenröhrchen (Präparation siehe nächsten Abschnitt) gekoppelt. In den Blasenzähler wird so lange dickflüssiges Siliconöl gefüllt, bis das tiefergehende Rohr etwa bis zur Hälfte eintaucht. Der Blasenzähler muss so angeordnet werden, dass Luft in die Apparatur gesaugt werden kann und das Siliconöl nicht in die Apparatur gelangen kann.

Auf den kleineren Schliff des 100-mL-Kolbens wird eine Quickfit-Verbindung gesteckt. In diese Verbindung wird ein kurzes Glasrohr geschoben, welches mit einem Vakuumschlauch zur Hausvakuumleitung oder einer Vakuumpumpe führt. Es ist zweckmäßig, in den Vakuumschlauch zur Vakuumleitung ein gläsernes T-Stück einzubauen. Das freie Ende des T-Stückes wird mit einem Drehventil verbunden. Durch Öffnen oder Schließen des Ventils kann die Stärke des Vakuums variiert werden und damit auch die Stärke des Luftstromes, der durch die Apparatur gesaugt wird.

Abbildung 14-2 zeigt den Aufbau der Apparatur.

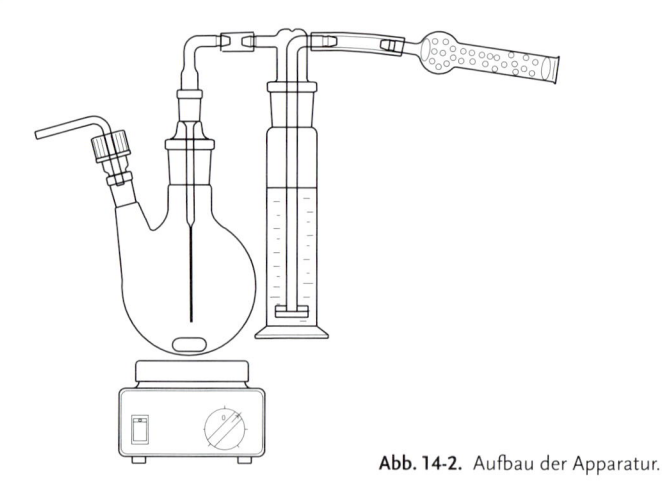

Abb. 14-2. Aufbau der Apparatur.

14.2.3
Präparation des Trockenröhrchens

Das Trockenröhrchen wird im unten verdickten Teil mit etwas Glaswolle locker verschlossen, darauf kommt bis ca. 80 % der Füllhöhe wasserfreies, gekörntes Calciumchlorid. Am oberen Ende wird das Trockenröhrchen wieder mit Glaswolle locker verschlossen. Die Luft, die später durch das Trockenröhrchen in die Apparatur eingesaugt wird, wird so entfeuchtet (vgl. Abbildung 14-3). Achtung: Viele Menschen zeigen nach Hautreizungen durch Glaswolle allergische Reaktionen auf der Haut, deshalb besser bei der Präparation des Trockenröhrchens Handschuhe anziehen.

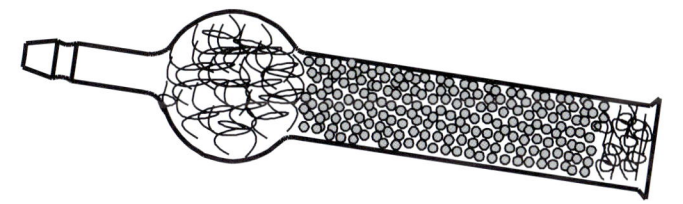

Abb. 14-3. Präpariertes Trockenrohr mit $CaCl_2$ und Glaswolle.

14.2.4
Reaktionsdurchführung, Ablauf der Reaktion

Prozess Oxidation: Die Synthese

Informieren Sie sich über die Sicherheitsdaten von Benzaldehyd, Benzoesäure und Eisen(II)-sulfat.

Der 100-mL-Kolben wird mit 40 g Benzaldehyd gefüllt, die Flüssigkeit mit einer Spatelspitze Eisen(II)-sulfat versetzt und die Mischung auf 95 °C erhitzt. Nach Zusammensetzen der Apparatur wird bei dieser Temperatur für 2 Stunden ein mäßiger Luftstrom durch den Benzaldehyd durchgesaugt. Der Luftstrom ist so einzustellen, dass an dem Blasenzähler gerade noch die Blasen zu zählen sind. Nach der Reaktionszeit wird auf Raumtemperatur abgekühlt. Es entsteht ein halbfestes, bräunliches Gemisch von Benzaldehyd und Benzoesäure sowie noch etwas Fe^{3+}-Salz. Das Produkt Benzoesäure soll nun mit zwei verschiedenen Methoden aus dem Synthesegemisch vom Edukt Benzaldehyd getrennt werden:
- Trennung mit Hilfe der Wasserdampfdestillation,
- Trennung mit Hilfe der Säulenchromatografie.

14.3
Trennung der Reaktionsprodukte

14.3.1
Trennung mit Hilfe der Wasserdampfdestillation

Bei Flüssigkeitsgemischen, deren Komponenten miteinander mischbar sind, führt deren Wechselwirkung zu einer Beeinflussung der Dampfdrücke (siehe Abschnitt 12.4). Jede Konzentrationsänderung der Komponenten führt zu einem anderen Gesamtdampfdruck des Gemisches.

Der Gesamtdampfdruck über *nicht* mischbaren Flüssigkeiten ergibt sich durch Addition der Dampfdrücke der Komponenten. Er ist für alle Mischungsverhältnisse der Komponenten konstant (Abbildung 14-4).

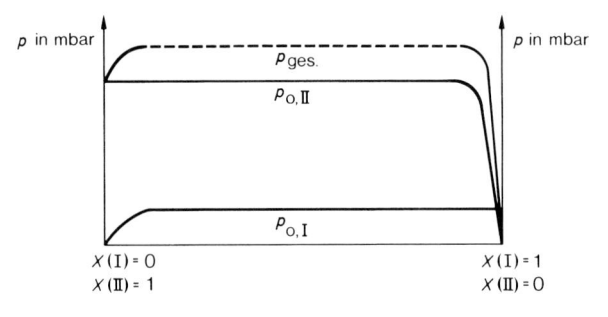

p Druck
$p_{ges.}$ Gesamtdruck
$p_{o,I}$ Dampfdruck der reinen Komponente I
$p_{o,II}$ Dampfdruck der reinen Komponente II

Abb. 14-4. Zusammensetzung des Dampfes über zwei nicht mischbaren Flüssigkeiten bei konstanter Temperatur.

Diese Besonderheit kann bei der Wasserdampfdestillation ausgenutzt werden. Benzaldehyd siedet unter Normaldruck bei 178,1 °C. Wird Wasserdampf in eine benzaldehydhaltige Lösung eingeleitet, stellt sich eine Übergangstemperatur von ca. 100 °C ein und eine trübe Suspension kondensiert im Kühler der Apparatur. Das Benzaldehyd ist mit viel Wasserdampf also bereits weit unter seiner Siedetemperatur übergegangen. Der Dampfdruck des Wassers und der des Benzaldehydes addieren sich zum Gesamtdampfdruck. Aufgrund seines Dampfdruckes ist Benzaldehyd zu einem bestimmten Teil in dem Kondensat enthalten. Da der Dampfdruck von Benzaldehyd geringer ist als der von Wasser, befindet sich deutlich mehr Wasser im Kondensat als Benzaldehyd und der Gesamtsiedepunkt wird kaum vom Benzaldehyd beeinflusst.

Aufgabe

Der Dampfdruck bei 97 °C beträgt von Benzaldehyd 14 kPa und von Wasser 998 kPa. Schätzen Sie ab, wie viel Wasserdampf etwa einzuleiten ist, damit 20 g Benzaldehyd überdestillieren.

Eine solche Wasserdampfdestillation wird als „Schleppmitteldestillation" bezeichnet. Anilin, Benzol und Toluol lassen sich z. B. auf diesem Weg mit Hilfe von Wasserdampf aus Gemischen herausschleppen. Um Ethanol mit $w(C_2H_5OH)$ = 96 % zu entwässern („absolutieren"), wird Benzol zugesetzt; beim Erhitzen des Ethanol/Wasser/Benzol-Gemisches schleppen sich Wasser und Benzol aus dem Gemisch und reines Ethanol bleibt übrig. Viele etherische Öle für die Parfüm- und Lebensmittelindustrie werden mit Wasserdampfdestillation aus Pflanzen gewonnen, z. B. Lavendelöl aus Lavendelblüten. Es lassen sich auch feste Chemikalien wasserdampfdestillieren (z. B. Naphthalin). Bedingung ist, dass die Substanzen nicht mit Wasser mischbar sind und nicht mit Wasser reagieren.

Die Wasserdampfdestillation ist ein sehr schonendes Trennverfahren, da die zu destillierende Substanz nie über 100 °C erhitzt wird.

Bei der Wasserdampfdestillation wird der Dampf üblicherweise separat in einem Dampfentwickler erzeugt und in das Destillationsgut direkt eingeleitet.

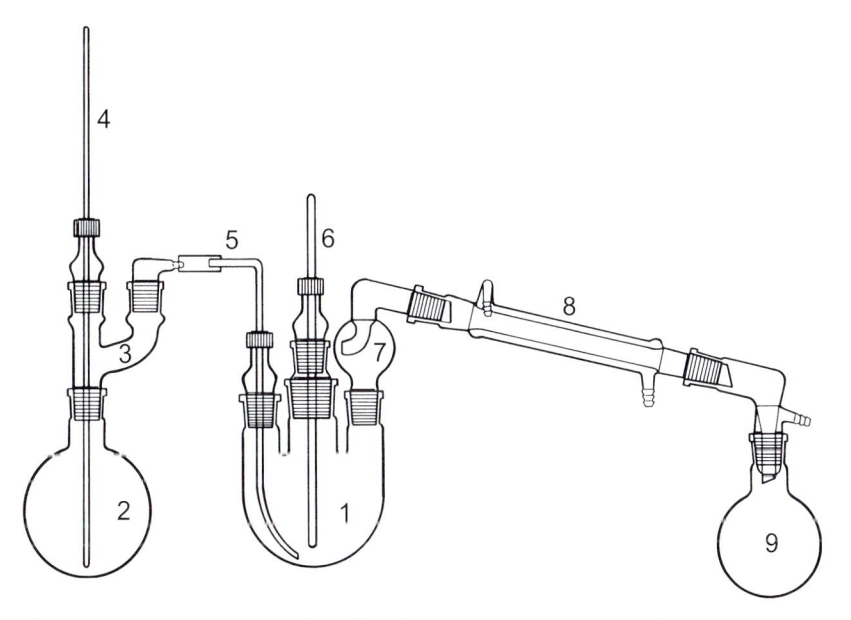

Abb. 14-5. Apparatur zur Wasserdampfdestillation. (1 Kolben für das Destillationsgut (Destillierkolben), dem ggf. über ein Bad noch gesondert Wärme zugeführt wird, 2 Wasserdampfentwickler, 3 Verteileraufsatz, 4 Sicherheitssteigrohr, 5 Dampfleitung (evtl. mit Kondenswasserabscheider), 6 Thermometer (oder Rührer), 7 Spritzschutz (Reitmeyer-Aufsatz), 8 Kühler, 9 Vorlagekolben.)

Das Destillationsgut sollte dabei leicht erwärmt werden, damit es nicht zu einer übermäßigen Dampfkondensation im Kolben kommt und dieser bald überläuft. Der Dampfentwickler ist stets mit einem Steigrohr (Sicherheitsventil) auszustatten.

In Abbildung 14-5 ist ein Vorschlag zum Aufbau einer einfachen Apparatur zur Wasserdampfdestillation dargestellt.

Prozess Oxidation: Die Wasserdampfdestillation

Achtung: Verbrühungsgefahr durch Einwirkung von Wasserdampf!

> Das Gesamtreaktionsgemisch, welches nach der Synthese entstand (siehe Seite 315), wird leicht erwärmt und man gibt davon 30 g (etwa Dreiviertel der Gesamtmenge) in ein Becherglas. Der Rest des Gemisches wird zur nachfolgenden chromatografischen Trennung aufgehoben. Zu dem Gemisch im Becherglas wird so lange tropfenweise gesättigte Natriumcarbonatlösung zugegeben, bis das Gemisch alkalisch reagiert (ca. pH 10). Das alkalisierte Gemisch wird in den Kolben der Wasserdampf-Destillationsapparatur gegeben und es wird so lange unter leichtem Erwärmen Wasserdampf eingeleitet, bis der Benzaldehyd vollständig überdestilliert ist (Wie kann das überprüft werden?). Das anfallende Kondensat wird im Scheidetrichter getrennt. Der abgetrennte Benzaldehyd kann nach dem Trocknen mit wenig Natriumsulfat und anschließender Filtration erneut für eine Synthese eingesetzt werden.
>
> Die Suspension, die im Destillationskolben der Wasserdampfdestillation verblieb, wird in einem Becherglas mit einer Spatelspitze Aktivkohle versetzt, zum Kochen erhitzt und über einen Faltenfilter abfiltriert. Nach dem Abkühlen auf Raumtemperatur wird mit Salzsäure $w(HCl) = 10\%$ angesäuert. Die dabei entstehende Benzoesäure wird abgesaugt und bei 90 °C im Trockenschrank getrocknet. Vorsicht, Benzoesäure sublimiert bei höherer Temperatur.
>
> Es ist die Ausbeute in Prozent, bezogen auf die eingesetzte Menge (3/4-Ansatz!) Benzaldehyd zu berechnen. Von dem gereinigten Benzaldehyd ist eine Reinheitskontrolle durch Titration und Schmelzpunktbestimmung durchzuführen.

14.3.2
Trennung des Gemisches mit Hilfe der Chromatografie

Alle bisher durchgeführten Verfahren zur Stofftrennung, wie Destillation, Umkristallisation usw. beruhen letztendlich darauf, dass sich die Substanzen der zu trennenden Mischung in stofflichen Eigenschaften unterscheiden. Soll z. B. mit Hilfe einer Destillation ein Stoffgemisch getrennt werden, so müssen die Komponenten der Mischung unterschiedliche Siedepunkte besitzen. Haben zwei Substanzen aber den gleichen Siedepunkt oder ist die Siedepunktsdifferenz zu gering, kann die Mischung durch Destillation nicht getrennt werden.

Die Chromatografie wird als modernes und substanzschonendes Verfahren immer häufiger als Trennmethode eingesetzt, besonders wenn es sich um kleine Mengen handelt und die Substanzen sich leicht zersetzen.

Der Begriff *Chromatografie* wurde zuerst im Zusammenhang mit der sog. Papierchromatografie (PC) benutzt. Der russische Forscher T. S. Swet tropfte eine Blattgrünlösung auf ein Stück Papier und ließ entlang des Papiers das Laufmittel Petrolether aufsteigen. Durch eine dynamische, ständige *Adsorption* (Oberflächenanhaftung) der Prüfsubstanzen an das Papiermaterial und eine dynamische, ständige *Desorption* (Ablösung) und den folgenden Weitertransport durch das Lösemittel konnten sich die verschiedenen Farbstoffe trennen, sofern sie sich entweder im Adsorptionsverhalten oder im Löslichkeitsverhalten unterschieden.

Heute wird die Chromatografie als ein Prozess verstanden, bei dem eine Stofftrennung durch eine Verteilung des zu trennenden Gemisches zwischen einer ruhenden („stationären") Phase und einer strömenden („mobilen") Phase erfolgt. Beide Phasen sind miteinander nicht direkt mischbar, sie bilden ein heterogenes Gesamtsystem. Die Verteilung des Stoffes in die beiden Phasen ist ein physikalischer Vorgang, daher werden die zu trennenden Stoffe chemisch nicht verändert.

Bei der Adsorptionschromatografie beruht die Trennung auf der Adsorption der Prüfsubstanzen an der Oberfläche der stationären Phase mit folgender Desorption durch die mobile Phase. Zu dieser Art der Chromatografie gehören:
- Papierchromatografie (PC),
- Dünnschichtchromatografie (DC),
- Säulenchromatografie (SC),
- Hochleistungsflüssigkeitschromatografie (HPLC).

Bei einer Adsorption erfolgt eine Bindung der Stoffe an die Oberfläche des Adsorbens. Die Adsorption ist somit ein Grenzflächenprozess zwischen einem in der mobilen Phase gelösten Stoff und einer festen Substanz, der stationären Phase. Der Adsorptionsprozess an die Oberfläche des Adsorbens muss reversibel sein, ansonsten wäre ein Transporteffekt über eine Säule oder über eine Platte nicht möglich. Die mobile Phase wird nun die adsorbierten Moleküle wieder ablösen („desorbieren").

Bei vielen chromatografischen Prozessen ist nur eine physikalische Adsorption wirksam, die sehr schnell erfolgreich und reversibel ist und eine Gleichgewichtseinstellung zur Folge hat.

Die adsorbierte Menge an Stoff A ist von der Gesamtmenge an Adsorbens, von der Konzentration des Stoffes A, von der Art und der Oberfläche des Adsorbens, von dem Lösemittel sowie von sonstigen Eigenschaften des Stoffes A abhängig.

In der bei einer Säulenchromatografie (SC) mehrheitlich durchgeführten Adsorptionschromatografie muss das Adsorbensmaterial und der Eluent (Fließmittel, Lösemittelgemisch) vom Anwender bestimmt werden. Die dazu notwendigen Auswahlparameter sind vor allem die Aktivität des Adsorbens und die Elutionskraft des Eluenten. Die Substanzpolaritäten im zu trennenden Gemisch müssen bekannt sein oder empirisch ermittelt werden. Als stationäre Phase werden Kieselgele, Aluminiumoxid, Polyamide und Acrylate eingesetzt.

Um die adsorbierte Substanz wieder vom Adsorbens abzulösen, wird ein Lösemittel benötigt, welches mit der Substanz in Wechselbeziehung treten kann. Dabei muss die Wechselbeziehung zwischen der Substanz und dem Lösemittel größer sein als zwischen den Substanzmolekülen und dem Adsorbensmaterial. Man nennt diesen Ablöseeffekt Elution und drückt die Elutionskraft eines Lösemittels mit der Stellung innerhalb einer Elutionstabelle aus. Die Elutionskraft eines Lösemittels ist auch von der Art des Adsorbens abhängig. In Tabelle 14-1 ist die Elutionskraft einiger Lösemittel in Abhängigkeit von zwei verschiedenen Adsorbensmaterialien zusammengestellt. Pentan als sehr unpolares Lösemittel besitzt als Bezugsgröße die relative Elutionskraft 0.

Tab. 14-1. Relative Elutionskraft von Lösemitteln auf Al_2O_3 und Kieselgel

Lösemittel	Al_2O_3	Kieselgel
Pentan	0,00	0,00
Hexan	0,01	0,03
Tetrachlormethan	0,18	0,11
Benzol	0,32	0,25
Diethylether	0,38	0,38
Trichlormethan	0,40	0,26
Aceton	0,56	0,47
Essigsäureethylester	0,58	0,38
Acetonitril	0,65	0,50
Pyridin	0,71	0,70
Methanol	0,95	0,73

Die Auswahl des Eluenten ist von der Adsorptionskraft abhängig, mit der die Substanzen an die Oberfläche der stationären Phase gebunden werden. Je nach

Polarität und Ladung werden die Prüfsubstanzen mehr oder weniger stark gebunden. In der folgenden Reihe nimmt im Allgemeinen die Adsorption an die stationäre Phase zu:

Kohlenwasserstoffe,
Ether,
Nitroverbindungen,
Ketone,   Zunahme der Polarität
Amine,
Alkohole, Phenole,
Amide,
Carbonsäuren.

Mit zunehmender Adsorption muss auch die Elutionskraft des Eluenten zunehmen.

Ist die Polarität der Prüfsubstanzen nicht bekannt, beginnt man mit einem Eluent mittlerer Elutionsstärke, z. B. Aceton oder Trichlormethan. Bei einer zu langen Elutionszeit, aber einer guten Trennung des Gemisches, empfiehlt sich die Benutzung eines polareren Eluenten. Im Falle einer zu schlechten Trennung sollte die Polarität des Eluenten verringert werden.

Trennt ein ausgesuchtes Einzellösemittel die Prüfsubstanzen nicht, so sollte es der Anwender mit Lösemittelgemischen probieren. Bei einer Mischung zweier Lösemittel mit unterschiedlicher Polarität ist die Gesamtpolarität etwas höher als die aus den Einzelkomponenten errechnete anteilige Polarität. Prüfsubstanzgemische werden mit Laufmittelgemischen oft besser getrennt als mit Einzellösemitteln, da hier noch andere physikalisch-chemische Trenneffekte ausgenutzt werden. Allerdings leidet unter Umständen die Trennungsreproduzierbarkeit solcher Gemische enorm. Daher empfiehlt es sich für den Anwender, nur Lösemittelgemische zu verwenden, deren Lösemittel eine ähnliche Polarität besitzen. Im Allgemeinen benötigt man für die Auswahl des richtigen Eluenten eine ausreichend lange Erfahrung. Daher werden die meisten Eluenten zunächst theoretisch ausgewählt und dann am Labortisch gründlich getestet.

Bei der klassischen Säulenchromatografie (SC) wird eine Glasröhre („SC-Säule") mit einem Durchmesser ab 1 cm und einer Länge ab 10 cm unten mit Glaswatte oder einer Fritte verschlossen und mit dem Adsorbensmaterial gefüllt. Das Adsorbensmaterial hat üblicherweise einen Korndurchmesser zwischen 100 und 200 µm und wird nach und nach in einem geeigneten Lösemittel angeschlämmt und in die SC-Säule eingefüllt. Das eingefüllte Material darf nicht zu dicht in die SC-Säule gepackt werden, weil sonst der Staudruck zu groß wird. Die Packung in der SC-Säule soll gleichmäßig und ohne Lufteinschlüsse ausgebildet sein.

Oberhalb der SC-Säule wird ein Tropftrichter aufgesetzt, über den der Eluent und die Probelösung kontinuierlich zugetropft werden (Abbildung 14-6). Es ist wichtig, dass die Oberfläche der Packung nicht aufgewirbelt wird und dass die Packung nicht „trockenläuft". Viele Anwender schließen die Packung nach oben mit etwas gereinigtem Seesand ab.

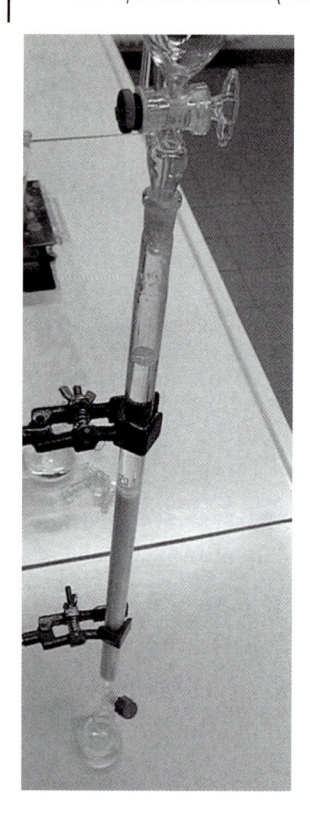

Abb. 14-6. Säulenchromatografische Apparatur unter Normaldruck.

Prozess Oxidation: Die Säulenchromatografie

Informieren Sie sich über die Sicherheitsdaten von Essigsäureethylester, n-Hexan und Essigsäure.

Zunächst muss die SC-Säule mit dem Absorbensmaterial Kieselgel S (speziell für Säulenchromatografie) gefüllt werden. Die Länge der SC-Säule sollte 0,8 bis 1 m und der Durchmesser 2 bis 3 cm betragen, am Säulenende befindet sich ein Hahn.

Als vorbereitende Arbeit wird der Eluent hergestellt. Er besteht aus einer Mischung aus 600 mL n-Hexan und 60 mL Essigsäureethylester. Das Gemisch wird mit 1 % Essigäure $w(CH_3COOH)$ = 100 % versetzt und mindestens 1 Stunde bei Raumtemperatur aufbewahrt.

Der Hahn der SC-Säule wird verschlossen und etwas Eluent in die SC-Säule gegeben. Ein kleines Bündel Glaswolle wird im Eluent getränkt und in das Rohr bis zum Boden der SC-Säule geschoben. Der Glaswollepfropf darf dabei nicht zu fest eingedrückt werden. Auf die Glaswolle kommt eine Seesandschicht von etwa 3 mm. 300 g Kieselgel S mit mittlerer Korngröße werden in Eluent zu einem flüssigen Teig suspendiert und die Suspension langsam und luftfrei in die SC-Säule eingetragen. Dabei kann die SC-Säule leicht von außen beklopft werden, auch können spezielle Vibrationsgeräte eingesetzt werden.

Nach und nach wird nach jeder Teilbefüllung der Eluent durch Öffnen des Hahns aus der SC-Säule entfernt. Aber Achtung: Die SC-Säule darf nie „trockenlaufen", es muss immer etwas Eluent über der Kieselgeloberfläche stehen. Sollte die Säule trockenlaufen und Luftblasen in die Packung geraten, ist die SC-Säule neu zu packen.

Nach und nach ist Schicht für Schicht Kieselgel in der SC-Säule aufzubauen, so dass etwa 80 % der Gesamthöhe mit Adsorbens gefüllt ist. Es ist nochmals zu prüfen, ob die SC-Säule blasenfrei und gleichmäßig gepackt ist. Die Menge an eingefülltem Kieselgel ist zu notieren.

Es werden maximal 1 % des zu trennenden Reaktionsgemisches, bezogen auf die eingesetzte Menge Kieselgel S, in möglichst wenig Aceton gelöst. In die Lösung gibt man so viel separates Kieselgel S, bis ein dicker Brei entsteht, und rührt die Suspension intensiv durch. Danach wird durch vorsichtiges Erwärmen im Abzug das Aceton entfernt. Das nun substanzhaltige Kieselgel wird zum Schluss oben auf die Packung der SC-Säule gegeben.

Auf die präparierte Säule wird ein Tropftrichter aufgesetzt, der mit Eluent gefüllt ist. Nun wird langsam chromatografiert, indem der Eluent durch die Kieselgelpackung getropft wird. Dazu wird der Hahn am Säulenende geöffnet. Eine Tropfgeschwindigkeit von 1 Tropfen pro Sekunde ist einzustellen. Es ist auf genügende Eluentzufuhr zu achten, es darf niemals der Flüssigkeitsspiegel unter die Feststoffoberfläche absinken.

Der durchgetropfte Eluent, jetzt *Eluat* genannt, ist in Reagenzgläsern aufzufangen. Nach 10 mL Eluat ist ein neues Reagenzglas zu verwenden. Die Reagenzgläser werden mit Gummistopfen verschlossen und beschriftet. Nach 25 aufgefangenen Fraktionen (250 mL Gesamteluat) ist der Chromatografielauf zu unterbrechen. Solange keine Luftblasen in die Packung geraten sind, kann die SC-Säule weiter verwendet werden.

Um zu beurteilen, in welcher der aufgefangenen Fraktion sich das Benzaldehyd, die Benzoesäure oder ein Gemisch von beiden befindet, müssen alle 25 Fraktionen dünnschichtchromatografisch untersucht werden.

Dazu wird in einer handelsüblichen Makro-Dünnschichtkammer ein Gemisch von 90 mL *n*-Hexan und 10 mL Essigsäureethylester, das sog. Laufmittel, eingefüllt und bei geschlossenem Deckel bis zur Kammersättigung (ca. 1 Stunde) belassen.

Auf eine käufliche Dünnschichtchromatografieplatte („DC-Platte"), z. B. Kieselgel SIF-Platte (25 × 25 cm) mit Fluoreszenzindikator, werden in 1,5 cm Abstand vom unteren Rand, 2 cm vom seitlichen Rand und in 2 cm Entfernung voneinander mit Hilfe eines Microcaps 1 µL von jeder Fraktion aufgetragen, ohne dass die DC-Platte dabei beschädigt wird. Microcaps sind kleine plangeschliffene Glaskapillaren mit einem vom Hersteller definierten Inhalt. Die dabei entstehenden Flecken sollten nicht breiter als 5 mm werden. Die 25 Fraktionen sind auf mehrere DC-Platten zu verteilen, zusätzlich ist auf jeder Platte jeweils eine 1-prozentige Lösung von Benzaldehyd und Benzoesäure in Aceton als Referenz mit aufzutragen. Alle Fraktionen sollten am *oberen Rand der DC-Platte* mit einem weichen Bleistift gekennzeichnet werden (Abbildung 14-7).

Nach dem Abdunsten des Auftragelösemittels auf den DC-Platten werden diese gerade in die mit Laufmittel gefüllte Kammer gestellt und sofort der Deckel der Kammer geschlossen. Die DC-Platten können bei einer Laufmittelstrecke von 10 cm der Kammer entnommen werden. Nach der Entnahme aus der Kammer wird die Laufmittelfront sofort markiert und die DC-Platten im Abzug abdunsten gelassen.

Die Platten werden bei 254 nm unter einer UV-Lampe ausgewertet. Alle sichtbaren Flecken sind vorsichtig mit einem weichen Bleistift zu umranden. Anhand der Referenzsubstanzen Benzoesäure und Benzaldehyd ist erkennbar, welche der 25 Frak-

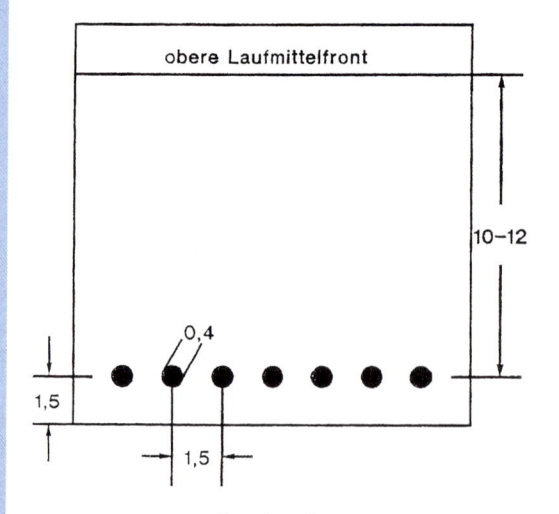

Abb. 14-7. Präparierte DC-Platte.

tionen nur Benzaldehyd, nur Benzoesäure oder ein Gemisch aus beiden Substanzen enthalten.

Alle Fraktionen, die nur Benzoesäure enthalten, werden anschließend vereinigt. Aus dem vereinigten Eluat wird das Lösemittel schonend im Rotationsverdampfer unter Vakuum abgedampft. Der Rückstand ist im Trockenschrank bei 90 °C nachzutrocknen und nach dem Abkühlen auszuwiegen. Es ist die Ausbeute, bezogen auf die eingesetzte Menge Reaktionsgemisch, zu berechnen. Von der Benzoesäure ist eine Reinheitskontrolle durch Titration und Schmelzpunkt durchzuführen.

14.4
Lösemittelrecycling

Die Eluate, die noch Benzaldehyd und ggf. ein Gemisch aus Benzaldehyd und Benzoesäure enthalten, werden vereinigt und einer fraktionierten Destillation unterworfen. Dabei wird eine Kolonne eingesetzt, die mindestens 1 m hoch ist. Die Lösemittel *n*-Hexan und Essigsäureethylester können dann destillativ voneinander getrennt werden und stehen für weitere Versuche wieder zur Verfügung.

14.5
Produktkontrolle durch Titration der Benzoesäure

Prozess Oxidation: Die Produktkontrolle

Informieren Sie sich über die Sicherheitsdaten von Natriumhydroxid.

Die Titration der synthetisierten Benzoesäure wird in wässriger Lösung mit einer titerbekannten Natronlauge mit $\tilde{c}(\frac{1}{1}\text{NaOH}) = 0{,}1$ mol/L vorgenommen. Berechnen Sie die Einwaage an Benzoesäure, indem Sie davon ausgehen, dass eine Benzoesäure mit ca. $w(C_6H_5COOH) = 99\,\%$ vorliegt und ein Verbrauch zwischen 20 und 30 mL an der Bürette abgelesen werden soll. Welcher Indikator kann eingesetzt werden? Beim Lösen von Benzoesäure in Wasser ist das Gemisch leicht zu erwärmen.

14.6
Biochemische Reaktion, Hemmung durch Benzoesäure

Unter Hefeeinwirkung wird Glucose (Traubenzucker) zu Ethanol und Kohlenstoffdioxid abgebaut (alkoholische Gärung, siehe Gl. (14-2)). Das dem Reaktionsgemisch entweichende Kohlenstoffdioxid wird aus einer Calciumhydroxidlösung sehr schwerlösliches Calciumcarbonat ausscheiden, welches die vorher klare Lösung trübt (Gl. 14-3). Die Benzoesäure ist in der Lage, die Abbaureaktion zu hemmen, daher wird Benzoesäure gelegentlich als Konservierungsmittel, z. B. in Sojasaucen, eingesetzt. Der Zusatzstoff und seine Salze sind nach den EG-Richtlinien zugelassen und tragen die E-Nummern E 210 (Benzoesäure), E 211 (Natriumbenzoat), E 212 (Kaliumbenzoat) oder E 213 (Calciumbenzoat). Benzoesäure und seine Salze besitzen ein relativ hohes Allergiepotential.

14.6.1
Reaktion

$$C_6H_{12}O_6 \rightarrow 2\ C_2H_5OH\ +\ 2\ CO_2 \tag{14-2}$$

$$Ca(OH)_2\ +\ CO_2 \rightarrow CaCO_3\ +\ H_2O \tag{14-3}$$

14.6.2
Reaktionsdurchführung

Prozess Oxidation: Der biochemische Versuch

In 100 mL entmineralisiertem Wasser von 30 °C werden 30 g Traubenzucker (Glucose) gelöst, dazu kommt 1 Päckchen handelsübliche Trockenhefe (zum Backen). Nach gutem Homogenisieren (nicht im Ultraschallbad!) wird die Suspension auf zwei 100-mL-Erlenmeyer-Kolben aufgeteilt.

In einen der beiden Erlenmeyer-Kolben werden 200 mg der synthetisierten Benzoesäure zugewogen. Die beiden Erlenmeyer-Kolben werden mit einem Gärröhrchen verschlossen, in dem sich eine gesättigte Calciumhydroxidlösung befindet.

Man stellt beide Erlenmeyer-Kolben in die Nähe einer Heizung oder ins Sonnenlicht, aber nicht über 40 °C. Nach drei Tagen werden beide Reaktionen (Ausfall in den Gärröhrchen) verglichen.

14.7
Interpretation des Oxidationsprozesses

> Wann kann eine Wasserdampfdestillation sinnvoll eingesetzt werden? Welche der beiden Trennmethoden bringt die besseren Reinheitsergebnisse, welche die besseren Ausbeuteverhältnisse? Wann würden Sie sich für die Chromatografie als Trennmethode entscheiden? Können Sie die keimhemmende Wirkung beider Benzoesäureprodukte nachweisen?
>
> Ist ein Lösemittelrecycling ökonomisch sinnvoll? Schätzen Sie die Kosten für Energie, Zeit und Material ab und vergleichen Sie mit den Kosten für ein neues Produkt. Ist das Lösemittelrecycling ökologisch sinnvoll?

14.8
Prozessübertragung

Im Organikum (Deutscher Verlag der Wissenschaften, in allen Auflagen) ist eine Synthese von *o*-Toluensulfonsäureamid zum Süßstoff Saccharin durch eine Oxidation beschrieben.

Planen Sie diese Analogreaktion, synthetisieren Sie mindestens 10 g Saccharin und entwickeln Sie eine säulenchromatografische Reinigung des Produktes.

15
Herstellung von Natriumcarbonat durch eine Gasreaktion (Prozess)

15.1
Prozessbeschreibung

In diesem Kapitel wird der folgende Prozess behandelt:

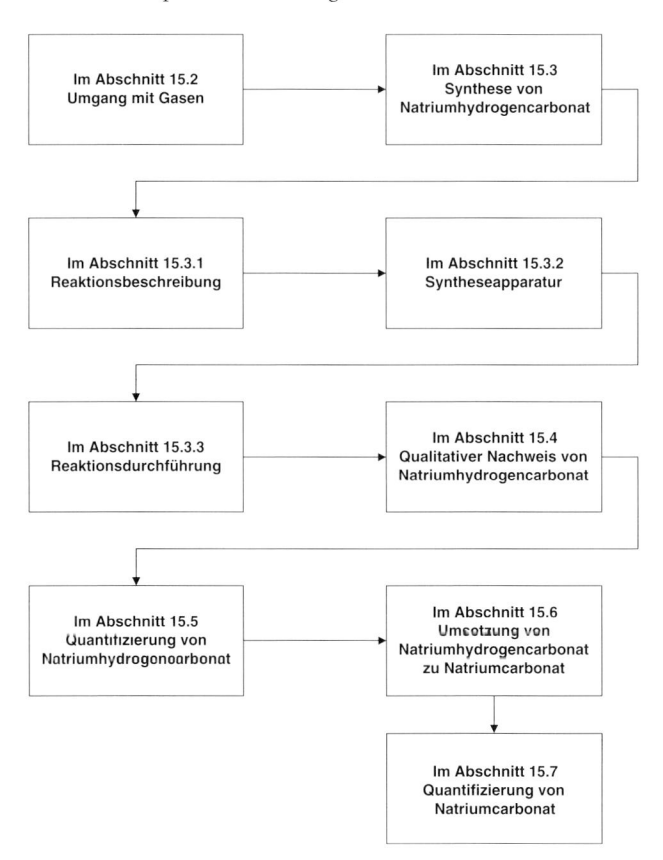

```
┌─────────────────────┐      ┌─────────────────────┐
│ Im Abschnitt 15.2   │─────▶│ Im Abschnitt 15.3   │
│ Umgang mit Gasen    │      │ Synthese von        │
│                     │      │ Natriumhydrogencarbonat │
└─────────────────────┘      └─────────────────────┘
           │                            │
           ▼                            │
┌─────────────────────┐      ┌─────────────────────┐
│ Im Abschnitt 15.3.1 │─────▶│ Im Abschnitt 15.3.2 │
│ Reaktionsbeschreibung│      │ Syntheseapparatur   │
└─────────────────────┘      └─────────────────────┘
                                        │
           ┌────────────────────────────┘
           ▼
┌─────────────────────┐      ┌─────────────────────┐
│ Im Abschnitt 15.3.3 │─────▶│ Im Abschnitt 15.4   │
│ Reaktionsdurchführung│     │ Qualitativer Nachweis von │
│                     │      │ Natriumhydrogencarbonat │
└─────────────────────┘      └─────────────────────┘
           │
           ▼
┌─────────────────────┐      ┌─────────────────────┐
│ Im Abschnitt 15.5   │─────▶│ Im Abschnitt 15.6   │
│ Quantifizierung von │      │ Umsetzung von       │
│ Natriumhydrogencarbonat │  │ Natriumhydrogencarbonat │
│                     │      │ zu Natriumcarbonat  │
└─────────────────────┘      └─────────────────────┘
                                        │
                                        ▼
                             ┌─────────────────────┐
                             │ Im Abschnitt 15.7   │
                             │ Quantifizierung von │
                             │ Natriumcarbonat     │
                             └─────────────────────┘
```

1 × 1 der Laborpraxis: Prozessorientierte Labortechnik für Studium und Berufsausbildung. 2. Auflage.
Stefan Eckhardt, Wolfgang Gottwald, Bianca Stieglitz
Copyright © 2007 WILEY-VCH Verlag GmbH & Co. KGaA, Weinheim
ISBN: 978-3-527-31657-1

15 Herstellung von Natriumcarbonat durch eine Gasreaktion (Prozess)

Bei diesem Prozess soll Natriumhydrogencarbonat aus Natriumchlorid und Kohlendioxid hergestellt werden. Das hergestellte Natriumhydrogencarbonat wird anschließend durch Glühen in Natriumcarbonat überführt. Diese von dem englischen Forscher Solvay 1860 entwickelten Reaktionen haben eine große Bedeutung in der anorganischen Chemie und werden heute noch zur Herstellung von Natriumcarbonat verwendet. Natriumcarbonat ist ein wichtiger Komponente bei der Herstellung von Glas. Es findet außerdem in der Herstellung von Seifen und Waschmitteln Verwendung.

Aufgabe

> Suchen Sie in der entsprechenden Fachliteratur oder im Internet die grundsätzliche Bedeutung des Solvay-Verfahrens heraus, vor allem im Hinblick auf seine Vorteile im Bereich der Energie- und Resourceneinsparungen. Finden Sie Beweise für die Behauptung: „Bereits 1860 wurde Responsible Care angewendet".

15.2 Umgang mit Gasen

Da es sich bei der folgenden Synthese um eine Gasreaktion handelt, wird zunächst der allgemeine Umgang mit Gasen erläutert. Die bereits behandelten Abschnitte:
- Trocknen von Gasen (Abschnitt 4.7) und
- Arbeiten mit Druckgasflaschen (Abschnitt 4.10)

werden als bekannt vorausgesetzt.

15.2.1 Gasentwicklung

Zur Herstellung von Gasen in chemischen Laboratorien gibt es grundsätzlich zwei unterschiedliche Reaktionstypen:
- die Zersetzungsreaktion und
- die Verdrängungsreaktion.

Zersetzungsreaktion
Bei einer Zersetzungsreaktion wird einem Stoff Wärme- oder Lichtenergie zugeführt (oft durch Zusatz eines Katalysators), dabei erhitzt sich der Stoff unter Gasentwicklung.
Ein Beispiel ist die thermische Zersetzung (Hitzespaltung) von Kaliumchlorat, die über die Bildung von Kaliumperchlorat und dessen Zerfall zu Sauerstoff führt:

$$4\ KClO_3 \xrightarrow{Q} KCl + 3\ KClO_4 \qquad (15\text{-}1)$$

$$3\ KClO_4 \xrightarrow{Q} 3\ KCl + 6\ O_2 \uparrow \qquad (15\text{-}2)$$

Verdrängungsreaktion

Bei einer Verdrängungsreaktion nutzt man die unterschiedliche Protolysenstärke von Säuren und Basen (siehe Abschnitt 9.2.1.4). Die stärker protolysierte Säure oder Base setzt die schwächere aus ihrem Salz frei:

$$CaCO_3 + 2\ HCl \rightarrow CaCl_2 + H_2O + CO_2 \uparrow \qquad (15\text{-}3)$$

Bei der schwach protolysierten Säure in Gl. (15-3) handelt es sich um Kohlensäure, welche durch die stark protolysierte Salzsäure verdrängt wird. Die Kohlensäure zerfällt unter Kohlenstoffdioxid-Entwicklung.

15.2.2
Geräte zur Gasentwicklung

Die Gasentwicklung durch thermische Zersetzungsreaktionen erfordert Geräte aus schwer schmelzbaren Gläsern, da die Zersetzungstemperaturen oft recht hoch liegen. Abbildung 15-1 zeigt eine solche Apparatur.

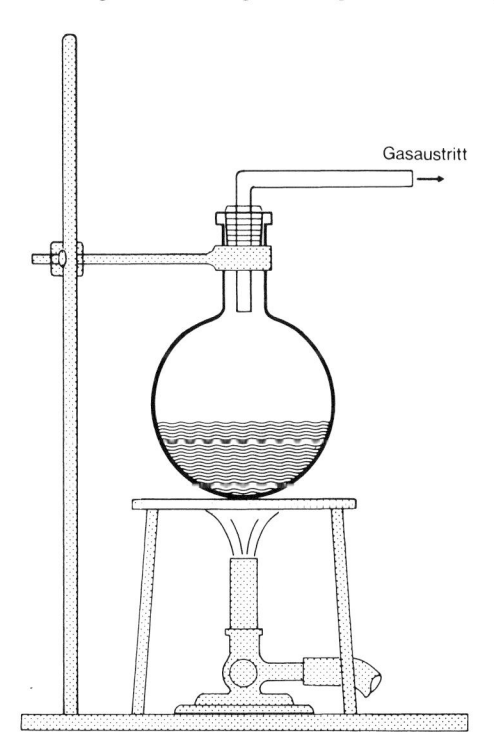

Abb. 15-1. Gasentwicklungsgerät für Zersetzungsreaktionen: Rundkolben zum Austreiben von Gasen aus Feststoffen und Flüssigkeiten.

15 Herstellung von Natriumcarbonat durch eine Gasreaktion (Prozess)

Bei Gasentwicklungen durch Verdrängungsreaktionen werden meistens Zutropfapparaturen verwendet, die aus Gasentwicklungsgefäß, Tropftrichter und Gasableitungsrohr bestehen (vgl. Abbildung 15-2).

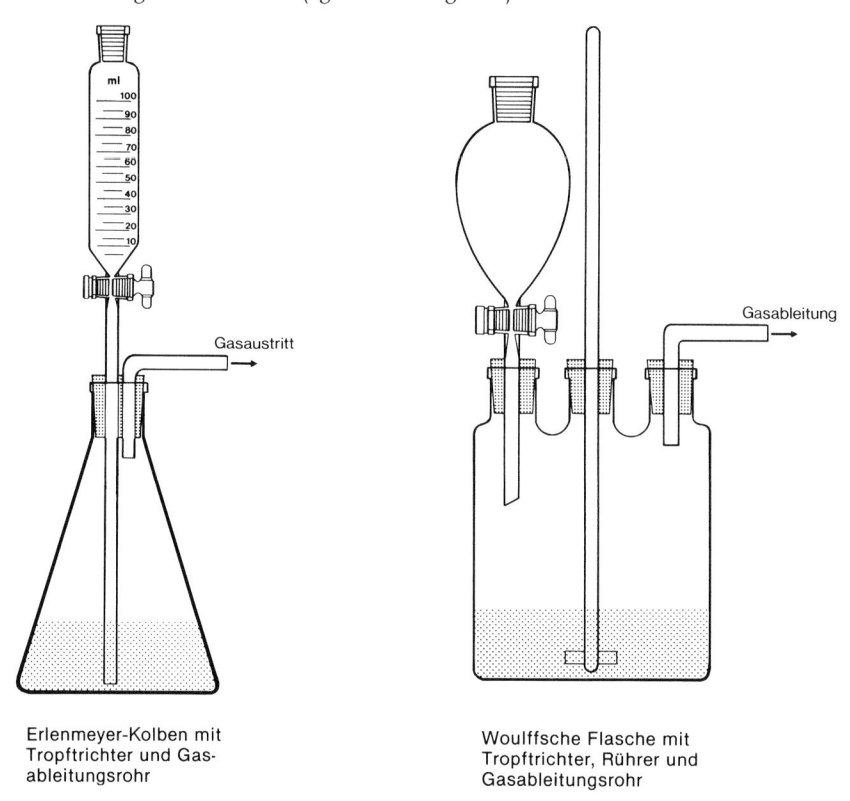

Abb. 15-2. Gasentwicklungsgeräte für Verdrängungsreaktionen.

Erlenmeyer-Kolben mit Tropftrichter und Gasableitungsrohr

Woulffsche Flasche mit Tropftrichter, Rührer und Gasableitungsrohr

Das Ablaufrohr des Tropftrichters (Abbildung 15-2) muss am unteren Ende zur Spitze ausgezogen sein, um bei einer möglichen Erhöhung des Gasdruckes das Durchschlagen des Gases in den Trichter zu verhindern. Das Austreiben des Gases aus der wässrigen Flüssigkeit wird meistens durch gelindes Erwärmen bewerkstelligt. Zu beachten ist jedoch, dass dickwandige Gefäße, wie Saugflaschen und Woulffsche Flaschen, nicht erwärmt oder gar stärker erhitzt werden dürfen!

Ein einfaches Gerät zur kontinuierlichen Herstellung von Gasen ist der Kippsche Gasentwickler (vgl. Abbildung 15-3), mit dem große Gasmengen bei gleichzeitiger Entnahme des Gases hergestellt werden können.

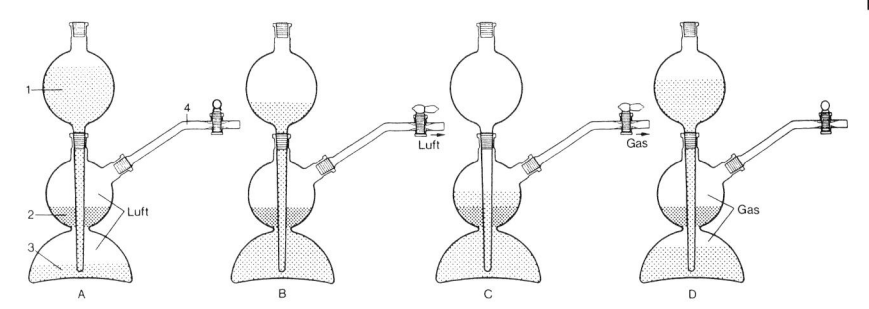

Abb. 15-3. Kippscher Gasentwickler bei verschiedenen Betriebszuständen. (1 Flüssigkeitsgefäß mit der Säure oder Base, 2 Feststoff, aus dem das Gas erzeugt wird, 3 verdrängte Flüssigkeit, 4 Gasableitungsrohr mit Hahn.)

Mit dem Kippschen Gasentwickler wird wie folgt gearbeitet:
A. Der Feststoff wird eingefüllt, das Gasableitungsrohr mit geschlossenem Hahn aufgesetzt und die Reaktionsflüssigkeit, z. B. eine Säure, zugegeben. Sie steigt im unteren Behälter so lange, bis die darüberstehende Luft ein weiteres Ansteigen verhindert.
B. Der Hahn wird geöffnet, die Luft entweicht, und die Flüssigkeit steigt vom unteren in den mittleren Behälter.
C. Flüssigkeit und Feststoff reagieren miteinander, es entsteht ein kontinuierlicher Gasstrom.
D. Soll die Gasentnahme beendet werden, wird der Hahn geschlossen, das entstehende Gas drängt die Flüssigkeit in den unteren Behälter und das Flüssigkeitsgefäß zurück. Dadurch wird die Gasentwicklung unterbrochen.

15.2.3
Auffangen von Gasen

Um kontrollierte Reaktionen mit Gasen durchführen zu können, werden die Gase nicht unmittelbar aus dem Gasentwickler in das Reaktionsgefäß geleitet. Vorher werden die Gase in einem Behälter aufgefangen. Aus diesem Behälter muss das Gas entweder Luft oder eine Sperrflüssigkeit verdrängen. Die Verdrängung von Luft hat den Nachteil, dass sich das Gas mit ihr mischt und dann nicht mehr rein ist. Bei brennbaren Gasen bildet es auch u. U. explosionsfähige Gemische mit Luft. Bei der Verwendung von Sperrflüssigkeiten ist darauf zu achten, dass diese mit dem Gas nicht reagieren oder das Gas sich nicht in ihnen löst. In Tabelle 15-1 sind die wichtigsten Sperrflüssigkeiten und ihre Anwendungsgebiete aufgeführt.

Tab. 15-1. Sperrflüssigkeiten und ihre Anwendungsbereiche

Sperrflüssigkeit	Verwendung für	1 Liter Sperrflüssigkeit löst folgende Volumina an Gas V(Gas) [L]	Vorteile	Nachteile	Mögliche Behebung der Nachteile
Wasser	Wasserstoff Sauerstoff Stickstoff Kohlenstoffmonoxid	0,02 0,034 0,015 0,025	billig, steht stets zur Verfügung	verhältnismäßig hohes Lösevermögen für alle Gase, Gase werden feucht	Sättigung mit dem Gas, Überschichten des Wassers mit Paraffinöl
gesättigte Natriumchloridlösung	wie Wasser außerdem für: Kohlenstoffdioxid Acetylen Chlor Schwefelwasserstoff	0 0,36 3	geringeres Lösevermögen für Gase als bei Wasser	wie Wasser	wie Wasser
Quecksilber	alle Gase mit Ausnahme von Schwefeldioxid und Chlor	0	löst praktisch kein Gas, Gase bleiben trocken	sehr giftig, hohe Dichte, sehr teuer	
organische Flüssigkeiten, z. B. Paraffinöl	Ammoniak Schwefeldioxid	0	wie Quecksilber		

15.2.4
Probennahme von Gasen

Sollen z. B. die Laboratmosphäre auf Schadstoffe untersucht oder der Inhalt von Gasen in einer Apparatur bestimmt werden, so müssen bestimmte Gasvolumina gezogen werden.

Gasproben werden in einem Doppelhahnröhrchen, der sog. Gasmaus (siehe Abbildung 15-4), entnommen, dabei wird entweder eine Sperrflüssigkeit verdrängt oder das Gas strömt in die evakuierte Gasmaus ein.

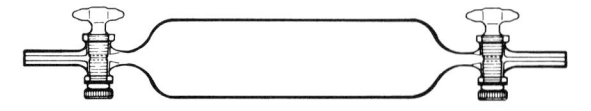

Abb. 15-4. Gassammelgefäß (Gasmaus).

15.2.5 Gasreinigung

Die im chemischen Laboratorium hergestellten Gase müssen gewöhnlich noch gereinigt werden, da sie entweder staubförmige Verunreinigungen oder gasige Nebenprodukte enthalten oder es wird Wasserdampf mitgeschleppt.

- *Staubteilchen* lassen sich durch einfache Filter abtrennen, indem das Gas durch Glaswolle oder Watte geleitet wird.
- *Fremdgase* beseitigt man durch Adsorption (lat. „zu sich ziehen") an der Oberfläche eines feinverteilten Pulvers (z. B. Aktivkohle) oder durch Absorption, (lat. „verschlucken") indem sich das Fremdgas in einem Feststoff oder einer Flüssigkeit löst. Dabei kann auch eine chemische Reaktion ablaufen.
- Zur *Entfernung von Wasser* aus einem Gas (Gastrocknung) wird es durch ein Trockenmittel geleitet (siehe Abschnitt 4.7).

Bei der Auswahl der Wasch- und Trockenmittel muss darauf geachtet werden, dass sie nicht mit dem Gas reagieren.

Als Regel gilt: *Saure Gase werden mit sauren, basische Gase mit basischen Wasch- und Trockenmitteln behandelt.*

In Tabelle 15-2 sind Wasch- und Trockenmittel für die im chemischen Laboratorium üblichen Gase zusammengestellt.

Tab. 15-2. Wasch- und Trockenmittel für Gase

Gas	Typische Verunreinigung	Waschmittel	Trockenmittel
H_2	AsH_3	$KMnO_4$-Lösung	P_4O_{10}, $CaCl_2$
	Säuredämpfe	NaOH-Lösung	H_2SO_4 (wird z. T. reduziert)
O_2	Staub	H_2O	H_2SO_4, P_4O_{10}, $CaCl_2$
N_2	O_2	alkalische Pyrogallollösung	H_2SO_4, P_4O_{10}, $CaCl_2$
	Säuredämpfe	NaOH-Lösung	
CO	CO_2	NaOH-Lösung	H_2SO_4, P_4O_{10}, $CaCl_2$
Cl_2	HCl	H_2O mit wenig $KMnO_4$-Lösung	H_2SO_4, $CaCl_2$; keine alkalisch reagierenden Substanzen und kein P_4O_{10}
HCl			H_2SO_4, $CaCl_2$, keine alkalisch reagierenden Substanzen und kein P_4O_{10}
H_2S	Säuredämpfe	H_2O	$CaCl_2$; keine H_2SO_4
SO_2			H_2SO_4, P_4O_{10}, $CaCl_2$
CO_2		$NaHCO_3$-Lösung	H_2SO_4, P_4O_{10}, $CaCl_2$
NH_3	O_2	NH_3-Lösung, die Cu-Drahtnetzrollen enthält	$CaCO_3$, BaO

15.2.6
Messung von Gasvolumina

Die einem Vorratsgefäß entnommene Gasmenge wird gewöhnlich dadurch bestimmt, dass das Volumen des ausströmenden Gases gemessen wird. Nur selten wird eine entnommene Gasmenge gewogen.

Zur Messung von Gasvolumina werden folgende Geräte verwendet:
- Rotameter,
- Strömungsmesser (Kapillardurchflussmesser),
- Gaszähler,
- Drehkolbenzähler/Ovalradzähler.

Rotameter
Eine einfache Vorrichtung zum Messen von Gasvolumina ist der Schwebekörper-Durchflussmesser (vgl. Abbildung 15-5). Er besteht aus einem mit einer Skala versehenen Glasrohr, welches innen in Strömungsrichtung konisch (d. h. kegelförmig auseinanderlaufend) erweitert ist. In diesem Rohr befindet sich ein Schwimmer aus Metall, Kunststoff oder Keramik. Dieser rotiert während des Gasstromes durch das Glasrohr. Das Gas wird durch das senkrecht stehende Glasrohr von unten nach oben geleitet und schiebt den Schwimmer, abhängig von der Strömungsgeschwindigkeit zu einer bestimmten Markierung. Der Abstand zwischen Schwimmer und Glaswandung wird hierbei durch den konusförmigen Bau des Glasrohres nach oben hin immer größer und es kann folglich immer mehr Gas durchströmen, das Gewicht des Schwimmers stellt sich dabei diesem Volumenstrom entgegen. Das Gerät muss kalibriert werden, da die Stellung des Schwimmers von der Art des Gases, dem Gewicht des Schwimmers, dem Konus des Glasrohres und der Temperatur abhängt.

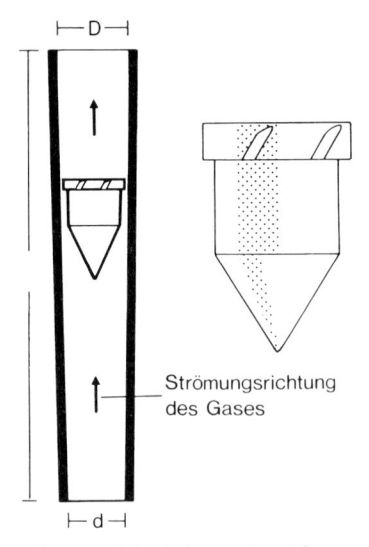

Abb. 15-5. Schwebekörper-Durchflussmesser.

Strömungsmesser (Kapillardurchflussmesser)

Ein Strömungsmesser (vgl. Abbildung 15-6) besteht aus einem U-Rohr, dessen Schenkel mit einer Manometerflüssigkeit gefüllt und durch eine Kapillare verbunden sind. Das einströmende Gas wird durch die Kapillare gestaut und übt einen Druck auf die Manometerflüssigkeit aus. Aus der Differenz der Steighöhen der Flüssigkeit in beiden U-Rohr-Schenkeln kann die Strömungsgeschwindigkeit des Gases in der Kapillare berechnet werden.

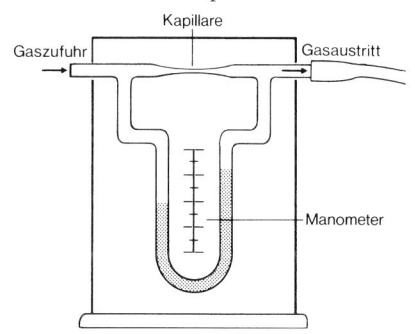

Abb. 15-6. Strömungsmesser.

Da auch die Weite der Kapillare und die Art des Gases die Strömungsgeschwindigkeit beeinflussen, muss jede Kapillare mit einer Gasuhr oder einer Anordnung entsprechend Abbildung 15-7 kalibriert werden. Man misst den Manometerausschlag bei verschiedenen Strömungsgeschwindigkeiten und erstellt eine Kalibrierkurve. Aus dieser kann für jeden während eines Versuches gemessenen Manometerausschlag die Gasmenge pro Zeiteinheit abgelesen werden.

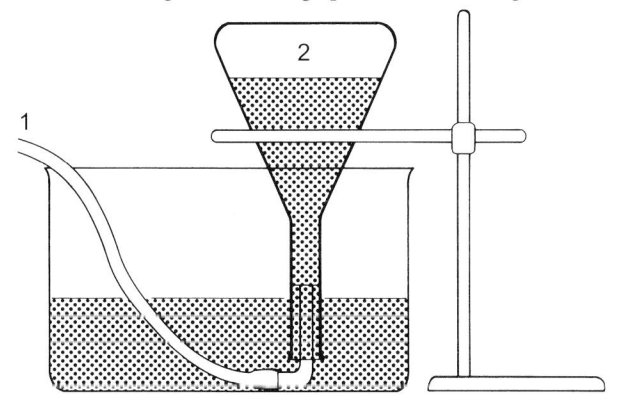

Abb. 15-7. Versuchsanordnung zur Kalibrierung eines Strömungsmessers. (1 Gaseintritt, 2 1-L-Messkolben.)

Gaszähler

Die unmittelbare Messung von Gasvolumina erlauben die Gaszähler, die aus dem strömendem Gas fortlaufende gleiche Gasvolumina abtrennen und mit einem Zählwerk die Anzahl der abgetrennten Volumina anzeigen. Die „trockenen Gaszähler" arbeiten ohne eine Sperrflüssigkeit, die „nassen Gaszähler" (vgl. Abbildung 15-8) dagegen mit einer Sperrflüssigkeit.

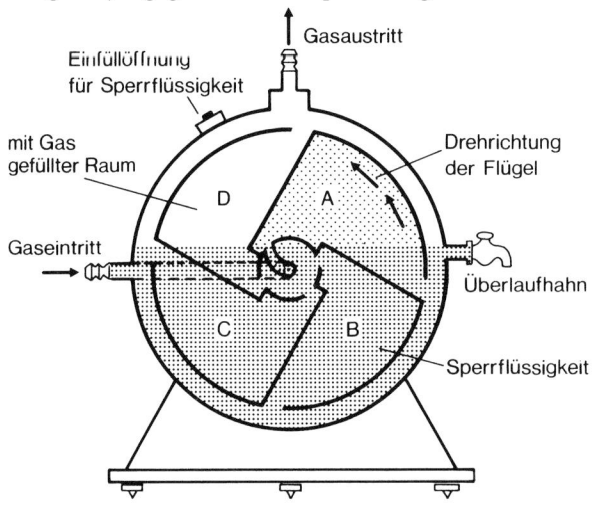

Abb. 15-8. Nasser Gaszähler.

Drehkolbenzähler, Ovalradzähler

Die Drehkolbenzähler (vgl. Abbildung 15-9) arbeiten wie die Gaszähler nach dem volumetrischen Prinzip, trennen aber kleinere Volumina ab. Anstelle der Drehkolben können auch ovale Zahnräder verwendet werden.

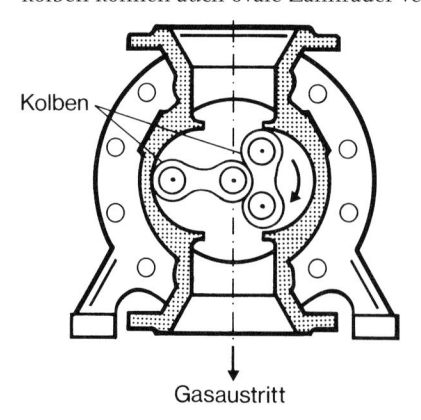

Abb. 15-9. Drehkolbenzähler.

15.3
Prozess: Synthese von Natriumhydrogencarbonat

15.3.1
Reaktionsbeschreibung

Prozess Natriumcarbonat: Die Reaktionsbeschreibung

Bei der folgenden Synthese reagiert gasiges Kohlenstoffdioxid mit Ammoniak, das in einer Kochsalzlösung gelöst ist. Das dabei entstehende Ammoniumhydrogencarbonat reagiert mit dem Natriumchlorid zu Natriumhydrogencarbonat. Als Nebenprodukt entsteht hierbei Ammoniumchlorid.

Reaktionsgleichungen

$$CO_2 + NH_3 + H_2O \rightarrow NH_4HCO_3 \qquad (15\text{-}4)$$

$$NH_4HCO_3 + NaCl \rightarrow NaHCO_3 \downarrow + NH_4Cl \qquad (15\text{-}5)$$

Bei der Reaktion wird Reaktionswärme frei.

15.3.2
Syntheseapparatur

Prozess Natriumcarbonat: Die Syntheseapparatur

Die Apparatur wird so zusammengestellt, dass bei der Synthese ein konstanter Strom gasförmiges Kohlenstoffdioxid durch die ammoniakalische Kochsalzlösung geleitet werden kann.

Hierzu wird ein 500-mL-Vierhalsrundkolben in eine Metallschale gehängt, die mit Eiswasser gefüllt ist. Es wird ein Magnetrührer mit großem Magnetkern verwendet. Vom Gasanschluss (CO_2-Gasstahlflasche oder Gasentwicklungsgerät) wird über eine Gaswaschflasche das Gas in die mittlere Öffnung des Vierhalsrundkolbens geleitet. Die Gaswaschflasche wird hierbei bis kurz über das Rohrende mit Siliconöl gefüllt und so mit der Apparatur verbunden, dass der Gasdruck das Siliconöl nicht in die Apparatur drückt. In den Vierhalsrundkolben gelangt das Gas über eine Quickfit-Verbindung und ein unten im 90°-Winkel gebogenes Glasrohr. Überschüssiges Gas wird über ein Schliffabgangsstück und einen Blasenzähler abgeleitet. Der Blasenzähler wird ebenfalls bis knapp über das Rohrende mit Siliconöl gefüllt und in der richtigen Richtung angeschlossen. In den Vierhalsrundkolben wird außerdem noch ein Thermometer so angebracht, dass es nicht von dem Magnetrührer zerschlagen werden kann. Die letzte freigebliebene Öffnung wird mit einem Stopfen verschlossen.

Einen Überblick über die zu verwendende Synthesapparatur gibt Abbildung 15-10.

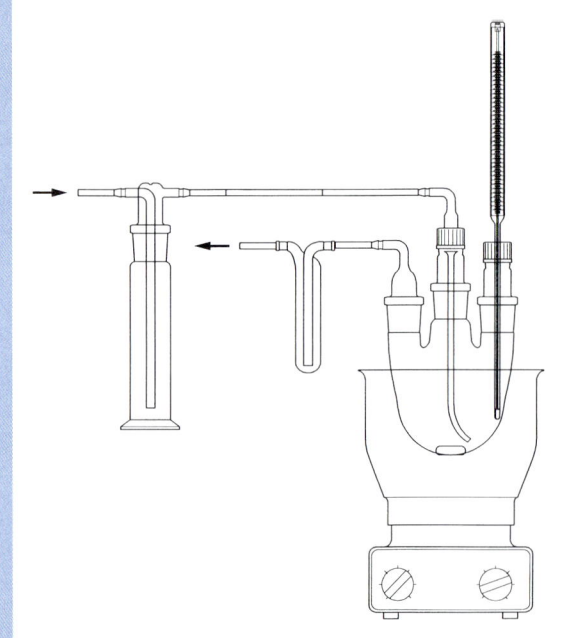

Abb. 15-10. Aufbau der Apparatur.

Alle Verbindungen (sowohl die Schlauch- als auch die Schliffverbindungen) müssen absolut gasdicht sein, sie sind vorschriftsmäßig mit Schlauchklemmen und Schliffklammern zu sichern.

15.3.3
Reaktionsdurchführung

Prozess Natriumcarbonat: Die Reaktionsdurchführung

Informieren Sie sich über die Sicherheitsdaten von Ammoniaklösung und üben Sie den Umgang mit Gasstahlflaschen.

Es werden 75 g Natriumchlorid in 300 mL Ammoniaklösung mit $w(NH_4OH) = 10\%$ gelöst und in dem Vierhalsrundkolben vorgelegt. Diese Lösung wird mit Eisbadkühlung auf eine Temperatur von 0 °C bis maximal 4 °C abgekühlt. Schon während dieses Abkühlvorgangs wird das CO_2 in diese Lösung geleitet. Der Gasstrom ist hierbei immer so einzustellen, dass an dem Blasenzähler gerade noch die Blasen zu zählen sind. Die weiterhin klare Flüssigkeit wird kontinuierlich mit CO_2 versetzt. Es wird mit Hilfe des Wasserbades die Reaktion auf Raumtemperatur gehalten.

Nach ersten leichten Eintrübungen fällt nach einiger Zeit ein weißer Niederschlag aus. Das Einleiten des Kohlenstoffdioxids wird so lange fortgesetzt, bis nur noch wenig Flüssigkeit über dem gebildeten Niederschlag zu sehen ist.

Die entstandene Suspension wird abgesaugt, der Niederschlag auf der Nutsche mit dem Filtrat gewaschen und im Trockenschrank bei 50 °C bis zur Massenkonstanz getrocknet. Das Filtrat kann nochmals mit CO_2 versetzt und das entstehende Produkt getrennt vom Hauptprodukt aufgearbeitet werden.

15.4
Qualitativer Nachweis von Natriumhydrogencarbonat

Prozess Natriumcarbonat: Die qualitativen Nachweise

Mit dem hergestellten Produkt (Natriumhydrogencarbonat) sind die nachfolgend beschriebenen Nachweisreaktionen durchzuführen. Sollte ein Nachweis positiv ausfallen, überlegen Sie sich, woher das betreffende Ion stammt (Hauptprodukt, Nebenprodukt, Verunreinigung).

15.4.1
Nachweis von Natriumionen

Mit der mit Salzsäure ($w(HCl) = 10\%$) angesäuerten Probenmenge wird eine Flammenfärbung durchgeführt. Eine intensive und lang anhaltende gelb-orange Flamme zeigt Natriumionen an.

15.4.2
Nachweis von Carbonationen

Wenn bei der Ansäuerung der Probe für den Natriumnachweis eine Gasentwicklung sichtbar ist, sind Carbonationen in der Probe enthalten.

$$CO_3^{2-} + 2\,H^+ \rightarrow CO_2 \uparrow + H_2O \qquad (15\text{-}6)$$

15.4.3
Nachweis von Ammoniumionen

Zwischen zwei Uhrgläsern wird die Probe mit Natronlauge (w(NaOH) = 10 %) versetzt. Auf das obere Uhrglas wird innen ein kleiner Streifen feuchtes pH-Papier angebracht. Bei einer positiven Reaktion entsteht Ammoniakgas, welches eine sofortige Verfärbung des pH-Papiers in den alkalischen Bereich bewirkt. Um Umgebungseinflüsse auszuschließen, kann auch außen ein pH-Streifen angebracht werden, der sich dann nicht verfärben darf.

$$NH_4^+ + OH^- \rightarrow NH_3 \uparrow + H_2O \tag{15-7}$$

15.4.4
Nachweis von Chloridionen

Vor dem eigentlichen Nachweis sollte zunächst ein sog. Sodaauszug durchgeführt werden. Hierzu wird die Probe mit einer gleichen Menge an Natriumcarbonat in 10 mL entmineralisiertem Wasser im Reagenzglas gelöst und vorsichtig 5 Minuten lang gekocht. Entstehende Niederschläge werden durch einen Faltenfilter abfiltriert. Von diesem Filtrat wird 1 mL entnommen und mit Salpetersäure (w(HNO$_3$) = 10 %) und mit Silbernitrat (w(AgNO$_3$) = 1 %) versetzt. Führt dies zu einem käsigen, weißen Niederschlag von Silberchlorid, welches wiederum in Ammoniak (w(NH$_4$OH) = 10 %) löslich ist, so sind Chloridionen vorhanden.

> ⚠️ Die mit Ammoniak versetzte Lösung ist nach dem Versuch *sofort* fachgerecht zu entsorgen, da sich nach längerem Stehen instabile Verbindungen bilden können.

$$Ag^+ + Cl^- \rightarrow AgCl \downarrow \tag{15-8}$$

15.5
Quantifizierung von Natriumhydrogencarbonat

Prozess Natriumcarbonat: Die Quantifizierung

> Für die Quantifizierung von Natriumhydrogencarbonat wird das Verfahren der Rücktitration verwendet. Hierzu werden ca. 200 mg des Produktes, auf 0,5 mg genau, auf einer Analysenwaage eingewogen und mit 50,0 mL einer titerbekannten Salzsäuremaßlösung mit $\tilde{c}(1/1\ HCl)$ = 0,1 mol/L versetzt (Überschuss). Diese Lösung wird kurz aufgekocht, wobei entstehendes CO$_2$ entweicht. Anschließend wird die abgekühlte Lösung mit ca. 100 mL

entmineralisiertem Wasser verdünnt und die überschüssige Salzsäure mit einer titerbekannten Natronlaugemaßlösung mit $\tilde{c}(1/1\ \text{NaOH}) = 0{,}1$ mol/L gegen Methylrot als Indikator bis zum Farbumschlag titriert. Berechnen Sie den Massenanteil an Natriumhydrogencarbonat.

Aufgabe

Entwickeln Sie für die Rücktitration des Abschnittes 15.5 ein allgemein gültiges Berechnungsschema zur Ermittlung des Massenanteils an $NaHCO_3$ ($z(NaHCO_3) = 1$).

15.6 Umsetzung von Natriumhydrogencarbonat zu Natriumcarbonat

Prozess Natriumcarbonat: Die Umwandlung zu Natriumcarbonat

Das hergestellte und untersuchte Natriumhydrogencarbonat (siehe Seite 339) wird nun durch Glühen bei 600 °C bis 800 °C zu Natriumcarbonat umgesetzt.

$$2\ NaHCO_3 \rightarrow Na_2CO_3 + H_2O + CO_2 \uparrow \qquad (15\text{-}9)$$

Überlegen Sie sich, welche Geräte für diese Umsetzung benutzt werden können.

15.7 Projektaufgaben

Prozess Natriumcarbonat: Die Quantifizierung von Natriumcarbonat

Das durch Glühen erhaltene Natriumcarbonat soll von Ihnen untersucht werden. Entwickeln Sie dafür die entsprechenden Arbeitsanweisungen.
- Führen Sie alle notwendigen Ionennachweise durch.
- Entwickeln Sie eine Quantifizierung von Natriumcarbonat. Führen Sie diese durch und überprüfen Sie Ihre Überlegungen.

- Da Sie keine 100-prozentige Ausbeute haben werden, überlegen Sie sich, welche Edukte und Produkte in Ihrem Produkt noch vorhanden sind. Diese Begleitsubstanzen können ebenfalls quantifiziert werden! Arbeiten Sie für die Begleitsubstanzen entsprechende Vorschriften z. B. aus den Bereichen Volumetrie und Gravimetrie aus und führen Sie sie durch. Beweisen Sie mit Mehrfachbestimmungen die Präzision Ihrer Analysenvorschrift.

16
Herstellung von Kupfersulfat, eine englische Anweisung

16.1
Prozessbeschreibung

Durch Globalisierung, Internationalisierung und Unternehmenszusammenschlüsse wird auch in der Ausbildung des Laborfachpersonals ein neuer sprachlicher Bezugsrahmen gebildet.

Die neue Ausbildungsordnung für Laborberufe (2000) enthält folgerichtig sprachliche Elemente in der Ausbildung. In der Erläuterung für den Chemielaboranten heißt es:

> *„Fremdsprachenkenntnisse werden im beruflichen Alltag immer selbstverständlicher vorausgesetzt und sind daher eine Basisqualifikation, die im Berufsbild verankert werden muss. In Ergänzung zum Englischunterricht der allgemeinbildenden Schule stehen nicht Konversation und Grammatik im Mittelpunkt der Ausbildung, sondern das Verstehen von Fachbegriffen, um insbesondere englischsprachige Informationsquellen, Arbeitsvorschriften usw. anwenden zu können."*

Daher steht im letzten Prozess dieses Buches eine englische Arbeitsanweisung zur Herstellung von Kupfersulfat im Vordergrund.

Folgende Vorgehensweise wird empfohlen:
- Lesen Sie sich den englischsprachigen Text ab Abschnitt 16.2 zunächst ohne Hilfsmittel durch. Versuchen Sie mit Ihrem „Schulenglisch" zu verstehen, um was es sich dabei handelt.
- Streichen Sie beim nochmaligen Lesen nun die Vokabeln und Redewendungen rot an, die Sie nicht direkt verstehen.
- Die eingeklammerten Zahlen hinter einigen Vokabeln im Text verweisen auf Übersetzungshilfen, die Sie im Abschnitt 16.3 dieses Kapitels finden.
- Verwenden Sie zusätzlich online-Hilfen wie Babylon (www.babylon.com) oder elektronische Wörterbücher wie z. B. das EU-Wörterbuch (www.eurodic.ip.lu: 8086//cgi-bin/edicbin/expert.pl

1 × 1 der Laborpraxis: Prozessorientierte Labortechnik für Studium und Berufsausbildung. 2. Auflage.
Stefan Eckhardt, Wolfgang Gottwald, Bianca Stieglitz
Copyright © 2007 WILEY-VCH Verlag GmbH & Co. KGaA, Weinheim
ISBN: 978-3-527-31657-1

in www.chemie-datenbanken.de enthalten) oder LEO (www.dict.leo.org/).
- Verwenden Sie ein fachenglisches Wörterbuch (z. B. A. Kucera: The Compact Dictionary of Exact Science and Technology, Volume I: English – German, Oscar Brandstetter Verlag, Wiesbaden (1982))
- Versuchen Sie nun den gesamten Text in ein lesbares Deutsch umzuwandeln.
- Zeigen Sie den übersetzten Text Ihrem Betreuer, der den Text auf Richtigkeit überprüft, insbesondere die notwendigen Sicherheitsmaßnahmen.
- Stellen Sie nun nach der übersetzten Anweisung Kupfersulfat-Pentahydrat her.
- Berechnen Sie mit Hilfe der in Abschnitt 6.2 vorgeschlagenen Berechnungshilfe die Kosten für 1 kg Kupfersulfat-Pentahydrat.

16.2
Formation of Copper Sulfate Pentahydrate

(Übersetzung aus dem Deutschen durch Alexandria Stewart
Beaten into a readable shape by Richard Hecker)

16.2.1
Objectives

The standard instructions$_{(1)}$ describe the formation$_{(2)}$ of blue copper sulfate pentahydrate through a direct conversion$_{(3)}$ of copper with sulfuric acid$_{(4)}$, using nitric acid$_{(5)}$ as a catalyst.

After the preparation is completed, a qualitative$_{(6)}$ test for copper, sulfate and nitrate ions should then be performed. A complexometric$_{(7)}$ titration$_{(8)}$ of copper is used for an estimation$_{(9)}$ of accuracy$_{(10)}$.

An assessment$_{(11)}$ to account$_{(12)}$ for the cost of the materials, the costs of labour and the energy required for the synthesis$_{(13)}$ must also be made.

16.2.2
Working Protection

When working, safety glasses$_{(14)}$ and a laboratory coat$_{(15)}$ must be worn. When working with chemicals, particularly sulfuric or nitric acid, it is important to meet all safety precautions$_{(16)}$ according to the R and S danger scale$_{(17)}$.

Find the demonstrator$_{(18)}$ before beginning any practical work, to ensure everything is correct!

As sulfur dioxide will evolve$_{(19)}$, the reaction must be carried out in a fume cupboard$_{(20)}$. The reaction must not be performed unsupervised$_{(21)}$.

16.2.3
Basic Theory

Copper sulfate found in the laboratory is prepared from the treatment of metallic copper with concentrated sulfuric acid. Some sulfate ions become oxidised$_{(22)}$ further to form sulfur dioxide.

A relatively$_{(23)}$ small amount$_{(24)}$ of nitric acid is added to accelerate$_{(25)}$ the reaction, however this addition sometimes leads to the formation of copper nitrate.

16.2.4
Equation$_{(26)}$

$$Cu + 2H_2SO_4 + 5H_2O \xrightarrow{\text{nitric acid}} CuSO_4 \cdot 5H_2O + 2H_2O + SO_2 \uparrow$$

Copper sulfate is used as an protective agent$_{(27)}$ for plants and also for the galvanisation of metal. In a damp$_{(28)}$ environment$_{(29)}$, copper sulfate pentahydrate is blue in colour (hydrated), but water-free (dehydrated) copper sulfate is white. In order to prove this, a simple test can be performed. When white copper sulfate is added to water, it will then immediately$_{(30)}$ turn blue. White copper sulfate is made from blue copper sulfate by drying$_{(31)}$ the copper sulfate at more than 180 °C.

16.2.5
Procedure

This synthesis has been optimised to produce crystals in a good yield$_{(32)}$ and purity$_{(33)}$.

In accordance with the basic idea of „responsible care" for the synthesis, every effort$_{(34)}$ must be made to consider the safety and protection$_{(35)}$ of both the laboratory workers and of the environment$_{(36)}$.

16.2.6
Equipment

500 mL four-necked round bottom flask$_{(37)}$
mechanical stirrer sleeve$_{(39)}$
condenser$_{(41)}$
glass stopper$_{(42)}$
lifting platform$_{(44)}$
funnel$_{(45)}$
400 mL beaker
measuring cylinder$_{(49)}$

Teflon stirrer$_{(38)}$
stirrer motor$_{(40)}$
thermometer with Quickfit joint
heating mantle$_{(43)}$
25 mL beaker$_{(45)}$
300 mL conical flask$_{(47)}$
burette$_{(48)}$

16.2.7
Chemicals

copper powder
nitric acid, $w(HNO_3) = 65\%$
indicator buffer tablets[50]
ammonium chloride[51]
zinc sulfate heptahydrate

sulfuric acid, $w(H_2SO_4) = 96\%$
EDTA ampoule, 0.10 mol
ammonium hydroxide, $w(NH_4OH) = 25\%$
murexide/NaCl powder[52] mixture (1:100)

16.2.8
Experimental

All observations should be noted during the reaction for the subsequent[53] laboratory report!

Once the stirring equipment has been set up (see below), the water flow through the condenser will need to be measured (millilitres per minute) along with the total flow time during the synthesis. The total heating time must also be noted. This data will be required later for the assessment of the synthesis cost.

Set up a 500 mL standard stirring apparatus, which consists of a four-necked round bottomed flask, thermometer, stirrer (motor, sleeve and Teflon stirrer), glass stopper and condenser. The condenser needs an air-tight connection to the fume cupboard. The apparatus must sit within the heating mantle. Use the lifting platform to position the heating mantle.

Remove the glass stopper, and pour[55] 90.0 g of sulfuric acid into the stirring apparatus, turn on the stirrer, then carefully add 21.2 g of copper powder. To the mixture add 2 mL of nitric acid dropwise. Replace the stopper, and turn the heater on but only to allow a gentle reflux[54]. Let the mixture stir for approximately 90 minutes. The reaction must not be left unsupervised[21].

Turn off the heater and allow the reaction mixture to cool to under 100 °C. Pour[55] the contents carefully into a beaker containing 100 mL of water. Heat the beaker until the mixture just begins to boil, then filter it while hot.

Allow the filtrate to cool slowly to room temperature and dry it using a Büchner funnel[56]. The crystals that form are copper sulphate pentahydrate. Wash the crystals with a small amount of ice-cold water.

Note: When the crystals are washed with warm water, the yield will be greatly reduced.

Carefully place the filtered crystals between two filter papers and leave to dry in a cupboard or oven (maximum 60 °C). Weigh the dry crystals and calculate[57] the percentage[58] of copper.

16.2.9
Quantification Using a Complexometric Titration

Using the EDTA ampoule, prepare an EDTA solution of $\tilde{c}$ (EDTA) = 0.1 mol/L. This solution will be used for the determination[59] of each titre.

16.2.9.1 Standardise the EDTA Titre

Weigh between 300 to 400 mg of zinc sulfate heptahydrate (record the amount to 0.5 mg), and place this directly into a 300 mL conical flask. Add 100 mL of water. Shake the flask as the water is added until all the solids dissolve$_{(60)}$. Add an indicator buffer tablet and 1.0 mL of ammonium hydroxide by pipette. No precipitate$_{(61)}$ should form. Fill the burette with this solution.

Titrate this solution against the 0.1 mol/L EDTA solution. At the end point, the solution will undergo$_{(62)}$ a colour change from orange to green.

The titration must be repeated a further three times, and each result should be recorded to three decimal places$_{(63)}$ and must not differ by more than 0.5%.

16.2.9.2 Complexometric Titration for Copper

Weigh between 300 to 400 mg of laboratory copper sulfate pentahydrate (record the amount to 0.5 mg) and place this directly into a dry conical flask place. Add distilled water (less than 200 mL) until the solids dissolve. Add half a spatula$_{(64)}$ of ammonium chloride and 1.0 mL of ammonium hydroxide by pipette. No precipitate should form.

Place a small amount of the murexide/NaCl mixture in a pestle$_{(65)}$, grind$_{(66)}$ it with the mortar$_{(65)}$ into a fine powder and add it to the solution.

Titrate this solution against the 0.1 mol/L EDTA solution. At the end point, the solution will undergo a colour change from beige to violet. Note: At the beginning of the titration the colour will be a green colour.

16.3 Vocabulary

No	English	Deutsch
1	instructions	Gebrauchsanweisung
2	formation	Bildung
3	conversion	Umwandlung
4	sulfuric acid	Schwefelsäure
5	nitric acid	Salpetersäure
6	qualitative	Qualifizierung
7	complexometric	komplexometrisch
8	titration	Titration
9	estimation	Schätzung
10	accuracy	Richtigkeit
11	assessment	Einschätzung
12	account	Bilanz
13	synthesis	Synthese
14	safety glasses	Schutzbrille
15	laboratory coat	Kittel (Labormantel)

No	English	Deutsch
16	precautions	Vorkehrungen
17	danger scale	Gefahrentabelle
18	demonstrator	Ausbilder/Betreuer
19	evolved	entwickelt
20	fume cupboard	Tischabzug
21	unsupervised	nicht überwacht
22	oxidised	oxidiert
23	relatively	verhältnismäßig
24	amount	Menge
25	accelerate	beschleunigen
26	equation	Gleichung
27	agent	Mittel
28	damp	feucht
29	environment	Umwelt
30	immediately	sofort
31	drying	trocknen
32	yield	Ergebnis
33	purity	Reinheit
34	effort	Anstrengung
35	protection	Schutz
36	environment	Umwelt
37	four-necked round bottom flask	Vierhalsrundkolben
38	stirrer	Teflonrührer
39	stirrer sleeve	Rührhülse
40	stirring motor	Rührmotor
41	condenser	Kühler
42	glass stopper	Glasstopfen
43	heating mantle	Heizkorb
44	lifting platform	Hebebühne
45	beaker	Becherglas
46	funnel	Trichter
47	conical flask, Erlenmeyer flask	Erlenmeyer-Kolben
48	Burette (Am. Eng.: Buret)	Bürette
49	measuring cylinder	Messzylinder
50	indicator buffer tablets	Indikatorpuffertabletten
51	ammonium chloride	Ammoniumchlorid
52	murexide/NaCl powder	Murexid-NaCl-Anreibung
53	subsequent	nachfolgend
54	reflux	sieden
55	pour	gießen
56	Büchner funnel	Nutsche
57	calculate	errechnen
58	percentage	Prozentsatz
59	determination	Ermittlung
60	dissolve	auflösen

No	English	Deutsch
61	precipitate	Niederschlag
62	undergo	durchmachen
63	decimal places	Dezimalstellen
64	spatula	Spatel
65	mortar and pestle	Mörser und Pistill
66	grind	schleifen

16.4 Übung

Der folgende Text stammt von zwei amerikanischen Autoren (Ellen P. O'Hara-Mays, Lock Haven University, Lock Haven, PA 17745 und George U. Yuen, Arizona State University, Tempe, AZ 85287).

Übersetzen Sie den folgenden Text. Falls Sie bestimmte Vokabeln nicht direkt übersetzen können, versuchen Sie es mit Hilfe des Internets. Beachten Sie, dass es sich um einen amerikanischen Text handelt.

Separation of a Five-Component Mixture in the Microscale Laboratory

Veröffentlicht in *The Journal of Chemical Education*, Volume 66, Number 11, November 1989.

Microscale laboratory experiments are becoming one of the most important pedagogical tools in organic chemistry. The microscale laboratory has the versatility to reestablish in the undergraduate organic chemistry program the integrated lecture–laboratory approach whereby lecture material is reinforced weekly by experimentation in the laboratory. The laboratory experiment developed here is a portion of a six-week effort to teach organic microtechnique in the first semester general organic chemistry laboratory. The remainder of the semester can then be dedicated to laboratory exercises focusing on the principles of organic reactions.

This experiment involves the separation and purification of a five-component mixture consisting of a strong organic acid (benzoic acid), a weak organic acid (2-naphthol), an organic base (pyridine), and two neutral compounds (1-chlorobutane and toluene). Each student is given a sample that contains 200 mg of each of the solids (benzoic acid and 2-naphthol) and 1 mL of each of the liquid samples (pyridine, 1-chlorobutane, and toluene) diluted to 5 mL with diethyl ether. The diethyl ether, being a common solvent, will not be isolated. The laboratory successfully introduces the student to six basic organic laboratory techniques: extraction, recrystallization, sublimation, distillation, and fractional distillation. This experiment reinforces the basic principles of acid/base chemistry and the physical properties associated with each of these functional groups.

The experiment presented here assumes that the first laboratory of the semester is to familiarize the students with methods used to determine physical constants. All of the microtechniques used in this experiment are described in Mayo and Pike's text on Microscale Organic Laboratory Techniques.

Procedure

1. Transfer 5 mL of the five-component mixture to a 12-mL conical centrifuge tube with a screw cap. (A conical centrifuge tube serves well as an extraction vessel. The conical bottom facilitates the ease and accuracy of separating two immiscible liquids, and the screw cap allows the student to mix the layers thoroughly.) Extract the ether solution containing the five-component mixture three times with 2-mL portions of a saturated sodium bicarbonate solution. It will be necessary to vent the tube by loosening the screw cap periodically. Collect the aqueous sodium bicarbonate washings together in another 12-mL centrifuge tube. Extract the aqueous bicarbonate solution once with 2 mL of diethyl ether. Add the ether extract to the original 12-mL centrifuge tube, which now contains the 2-naphthol, pyridine, 1-chlorbutane, and toluene. Transfer the aqueous bicarbonate solution, which contains the sodium benzoate, from the centrifuge tube to a labeled screw-cap vial for safekeeping until time permits for sample recovery. Meanwhile, clean the centrifuge tube, which will be used in step 2 of the procedure.

2. Extract the ether solution three times with 2-mL portions of 4 M sodium hydroxide. Collect the aqueous sodium hydroxide washings in a 12-mL centrifuge tube. Extract the aqueous hydroxide solution once with 2 mL diethyl ether. Add the ether extract to the original 12-mL centrifuge tube, which now contains the pyridine, 1-chlorobutane, and toluene. Store the aqueous hydroxide solution, which contains the sodium salt of 2-naphthol, in a tightly sealed and labeled vial until time permits for sample recovery.

3. Extract the ether solution three times with 2 mL of 6 M HCl. Combine the aqueous HCl washings together in a 15-mL centrifuge tube. Extract the aqueous HCl solution once with 2 mL diethyl ether. Add the ether extract to the original 12-mL centrifuge tube, which now contains the neutral organic compounds: 1-chlorobutane and toluene. Store the aqueous HCl solution, which contains the pyridine hydrochloride, in a tightly sealed and labeled vial until time permits for sample recovery.

4. To the remaining ether solution, add anhydrous sodium sulfate until no lumping occurs (approximately 400 mg). Transfer the solution to a 10-mL Erlenmeyer flask using a disposable filter pipet. Add a stir bar, and heat in a sand bath to evaporate the diethyl ether. When the vigorous boiling ceases, there should be approximately 2 mL of liquid remaining in the flask. Store this solution, which contains the 1-chlorobutane and toluene mixture, in a tightly sealed labeled, and weighed vial until time permits for the fractional distillation. Obtain the crude weight of the mixture.

Purification of Benzoic Acid Transfer the aqueous bicarbonate solution, which contains the sodium benzoate, to a 10-mL Erlenmeyer flask. Add 100 mg NaCl and, if necessary, heat to dissolve the salt. Add concentrated HCl dropwise with stirring until foaming ceases and there is no further precipitation or the solution is at pH 3. Cool solution in ice bath, vacuum filter, and wash crystals with cold water. Allow the benzoic acid to dry, and obtain the weight of the crude sample. The sample should be purified by sublimation. After purification, obtain a weight and melting point of the solid.

Purification of 2-Naphthol Transfer the aqueous hydroxide solution, which contains the sodium salt of 2-naphthol, to a 10-mL Erlenmeyer flask. Add concentrated HCl dropwise with stirring, until there is no further precipitation or the solution is at pH 8. Cool the solution in an ice bath, vacuum filter, and wash crystals with cold water. Allow 2-naphthol to dry, and obtain the weight of the crude sample. The sample will be purified by recrystallization using a mixed-solvent system of ethanol and water. When time permits for purification, transfer the 2-naphthol to a 16-mL Erlenmeyer flask. Add just enough hot ethanol to dissolve the crystals, and then add water dropwise with heating and stirring until the solution becomes cloudy. Cool to room temperature, then transfer to an ice bath. Vacuum filter the crystals, and wash with cold water. Allow the 2-naphthol to dry, and obtain a weight and melting point.

Purification of Pyridine Transfer the aqueous HCl solution containing the pyridine hydrochloride to a 10-mL Erlenmeyer flask. Add 4 M sodium hydroxide dropwise to pH 8. Transfer to a 15-mL centrifuge tube with screw cap, and wash the aqueous solution three times with 2 mL portions of diethyl ether. Dry the ether extract with 400 mg anhydrous sodium sulfate. Transfer the ether solution using a disposable filter pipet to a 10-mL Erlenmeyer flask, add a stir bar, and evaporate the ether from the solution by heating in a sand bath. When the vigorous boiling ceases, there should be approximately 1 mL of liquid remaining in the flask. Transfer the crude product into a preweighed round-bottom flask or thin-walled conical vial. Purify the sample by simple distillation using a Hickman still and a 5-mL round-bottom flask or thin-walled conical vial. A round-bottom flask or a thin-walled conical vial is necessary for good heat transfer to the liquid. A heavy-walled conical vial is not a satisfactory substitute. The purified sample should be weighed and a microboiling point and refractive index obtained.

Purification of Toluene and 1-Chlorobutane Toluene and 1-chlorobutane can be separated by a fractional distillation. A Hickman still and a 5-mL round-bottom flask will be the apparatus used. Fractions will be taken as follows: 100 µL for the forerun samples and 400–600 µL for the constant-boiling materials.

17
Vorbereitung zur praktischen „Teil 1 Prüfung" für Chemielaboranten

Wie in jedem anerkannten Beruf, müssen Chemielaboranten-Auszubildende eine Abschlussprüfung vor einer IHK-Kommission erfolgreich ablegen. Während in früheren Jahren, vor 2002, nach ca. zwei Ausbildungsjahren eine Zwischenprüfung abgelegt werden musste, deren Ergebnis keine Auswirkung auf die Abschlussnote hatte, wird mit der Erprobungsordnung vom 17. Juni 2002 die Durchführung einer „gestreckten Prüfung" verlangt. Am Ende des zweiten Ausbildungsjahres wird daher eine „Abschlussprüfung Teil 1" abgelegt, dessen Ergebnis bei den Chemielaboranten zu 35 % in das Endergebnis eingeht. Der praktische und der schriftliche Teil von Teil 1 der Abschlussprüfung haben dabei dasselbe Gewicht.

In diesem Band soll nur auf den praktischen Teil 1 der Abschlussprüfung eingegangen werden, der hier in diesem Kapitel beschrieben wird.

Der Prüfling soll in der praktischen „Teil 1 Prüfung" insgesamt in höchstens *sieben Stunden zwei praktische Aufgaben* durchführen. Dabei soll der Prüfling zeigen, dass er die Arbeitsabläufe selbständig planen, Arbeitsergebnisse kontrollieren und dokumentieren, Maßnahmen zur Sicherheit und zum Gesundheitsschutz bei der Arbeit, zum Umweltschutz sowie qualitätssichernde Maßnahmen ergreifen kann.

Für die praktischen Aufgaben kommen insbesondere in Betracht:
- Durchführen präparativer Arbeiten und
- Charakterisieren von Produkten.

Bei der Bewertung des praktischen Teils von Teil 1 der Abschlussprüfung ist die präparative Aufgabe mit 70 %, die Aufgabe „Charakterisieren von Produkten" mit 30 % zu gewichten.

In diesem Kapitel sollen exemplarisch zwei Aufgaben näher erläutert werden, um dem Leser eine Hilfe zur Vorbereitung zur „Teil 1 Prüfung" zu geben. Allgemeine Tipps für die erfolgreiche Absolvierung einer solchen Prüfung runden das Kapitel ab. Es liegt in der Natur einer solchen Prüfung, dass die Anforderungen bei jeder Prüfung etwas anders sind. Trotzdem wird das Schema einer solchen Prüfung für den Leser transparent. Wir empfehlen ein konsequentes „Nacharbeiten" der Vorschriften mit anschließendem Durcharbeiten der angegebenen „Tipps und Tricks".

Die beigefügte Selbstbewertung zeigt den Leistungsstand in der Praxis sehr gut auf. Der praktische Test ist auch für Leser wertvoll, die sich nicht in einer klassischen Laborantenausbildung befinden, da Fertigkeiten geprüft werden, die in jedem Laboratorium wichtig sind.

17.1
Allgemeine Tipps bei der Durchführung der praktischen Prüfung

Natürlich sind die meisten Prüflinge am Anfang der praktischen Prüfung nervös und haben „Lampenfieber". Trotzdem sollte jeder Prüfling versuchen, den Anfangsstress so schnell wie möglich abzulegen. Die Erfahrung lehrt, dass Prüfungen von den Teilnehmern dann am erfolgreichsten absolviert werden, wenn das Prüfungsgeschehen wie bei einem normalen Arbeitstag ruhig und sachlich erlebt wird. Die Prüfungskommissionen werden im Allgemeinen die Prüfungsatmosphäre so gestalten, dass der Stress so schnell wie möglich herausgenommen wird.

Der Prüfling sollte sich bewusst sein, dass an einem Prüfungstag von den erfahrenen Prüfern exakte Arbeitsweisen abgeprüft werden. Vergleichbar ist eine praktische Prüfung mit der Situation während einer praktischen Führerscheinprüfung. Bei der Prüfungsfahrt muss der Führerscheinbewerber außerordentlich genau und vorsichtig fahren, sonst wird die anschließende Übergabe des Führerscheins vom Prüfer verweigert. Im täglichen Alltag wird der Autofahrer zusätzlich noch auf Effektivität im Straßenverkehr achten und sich daher etwas anders verhalten. Ausgehend von dieser Analogie soll der Prüfling bei einer praktischen Prüfung versuchen, so richtig und präzise wie möglich zu arbeiten und peinlich genau alle Unfallverhütungsvorschriften und Maßnahmen zum ökologischen und ökonomischen Arbeiten einzuhalten.

Es wird empfohlen – in Absprache mit der zuständigen Prüfungskommission – geeignete Materialien mitzubringen. Dazu gehört
- ein funktionsfähiger, nichtprogrammierbarer Taschenrechner (unbedingt vorher zu prüfen!),
- ein Kugelschreiber,
- ein harter, dünner Bleistift (Typ F oder H1),
- Bleistiftspitzer,
- Radiergummi,
- ein langes Lineal (länger als die Diagonale einer DIN-A4-Seite),
- Notizpapier und
- Kunststoff-Einsteckhüllen (Klarsichthüllen).

Wenn der Prüfling seinen Prüfungsarbeitsplatz vor der Prüfung in Augenschein nehmen darf, dann sollte er peinlich genau auf Sauberkeit und Funktionalität aller Geräte achten. Dazu z. B. gehören die Funktionstüchtigkeit aller Muffen, die Drehbarkeit aller Ventile (z. B. Brenner), die Intaktheit von Heizgeräten (z. B. Heizkorb) und vor allem die Überprüfung aller Glasgeräte auf Defekte. Man sollte sich für die Überprüfung viel Zeit lassen und nachschauen, wo sich geeignete Reinigungsgeräte und Materialien befinden. Jeder Fehler, der bei der Überprüfung gefunden wird, muss nicht während der Prüfung behoben werden! Eine gute Vorbereitung ist die Gewährleistung für eine ruhig verlaufende Prüfung.

Während der Prüfung muss auf das Tragen einer sauberen Arbeitskleidung und einer geeigneten Schutzbrille geachtet werden.

Am Anfang der Prüfung bekommen alle Teilnehmer die Frage gestellt, ob sie sich gesund fühlen und in der Lage sind, die Prüfung zu absolvieren. Falls die Frage verneint wird, kann der Prüfling nicht an der Prüfung teilnehmen. Formalrechtlich hat der Prüfling die Prüfung dann nicht begonnen, er kann sie damit ein halbes Jahr später wiederholen.

In vielen Kommissionen ist es Brauch, dass sich der Prüfling beim Verlassen des Prüfungslaboratoriums abmelden muss. Man sollte sich unbedingt an diese Anweisung halten und beim Verlassen des Laboratoriums keine Arbeitsvorschrift und vor allem keine Chemikalien (z. B. Proben) mitnehmen, sonst droht ein Ausschluss aus der Prüfung.

Am Anfang der Prüfung werden u. U. Ergänzungen oder Änderungen zum Prüfungsablauf bekannt gegeben. Diese mündlichen Ergänzungen sollten sofort notiert werden.

Nach dem Austeilen der Prüfungsunterlagen durch die Prüfer empfiehlt es sich, sofort den Namen und die Prüfungsnummer in die Unterlagen einzutragen und alle Unterlagen in eine Klarsichthülle einzustecken. Dann sind die Unterlagen vor Verschmutzung sicher und sehen immer gut aus.

Der Prüfling sollte unbedingt versuchen, während der Prüfung so „unauffällig" wie möglich zu bleiben. Ständig herunterfallende Glasgeräte oder lautstarkes Beschweren, z. B. dass der Prüfungsarbeitsplatz unsauber ist, veranlassen die Prüfer, häufiger hinzuschauen. Und dann werden Fehler auch schneller gefunden. Sollte man Anlass zu berechtigter Kritik haben, dann ist diese sachlich und ruhig vorzutragen.

Fällt ein Glasgerät herunter und zerspringt, sollte Ruhe bewahrt werden. Alle erfahrenen Prüfer wissen, dass Glasbrüche bei Stresssituationen immer wieder passieren. Durch geeignete Maßnahmen ist der Glasbruch schnell wegzuräumen und ruhig weiterzuarbeiten.

Während der gesamten Prüfung ist auf peinliche Sauberkeit zu achten. Es sollten nur die Geräte auf dem Arbeitsplatz stehen, die gerade benutzt werden müssen. Alle anderen Geräte werden gesäubert und in den Schrank gestellt. So wirkt der Arbeitsplatz immer aufgeräumt und sauber.

Auch wenn sonst im Laboratorium eher Teamarbeit bevorzugt wird, wird bei einer Abschlussprüfung die Einzelleistung des Prüflings gefordert. Eine Zusammenarbeit mit dem Nachbarn sollte nur eine gegenseitige Behinderung vermeiden, aber eine direkte und enge Zusammenarbeit in der Prüfung wird meistens unterbunden.

Am Anfang der Prüfung wird informiert, welche beiden Aufgaben gestellt werden. Es sollte sich jeder Prüfling zunächst in Ruhe beide Arbeitsvorschriften *vollständig* durchlesen. Viele Prüflinge lesen sich die Vorschriften leider nur abschnittweise durch und sind über den Gesamtablauf nicht richtig informiert. Es ist peinlich, wenn z. B. Heizgeräte unter den Reaktionskolben aufgebaut werden, der Ansatz aber gekühlt werden muss. Ein mehrfaches Durchlesen der Arbeitsvorschrift ist sinnvoll, bis der Gesamtablauf völlig verstanden wurde.

Nach dem Lesen der Vorschriften sollte die Zeitdisposition vorgenommen werden. Es ist zu beachten, dass insgesamt nur 7 Stunden zur Verfügung stehen. Eine Zeitdisposition ist dann besonders wichtig (und Prüfungsinhalt), wenn nicht jeder Prüfling mit einem eigenen Messgerät ausgestattet ist (z. B. Refraktometer, Schmelzpunktgerät usw.). In manchen Kommissionen ist es üblich, eine Zeittabelle auszulegen, worin man das Zeitintervall festlegt, in dem man das Gerät benötigt. Es gilt, dass dann der gewählte Zeitkorridor peinlich genau eingehalten werden muss.

Viele Prüflinge bevorzugen eine Bereitstellung des Messgerätes gegen Ende der Prüfungszeit. Wenn das alle wollen, kann es zeitlich eng werden. Besser ist es, auch andere Bereitstellungszeiten anzustreben. Es ist darauf zu achten, dass durch eine „Zwischendurchmessung" nicht der Ablauf der präparativen Arbeit zerrissen wird (z. B. mitten im Zutropfen von Reaktanten) und der Prüfling in Hektik gerät. Die Beurteilung der Dispositionsfähigkeit ist Bestandteil der Prüfung.

Nach der Prüfung muss der Arbeitsplatz so verlassen werden, wie man ihn vorgefunden hat. Alle Glasgeräte sind zu reinigen und es ist peinlich auf Sauberkeit zu achten.

Die Ausbildungsordnung schreibt vor, dass ein „Ausbildungsnachweis" regelmäßig und vollständig geführt wird. Der Prüfling sollte daher vor der praktischen Prüfung den Ausbildungsnachweis auf Vollständigkeit überprüfen und darauf achten, dass alle notwendigen Unterschriften vorhanden sind. Der Ausbildungsnachweis ist zur praktischen Prüfung mitzubringen.

Es sei nochmals abschließend bekräftigt, dass ein gelassenes und ruhiges Arbeiten Eindruck auf den Prüfer macht und er die „Fachlichkeit" des Prüflings positiv beurteilt.

Die nachfolgende Prüfung besteht aus folgenden exemplarischen Aufgaben (Gesamtzeit zur Bearbeitung 7 Stunden):
- Präparative Aufgabe: Herstellung von Diacetyldioxim
  (Abschnitt 17.2)
- Charakterisierung von Produkten: Bestimmung von β(NaCl)
  (Abschnitt 17.3)

17.2
Exemplarische präparative Aufgabe

Nachfolgend ist zunächst die komplette Arbeitsvorschrift aufgeführt. Man sollte sich die Arbeitsvorschrift in Ruhe durchlesen und sich dabei folgende Fragen beantworten:

- Welche chemische Reaktion liegt der Arbeit zugrunde?
- Welche sicherheitsrelevanten Kenndaten benötigt man?
- Welche Geräte benötigt man zur Durchführung der Arbeit?
- Wie sieht der Aufbau der Apparatur aus?
- Welche speziellen Arbeitstechniken werden angewandt (z. B. Umkristallisation)
- Welche Chemikalien werden benötigt?
- An welcher Stelle kann man die Arbeit unterbrechen?
- Welcher Zeitbedarf wird bestehen?

> Achten Sie bei der Durchführung der präparativen Arbeit auf folgende Punkte:
> - ordentlicher Aufbau der Apparatur,
> - richtige Bereitstellung aller Reaktanten,
> - konsequente Reaktionsführung und Beobachtung der Reaktion,
> - richtige Temperaturführung, so wie es in der Vorschrift angeben wurde,
> - fachgerechtes Waschen des Rückstands,
> - präzise Durchführung des „Umlösens",
> - Durchführung einer fachgerechten Filtration,
> - Trocknen des Produkts bis zur Massenkonstanz,
> - Säubern aller verwendeten Arbeitsgeräte.
> - Wurde richtig gerechnet?

Nach der Aufführung der kompletten Arbeitsvorschrift in Abschnitt 17.2.1 wird in Abschnitt 17.2.3 der detaillierte Verlauf der Arbeit abschnittsweise erläutert und auf Tricks und Tipps hingewiesen.

17.2.1
Aufgabe: Herstellung von Diacetyldioxim

$$\begin{array}{c} CH_3-C=O \\ | \\ CH_3-C=O \end{array} + 2\ NH_2OH \longrightarrow \begin{array}{c} CH_3-C=N-OH \\ | \\ CH_3-C=N-OH \end{array} + 2\ H_2O$$

Arbeitsanweisung

In einer 500-mL-Vierhalsrührapparatur werden 5,4 g Diacetyl in 75 mL Ethanol mit $\varphi(C_2H_5OH) = 96\%$ vorgelegt. Unter Rühren werden der Lösung 51,5 g Natriumacetat-3-hydrat sowie anschließend eine Lösung von 13 g Hydroxylammoniumchlorid in 40 mL deionisiertem Wasser zugegeben. Die entstehende Suspension wird zum Sieden erhitzt und 1,5 Stunden bei der Temperatur unter Rückfluss gerührt. Die Suspension wird dann auf $\vartheta = 20\,°C$ abgekühlt und vorsichtig in 500 mL deionisiertes Wasser eingerührt. Dabei fällt das Diacetyldioxim aus. Die entstehende Suspension wird noch 20 Minuten bei $\vartheta = 20\,°C$ nachgerührt. Der Niederschlag wird scharf abgesaugt, der Rückstand mit ca. 50 mL Wasser nachgewaschen und gut abgepresst.

Der feuchte Rückstand wird mit 100 mL Ethanol mit $\varphi(C_2H_5OH) = 96\,\%$ versetzt, das Gemisch gekocht und nach dem vollständigen Lösen des Rohproduktes in Ethanol heiß filtriert. Das klare Filtrat wird abgekühlt und das ausfallende Produkt abgesaugt. Der Rückstand wird an der Luft getrocknet.

Auf ein separates Blatt sind sämtliche Wägungen zu protokollieren und die Berechnungen auszuführen.

Auswertung

Anzugeben ist die Ausbeute an Diacetyldioxim in Gramm und Prozent der Theorie, bezogen auf den Einsatz an Diacetyl.

Ausbeute in %: _____

17.2.2
Detaillierte Beschreibung der Arbeitsvorschrift

Nachfolgend wird die Arbeitsweise bei der Durchführung der Arbeitsvorschrift abschnittsweise durch gezielte Fragen transparent gemacht. Die kursive Schreibweise beschreibt die Originalarbeitsvorschrift.

> Lesen Sie sich vor der Durchführung diesen Abschnitt genau durch und führen Sie danach die präparative Arbeit so gut wie möglich durch.
>
> Überprüfen Sie dann durch nochmaliges Durchlesen des Abschnitts, welche Arbeitsweisen Sie *nicht* eingehalten haben.
>
> Schätzen Sie daraus Ihre individuelle Bewertung der Arbeitsweise in Punkten von 100 gemäß dem Notenschlüssel.
>
> 92 bis 100 Punkte = sehr gute Arbeitsweise
> 81 bis 91 Punkte = gute Arbeitsweise
> 67 bis 80 Punkte = befriedigende Arbeitsweise
> 50 bis 66 Punkte = ausreichende Arbeitsweise
> kleiner 50 Punkte = ungenügende Arbeitsweise
>
> Vielleicht ist ein erfahrener Kollege oder Ausbilder bereit, Ihre Arbeitsweise genauer einzuschätzen. Notieren Sie sich die *Bewertung der Arbeitsweise* für die präparative Arbeit in Punkten von 100.

Detaillierte Durchführung

1. *In einer 500-mL-Vierhalsrührapparatur werden 5,4 g Diacetyl in 75 mL Ethanol mit $\varphi\,(C_2H_5OH) = 96\,\%$ vorgelegt.*
   Fragen zur Erläuterung:
   - Wurde die Apparatur, bestehend aus Vierhalskolben, Rührhülse, Rührer und Rührmotor, Rückflusskühler und Heizeinrichtung, von unten nach oben absolut gerade aufgebaut?

- Wurde die Apparatur nicht zu hoch und nicht zu niedrig aufgebaut, ist die Heizeinrichtung einfach zu entfernen?
- Wurden die Anschlüsse des Kühlers bereits unten auf dem Arbeitstisch angeschlossen?
- Waren alle Schliffe (bis auf den Kolbenschliff zum Einfüllen von fester Substanz) ausreichend gefettet?
- Wurde der Kühler auf Dichtigkeit geprüft? Sind alle Schläuche gesichert? Ist der Wasserzu- und -abfluss zum Kühler gut zu beobachten?
- War die Apparatur trocken?
- War der Hahn des Tropftrichters leicht drehbar, aber die Öffnung nicht zugefettet?
- Tauchte der Thermometer tief genug in den Kolben ein?
- Ließ sich der Rührer drehen, ohne dass er am Thermometer anschlug (vorsichtig geprüft!)?
- Wurden die 5,4 g Diacetyl in ein separates Becherglaschen oder Wägegläschen eingewogen?
- Wurde das Ethanolvolumen mit einem Messzylinder abgemessen? Sind sämtliche offenen Heizquellen entfernt?
- Wurde etwa 2/3 des Ethanolvolumens über einen Pulvertrichter in den nichtgefetteten Schliff des Kolbens vorgelegt und dann nach und nach das Diacetyl in den Kolben eingetragen. Rührt dabei der Rührer langsam? Wurden mit dem verbleibenden Rest an Ethanol das Abwiegegefäß und der Pulvertrichter gesäubert?
- Wurde vor dem Eintragen des Diacetyls und des Ethanols die Heizeinrichtung entfernt?

2. *Unter Rühren werden der Lösung 51,5 g Natriumacetat-3-hydrat sowie anschließend eine Lösung von 13 g Hydroxylammoniumchlorid in 40 mL deionisiertem Wasser zugegeben.*

Fragen zur Erläuterung:
- Wurde auch wirklich Natriumacetat-3-hydrat verwendet (statt wasserfreiem Natriumacetat) und separat in ein Wägegläschen abgewogen?
- Wurden die 51,5 g Natriumacetat-3-hydrat über den Pulvertrichter langsam nach und nach in die ethanolische Lösung des Diacetyls eingetragen?
- Wurde zur Herstellung der Hydroxylammoniumchlorid-Lösung das Wasser separat abgemessen und darin langsam das abgewogene Hydroxylammoniumchlorid nach und nach mit Hilfe eines Rührstabes eingerührt?
- War die gesamte Menge an Hydroxylammoniumchlorid gelöst oder gab es noch ungelöste Partikel?
- Wurde die Hydroxylammoniumchloridlösung über den Tropftrichter in den Reaktionskolben langsam zugetropft?

3. *Die entstehende Suspension wird zum Sieden erhitzt und 1,5 Stunden bei der Temperatur unter Rückfluss gerührt.*

Fragen zur Erläuterung:
- Wurde der Schliff, in den der Kühler gesetzt wird, ausreichend gefettet?
- War der Kühler ans Kühlwasser angeschlossen?
- Waren alle Anschlüsse des Kühlers dicht?
- Lief das Kühlwasser nicht zu schnell oder zu langsam?
- War der Reaktionskolben von außen trocken?
- Rührte der Rührer ausreichend schnell?
- Wie wurde verhindert, dass evtl. ein zu starker Abzug die Ethanoldämpfe aus dem Kühler zieht?
- War sichergestellt, dass die Lösung wirklich unter Rückfluss siedet?
- Wurde die Reaktionszeit eingehalten?
- Wurde die Reaktion konsequent beobachtet und überwacht?

4. *Die Suspension wird auf $\vartheta = 20\,°C$ abgekühlt und vorsichtig in 500 mL deionisiertes Wasser eingerührt. Dabei fällt das Diacetyldioxim aus. Die entstehende Suspension wird noch 20 Minuten bei $\vartheta = 20\,°C$ nachgerührt.*

Fragen zur Erläuterung:
- Wurde zum Abkühlen ein Kühlbad benutzt?
- Wurde zur Überprüfung, ob $\vartheta = 20\,°C$ erreicht sind, ein Thermometer verwendet?
- Wurde das Wasser separat abgemessen?
- Wurde der Reaktionsansatz unter Rühren in einer befestigten Becherglasapparatur (Rührmotor) vorsichtig in das Wasser eingerührt?
- Wurde mit einem Thermometer die Temperatur überprüft?

5. *Der Niederschlag wird scharf abgesaugt, der Rückstand mit ca. 50 mL Wasser nachgewaschen und gut abgepresst.*

Fragen zur Erläuterung:
- Wurde die Saugflasche gegen Umkippen gesichert?
- Wurde eine der Menge des Niederschlags angepasste Nutsche benutzt?
- Wurde der passende Papierfilter benutzt und dieser angefeuchtet?
- Wurde der Filter richtig eingelegt?
- Wurden die Inhaltsreste des Becherglases mit Filtrat (nicht mit Wasser!) auf die Nutsche überführt und so nach und nach der gesamte Niederschlag auf die Nutsche gebracht?
- Wurde der Niederschlag auf der Nutsche ausreichend abgepresst?
- Wurde beim Übergießen des Niederschlags mit dem Waschwasser das Vakuum abgestellt um das Waschwasser etwas einwirken zu lassen?

- Wurde erneut der Niederschlag auf der Nutsche gut abgepresst, bis kein Filtrat aus dem Niederschlag austrat?

6. *Der feuchte Rückstand wird mit 100 mL Ethanol mit $\varphi(C_2H_5OH) = 96\%$ versetzt, das Gemisch gekocht und nach dem vollständigen Lösen des Rohproduktes in Ethanol heiß filtriert.*

Fragen zur Erläuterung:
- Wurde die Apparatur, bestehend aus Kolben, Rührer, Rührhülse und Kühler gerade aufgebaut?
- Wurde der abgepresste Niederschlag vollständig in die separate Rückflussapparatur überführt, in der sich ein Teil des Ethanols befindet?
- Wurde keine offene Heizquelle (z. B. Brenner) zum Heizen benutzt?
- Wurden mit dem Ethanolrest alle Geräte ausgewaschen und ebenfalls in die Apparatur überführt?
- War die Rückflussapparatur dicht und war das Kühlwasser angeschlossen?
- Wurde die Lösung ständig gerührt oder wurde die Suspension mit einem Siedestein versetzt (Verhinderung eines Siedeverzuges)?
- Wurde der Glastrichter zum Abfiltrieren vorgeheizt oder wurde ein heizbarer Trichter verwendet?
- Wurde der Papierfilter (Faltenfilter) angefeuchtet?
- Wurde beim Filtrieren ein Filtriergestell verwendet?
- Wurden die ersten 10 – 20 mL des Filtrates wieder in die Rückflussapparatur zurückgegeben und erneut aufgekocht (fraktionierte Filtration)?
- Wurde kochend heiß abfiltriert?

7. *Das klare Filtrat wird abgekühlt und das ausfallende Produkt abgesaugt. Der Rückstand wird an der Luft getrocknet.*

Fragen zur Erläuterung:
- Wurde das ethanolische Filtrat am Anfang bis ca. 50 °C von allein abkühlen lassen und dann in einem Wasserbad abgekühlt?
- Wurde die Temperatur des Filtrates mit einem Thermometer überprüft? (Raumtemperatur bzw. $\vartheta = 20\,°C$)?
- Wurde die Saugflasche befestigt?
- Wurde eine der Menge des Niederschlags angepasste Nutsche benutzt?
- Wurde der passende Papierfilter benutzt und dieser angefeuchtet?
- Wurde der Filter richtig eingelegt?
- Wurde nach und nach der gesamte Niederschlag auf die Nutsche gebracht?

- Wurde der Niederschlag auf der Nutsche abgepresst, bis kein Filtrat aus dem Niederschlag austritt?
- Wurde der Niederschlag zwischen zwei Filterpapieren in einer Porzellanschale an der Luft getrocknet?
- Wurden die Filterpapiere öfters ausgetauscht?
- Wurde eine Überprüfung der Massenkonstanz (Mehrfachwägung) vorgenommen?
- Wurde der getrocknete Niederschlag so zerkleinert, dass ein feines Pulver entstand?
- Wurde die Porzellanschale mit dem Produkt mit den Namen des Prüflings gekennzeichnet?
- Wurden alle Geräte sauber gespült und getrocknet?
- Wurde der Arbeitsplatz so sauber verlassen, wie man ihn vorgefunden hatte?

17.2.3
Auswertung der präparativen Aufgabe

Als Ausbeute sollten 65 % *der Theorie*, bezogen auf die Einwaage an Diacetyl, erhalten werden. Diese Angabe ist nur ein Richtwert, die Ausbeute ist u. a. von der Reinheit des eingesetzten Eduktes abhängig.

Der Punktwert für das Ergebnis kann aus Tabelle 17-1 entnommen werden.

Tab. 17-1. Punkte für das Ergebnis der präparativen Arbeit

Ausbeute (bezogen auf Diacetyl in %, rel.)	Punkte von 100
> 62 %	100
> 61 %	96
> 60 %	85
> 59 %	69
> 58 %	52
> 57 %	36
> 56 %	23
> 55 %	14
> 54 %	7
> 53 %	4
< 53 %	0

Notieren Sie sich ihre Punktzahl für das Ergebnis der präparativen Arbeit.

17.3
Exemplarische Aufgabe „Charakterisieren von Produkten"

Nachfolgend ist zunächst die komplette Arbeitsvorschrift aufgeführt. Man sollte sich die Arbeitsvorschrift in Ruhe durchlesen und die folgenden Fragen beantworten:
- Welche physikalische Gesetzmäßigkeit liegt der Arbeit zugrunde?
- Welche Geräte werden zur Durchführung der Arbeit benötigt?
- Wann steht das Arbeitsgerät zur Verfügung?
- Welche speziellen Applikationstechniken werden angewandt?
- Welche Chemikalien werden benötigt?
- An welcher Stelle kann die Arbeit unterbrochen werden?
- Welcher Zeitbedarf wird voraussichtlich entstehen?
- Müssen die Lösungen temperiert werden?
- Welche Skalierung muss auf dem Millimeterpapier vorgenommen werden?

> Achten Sie bei der Durchführung der präparativen Arbeit auf folgende Punkte:
> - richtige Herstellung der Kalibrierlösungen,
> - Qualifizierung des Refraktometers mit Wasser,
> - sorgfältige Vorbereitung am Refraktometer,
> - fachgerechtes Messen der Brechzahlen der Kalibrierlösungen,
> - Säubern aller benötigten Arbeitsgeräte,
> - genaues Zeichnen der Kalibriergeraden.
> - Wurde richtig gerechnet?

Nach dem Durchlesen der Arbeitsvorschrift wird exemplarisch der Verlauf der Arbeit abschnittsweise erläutert und auf Tricks und Tipps hingewiesen.

> Lassen Sie sich von einem weiteren Mitarbeiter durch Einwaage mit der Analysenwaage eine Probe herstellen, die zwischen 150 g/L und 200 g/L NaCl enthält (Genauigkeit zwei Nachkommastellen)

17.3.1
Vollständige Arbeitsweise

Aufgabe
Bestimmung der Massenkonzentration einer Natriumchlorid-Lösung durch Messung der Brechzahl
Es werden aus festem Natriumchlorid fünf Kalibrierlösungen hergestellt:
KL1: $\beta(NaCl) = 125$ g/L
KL2: $\beta(NaCl) = 150$ g/L
KL3: $\beta(NaCl) = 175$ g/L

KL4: $\beta(\text{NaCl}) = 200$ g/L
KL5: $\beta(\text{NaCl}) = 225$ g/L

Von diesen fünf Kalibrierlösungen und der erhaltenen Probe werden bei gleicher Temperatur mit einem Refraktometer die Brechzahl n gemessen.

Aus allen Messwerten und den bekannten Massenkonzentrationen β der Kalibrierlösungen wird eine grafische Auswertung zur Ermittlung des Ergebnisses auf Millimeterpapier erstellt. Zusätzlich wird mit Hilfe eines PCs und eines Tabellenkalkulationsprogramms der erhaltene Wert überprüft.

Auf einem gesonderten Blatt sind alle Messwerte zu protokollieren und die Berechnungen auszuführen.

Brechzahl der Probe: _____
Gefundener Wert g/L: _____
Sollwert g/L: _____
Differenz g/L: _____

17.3.2
Detaillierte Arbeitsvorschrift „Charakterisieren von Produkten"

Nachfolgend wird die Arbeitsweise bei der Durchführung der Arbeitsvorschrift „Charakterisieren von Produkten" abschnittsweise durch gezielte Fragen transparent gemacht. Die kursive Schreibweise beschreibt dabei die Originalarbeitsvorschrift.

> Lesen Sie sich vor der Durchführung den folgenden Abschnitt genau durch und führen Sie die Arbeit „Charakterisieren von Produkten" so gut wie möglich durch.
>
> Überprüfen Sie dann durch nochmaliges Durchlesen des Abschnitts, welche Arbeitsweisen Sie *nicht* eingehalten haben.
>
> Schätzen Sie daraus Ihre individuelle Bewertung der Arbeitsweise in Punkten von 100 gemäß dem Notenschlüssel.
>
> 92 bis 100 Punkte = sehr gute Arbeitsweise
> 81 bis 91 Punkte = gute Arbeitsweise
> 67 bis 80 Punkte = befriedigende Arbeitsweise
> 50 bis 66 Punkte = ausreichende Arbeitsweise
> kleiner 50 Punkte = ungenügende Arbeitsweise
>
> Vielleicht ist ein erfahrener Kollege oder Ausbilder bereit, Ihre Arbeitsweise genauer einzuschätzen.
>
> Notieren Sie sich die Bewertung der Arbeitsweise für die Arbeit „Charakterisieren von Produkten" in Punkten von 100.

Detaillierte Durchführung

1. Es werden aus festem Natriumchlorid fünf Kalibrierlösungen hergestellt:
   KL1: β(NaCl) = 125 g/L
   KL2: β(NaCl) = 150 g/L
   KL3: β(NaCl) = 175 g/L
   KL4: β(NaCl) = 200 g/L
   KL5: β(NaCl) = 225 g/L

Fragen zur Erläuterung:
- Wurde das Natriumchlorid mit der Analysenwaage jeweils in separate Wägegläschen eingewogen (Genauigkeit drei Nachkommastellen)?
- Wurden die Kalibrierlösungen in 100-mL-Messkolben hergestellt?
- Waren die verwendeten Messkolben völlig fettfrei?
- Befand sich in den Messkolben vor der Zugabe von NaCl bereits zur Hälfte Wasser?
- Wurde der Inhalt des Wägegläschens vollständig in den jeweiligen Messkolben gespült?
- Wurden die Kolben ausreichend lange geschwenkt, so dass sich das NaCl auch völlig gelöst hat?
- Wurden alle Messkolbeninhalte zunächst ausreichend temperiert (z. B. im Wasserbad bei 20 °C) und dann erst bis zur Marke aufgefüllt?

2. Von diesen fünf Kalibrierlösungen und der erhaltenen Probe werden bei gleicher Temperatur mit einem Refraktometer die Brechzahl n gemessen.

Fragen zur Erläuterung:
- Wurde die Probe ebenfalls in das Temperierbad gestellt und ausreichend lang mit den Kalibrierlösungen zusammen temperiert?
- Wurde das Refraktometer mit einer Wasserprobe vor der eigentlichen Messung qualifiziert? Stimmten Literaturwert und Messwert für Wasser überein?
- Wurden alle Proben mit einer weichen Kunststoffpipette auf die Glasplatten des Refraktometers aufgetragen und die überschüssige Flüssigkeit sofort entfernt?
- Wurde jede Lösung (Kalibrierlösung und Probe) mehrmals gemessen?
- Wurden nach jedem Probenwechsel die Glasplatten des Refraktometers mit einem weichen Papier gesäubert?
- Blieb während der Messung die Temperatur konstant?
- Wurde nach der Messung das Gerät gesäubert und zwischen die Glasflächen des Refraktometers ein Streifen fusselarmes Papier gelegt?
- Wurde der Arbeitsplatz sauber verlassen?

3. *Aus allen Messwerten und den bekannten Massenkonzentrationen β der Kalibrierlösungen wird eine grafische Auswertung zur Ermittlung des Ergebnisses auf Millimeterpapier erstellt. Zusätzlich wird mit Hilfe eines PCs und eines Tabellenkalkulationsprogramms der erhaltene Wert überprüft.*

Fragen zur Erläuterung:
- Wurde eine möglichst große Fläche des Millimeterpapiers zur Aufnahme des Diagramms ausgenutzt?
- Wurde kein „krummer" Maßstab benutzt?
- Wurden beide Achsen beschriftet?
- Wurde eine Überschrift ins Diagramm eingetragen?
- Wurde ein harter Bleistift benutzt, damit die gezeichneten Linien nur ganz dünn sind?
- Wurde auf die Ordinate der Messwert (Brechzahl) und auf der Abszisse die Massenkonzentration aufgetragen?
- Wurden die Linien gerade und ohne Absetzungen mit einem Lineal gezeichnet?
- Lagen alle Punkte auf der eingezeichneten Ausgleichslinie?
- Gab es Ausreißer, die nicht in die Gerade einbezogen werden dürfen?
- Wurde der Messwert der Probe separat markiert?
- Ist die abgelesene Massenkonzentration logisch?
- Stimmte der Wert, der nach einer linearen Regression mit Hilfe einer Tabellenkalkulation erhalten wurde, mit dem Wert überein, der aus dem Diagramm abgelesen wurde?
- War der Korrelationskoeffizient r größer als 0,998?
- Wurden alle Messkolben nach der Messung mit Wasser ausgespült und zum Trocknen vorbereitet?
- Wurde der Arbeitsplatz wieder sauber verlassen?
- Wurde das Refraktometer sauber verlassen?
- Wurde die Gesamtzeit von 7 Stunden für beide Aufgaben eingehalten?

17.3.3
Auswertung der Aufgabe „Charakterisieren von Produkten"

Zwischen dem Sollwert und dem gemessenen Istwert wird die Differenz (ohne Vorzeichen gebildet). Der Punktwert für das Ergebnis kann aus Tabelle 17.2 entnommen werden.

Tab. 17-2. Punkte für das Ergebnis „Charakterisieren von Produkten"

Absolute Differenz zwischen Soll- und Istwert	Punkte von 100
< 1,5 g/L	100
< 1,6 g/L	98
< 1,7 g/L	86
< 1,8 g/L	73
< 1,9 g/L	56
< 2,0 g/L	41
< 2,1 g/L	29
< 2,2 g/L	18
< 2,3 g/L	10
< 2,4 g/L	5
< 2,5 g/L	0

Notieren Sie sich ihre Punktzahl für das Ergebnis der Arbeit „Charakterisieren von Produkten".

17.4
Gesamtauswertung der praktischen Prüfung

Tragen Sie Ihre Werte in folgende Tabelle und berechnen Sie nach dem angegebenen Schema Ihre Punkte der praktischen Prüfung:

Aufgabe	Ergebnis	Faktor	Ergebnis (1)	Arbeitsweise	Faktor	Ergebnis (2)	Summe (1) + (2)	Faktor	Wert
Präparative Arbeit		0,6			0,4			0,7	
Charakterisieren von Produkten		0,9			0,1			0,3	
								Summe	

Die berechnete Summe ist der Punktwert der praktischen Prüfung Teil 1. Die Summe sollte *mindestens 67 Punkte* betragen („befriedigende Leistung"), ansonsten sollte die Arbeitsweise überprüft bzw. weitere Übungen durchgeführt werden.

Bei der „Teil 1 Prüfung" für Chemielaboranten wird der Punktwert der praktischen Prüfung und der Punktwert für die theoretische Prüfung addiert und die Summe durch 2 dividiert.

35 % von diesem so erhaltenen Mittelwert wird in die Gesamtabschlussprüfung am Ende der Ausbildungszeit übertragen und angerechnet.

18
Anhang

18.1
Tabellen

Tab. 18-1. Dynamische Viskosität von Wasser in Abhängigkeit von der Temperatur

v [°C]	η [mPa s]
10	1,3061
15	1,1406
20	1,0046
25	0,8941
30	0,8019

Tab. 18-2. Gefahrenklassen brennbarer Flüssigkeiten

Gefahrenklasse		Charakterisierung
A		brennbare Flüssigkeiten, Mischungen und Lösungen, die sich nicht oder nur teilweise mit Wasser mischen, entsprechend ihrer Flammpunkte
	A I	Flammpunkt unter 21 °C
	A II	Flammpunkt zwischen 21 °C und 55 °C
	A III	Flammpunkt zwischen 55 °C und 100 °C
B		brennbare Flüssigkeiten, die sich bei 15 °C mit Wasser in jedem Verhältnis mischen lassen und einen Flammpunkt unter 21°C besitzen.

1 × 1 der Laborpraxis: Prozessorientierte Labortechnik für Studium und Berufsausbildung. 2. Auflage.
Stefan Eckhardt, Wolfgang Gottwald, Bianca Stieglitz
Copyright © 2007 WILEY-VCH Verlag GmbH & Co. KGaA, Weinheim
ISBN: 978-3-527-31657-1

Tab. 18-3. Beispiele für brennbare Flüssigkeiten und ihre Gefahrenklassen

Gefahrenklasse A			Gefahrenklasse B
A I Flammpunkt unter 21 °C	A II Flammpunkt von 21 – 55 °C	A III Flammpunkt von 55 – 100 °C	
Essigsäurethylester	Butanol	Anilin	Acetaldehyd
Benzin, leicht	Chlorbenzol	Benzaldehyd	Aceton
Benzol	Terpentinöl	Decalin	Ethylalkohol
Schwefelkohlenstoff	Testbenzin	Nitrobenzol	Dioxan
Toluol	Xylol	Paraffinöl	Tetrahydofuran
			Methylalkohol

Tab 18-4. Brandklassen und Feuerlöschmittel

Brandklasse	Art des brennenden Stoffes	Löschmittel	Feuerlöscher
A	feste Stoffe, die mit Ausnahme von Metallen unter Glutbildung verbrennen können, z. B. Holz, Stroh, Fasern, Papier	Wasser, Schaum, Spezialpulver	Nasslöscher, Schaumlöscher, Trockenlöscher
B	flüssige Stoffe	Schaum, Pulver, Kohlensäure	Kohlensäurelöscher, Trockenlöscher, Spezialschaum
C	Gase	Pulver und Spezialpulver, Kohlensäure	Trockenlöscher, Kohlensäurelöscher mit Gasdüse
D	Leichtmetalle, z. B. Aluminium, Magnesium	trockener Sand, Salz, Spezialpulver	Trockenlöscher mit Glutbrandpulver, Magnesiumspeziallöscher

Tab. 18-5. Filtertypen und Kennfarben

Gasfiltertyp	Kennfarbe	Hauptanwendungsbereich
A	braun	organische Gase und Dämpfe, z. B. von Lösemitteln
B	grau	anorganische Gase und Dämpfe z. B. Chlor, Schwefelwasserstoff, Cyanwasserstoff (Blausäure)
E	gelb	Schwefeldioxid, Chlorwasserstoff
K	grün	Ammoniak

Es ist vorgesehen, die DIN 3181 für Spezialgasfilter sowie Spezialkombinationsfilter zu ergänzen. Für die folgenden Spezialfilter wird empfohlen, die Kennbuchstaben und Kennfarbe zu berücksichtigen.

CO[3]	schwarz	Kohlenstoffmonoxid
Hg	rot-braun	Quecksilber (Dampf)
Reaktor	braun	radioaktives Iod inkl. radioaktives Methyliodid

[3] Das Dräger-Kombinationsfilter 711 St CO 2-P3 besitzt zusätzlich zum CO-Katalysator eine Aktivkohleschicht mit B 2-Leistung.

Tab. 18-6. Gefahrensymbole mit Bezeichnung und Erläuterung

Symbol	Kennbuchstabe	Bedeutung und typisches Beispiel
	E	explosionsgefährlich (z. B. Butylperoxid)
	F+	hochentzündlich (z. B. Diethylether)
	F	leichtentzündlich (z. B. Aceton)
	O	brandfördernd (z. B. Natriumchlorat)
	T+	sehr giftig (z. B. Kalicyanid)
	T	giftig und/oder krebserzeugend (z. B. Benzol)
	Xn	gesundheitsschädlich (z. B. Dichlormethan)
	Xi	reizend (z. B. Calciumchlorid)
	C	ätzend (z. B. Natriumhydroxid)
	N	umweltgefährlich (z. B. DDT)

Tab 18-7. Die Bedeutung der R- und S-Sätze

R-Sätze

R1:	In trockenem Zustand explosionsfähig.
R2:	Durch Schlag, Reibung, Feuer oder andere Zündquellen explosionsfähig.
R3:	Durch Schlag, Reibung, Feuer oder andere Zündquellen besonders explosionsfähig.
R4:	Bildet hochempfindliche explosionsfähige Metallverbindungen.
R5:	Beim Erwärmen explosionsfähig.
R6:	Mit und ohne Luft explosionsfähig.
R7:	Kann Brand verursachen.
R8:	Feuergefahr bei Berührung mit brennbaren Stoffen.
R9:	Explosionsgefahr bei Mischung mit brennbaren Stoffen.
R10:	Entzündlich
R11:	Leichtentzündlich
R12:	Hochentzündlich
R14:	Reagiert heftig mit Wasser.
R15:	Reagiert mit Wasser unter Bildung hochentzündlicher Gase.
R16:	Explosionsfähig in Mischung mit brandfördernden Stoffen.
R17:	Selbstentzündlich an der Luft.
R18:	Bei Gebrauch Bildung explosionsfähiger/leichtentzündlicher Dampf-Luftgemische möglich.
R19:	Kann explosionsfähige Peroxide bilden.
R20:	Gesundheitsschädlich beim Einatmen.
R21:	Gesundheitsschädlich bei Berührung mit der Haut.
R22:	Gesundheitsschädlich beim Verschlucken.
R23:	Giftig beim Einatmen.
R24:	Giftig bei Berührung mit der Haut.
R25:	Giftig beim Verschlucken.
R26:	Sehr giftig beim Einatmen.
R27:	Sehr giftig bei Berührung mit der Haut.
R28:	Sehr giftig beim Verschlucken.
R29:	Entwickelt bei Berührung mit Wasser giftige Gase.
R30:	Kann bei Gebrauch leicht entzündlich werden.
R31:	Entwickelt bei Berührung mit Säure giftige Gase.
R32:	Entwickelt bei Berührung mit Säure sehr giftige Gase.
R33:	Gefahr kumulativer Wirkungen.
R34:	Verursacht Verätzungen.
R35:	Verursacht schwere Verätzungen.
R36:	Reizt die Augen.
R37:	Reizt die Atmungsorgane.
R38:	Reizt die Haut.
R39:	Ernste Gefahr irreversiblen Schadens.
R40:	Verdacht auf krebserzeugende Wirkung.
R41:	Gefahr ernster Augenschäden.
R42:	Sensibilisierung durch Einatmen möglich.
R43:	Sensibilisierung durch Hautkontakt möglich.
R44:	Explosionsgefahr bei Erhitzen unter Einschluss.
R45:	Kann Krebs erzeugen.

R46:	Kann vererbbare Schäden verursachen.
R48:	Gefahr ernster Gesundheitsschäden bei längerer Exposition.
R49:	Kann Krebs erzeugen beim Einatmen.
R50:	Sehr giftig für Wasserorganismen.
R51:	Giftig für Wasserorganismen.
R52:	Schädlich für Wasserorganismen.
R53:	Kann in Gewässern längerfristig schädliche Wirkung haben.
R54:	Giftig für Pflanzen.
R55:	Giftig für Tiere.
R56:	Giftig für Bodenorganismen.
R57:	Giftig für Bienen.
R58:	Kann längerfristig schädliche Wirkungen auf die Umwelt haben.
R59:	Gefahr für die Ozonschicht.
R60:	Kann die Fortpflanzungsfähigkeit beeinträchtigen.
R61:	Kann das Kind im Mutterleib schädigen.
R62:	Kann möglicherweise die Fortpflanzungsfähigkeit beeinträchtigen.
R63:	Kann das Kind im Mutterleib möglicherweise schädigen.
R64:	Kann Säuglinge über die Muttermilch schädigen.
R65:	Gesundheitsschädlich: Kann beim Verschlucken Lungenschäden verursachen.
R66:	Wiederholter Kontakt kann zu spröder oder rissiger Haut führen.
R67:	Dämpfe können Schläfrigkeit und Benommenheit verursachen.
R68:	Irreversibler Schaden möglich.

S-Sätze

S1:	Unter Verschluss aufbewahren.
S2:	Darf nicht in die Hände von Kindern gelangen.
S3:	Kühl aufbewahren.
S4:	Von Wohnplätzen fernhalten.
S5:	Unter ... aufbewahren (geeignete Schutzflüssigkeit ist anzugeben).
S6:	Unter ... aufbewahren (inertes Gas ist anzugeben).
S7:	Behälter dicht geschlossen halten.
S8:	Behälter trocken halten.
S9:	Behälter an einem gut gelüfteten Ort aufbewahren.
S12:	Behälter nicht gasdicht verschließen.
S13:	Von Nahrungsmitteln, Getränken und Futtermitteln fernhalten.
S14:	Von ... fernhalten (inkompatible Substanzen sind anzugeben).
S15:	Vor Hitze schützen.
S16:	Von Zündquellen fernhalten - nicht rauchen.
S17:	Von brennbaren Stoffen fernhalten.
S18:	Behälter mit Vorsicht öffnen und handhaben.
S20:	Bei der Arbeit nicht essen und trinken.
S21:	Bei der Arbeit nicht rauchen.
S22:	Staub nicht einatmen.
S23:	Gas/Rauch/Dampf/Aerosol nicht einatmen (geeignete Bezeichnung(en) sind anzugeben).
S24:	Berührung mit der Haut vermeiden.
S25:	Berührung mit den Augen vermeiden.

S26:	Bei Berührung mit den Augen gründlich mit Wasser abspülen und Arzt konsultieren.
S27:	Beschmutzte, getränkte Kleidung sofort ausziehen.
S28:	Bei Berührung mit der Haut sofort abwaschen mit viel ... (Mittel sind anzugeben).
S29:	Nicht in die Kanalisation gelangen lassen.
S30:	Niemals Wasser hinzufügen.
S33:	Maßnahmen gegen elektrostatische Aufladungen treffen.
S35:	Abfälle und Behälter müssen in gesicherter Weise beseitigt werden.
S36:	Bei der Arbeit geeignete Schutzkleidung tragen.
S37:	Geeignete Schutzhandschuhe tragen.
S38:	Bei unzureichender Belüftung Atemschutzgerät anlegen.
S39:	Schutzbrille/Gesichtsschutz tragen.
S40:	Fußboden und verunreinigte Gegenstände mit ... reinigen (Material ist vom Hersteller anzugeben).
S41:	Explosions- und Brandgase nicht einatmen.
S42:	Bei Räuchern/Versprühen geeignetes Atemschutzgerät anlegen (geeignete Bezeichnung(en) sind anzugeben).
S43:	Zum Löschen ... (Löschmittel ist anzugeben) verwenden (wenn Wasser die Gefahr erhöht, anfügen: „Kein Wasser verwenden").
S45:	Bei Unfall oder Unwohlsein sofort Arzt zuziehen (wenn möglich, dieses Etikett vorzeigen).
S46:	Bei Verschlucken sofort ärztlichen Rat einholen und Verpackung oder Etikett vorzeigen.
S47:	Nicht bei Temperaturen über .. °C aufbewahren (Temperatur ist anzugeben).
S48:	Feucht halten mit ... (geeignetes Mittel ist anzugeben).
S49:	Nur im Originalbehälter aufbewahren.
S50:	Nicht mischen mit ... (inkompatible Substanz ist anzugeben).
S51:	Nur in gut gelüfteten Bereichen verwenden.
S52:	Nicht großflächig für Wohn- und Aufenthaltsräume zu verwenden.
S53:	Exposition vermeiden! Vor Gebrauch besondere Anweisung einholen.
S56:	Diesen Stoff und seinen Behälter der Problemabfallentsorgung zuführen.
S57:	Zur Vermeidung einer Kontamination der Umwelt geeigneten Behälter verwenden.
S59:	Information zur Wiederverwendung/Wiederverwertung beim Hersteller/Lieferanten erfragen.
S60:	Dieser Stoff und sein Behälter sind als gefährlicher Abfall zu entsorgen.
S61:	Freisetzung in die Umwelt vermeiden. Besondere Anweisung einholen/Sicherheitsdatenblatt zu Rate ziehen.
S62:	Bei Verschlucken kein Erbrechen herbeiführen. Sofort ärztlichen Rat einholen und Verpackung oder dieses Etikett vorzeigen.
S63:	Bei Unfall durch Einatmen: Verunfallten an die frische Luft bringen und ruhig stellen.
S64:	Bei Verschlucken Mund mit Wasser ausspülen (nur wenn Verunfallter bei Bewusstsein ist).

18.2
Umgang mit dem Beilstein Handbuch

Übersetzen Sie diese Beschreibung, ggf. mit Hilfe eines online-Übersetzungprogrammes (z. B. LEO, www.dict.leo.org/).

Using the Beilstein Handbook [QD 251 B422, S&E Reference]
Send comments to kwhitley@ucsd.edu.

What is the Beilstein Handbook?
Covering the subject of organic chemistry, the Beilstein Handbuch der organischen Chemie (Beilstein Handbook of Organic Chemistry), is a multi-volume collection of published data and literature references on the preparation and properties of carbon compounds.

Typically, each substance entry may include:
- Constitution/configuration, incl. structure diagram
- Chemical behavior/reactions (Chemisches Verhalten)
- Natural occurrence/isolation (Vorkommen)
- Preparation/purification (B., Bildung, Darst)
- Characterization/analysis
- Structural/energy parameters
- Salts/addition compounds
- Physical properties (Physikalische Eigenschaften)
- Handling techniques with literature references for each.

The *Beilstein Information Services* staff sift through and assess reported research data and organize it in a chemically logical format to save you time and effort in finding information you need. Since the data are critically evaluated, you may avoid insignificant, incorrect, or misleading data published in journals, patents, or books.

How is Beilstein organized?

a) By Time Period:
This table outlines the time period covered by each part of the Handbook (for literature published after 1979, consult Chemical Abstracts).

b) By Chemical Structure:
Each time period is further divided into volumes, corresponding to the Beilstein System, which is based on chemical structure. This means that compounds with similar structural properties will always occur together in the same volume number, regardless of which time series (H, E I – E V) you consult. The system divides carbon compounds into 3 main groups. The main groups are broken down further according to functional properties of the substance, and assigned system

numbers. See the last 2 pages of this handout for a detailed summary of the Beilstein System.
- acyclic – contains no rings – vol. 1-4 – System Nos. 1-449
- isocyclic – contains carbon-only rings – vol. 5-16 – System Nos. 450-2358
- heterocyclic – contains rings with at least 1 noncarbon atom – vol. 17-27 – System Nos. 2359-4720.

How do I use Beilstein?

First, in Part I, you will look up your substance in the appropriate *index*. Second, in Part II, you will use the volume and pages numbers you found in the indexes to find the *data* volumes covering your substance.

Part I – The Indexes

  A. The Beilstein Centennial Index

    First, use the Beilstein Centennial Index (this covers literature published up to 1959)

    1. If you do not know the exact German name for your substance, use the General-Formelregister (Formula index). Look under molecular formula in Hill order as shown in the first sample entry.

    2. Otherwise use the General-Sachregister (Name index) section as shown in the second sample entry.

    3. Do you find a match?

      a. If you find your substance, look for a likely sounding German compound name among all of the isomers for the molecular formula.

      If you don't find a likely name, go to section B., to see whether there is any information in the Supplementary Series V under the English name or under the molecular formula.

      If you do find a likely name, also go to section B., to see whether there is additional information in the Supplementary Series V.

      b. If you do not find a match for your substance, go to section B.3.

  B. The Beilstein Supplementary Series V Indexes

    Second, if your substance is heterocyclic, use the Beilstein Supplementary Series V Indexes (these cover literature published 1960–79).

    If your substance is acyclic or isocyclic, skip this step, since UCSD does not own the data volumes for this time period.

    1. If you do not know the exact name for your substance, use the Formula Index.

Look under molecular formula in Hill order) as shown in the first sample entry.
2. Otherwise use the Compound-Name Index as shown in the second sample entry.
3. If you found nothing about your substance in the Beilstein Centennial Index, use the information on the last page of this handout to classify your substance and find appropriate volume number.

Important
- Derivatives will appear under the parent name.
- Use an English-German dictionary if necessary to confirm the German chemical name of your compound when using the Beilstein Centennial Index: QD 5 .W565 1992, S&E Reference. Dictionary of chemistry: English/German.

Example – Carbazol (Carbazole) – $C_{12}H_9N$

I.A. Beilstein Centennial Index
The Centennial Formula Index shows there is information on carbazole in 4 different Beilstein series volumes:
- Basic series, vol . 20, p. 433
- 1st Supplement, vol. 20, p. 162
- 2nd Supplement, vol. 20, p. 279
- 4th Supplements vol. 20, p. 3824 (the book spine actually reads: 3. and 4., vol. 20/6)

I.A.1. General-Formelregister (Formula Index) entry
This sample entry of the Centennial Formula Index points out the 4 Beilstein series volumes with information on Carbazole:

I.A.2. General-Sachregister (Name Index) entry
This sample entry of the Centennial Name Index also points out the same 4 Beilstein series volumes:

I.B. Beilstein Supplementary Series V Indexes
- If you found information on your substance in the Beilstein Centennial Index in Step A, make sure to use the same volume number in this indexes: in this example, volume 20 (heterocyclic compound without functional groups).
- If you had found no information on your substance in the Beilstein Centennial Index, you would go to the last page of this handout to find the proper volume number for your substance, based on its chemical structure.

I.B.1. Formula Index entry
This sample entry in the 5th Supplement Formula Index shows there is information on carbazole in:
- 5th Supplement, volume 20, Part 8, page 9

I.B.2. Compound-Name Index entry
The 5th Supplement Compound-Name Index directs you to the same entry for your substance.

Hints for Using Beilstein
- Beilstein is organized by structure: the characteristics of your chemical structure determine which volume you need to use to find the information on your substance.
- Beilstein follows the principle of latest systematic entry: Even if an isocyclic compound has some acyclic structural elements it is classed with the isocyclics.
- The volume number and system number for your substance always remain the same.
- Tables in the front of the first volume for the Basic Series and the Supplements list the full names of the journals and in the early (H – E II) parts give you the year your article was published.
- Use markers such as B (preparation) or Kp (boiling point) to find the section of the text that contains the information you need.

Part II – The Data Volumes
- Use a German-English chemical dictionary to translate unfamiliar words: QD 5 P3 1992 S&E Reference.

Using the volume/page information you got from the Beilstein Centennial Index and the Beilstein Supplementary Series V Indexes in Part I, find the books you need on the Science Reference shelves.

II.A. The Basic Series and Supplementary Series I–IV data entries

II.A.1. Basic series entry data entry
In the Basic series entry (433 d), you find basic chemical data and corresponding references to the literature for years up to 1910. Check this partial list of journal title abbreviations.

II.A.2. 4th Supplement data entry
In the 4th Supplement entry (IV 3824), you find updated information for 1930–59, including occurrence, preparation, properties, etc. Notice that each volume number may have several part numbers too (20/6, in this example). The volume number and part number appear on the spine or inside the cover of each physical volume on the shelf. Notice also that on the shelf, this substance is in the section

marked Erg. III/IV since it appears in the volume range 17–26. Beilstein combined supplementary series III and IV for these volumes.

Note: We have shown only 2 of the 4 entries containing information on Carbazole in the Main Series and Supplements I–IV. There are 2 additional entries not shown for space reasons.

II.B. 5th Supplement data entry
In the 5th Supplement entry (V 9), you find updated information for 1960–79, including preparation, physical properties, etc., in English with date and literature references. Remember that there are 2 additional entries in Supplements I and II.

Beilstein Aids
- *Beilstein Dictionary German-English*, S&E Reference, next to the Handbook.
- *How to Use Beilstein*, S&E Reference, next to the Handbook.
- Huntress, Ernest. *A Brief Introduction to the Use of Beilstein's Handbuch der organischen Chemie.* 2nd ed., QD 251 B422a, S&E Reference.
- Sunkel, J., E. Hoffman, and R. Luckenbach. "Straightforward Procedure for Locating Chemical Compounds in the Beilstein Handbook," *Journal of Chemical Education*, v58, n12, Dec. 1981, QD 1 J821, S&E Stacks.
- Weissbach, Oskar. *The Beilstein Guide: a manual for the use of Beilstein's Handbuch der organischen Chemie*, QD 251 B43 W4413, S&E Reference.

Selected Journal Abbreviations Used by Beilstein (in H – E IV)*
A complete list of abbreviations used in the Beilstein Handbook is in the first volume of each series. The following lists the most frequently used journal abbreviations and the journal call number in the S&E Library.

(Last revised September 27, 1995.)

18.3
Abbildungen wichtiger Laborglasgeräte

A Einfache Laborgeräte

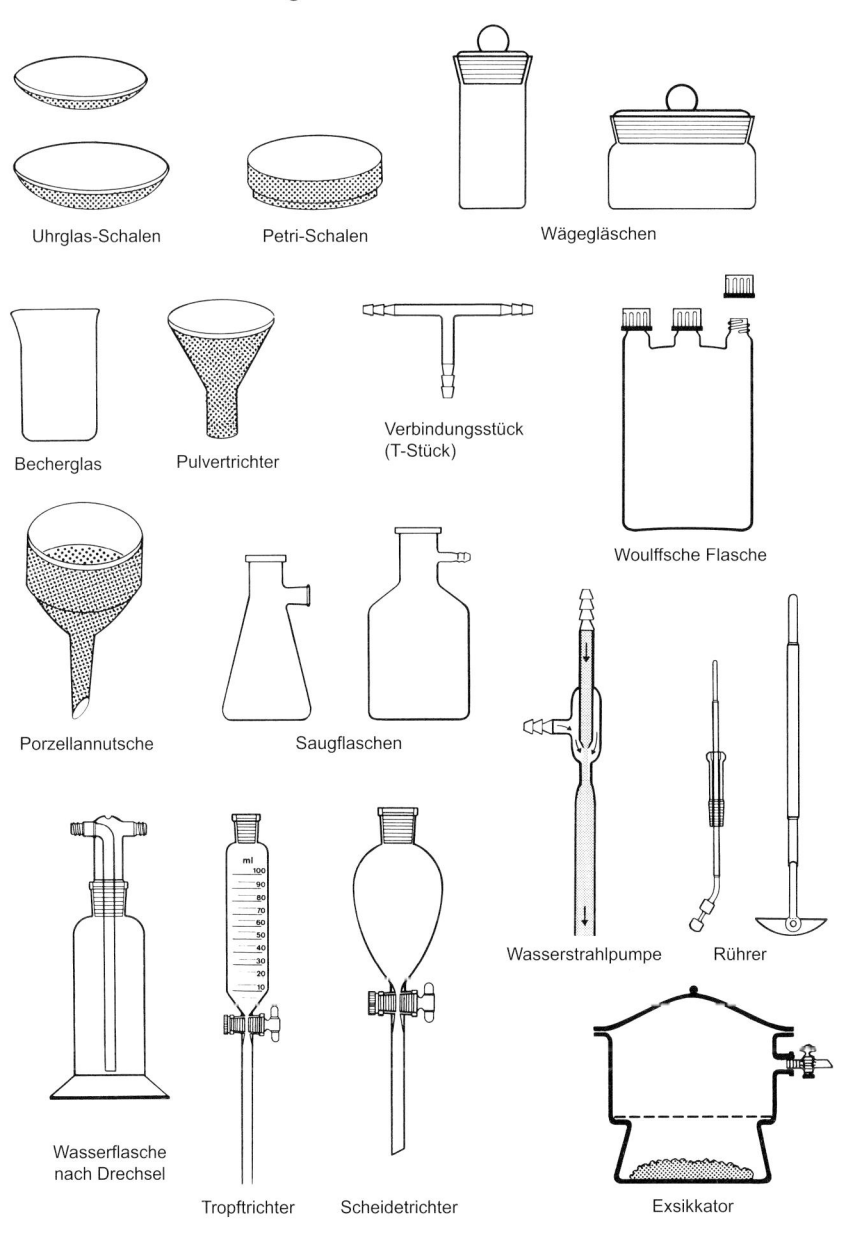

Uhrglas-Schalen

Petri-Schalen

Wägegläschen

Becherglas

Pulvertrichter

Verbindungsstück (T-Stück)

Woulffsche Flasche

Porzellannutsche

Saugflaschen

Wasserstrahlpumpe

Rührer

Wasserflasche nach Drechsel

Tropftrichter

Scheidetrichter

Exsikkator

B Volumenmessgeräte

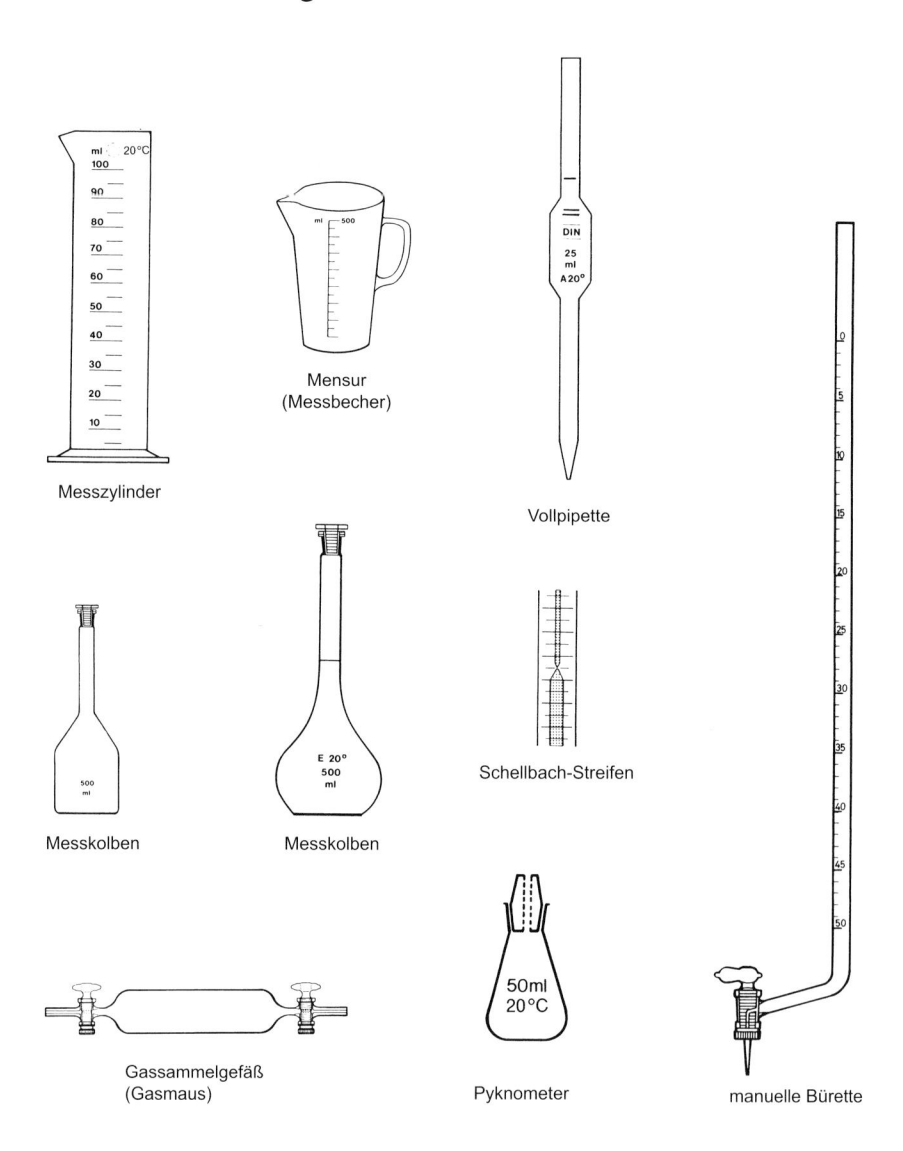

Messzylinder

Mensur
(Messbecher)

Vollpipette

Messkolben

Messkolben

Schellbach-Streifen

Gassammelgefäß
(Gasmaus)

Pyknometer

manuelle Bürette

18.3 Abbildungen wichtiger Laborglasgeräte | 413

C Thermometer

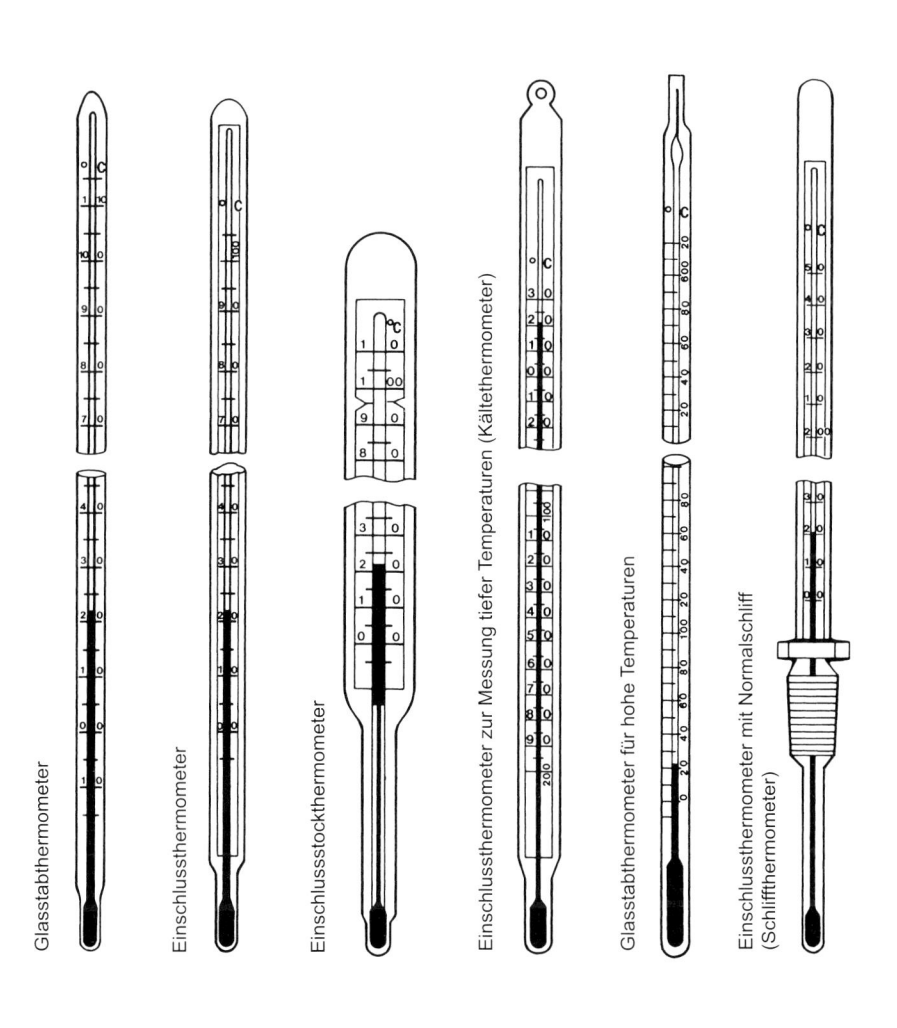

Glasstabthermometer

Einschlussthermometer

Einschlussstockthermometer

Einschlussthermometer zur Messung tiefer Temperaturen (Kältethermometer)

Glasstabthermometer für hohe Temperaturen

Einschlussthermometer mit Normalschliff (Schliffthermometer)

D Schliffkolben

Kurzhals-Rundkolben   Langhals-Rundkolben   Langhals-Stehkolben   Mehrhals-Rundkolben

Birnenkolben   Flabova-Kolben   Erlenmeyer-Kolben   Sulfierkolben

Kjeldahl-Kolben

Mikro-Rundkolben   Mikro-Spitzkolben

Mikro-Vorlagekolben
(graduiert)   Mikro-Ellipsoidkolben   Mikro-Flachbodenkolben

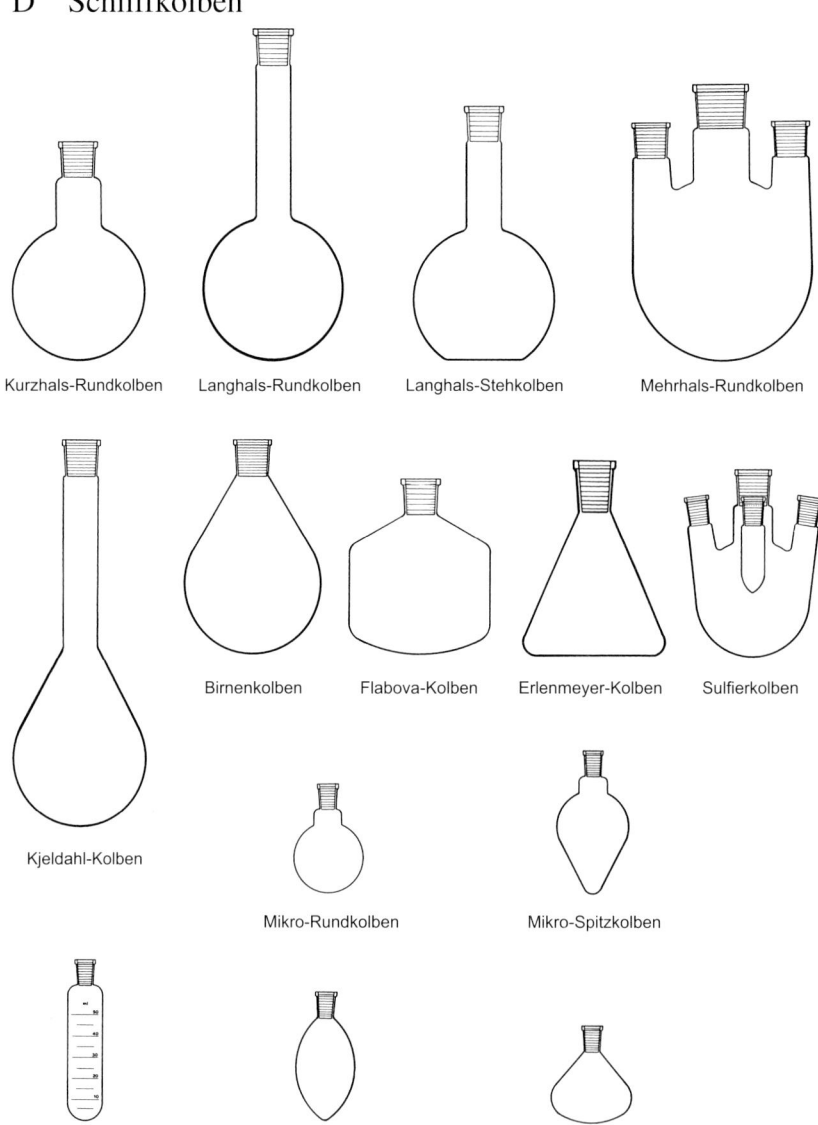

E Schliffbauteile

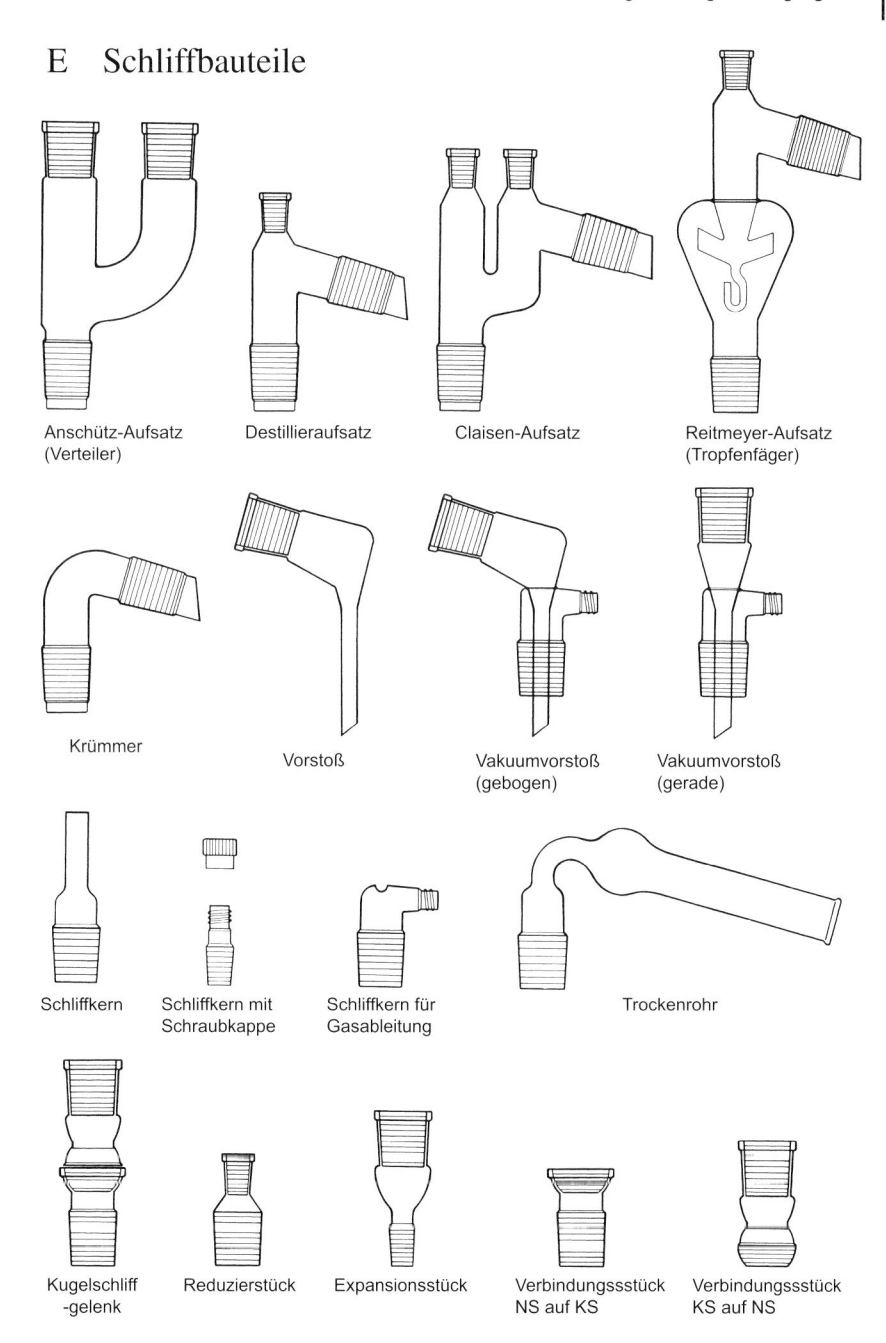

Anschütz-Aufsatz (Verteiler)

Destillieraufsatz

Claisen-Aufsatz

Reitmeyer-Aufsatz (Tropfenfäger)

Krümmer

Vorstoß

Vakuumvorstoß (gebogen)

Vakuumvorstoß (gerade)

Schliffkern

Schliffkern mit Schraubkappe

Schliffkern für Gasableitung

Trockenrohr

Kugelschliff-gelenk

Reduzierstück

Expansionsstück

Verbindungsstück NS auf KS

Verbindungsstück KS auf NS

F Verbindungsstücke

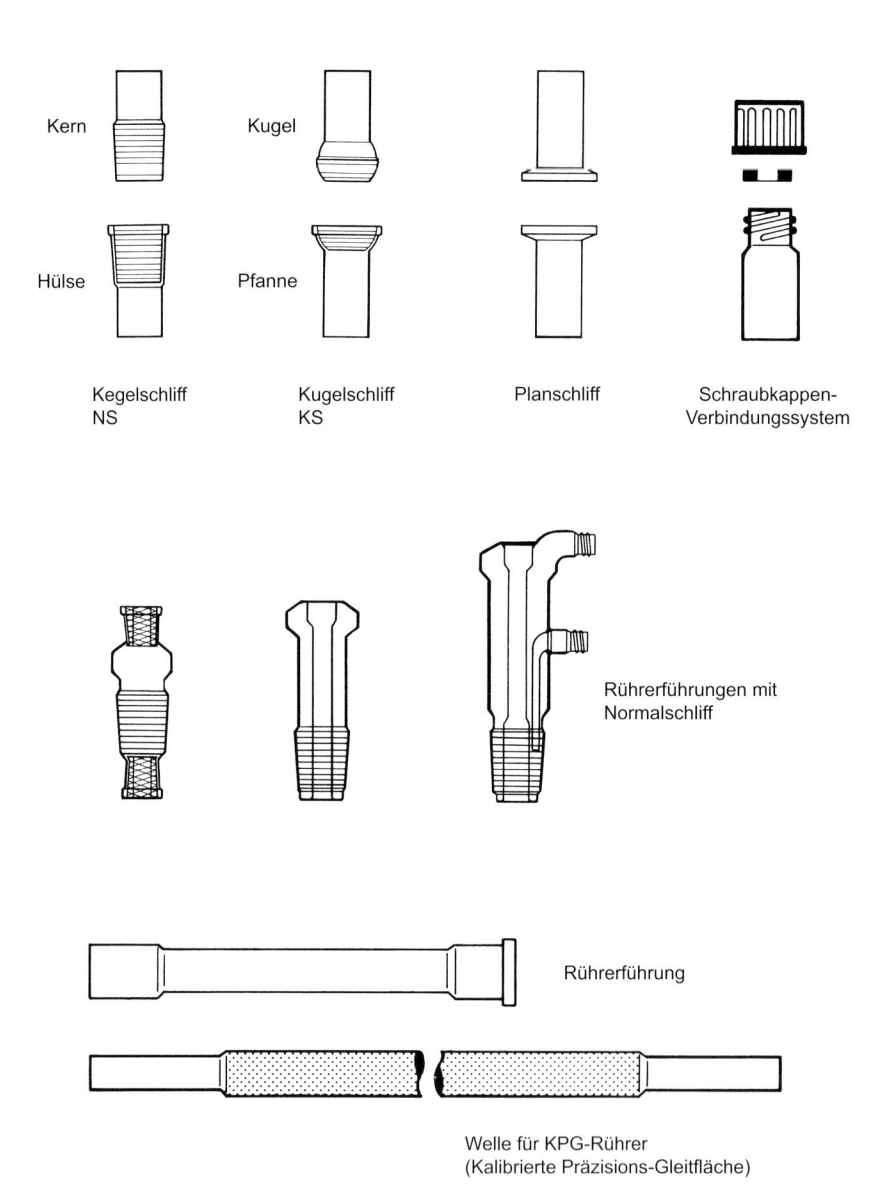

Kern

Hülse

Kegelschliff
NS

Kugel

Pfanne

Kugelschliff
KS

Planschliff

Schraubkappen-
Verbindungssystem

Rührerführungen mit
Normalschliff

Rührerführung

Welle für KPG-Rührer
(Kalibrierte Präzisions-Gleitfläche)

G Kühler

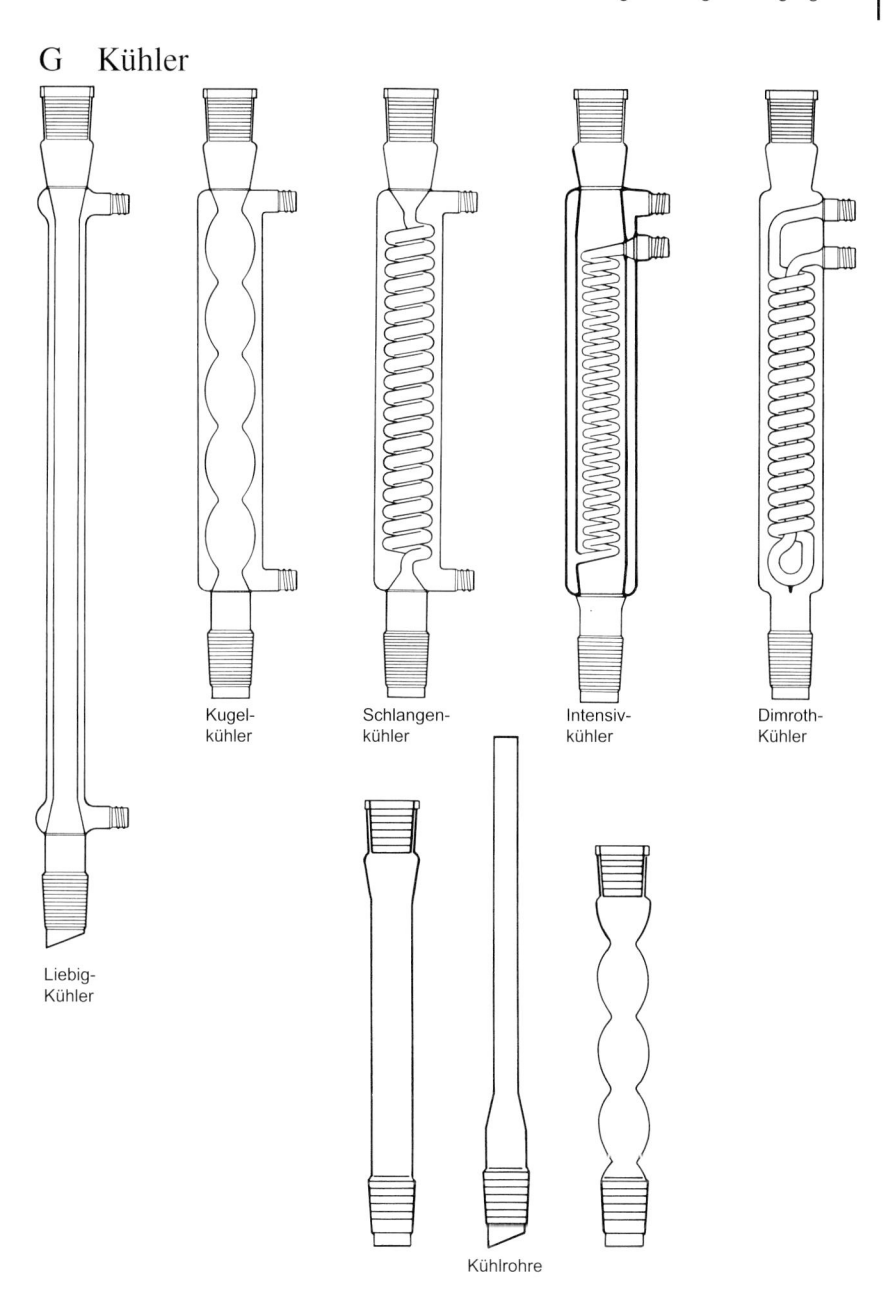

Liebig-
Kühler

Kugel-
kühler

Schlangen-
kühler

Intensiv-
kühler

Dimroth-
Kühler

Kühlrohre

H Kolonnen

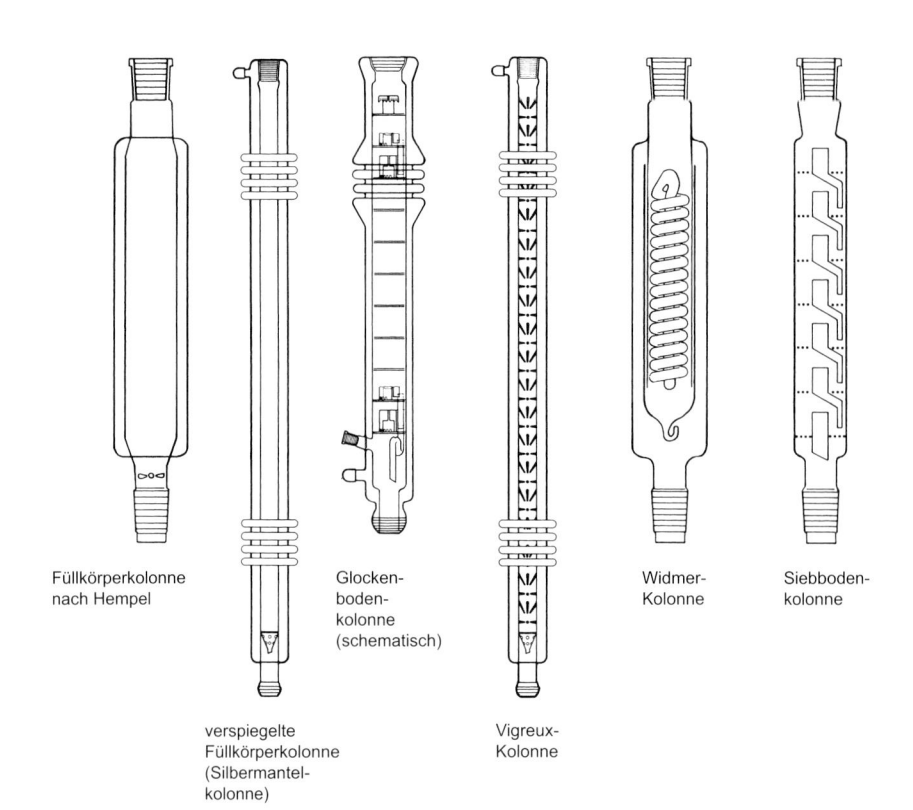

Füllkörperkolonne
nach Hempel

verspiegelte
Füllkörperkolonne
(Silbermantel-
kolonne)

Glocken-
boden-
kolonne
(schematisch)

Vigreux-
Kolonne

Widmer-
Kolonne

Siebboden-
kolonne

I Destillationszubehör

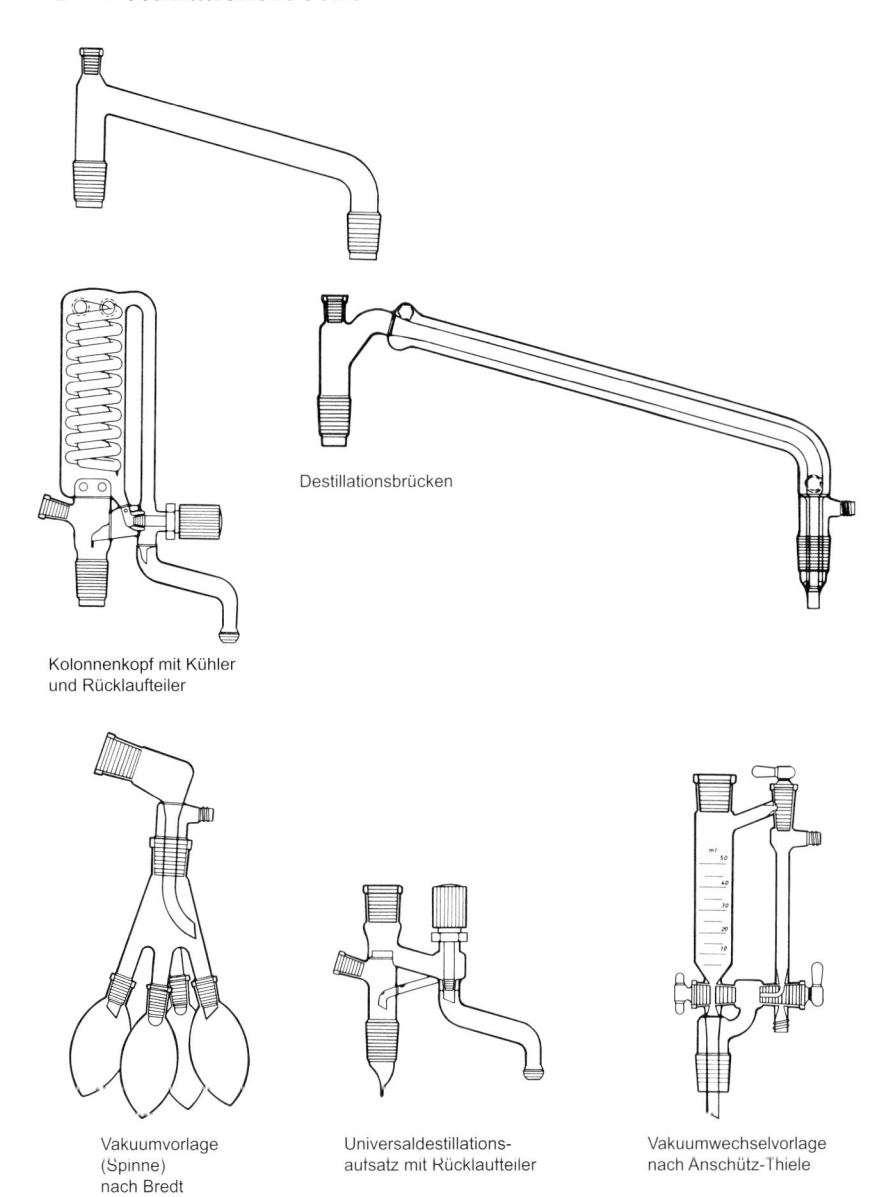

Destillationsbrücken

Kolonnenkopf mit Kühler
und Rücklaufteiler

Vakuumvorlage
(Spinne)
nach Bredt

Universaldestillations-
aufsatz mit Rücklaufteiler

Vakuumwechselvorlage
nach Anschütz-Thiele

J Planschliffgefäße

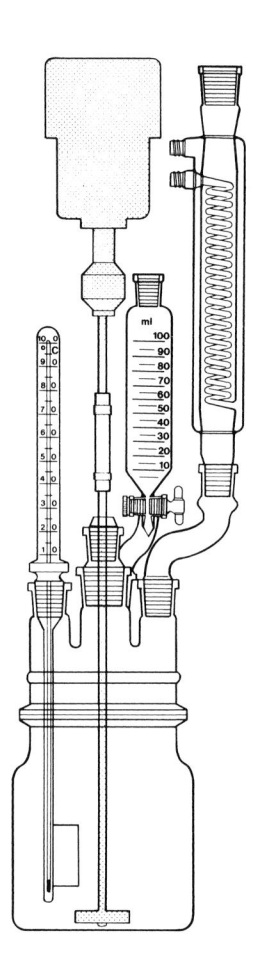

Planschliff-Reaktionsapparatur

19
Medienliste

19.1
Empfohlene Links

www.chemlin.de	Umfangreiche Sammlung im Bereich der Chemie
www.analytik.de	Allgemeiner Analytikverweis mit vielen Links, Geräteherstellern, Verlagen, Jobbörse und mit Diskussionsforum
www.chemie-datenbanken.de	Sehr viele kostenfreie Datenbanken, u. a. das Fachwörterbuch in 14 Sprachen der EU
www.chemie.de	Allgemeiner Linkverweis in der Chemie, sehr gute Sammlung
www.scirus.com	Schnelle wissenschaftliche Suchmaschine
www.google.de www.altavista.com www.fireball.de	Gut getestete Suchmaschinen (Stiftung Warentest)
www.wbs-wiesbaden.de	Server der Weiterbildungsstiftung (IG BCE und BAVC) in Wiesbaden, Infos über Aus- und Weiterbildungsmaßnahmen, sehr zu empfehlen
www.amazon.de www.buecher.de	Bücherübersicht, online-Bücherbestellungen
www.zum.de	Umfangreiche Linkliste im Bereich der Chemiedidaktik, auch gut für Auszubildende brauchbar
www.chemiestudent.de	Umfangreiche Linkliste, auch von Protokollen, Sicherheitsstandards und Datenbanken
www.umwelt-online.de www.bgchemie.de www.umweltministerium.de	Texte aller sicherheits- und umweltrelevanten Gesetze

http://spot.fho-emden.de/ftp.htm	Archiv für Software naturwissenschaftlicher Art, besonders die Bereiche Chemie, Messwerte und Mathematik, enthält sehr gute Freewareprogramme wie z. B. „Laborant" und „Graphpap"
www.seilnacht.tuttlingen.com	Private Chemieseite, viel über Farben, Elemente und das Periodensystem, didaktisch gut gemacht
www.chemiewelt.de	Allgemeine Chemiesammlung
www.chemfinder.com	Chemische Datenbank und Suchmaschine
www.experimentalchemie.de	Sammlung von Links, mit denen Experimente unterschiedlicher Qualität bezogen werden können
http://dict.leo.org/	LEO, gutes Online-Lexikon Deutsch–Englisch
stefan.eckhardt@provadis.de	Informationen über die Selbstlernmodule „Volumetrie" und „Maßanalyse" (Diplomarbeit)

19.2
Empfohlene Bücher zur Laboratoriumstechnik

Fleckenstein, Gottwald, Stieglitz: Die handlungsorientierte Ausbildung für Laborberufe 1, Prozesse der Pflichtqualifikation; Vogel Verlag, Würzburg (2006)
Eckhardt, Kettner, Schmitt, Walter: Die handlungsorientierte Ausbildung für Laborberufe 2, Prozesse der Wahlqualifikationen; Vogel Verlag, Würzburg (2006)
Holzner: Chemie für technische Assistenten in der Medizin und in der Biologie, 4. Auflage; Wiley-VCH Verlag, Weinheim (2006)
Bock: Methoden der analytischen Chemie (Band 1), Verlag Chemie, Weinheim (1973)
Mortimer: Chemie; Georg Thieme Verlag, Stuttgart (1976)
Lauber: Chemie im Laboratorium; Karger-Verlag, Freiburg (1983)
Autorenkollektiv: Organikum, 17. Auflage; VEB Deutscher Verlag der Wissenschaften, Berlin (1988)
Jander, Jahr: Maßanalyse, 18. Auflage, de Gruyter, Berlin (1989)
Latscha, Klein: Analytische Chemie; Springer Verlag, Heidelberg (1990)
Dickler, Dilsky, Schneider: Präparatives Praktikum; VCH, Weinheim (1990)
Ehrenberg: Statistik oder der Umgang mit Daten; VCH, Weinheim (1990)
Hahn, Reif, Lischewski, Behle: Betriebs- und verfahrenstechnische Grundoperationen, VCH, Weinheim (1990)
Gübitz, Haubold, Stoll; Analytisches Praktikum: Quantitative Analyse; VCH, Weinheim (1991)
Hahn, Haubold; Analytisches Praktikum: Qualitative Analyse; VCH, Weinheim (1991)
Schröter, Lautenschläger, Bibrach: Chemie-Fakten und Gesetze; Fachbuch-Verlag, Leipzig / Buch und Zeit Verlagsgesellschaft, Frankfurt (1992)
Zielow, Frey: Qualitative und Quantitative Dünnschichtchromatographie; VCH, Weinheim (1993)
Küster, Thiel: Rechentafeln für die Chemische Analytik; de Gruyter, Berlin (1993)
Kromidas (Hrsg.): Qualitätssicherung; VCH, Weinheim (1994)
Doerffel, Geyer, Müller: Analytikum, 9. Auflage; VEB Deutscher Verlag für Grundstoffindustrie, Leipzig (1994)

Otto: Analytische Chemie; VCH, Weinheim (1995)
Degner, Leibl: pH messen - so wirds gemacht; VCH, Weinheim (1995)
Schwedt: Taschenatlas der Analytik; VCH, Weinheim (1996)
Leonard, Lygo, Procter: Praxis der organischen Chemie, VCH, Weinheim (1997)
Brock: Sicherheit und Gesundheitsschutz im Laboratorium, Springer-Verlag, Berlin (1997)
PAL-Aufgabenbank, Testaufgaben für die Berufsbildung, Labortechnik; Christiani, Konstanz (1999)

Sachverzeichnis

1000-Mann-Quote 30 ff.

a

Abbeizmittel 58
Abbe-Refraktometer 178
Abdekantieren 267
Abfall 42
Abfall-
   beseitigungsgesetz 37
   deponierung 43
   entsorgung 42
   reinigung 42
   verbrennung 43
Ablaufprotokoll 152
Ableitelektroden 189
Absaugen 268
Abschlussprüfung, Teil 1 384
Abschreibung 143
Absolutieren 345
Absorption 330
Absorptionsverfahren 41
Abwasserabgabenverordnung 37
Abzug 10
Adsorbens 347
Adsorption 330, 348
Adsorptions-
   chromatografie 348
   mittel 328, 330, 334
Äquivalent-
   konzentration 207 ff.
   lösung 206
   zahl 206, 226, 238
Äquivalente Stoffmenge 206 ff.
Äquivalenzpunkt 215 ff., 239
Ätzende Stoffe 16 f.
Aggregatzustand 246
AGW-Tabelle 25
Akkreditierung 126 f.
Aktivkohle 330

Allergien 341
Ampulle 209 f.
Analysenprotokoll 209
Analysentrichter 278
Analyt 204
Analytik 203
Analytische
   Filtertiegelfiltration 285 ff.
   Filtration 273 ff.
   Papierfilterfiltration 274 ff.
Analytische Chemie 203
Angabe
   der Genauigkeit 157
   von Messwerten 158
Angestrebte Äquivalentkonzentration 209
Anteilsangaben 167 f.
Apparaturskizze 153
Aräometer 185
Arbeiten in Laboratorien 9
Arbeitskleidung 385
Arbeitsplatzgrenzwert 25
Arbeitssicherheit 5 ff.
Arbeitsunfall 7 f., 8, 30 ff.
Arbeitsvorschrift 129, 386 f., 393
   englisch 373 ff.
Arbeitszeit 142
Archimedes-Gesetz 180
Argentometrie 235
Aschefreie Filter 277
Atemfilter 23
Atemschutzgeräte 23
Aufgabe
   exemplarische 386, 393
Aufstockung 130
Auftrieb 181
Augen 10
Augen-
   dusche 10
   spülflaschen 10

1 × 1 der Laborpraxis: Prozessorientierte Labortechnik für Studium und Berufsausbildung. 2. Auflage.
Stefan Eckhardt, Wolfgang Gottwald, Bianca Stieglitz
Copyright © 2007 WILEY-VCH Verlag GmbH & Co. KGaA, Weinheim
ISBN: 978-3-527-31657-1

Ausbeute 297, 320 f.
Ausbildungs-
 ordnung 434
 rahmenplan 38
Auslauf 72
Auslaufgeeicht 75 ff.
Aussalzen 331
Azeotropes Gemisch 308 f.

b

Base 204 ff.
Basenstärke 214, 217
Becherglasrührapparatur 335 f.
Beilstein Handbuch 406 ff.
Belastungen des Wassers 38
Benutzungsabschreibung 143 f.
Benzaldehyd 340
Benzoesäure 340
Berufsgenossenschaft 8, 23, 30 ff.
Berufskrankheit 33
Bestimmung der Masse 222
Bestimmung des Masseanteils 222
Bestimmung von Konstanten 174 f.
Betriebsanweisung 10 ff.
BG Chemie 30 ff.
Bimetallthermometer 92
Biochemische Reaktion 354
Biotische Faktoren 34
Blätter, lose 151
Blase 310
Blasenzähler 343
Bodeneigenschaften 34
Brand 14
Brand-
 fördernde Stoffe 19
 herd 14 f.
 schutzregel 15
 verhütung 12
Brechungsindex 177 ff., 319, 323
Brenner 93 ff.
Brennpunkt 12
Bruttogehalt 142
Bürette 79, 86 f.
BUND 7
Bundesimmissionsschutzgesetz 36 f.
Bunsen-Brenner 94

c

Cancerogene Stoffe 20
Carbonsäure 341
CDs 45 f.
Charakterisierung, Produkte 384, 393
Chemielaboranten, -prüfung 384

Chemikalien-
 gesetz 37, 121
 umgang 53
Chlorcalciumröhrchen 343
Chlorkohlenwasserstoffe 58
Chromatografie 347
Chromschwefelsäure 55
Claisen-Brücke 310

d

DACH 126
Dalton 306
Dampf-
 bad 98
 druck 306, 344
 entwickler 345
 rohr 257
DAP 126
Datenermittlung 46
DC-Platte 352
Dekantieren 111
Deponie 39, 43
Destillat 313
Destillation 306 ff.
 Gegenstrom 312 ff.
 Gleichstrom 310
Destillations-
 brücke 310
 kolonnen 313
Diaphragma 188 f.
Dichlormethan 306
Dichtebestimmung 180, 252
 Hydrostatische Waage 252
 Pyknometer 252
 von Feststoffen 252
Digeration 257
Diletante Stoffe 193
Diskontinuierliche Extraktion 302 f.
Dispenser 79
Disperse Systeme 162
Dispersion 162
D-Licht 178
Dokument 125
Dokumentation 149 f.
Dokumentationsanforderungen 150
Dokumentierter Nachweis 129
Drehkolbenzähler 366
Drehschieberpumpe 112
Dünnschichtchromatografie 351 f.
Durchgangssumme 262
Durchsichtigkeit 162
Dynamisches Gleichgewicht 296

e

EDTA 238 ff.
Edukte 149
Eigenindikation 230
Eindampfen 331
Einlaufeichung 72 f.
Einstabmesskette 188
Elektroabscheidung 41
Elektronen-
  akzeptor 224
  donator 225
Eluat 351
Elution 348
Elutionstabellen 348
Emaille 58
Emission 35
Emulsionen 162
EN 45 000 126
Energiekosten 146
Englische Arbeitsvorschriften 373 ff.
Entmischung 254
Entsorgung 43
E-Nummern 354
Erbgutverändernde Stoffe 21
Erdbeschleunigung 62
Ereignisprotokoll 151
Erfolgsprogrammierung 3
Erstarrungswärme 246
Erstickende Gase 22
Essen im Laboratorium 10
Ethersulfat 176
Eutervorlage 317
Eutrophierung 38
Experimentennummer 153
Explosion 13 f.
Explosionsgefährliche Stoffe 20
Explosionsverhütung 12
Exsikkator 103
Exsikkatorenfett 56
Extrakt 256
Extraktion 301 ff.
  diskontinuierlich 302 f.
  Feststoff 256
  flüssig-flüssig 301 f.
  kontinuierlich 304 f.
Extraktionsgut 301 f.
Extraktionsmittel 256, 301 f.

f

Fachliteratur 45
Fähigkeitszuweisung 2
Fällung
  direkt 274 ff.
  indirekt 285
Fällungs-
  form 274, 279, 284
  titration 235
Fajans 236
Fallmischer 255
Faltenfilter 271
Farbumschlag 218
Fehler 129
Fehlerfortpflanzung 137
Feststoff-
  extraktion 256
  mischung 245 ff.
Feuer-
  bekämpfung 14
  löscher 14 f.
  löschmittel 14 f.
  löschmittel Wasser 16
Filter-
  hilfsmittel 272
  kuchen 267
Filtrat 267
Filtration 265 ff.
Filtrationsmethoden 266 ff.
Filtriergestell 266 f.
Fixpunkt 246
Fixpunktmessung 247 f.
Flammentemperatur 94 f.
Flammpunkt 12 f.
Fließkurve 197
Fluchtwege 9
Flüssigkeitsthermometer 90 ff.
Fossile Brennstoffe 36
Fraktion 314
Fraktionierte Filtration 266
Fremdsprachenkenntnisse 373
Fruchtschädigende Stoffe 22
Füllkörper 312
Füllkörperkolonne nach Hempel 313

g

Gärung 354
Gärungsröhrchen 354
Gas-
  entwicklung 358
  entwicklungsgeräte 359
  filtertypen 401
  flasche 114 ff.
  maus 362
  reinigung 363
  volumenmessgeräte 364
  waschflasche 106 f.
  zähler 366

Gasdruckflasche 14 f., 114 ff.
Gase, erstickend 22
Gauß'sche Fehlerfortpflanzungsgesetze 137
Gebläselampe 95 f.
Gefahren-
    klassen 13, 399 f.
    symbole 53, 402
Gefahrstoffverordnung 10, 37
Gegenstromdestillation 312 ff.
Gehörschutzmaßnahmen 44
Gemische
    homogene 162
    zündfähige 12
Genauigkeit der Zahlenangabe 157
Geräte-
    kosten 143
    qualifikation 175
Gerätequalifizierung 130
Gesättigte Lösung 274, 328
Gesamtauswertung 397
Gesamtfehler 140
Gesamtkosten 147
Geschwülste 20
Gesetzliche
    Grundlagen 29 f.
    Regelungen 36
Gesetz von Dalton 306
Gesetz von Raoult 306
Gesundheitsschädliche
    Chemikalien 16
    Stoffe 17 f.
Gewerbeaufsicht 31
Gewicht 62
Giftige Stoffe 17
Glas 54
Glas-
    filtertiegel 268, 286
    fritten 286
    membran 189
    reinigung 54
    wolle 343
Gleichgewicht, dynamisch 296
Gleichgewichts-
    diagramm 308 f.
    konstante 296
    kurve 308 f.
    reaktion 296, 322
Gleichstromdestillation 310
Gleichung der Maßanalyse 222
Glockenbodenkolonne 313
GLP 121
Glucose 354
GMP 122

Google 48
Gravimetrie 273 ff.
Gültigkeit 129
Güteklassen des Wassers 39
Gummi 58
Gummischlauch 59

h

Haare 10
Haargel 164
Handeln, sicheres 9
Handlungsorientierung 1
Handwerkliche Fehler 137
Hauptprotokoll 152
Hautkontakt 53
Hautmilch 166
Heberrohr 257
Heiz-
    bad 97
    geräte 93
    geschwindigkeit 250
    korb 96
Hemmung 354
Herstellung, Diacetyldioxim 387 ff.
Hierarchie 51
Hochentzündliche Stoffe 19
Höppler Viskosimeter 195
Homogene Gemische 162
Homogenisierung 254
Howorka-Ball 77
HPLC 323
Hydrostatische Waage 182, 252
Hygroskopisch 210

i

Identitätskontrolle 323
IG BCE 5
IHK-Kommission 384
Immission 35
Impfkristall 331
Implosion 316
Indikator 205, 212, 214, 235, 236, 239
Indikator-
    auswahl 218 ff.
    herstellung 218
    papier 187
    puffertablette 239
Informations-
    beschaffung 45
    gehalt von Zahlen 158
Internet 46
Iodometrie 232 ff.

Ionennachweis
    Ammoniumionen 370
    Carbonationen 369
    Chloridionen 270, 370
    Natriumionen 369
    Nitrationen 270
    Phosphationen 270
    Sulfationen 270
IR-Spektrum 323
Istwert 133, 397

j

Joker 49
Justieren 64
Justiertemperatur 80

k

Kabelbinder 59
Kältefalle 113
Kapillardurchflussmesser 365
Kapillare 199 f.
Kapillarenstopfen 182
Kationenkomplex 237
Kegel-
    filter 278
    schliff 56
    verfahren 260
Kennzeichnung 80
Kieselgel 348
Kippscher Gasentwickler 360 f.
Kittel 9
Klär-
    anlage 40
    filtration 266
Klassieren 258
Kleidung 9
Körnungsnetz 263
Körperschutzmittel 10
Kofler-Heizbank 248
Kohäsionskräfte 198
Kohlensäurelöscher 15
Kolloidale Lösungen 164
Kolonne 312 ff.
Kolonnenkopf 313 ff.
Kommunikation 5 ff., 51
Kompetenz 126
Komplexbildner 237 ff.
Komplexometrie 237 ff.
Kondensat 306
Kondenswasserabscheider 345
Konfliktbewältigung 51
Konkaver Meniskus 82
Konkurrenz 141

Konservierungsmittel 341, 354
Konstantenbestimmungen 174 f.
Kontaktthermometer 97
Kontinuierliche Extraktion 304 f.
Konvexer Meniskus 82
Konzentrationsangaben 167 f.
Konzentrationsverhältnisse 35
Kopf-Schwanz-Struktur 166
Kork 58
Korn-
    größe 254, 259 ff.
    größenverteilung 260 ff.
    klasse 259
Korrekturfaktor 209
Korrosion 58
Kosten 141 ff.
Kosten-
    bilanz 147
    einsparungen 144
    faktor 142
Krebserzeugende Stoffe 20 f.
Kuchenfiltration 266
Kühl-
    mittel 99
    wasser 146
Kühler 99 f.
Künstliche Probe 130
Kugelkonstante 196
Kugelschliff 56
Kunststoff 59
Kupferblock 248
Kupfersulfatsynthese 373 f.
Kutscher-Steudel-Perforator 304 f.

l

Laborjournal 125, 151
Laborsiebmaschine 260
Länge 72
Lärmschutz 44
Latente Wärme 246
Le-Chatelier-Prinzip 296, 322
Leicht entzündliche Stoffe 19
Leitlinien 5
Libelle 64
Ligand 237
Löschdecke 16
Löscher
    Kohlensäure 14 f.
    Pulver 14 f.
    Wasser 16
Lösemittel 162
Lösemittelrecycling 353
Löslichkeit 274, 328 ff.

Löslichkeits-
  bestimmung 330
  kurve 329
Lösung
  gesättigt 328
  übersättigt 329
  ungesättigt 328
Lösungen 162 f.
Lösungen kolloidal 164
Lösungsstrategien 1
Luftemission 42
Luftschutz 40

m
Mahleffekt 259
MAK-Wert 25
Manometer 114
Marzipan 340
Maschenweite 259 ff.
Masse 61 ff.
Massen-
  anteil 167 f.
  konstanz 271
  konzentration 170
  spektrum 323
  wirkungsgesetz 296
Maßlösung 204, 206 ff., 229
  Herstellung 209 ff., 231
Materialkosten 143
Mechanisches Trennen 258
Membranfiltration 269
Mengenbeschränkung 14
Meniskus 82
Mess-
  kolben 73 f., 83 f.
  pipette 75 ff.
  zylinder 74
Metall 57
Metasuchmaschinen 50
Methylrot 213
Mikroliterpipette 78
Mikroskop 117 ff.
Mikrospritze 88
Mikrowellen 45
Minimaleinwaage 70
Minimierungsgebot 7
Mischen von Lösungen 172
Mischer 255
Mischschmelzpunkt 247
Mischungsgleichung 172
Mischwerkzeuge 254 f.
Mitarbeiterschutz 6
Mittelwert 131 ff.

Mobile Phase 347
Mörser 255
Mohr 236
Mohr-Westphalsche Waage 182, 184
Molekularsieb 108
Mülldeponie 44

n
Nachvollziehbarkeit 152
Nadelventil 116
Nassabscheidung 41
Natriumsalz der Salicysäure 326
Nebel 162
Nernstscher Verteilungssatz 301
Neutralisation 204 ff.
Neutralisations-
  kurve 215
  wärme 205
Nivellieren 65
NMR-Spektrum 323
Normaldruckfiltration 266 f., 271
Notausgänge 9

o
Oberflächenspannung 198
Öffnen von Chemikalienflaschen 53
Ökofaktoren 38 f.
Ökologie 34
Ökosystem 34
Öl-in-Wasser-Emulsionen 165
Ovalradzähler 366
Oxidation 224, 341
Oxidations-
  mittel 224, 233
  zahl 226

p
Papierchromatografie 347
Pappfilter 257
Parallaxefehler 82
Partialdampfdruck 306
Patente 150
Peleus-Ball 77
Perforator 304 f.
Permanganometrie 229 ff.
Personalkosten 142
Pflanzenschutzgesetz 37
Phase 347
Phasentrennung 303
pH-Elektroden 189
Phenolphthalein 213
pH-Wert 186 ff., 215
Pipette 75 ff., 84

Pipettierhilfe 77
Plastische Stoffe 193
Polarität 349
Porzellanfiltertiegel 286
Porzellannutsche 268, 272
Präparative Aufgabe 384
Präparative Filtration 271
Präzision 67, 130 f.
Praktische Prüfung 385 ff., 397
Praxisaufgaben:
    Aufbau einer Wassersäule in einem Analysentrichter 278
    Destillation 311
    Dichtebestimmung 254
    Dichtebestimmung von Feststoffen 252
    Einfluss auf das Wägeergebnis 66 f.
    Erstellung von Löslichkeitskurven 329
    Extraktionsversuch 303
    Heizversuche 299
    Herstellung
        $AgNO_3$-Maßlösung 237
        EDTA-Maßlösung 240
        einer hochwertigen Hautmilch 166
        einer Natronlauge 164
        $KMnO_4$-Maßlösung 231
        $Na_2S_2O_3$-Maßlösung 234
        von Haargel 164
        von Maßlösungen 210
    Ionennachweise 270
    Mikroskopische Aufnahme 119
    Pizzarezept erstellen 154
    Rektifikation mit Rücklaufverhältnis 10:1 315
    Rückstandsuntersuchung 303
    Schmelzpunktbestimmung 250
    Titer
        $AgNO_3$ 237
        EDTA 240
        $KMnO_4$ 231
        $Na_2S_2O_3$ 234
        Säure/Base 212
    Titration
        Bestimmung der Wasserhärte 241
        $m(Ca)$ 241
        $m(H_2SO_4)$ 223
        $w(Cu)$ 234
        $w(Essigsäure)$ 220
        $w(Fe)$ 232
        $w(H_2O_2)$ 232
        $w(KBrO_3)$ 235
        $w(NaCl)$ 237
        $w(NaOH)$ 222

Überprüfung
    einer 10-mL-Vollpipette 86
    einer 25-mL-Bürette 87
    einer Analysenwaage 71
    einer Pipette 84
    Vakuumrektifikation 318
    Waagenvergleich 66
    Wasserverbrauch eines Kühlers 100
Produktreinigung 154
Protokollanalysen 155
Protokollierung 149 f.
Protokoll, präparativ 153
Protolysegrad 214
Protolysestärke 214
Prozesse:
    Feststoffmischung 256, 258, 260, 263
    Haargel 164
    Haarshampoo 175 ff., 179, 182, 191, 197, 201
    Hautmilch 166
    Isolierung von Zitronensäure aus Zitronen 273
    Oxidation 341, 343, 346, 350, 354
    Quantifizierung von Eisen 276, 278, 280, 283
    Quantifizierung von Nickel 285, 287
    Synthesetransfer 324
    Synthese von Natriumcarbonat 367 ff.
    Untersuchung von Niederschlägen 289
    Veresterung 298, 300, 305, 312, 319 ff.
    Vergleich einer Filtergravimetrie mit einer Filtertiegelgravimetrie (Al) 290
    Vergleich einer gravimetrischen mit einer volumetrischen Quantifizierung (Cu) 291
    Vergleich zweier Analytikmethoden (Mg) 242
    Verseifung 326 ff., 334 ff.
Prozessorientierung 1
Prüfbericht 127
Prüfeinrichtung 123
Prüflabor 127
Prüfleiter 123
Prüfung, praktische 385
Prüfungskommission 384 f.
PTFE 59
Pufferlösung 189, 190
Pulverlöscher 14 f.
Pyknometer 75, 182 ff., 252
Pyropter 93

q

Qualifizierung 83 ff.
Qualität 121
Qualitäts-
　faktoren 121
　regularien 122
　sicherungseinheit 123
　steigerung 128
Qualitätsmerkmale 129
Quantifizieren von Analyten 220
Quecksilbermanometer 114
Querverweise 154
Quotienten-Prozess 137 f.

r

Radioaktive Strahlung 45
Raffinat 256, 301
Raoult 306
Rauch 162
Rauchverbot 9
RBS-Lösung 57
Reaktion biochemisch 354
Reaktions-
　beeinflussbarkeit 322
　durchführung 153
　kontrolle 154
Rechtssicherheit 150
Recyclinggebot 7
Redox
　Reaktion 224 ff.
　Reaktionsgleichung 227
　Titration 224 ff.
Reduktion 224 f.
Reduktionsmittel 224, 233
Reduzierventil 116
Referenz-
　spektrum 323
　substanz 250
Referenzmaterial 134
　zertifiziert 134
Refraktometer 178 f.
Reinheitsuntersuchung 323
Reinstoff 209
Reizende Stoffe 17
Reizgase 23
Rektifikation 312 ff.
Relativer Fehler 140
Responsible Care 5 ff.
Rheopexe Stoffe 193
Richtigkeit 67, 130 f., 133
Robustheit 130 f., 135
Röntgenstrahlung 45
Rohausbeute 152

Rohdaten 151
Rotameter 364
Rotationsverdampfer 109
Rotationsviskosimeter 197
Routine 135
RRSB-Körnungsnetz 263
RRSB-Verteilung 262
R-Sätze 23, 403 f.
Rückflussapparatur 333 f.
Rücklauf 312
Rücklaufverhältnis 313
Rückstandssumme 262
Rückstandssummendiagramm 261
Rührapparatur 298 ff.
Rührer 101 ff.
Rundung 157 ff.

s

Saccharinsynthese 355
Säule 349
Säulenchromatografie 348 ff.
Säure 204 ff.
Säurenstärke 214, 217
Salicylsäure 297, 326 ff.
Salicylsäuremethylester 297, 326 ff.
Sauerstoffgehalt der Luft 22 f.
Schamotte 58
Schaufelmischer 255
Scheidetrichter 302
Schellbach-Streifen 79
Schleppmitteldestillation 345
Schliff-
　formen 56
　geräte 56
Schmelzpunkt 246
Schmelzpunkt-
　depression 247
　röhrchen 247
Schubladenlernen 2
Schubspannung 193
Schuhwerk 9
Schutz
　der Luft 40
　vor energiereicher Strahlung 45
　vor Lärm 44
Schutz-
　brille 9, 385
　kleidung 9
Schwebekörper-Durchflussmesser 364
Scirus 50
Screening 130
SC-Säule 349 f.

Sicheres
  Arbeiten in Laboratorien 9
  Handeln 9
Sicherheit 129
Sicherheits-
  bestimmungen 9
  einrichtungen 11
Sieb-
  analyse 260
  bodenkolonne 313
  durchgang 259
  gut 259
  hilfsmittel 259
  mittel 259
  protokoll 262
  rückstand 259 ff.
  überlauf 259
  unterlauf 259
Sieben 259
Siede-
  kapillare 316
  punkt 306
  verzug 316
SI-Einheitensystem 61, 89
SIF-Platte 352
Signifikanzregeln 159
Silbermantelkolonne 313
Siliconfett 56
Sintern 250
Smogverordnung 37
Sodalösung 55
Sollwert 133, 397
Solvay-Verfahren 358
SOP 125, 129, 155 f.
Sortieren 258
Soxhlet-Extraktionsapparat 257
SPC 69
Sperrflüssigkeit 362
Spindel 185 f.
Spinne 317
Spritze 87
Spül-
  konzentrate 55
  maschinen 55
  mittel 55
S-Sätze 24, 404 ff.
Stärkelösung 233
Standardabweichung 85, 131 ff.
Standard Operating Procedure 155 f.
Standgefäße 14
Stationäre Phase 347
Statische Aufladung 54
Statistische Bewertung 135

Statistische Prozesskontrolle 69
Staubabscheidung 41
Staudruck 349
Steilheit 190
stöchiometrischer Faktor 282
Störfallverordnung 37
Stoffmenge 172, 205
Stoffmengenkonzentrationen 171
Stop-Wörter 49
Strahlenschutzverordnung 38
Streuung 131, 133
Strömungsmesser 365
Stromkosten 146
Studentfaktor 136
Sublimation 246
Subtraktiver Vorgang 137 f.
Suchmaschinen 48
Synthese-
  apparatur 298 ff.
  protokollierung 151
  transfer, Projekt 324
Systematischer Fehler 133

t
Tätigkeit, eigenwirtschaftlich 32
Tashiro 213
Tauchsieder 97
Teamarbeit 51
Technische Anleitung (TA)
  Lärm 37
  Luft 37
Teclu-Brenner 94
Teflon 59
Telefonanruf 129
Temperatur 89
Tenside 175 f.
Teratogene Stoffe 22
Thermoelement 92
Thermometer 90 ff.
Thixotrope Stoffe 194
Tieftemperaturthermometer 91
Titer 209 ff.
Titerbestimmung 210 ff.
Titration 212, 231
Titrationskurve 214 ff.
Tonsil 330, 335
Tonteller 103
Topische Faktoren 34
Totolli-Schmelzpunktgerät 249
Transport 53
Trenneffekte 349
Trennen, mechanisches 258
Trennung 266

Trinken im Laboratorium 10
TRK-Wert 25 f.
Trocken-
 gehaltsbestimmung 329
 mittel 104
 mittel für Gase 363
 pistole 104 f.
 röhrchen 343 f.
 schrank 105, 272
 turm 106
Trocknen 271 ff.
Tyndall-Effekt 164

u
Überdruckfiltration 269
Überkorn 259
Übersättigte Lösung 329
Ultraschallbad 120, 162
Umfällung 334 f.
Umgang mit Chemikalien 53
Umkristallisation 328 ff.
 aus heiß gesättigter Lösung 328 f.
 in organischen Lösemittel bzw.
  Lösemittelgemischen 333
 in wässrigem Lösemittel 331 f.
Umlösen 328
Umwelt-
 faktoren 34
 schutz 5 ff., 33 ff.
Unfall-
 häufigkeit 8
 raten 7 f.
Ungesättigte Lösung 328
Unsicherheitsintervall 160
Unterdruckfiltration 268, 272, 285 f.
Unterkorn 259
Unwohlsein 10
Urtitersubstanz 211

v
Vakuum 54, 105, 111 ff.
Vakuum-
 destillation 316 ff.
 pumpe 112
 schlauch 59
 trockenschrank 105, 272
 viereck 317
Validierung 129
Variationskoeffizient 133
VCI 5
VDE 29
VDI 29

Verantwortungsbewusstsein 5
Veraschen 280
Verbacken von Schliffen 57
Verdrängungsreaktion 239, 358
Verdünnungs-
 faktor 282
 reihen 145
Veresterung 295 ff.
Verfahrens-, validierung 130
Vergleichs-, präzision 130
Verpuffung 13
Verschleiß 143
Verseifung 325 ff.
Versicherung 31
Versicherungsschutz 31
Versuchsapparatur 298 ff.
Verteilungs-
 dichte 261
 dichtediagramm 261
 koeffizient 301
 satz, Nernst 301
Vertrauensbereich 131
Vertrauensbereich des Mittelwertes 85
Vertrauensintervall 136
Vigreux-Kolonne 313
Viskosimeter
 Höppler 195
 Rotation 197
Viskosität 192 ff., 399
Volhard 236
Vollarbeiter 8
Vollpipette 75 ff., 86
Volumen 72
Volumen-
 anteil 169
 konzentration 170
Volumetrie 204 ff.
Volumetrische Analysen 203
Vorlagenwechsel 317

w
Waage 63 ff.
 hydrostatische 182
 Mohrwestphalsche 182
Wägeform 279
Wärme, latente 246
Wahrer Wert 135
Wasch-
 flüssigkeit 269
 mittel für Gase 363
Waschen 269
Wasser 38

Wasser-
  dampfdestillation   344
  haushaltsgesetz   37
  säule   278
  strahlpumpe   112
  verbrauch   39, 146
Webkataloge   48
Wegunfall   8, 31
Wendepunkt   215 ff.
Werkstoffe   54 ff.
Widerstandsthermometer   92
Widmer-Kolonne   313
Wiederfindungsrate   134
Wiederholpräzision   130
Wildcards   49
Wirtschaftlichkeit   141 ff.
Wissenschaftliche Suchmaschinen   50
Wörterbücher   373

Z
Zahlenrunden   157
Zeitgleichheit   152
Zentralatom   237
Zentrifuge   110
Zersetzungsreaktion   358
Zetesol   179 f.
Ziel-
  definition   2
  orientierung   2
  wertigkeit   2
Zündbereich   12 f.
Zündfähige Gemische   12
Zündtemperatur   12 f.
Zufällige Gesamtfehler   137
Zufälliger Fehler   131
Zwischenlauf   314

Beachten Sie bitte auch weitere interessante Titel

Reichwein, J., Hochheimer, G., Simic, D.

Messen, Regeln und Steuern

Grundoperationen der Prozessleittechnik

2. Auflage
2007
ISBN-13: 978-3-527-31658-8
ISBN-10: 3-527-31658-2

Hahn, A., Behle, B., Lischewski, D., Rein, W.

Produktionstechnische Praxis

Grundlagen chemischer Betriebstechnik

2003
ISBN-13: 978-3-527-28758-1
ISBN-10: 3-527-28758-2

Atkins, P. W., Jones, L.

Chemie – einfach alles

2. Auflage
2006
ISBN-13: 978-3-527-31579-6
ISBN-10: 3-527-31579-9

Holzner, D.

Chemie für Biologielaboranten

2003
ISBN-13: 978-3-527-30755-5
ISBN-10: 3-527-30755-9

Holzner, D.

Chemie für Technische Assistenten in der Medizin und in der Biologie

5. Auflage
2006
ISBN-13: 978-3-527-30755-5
ISBN-10: 3-527-30755-9